Postversandort Leipzig

Nr. 5 1953
S. 641—800 4. Februar

Chemisches Zentralblatt

Vollständiges Repertorium für alle Zweige der reinen und angewandten Chemie

Im Auftrage der Deutschen Akademie der Wissenschaften zu Berlin, der Akademie der Wissenschaften zu Göttingen und der Gesellschaft Deutscher Chemiker.

herausgegeben von

Prof. Dr. **Maximilian Pflücke**

Chefredakteure: Dr. Eugen Klever und Prof. Dr. Maximilian Pflücke

124. Jahrgang

1953

Akademie-Verlag GmbH., Berlin — Verlag Chemie, GmbH., Weinheim/Bergstr.

Inhalt

Namenregister

Chemisches Zentralblatt

1953 Nr. 5 4. Februar

Geschichte. Unterricht.

J. Ambrosen, *Cecil Frank Powell.* Kurzer Abriß der Forschungsarbeit (Ionenbeweglichkeit, Kernemulsionsmeth., Mesonen) des engl. Nobelpreisträgers für Physik von 1950. (Fysisk Tidsskr. **50.** 25—33. 1952.) G. SCHMIDT. 1

E. Høst-Madsen, *Professor L. van Itallie.* L. VAN ITALLIE, Professor für Pharmazie in Leyden, starb, 86 Jahre alt, am 2/5. 1952. Bekannt sind seine Arbeiten über die internationale Pharmazie u. die Spezialitätenkontrolle. Er war Präsident der „Fédération internationale pharmaceutique“ u. Vorstand der „F. I. P. Commission Internationale des Spécialités.“ (Arch. Pharmac. og Chem. **59.** (**109.**) 554—55. 14/6. 1952.) GEITZ. 1

—, *Rudolf Julius Emanuel Clausius 1822—1888.* Überblick über die drei Arbeiten der Jahre 1850, 1854 u. 1865, mit denen CLAUSIUS sein thermodynam. Lebenswerk errichtet. (Engineer **191.** 253. 23/2. 1951.) ZAUNICK. 1

O. I. Schtschepkina, *D. I. Iwanowski und einige Probleme der Bodenmikrobiologie.* IWANOWSKI, der als Entdecker der filtrierbaren Viren bezeichnet wird, hat auch grundlegende Arbeiten auf dem Gebiet der Pflanzenphysiologie u. der Bodenmikrobiologie geleistet, auf welche bes. eingegangen wird. (Микробиология [Mikrobiologie] **20.** 541—49. Nov./Dez. 1951.) ULMANN. 1

P. I. Starosselski, *Das Leben und Wirken von A. A. Jakowkin. (Zu seinem 15. Todestag.)* Übersicht über die Tätigkeit sowie die experimentellen u. theoret. Ergebnisse der wiss. Veröffentlichungen des Physiko-Anorganikers Prof. JAKOWKIN (1860—1936). Seine Arbeiten betrafen Verteilung der Stoffe zwischen 2 Lösungsmitteln, Hydrolyse des Cl_2, Polyjodide, HClO, Gewinnung von Al aus SiO_2-haltigen Bauxiten u. a., insgesamt 40 Veröffentlichungen. (Успехи Химии [Fortschr. Chem.] **21.** 351—59. März 1952.) v. WILPERT. 1

A. R. Todd, *Hundert Jahre organische Chemie.* Vortrag. (Advancement of Sci. **8.** 393—96. März 1952.) ROSDORFF. 2

A. Ch. Batalin, *Aus der Geschichte der biologischen Chemie in Rußland im 18. und im ersten Viertel des 19. Jahrhunderts.* Übersicht unter besonderer Herausstellung der Arbeiten von LOMONOSSOW u. Aufzählung einer großen Reihe weiterer russ. Forscher u. ihrer Arbeiten bis zu SAGORSKI. (Биохимия [Biochemie] **17.** 504—10. Juli/Aug. 1952. Tschkalow, Landwirtschaftl. Andrejew-Inst.) ULMANN. 2

Ss. G. Schapowalenko, *Die Bedeutung von M. W. Lomonossow für die Methodik des chemischen Unterrichts.* (Химия в Школе [Chem. Schule] 1952. Nr. 3. 3—11. Mai/Juni.) v. WILPERT. 2

Ss. Ja. Rasskin, *Unterrichtsmethodik über das Thema „Das Periodische Gesetz und das Periodische System von D. I. Mendelejew“.* Aufteilung des Stoffes auf 10 Unterrichtsstunden. (Химия в Школе [Chem. Schule] **1952.** Nr. 4. 27—38. Juli/Aug. Kiew.) KIRSCHSTEIN. 6

J. S. Levinger, *Ein Demonstrationsversuch über Positron-Zerstrahlung.* Vf. beschreibt einen Vorlesungsvers. über die Zerstrahlung von ^{56}Co-Positronen in Paraffin. Mit zwei kleinen GEIGER-Zählern u. einer Koinzidenzschaltung nach ROSSI wird gezeigt, daß die beiden Vernichtungsphotonen nach entgegengesetzten Richtungen gehen. Eine Pb-Abschirmung der gleichzeitig auftretenden γ-Strahlung wird vorgeschlagen. (Amer. J. Physics **20.** 71—72. Febr. 1952. Baton Rouge, La., State Univ.) H. HAUSWALD. 6

R. Schlegel und J. C. Lee, *Sind Demonstrationen an Röntgenröhren ungefährlich?* Die festgestellten Strahlungsintensitäten von Röntgenröhren in verschied. Richtungen u. die nach MULLER zu erwartenden Schädigungen (bes. der Nachkommen) lassen große Vorsicht u. Schutzmaßnahmen bei Vorführungen im Unterricht geboten erscheinen. (Amer. J. Physics **19.** 470—73. Nov. 1951. East Lansing, Mich., State Coll.) BLUMRICH. 6

Ernest Johnson jr., *Ein pneumatisches Verfahrensmodell für Unterricht und Forschung.* Beschreibung von Konstruktion u. Arbeitsweise einfacher u. komplizierterer

Modelle zur Demonstration von Problemen der automat. Regeltechnik. (Ind. Engng. Chem. **43.** 2708—11. 10/12. 1951. Princeton, N. J., Univ.) GERHARD GÜNTHER. 6

—, Festschrift zur Gedenkfeier an die vor 300 Jahren in Schweinfurt erfolgte Gründung der Deutschen Akademie der Naturforscher (Kaiserlich Leopoldinisch-Carolinisch Deutsche Akademie d. Naturforscher). Schweinfurt: Historischer Verein Schweinfurt. 1952. (67 S. m. Abb.) 8° = Veröffentlichungen d. Hist. Vereins Schweinfurt. H. 2.

A. Allgemeine und physikalische Chemie.

N. C. B. Allen and Leslie Harold Martin, Exercises in experimental physics. New York: Cambridge Univ. Press. 1952. (250 S. m. Abb. u. Diagr.) $ 5,50.

R. Bonifazi, Corso di chimica generale ed inorganica. Parte seconda. Napoli: Libreria internazionale Treves. 1952. (240 S.) 8°. L. 750,—.

Brunold, Chimie générale et métalloides. Paris: Masson et Cie. (708 S.) fr. 4200,—.

Maurice Javillier, Les éléments chimiques et le monde vivant. Paris: Flammarion. 1952. (267 S. m. Abb.) fr. 675,—.

Henry Margenau, The nature of physical reality. A philosophy of modern physics. New York: McGraw-Hill Book Company, Inc. 1950. (479 S. m. 13 Abb.) $ 6,50.

Carlo Rossi, Appunti alle lezioni di chimica fisica tenute da C. R. A cura degli studenti. Genova: Fabio books, Libreria goliardica di scienze. 1951. (XVI + 308 S.)

—, Lehrbuch der Chemie. 3. Teil. Chemische Gleichgewichte und chemische Kinetik. Lösungen. Elektrochemie. Analytische und technische Chemie. Leningrad-Moskau: Gosschimisdat. 1952. (XX + 1192 S.) 43 Rbl. [russ.]

A_1. Kernphysik und Kernchemie.

J. C. Pirenne, *Kovariante Theorie der Dämpfung.* (Sitzungsbericht.) Entw. u. Vgl. einer kovarianten S-Matrix in der CAYLEYschen Form. (Physic. Rev. [2] **85.** 721. 15/2. 1952; Bull. Amer. physic. Soc. **26.** Nr. 6. 25. 24/10. 1951. Nat. Res. Counc. Canada.) SPEER. 80

Jean Pirenne, *Kovariante Theorie der Strahlungsdämpfung.* Vf. zeigt, daß der SCHWINGERsche Ausdruck der S-Matrix in der CAYLEY-Form sich mit dem nichtkovarianten Ausdruck aus der HEITLERschen Theorie als ident. erweist. Der Vgl. der beiden Formalismen führt zu einer Erklärung der Massenrenormalisierung, die unabhängig von eventueller Beseitigung von Divergenzen für die innere Konsistenz erforderlich ist. (Physic. Rev. [2] **86.** 395—98. 1/5. 1952. Ottawa, Can., Nat. Res. Counc.) G. SCHMIDT. 80

J. S. R. Chisholm, *Berechnung von S-Matrix-Elementen.* (Vgl. nachst. Ref.) Vornotiz. (Physic. Rev. [2] **82.** 448. 1/5. 1951.) G. SCHMIDT. 80

J. S. R. Chisholm, *Berechnung von S-Matrix-Elementen.* Die nach der Meth. des Vf. aufgestellten Faktoren, die den Linien des FEYNMAN-DYSON-Diagramms entsprechen, werden in die Form von Linienfaktoren skalarer Bosonen gebracht. Bei diesen Linienfaktoren werden nur die Energieimpulse der äußeren Linien u. die Teilchenmassen berücksichtigt. (Proc. Cambridge philos. Soc. **48.** 300—15. April 1952. Cambridge, Christ's Coll.) G. SCHMIDT. 80

H. A. Meyer, G. Schwachheim und A. Wataghin, *Beitrag zur Kenntnis der durchdringenden Schauer.* (Vgl. C. **1952.** 1602.) In verschied. Anordnungen wird die Absorption der in Luft erzeugten „atmosphär.“ u. der unmittelbar über der Meßvorr. erzeugten „lokalen“ durchdringenden Schauer in Pb verglichen. Die zweite überwiegt stark gegenüber der ersten, wobei Vff. annehmen, daß nicht Auswahl nach einer geringen Winkeldivergenz, sondern eine solche durch die Filterdicke vorliegt. (An. Acad. brasil. Ci. **23.** 61—72. 31/3. 1951. São Paulo, Univ., Dep. de Fis.) R. K. MÜLLER. 85

M. F. Kaplon, B. Peters, H. L. Reynolds und D. M. Ritson, *Das Energiespektrum der primären Höhenstrahlung.* Es wurden zwei Flüge in einer Höhe von ca. 20 g/cm^2 Luft u. auf den Breiten von 55 u. 41,7° N unternommen, um das Energiespektr. der prim. Höhenstrahlung zu untersuchen. Die App. bestand aus 20 Messingplatten von 3 mm Dicke, unter jeder befand sich eine G 5-Kernemulsion von 100 μ Dicke. Die Energie der schweren Kerne ($Z > 10$) wurde aus der seitlichen Ausdehnung oder aus der Vielfachstreuung der Schauer relativist. α-Teilchen bestimmt; diese Technik ist für Energien von 10^9—10^{11} eV/Nucleon anwendbar. Die Energie von Kernen mit $Z > 6$ u. Energien $< 10^9$ eV/Nucleon wurde aus der Reichweite ermittelt. Auch der Breiteneffekt, wobei die Intensität aus der Dichte der δ-Strahlen ermittelt wurde, gibt Aufschluß über das Energiespektrum. Der Fluß der Primärteilchen beträgt auf 41,7° N 5,9 ± 0,7 Teilchen/m^2/Sek./Raumwinkel für $6 < Z < 9$ u. 2,4 ± 0,3 für $Z > 10$, auf 55° N 14,4 ± 1,4 für die CNO-Gruppe u. 4,2 ± 1,0 für $Z > 10$. Aus Schauern wurde ferner der Fluß der Protonen u. α-Teilchen mit Energien zwischen 10^{11} u. 10^{13} eV ermittelt. Das Energiespektr. für $Z > 1$

hat die Form $N(\varepsilon) = K/(1 + \varepsilon)^{1,85\pm0,15}$, wo ε die kinet. Energie pro Nucleon in 10^9 eV u. K für jede Ladungskomponente unabhängig von der Energie ist. Es ähnelt dem Protonenspektr. $N(\varepsilon) = 4000/(1 + \varepsilon)^{1,07}$ Teilchen/m²/Sek./Raumwinkel. Es wird geschlossen, daß die Kerne bis Z ~ 26 beim Eintritt in die Atmosphäre ihre Elektronenhülle verloren haben. Die mittlere freie Weglänge der Teilchen in Messing gehorcht der auch für Gas u. Luft geltenden Formel für den Wirkungsquerschnitt. (Physic. Rev. [2] **85**. 295—309. 15/1. 1952. Rochester, N. Y., Univ.) WIEDEMANN. 85

A. Z. Rosen, *Protonen und Mesonen in 9000 Fuß Höhe.* (Sitzungsbericht.) Die Winkelabweichung im Magnetfeld u. die Reichweite in Cu von Teilchen wurden mittels dreier Nebelkammern in ca. 2,7 km Höhe bestimmt. Es wurden Daten über einzelne Protonen u. Mesonen erhalten, deren Reichweiten nach dem Durchlaufen von 0 bis 345 g/cm² Pb-Absorber 34,1—117,8 g/cm² Cu betrugen. (Physic. Rev. [2] **85**. 773—74. 15/2. 1952; Bull. Amer. physic. Soc. **26**. Nr. 8. 25. 27/12. 1951. Berkeley, Univ. of California.) WIEDEMANN. 85

Peter Havas, *Klassische Mesontheorie und die Fernwirkung.* (Sitzungsbericht.) Entw. einer Fernwirkungstheorie für Teilchen, die über ein geladenes Mesonfeld in Wechselwrkg. stehen. Die Theorie bildet den klass. Gegenpart zur ladungssymm. Theorie von KEMMER. (Physic. Rev. [2] **85**. 720. 15/2. 1952; Bull. Amer. physic. Soc. **26**. Nr. 6. 24. 24/10. 1951. Lehigh Univ.) SPEER. 90

N. C. Francis und **R. E. Marshak**, *Elastische Photoerzeugung von π^0-Mesonen in Deuterium.* Für die Erzeugung von π^0 nach $\gamma + d \rightarrow d + \pi^0$ werden die Wirkungsquerschnitte berechnet. Dabei wird die Photonenenergie zu 300 MeV angenommen, die magnet. Momente von Proton u. Neutron phänomenolog. behandelt u. das π^0 als pseudoskalares Teilchen angesehen. Die Ergebnisse für schwache u. für phänomenolog. Kopplung sind graph. wiedergegeben, u. zwar für die elast. Erzeugung an p, n u. d. (Physic. Rev. [2] **85**. 496—97. 1/2. 1952. Rochester, N. Y., Univ.) WIEDEMANN. 90

W. W. Michailow und **A. M. Baldin**, *Photoerzeugung von π^0-Mesonen an Deuteronen.* Vff. betrachten theoret. den Prozeß $\gamma + d \rightarrow d + \pi^0$ ohne Zerstörung des Deuterons. Der Wirkungsquerschnitt des Prozesses hängt stark vom relativen Vorzeichen des Wechselwirkungskoeff. der π^0-Mesonen mit dem Neutron (g_n) bzw. Proton (g_p) ab u. ist für $g_n = g_p$ wesentlich kleiner als für $g_n = -g_p$. (Доклады Академии Наук СССР [Ber. Akad. Wiss. UdSSR] [N. S.] **84**. 47—49. 1/5. 1952.) AMBERGER. 90

S. [illegible]assman, M. M. Block und **W. W. Havens jr.**, *Bildung geladener π-Mesonen aus Deuterium.* Mit einer Anordnung größerer Energieauflösung wurden die Wirkungsquerschnitte von D für die π^+-Mesonenerzeugung unter 90 ± 5° zu einem 381 MeV-Protonenbündel erhalten. Das 60 μ starke Target bestand aus deuteriertem Paraffin [ca. 96% $(CD_2)_n$]. Das Target wurde für 7 Min. einem durchschnittlichen Protonenstrom von ca. 10^{-10} A ausgesetzt. Zur Analyse der Mesonerzeugung beim Beschuß von D durch energiereiche Protonen wurde die Meth. der Impulsapproximation angewandt. Nachstehende Rkk. bei Nucleon-Nucleon-Zusammenstößen werden für möglich gehalten: $p + p \rightarrow \pi^+ + d$ (oder $p + n$); $p + n \rightarrow \pi^+ + n + n$; $p + n \rightarrow \pi^- + p + p$; die beiden letzten Rkk. haben wahrscheinlich vergleichbare Wirkungsquerschnitte. Unter der Annahme, daß die erste Rk. hauptsächlich zur π^+-Mesonerzeugung in D beiträgt, wird eine theoret. Berechnung des Mesonenspektr. unter bestimmten Bedingungen für die Wechselwrkg. zusammenstoßender Nucleonen u. der Energieabhängigkeit der Matrixelemente für die Mesonerzeugung bei (p—p)-Zusammenstößen aufgestellt. Diese Berechnung führt zu dem Ergebnis, daß das Proton im Deuteron einen Wirkungsquerschnitt vom 1,2—2,2fachen desjenigen eines freien Protons für die π^+-Erzeugung durch Protonen bei 381 MeV besitzt. Der experimentell unter 90° bestimmte π^+-Wirkungsquerschnitt aus D ist das (5,6 ± 2,3)fache desjenigen des freien Protons bei 381 MeV. (Physic. Rev. [2] **85**. 370—71. 15/1. 1952. New York, Columbia Univ.) G. SCHMIDT. 90

Felix Villars, *Austauschstromeffekte beim Deuteron.* Die ladungstragenden Kernfelder liefern zusätzliche elektromagnet. Wechselwirkungsterme für das Kernsystem. Im allg. sind diese Effekte wegen der Symmetrieeigg. des Austauschstromes gleich 0 für den Grundzustand des Deuterons. Vf. weist darauf hin, daß diese Folgerung nur bei der adiabat. Approximation zutrifft, die den Rückstoß der Nucleonen vernachlässigt. (Physic. Rev. [2] **86**. 476—83. 15/5. 1952. Cambridge, Mass., MIT, Dep. of Phys. and Labor. for Nucl. Sci. and Engng.) G. SCHMIDT. 90

H. Marschall und **D. Wiskott**, *Die Linienform der Resonanzstreuung von α-Teilchen.* In Ergänzung einer früher gegebenen Theorie (vgl. C. **1951**. II. 1998) der anomalen Streuung von α-Teilchen wird die Streuanomalie für α-Teilchen in Abhängigkeit von der Energie der α-Teilchen (früher vom Streuwinkel) mit Hilfe von Ortskurvendiagrammen graph. dargestellt, die einen leichteren Überblick über die mit dem Streuwinkel stark veränderliche Linienform der Resonanzkurven gewähren. (Z. Physik **129**. 619—25. 1951. Marburg, Univ., Inst. für Struktur d. Materie.) Werner Schulz. 90

Robert K. Adair, *Winkelverteilung von an Helium gestreuten Neutronen.* Durch Beschuß von dünnen Li- u. mit T beladenen Zr-Targets mit Protonen wurden monoenerget. Neutronen mit 11 verschied. Energien zwischen 400 u. 2730 keV erzeugt. Die Streuung der Protonen an der He-Füllung eines Proportionalzählers wurde durch Messung der Energieverteilung der α-Rückstoßimpulse mit einem Differentialdiskriminator untersucht. Die Winkelverteilungen stimmen mit der Beschreibung der (n–He)-Wechselwrkg. durch ein umgekehrtes um ca. 5 MeV gespaltenes $P_{3/2}$–$P_{1/2}$ Dublett in ^{5}He überein. (Physic. Rev. [2] **86**. 155—61. 15/4. 1952. Sitzungsbericht: Physic. Rev. [2] **83**. 873. 15/8.; Bull. Amer. physic. Soc. **26**. Nr. 4. 9. 14/6. 1951. Madison, Wis., Univ.) H. Hauswald. 90

W. C. Koehler und **E. O. Wollan,** *Der kohärente Neutronenstreuungsquerschnitt von ^{13}C.* (Vgl. Hughes u. Mitarbeiter, C. **1951**. I. 556.) Messung der Streuamplitude von ^{13}C mittels Neutronenbeugungsunterss. an mit **53** bzw. **40** At.-% angereichertem $BaCO_3$. Die kohärente Streuamplitude von ^{13}C besitzt den positiven Wert (0,60 ± 0,04) 10^{-12} cm u. unterscheidet sich somit nur sehr wenig von dem Wert für n. C. Die auf Grund der Ggw. von 1,1% ^{13}C in n. C zu erwartende isotop. Inkohärenz kann nicht größer als ein mbarn sein. (Physic. Rev. [2] **85**. 491—92. 1/2. 1952. Oak Ridge, Tenn., Nat. Labor.) Speer. 90

G. Placzek, *Die Streuung von Neutronen durch Systeme schwerer Kerne.* Für Neutronenenergien, die groß sind im Vgl. zur Niveautrennung des Syst., kann die Neutronenstreuung durch ein Syst. schwerer Kerne durch die Mittelwerte einfacher Zweiteilchen-Operatoren über dem Anfangszustand beschrieben werden. Vf. leitet für den totalen u. differentiellen Wirkungsquerschnitt u. für den Beginn des Energieüberganges Ausdrücke ab. Der Ausdruck für den Wirkungsquerschnitt führt zu einer genauen Darst. der Energieabhängigkeit der Kernstreuung. (Physic. Rev. [2] **86**. 377—88. 1/5. 1952. Princeton, N. J., Inst. for Adv. Stud.) G. Schmidt. 90

B. Bleaney, *Über die räumliche Begrenzung von Kernen.* Es wird gezeigt, daß man in einigen Fällen die von Pound (Physic. Rev. [2] **76**. [1949.] 1410) angegebene Erklärung der räumlichen Kernbegrenzung durch elektr. Quadrupolwechselwrkg. mit den Elektronenschalen experimentell durch die Entmagnetisierung von paramagnet. Salzen bis zum Feld Null nachweisen kann, wenn die Hyperfeinstruktur dieses Salzes auf magnet. Wechselwrkg. zurückzuführen ist. Hierdurch wird es gleichzeitig möglich, tiefere Tempp. als bisher bei diesen Messungen zu erreichen. Eine wesentliche Voraussetzung der Meth. ist die starke Anisotropie der Hyperfeinstruktur. (Proc. physic. Soc., Sect. A. **64**. 315—16. 1/3. 1951. Oxford, Clarendon Labor.) Speer. 95

Hideo Kanazawa, *Die Sättigungseigenschaft von Kernkräften.* Berechnung des Wechselwirkungspotentials zwischen zwei Nucleonen innerhalb eines Kerns. (Physic. Rev. [2] **86**. 423. 1/5. 1952. Tokyo, Coll. of Gen. Educat., Univ.) Kirschstein. 95

John Gordon King und **Vincent Jaccarino,** *Die Hyperfeinstruktur des $^2P_{1/2}$-Zustandes der stabilen Chlorisotope.* (Vgl. C. **1952**. 4405.) Die Hyperfeinstruktur in einem äußeren magnet. Feld wird ebenso wie für den $^2P_{3/2}$-Zustand mit der magnet. Atomstrahlresonanzmeth. untersucht. Das früher bestimmte Verhältnis der magnet. Kernmomente von ^{35}Cl u. ^{37}Cl stimmt mit dem Kernkonstantenverhältnis (Kopplung magnet. Dipole) überein. (Physic. Rev. [2] **84**. 852—54. 15/11. 1951. Cambridge, Mass., MIT, Res. Labor. of Electron.) Werner Schulz. 95

W. M. Kletschkowski, *Über die Reihenfolge bei der Auffüllung der Elektronenniveaus von Atomen.* Zusammenfassung der C. **1952**. 4089 u. 6964 referierten Arbeiten. (Журнал Экспериментальной и Теоретической Физики [J. exp. theoret. Physik] **23**. 115—22. Juli 1952. Moskau.) Kirschstein. 100

Henry Brysk, *Kernmatrixelemente in der Theorie des β-Zerfalls.* Ausdehnung der theoret. Betrachtungen (vgl. C. **1952**. 1442 u. 3440) auf die Berechnungen der Matrixelemente für ungerade A- u. die Hälfte der gerade A-β-radioakt. Kerne. (Physic. Rev. [2] **86**. 996—1005. 15/6. 1952. Durham, N. C., Duke Univ., Dep. of Phys.) G. Schmidt. 103

O. Kofoed-Hansen und **Aage Winther,** *Der β-Zerfall von Spiegelkernen und das Schalenmodell.* Um die Anteile der Fermi- u. der Gamow-Teller-Kopplung an der Zerfallskonstanten zu ermitteln, wurde für die β-Übergänge der Spiegelkerne mit den Massenzahlen 1, 3, 15, 17, 39, 41 ein Diagramm konstruiert, aus dem sich abschätzen läßt, daß beide Kopplungsarten gleich stark beteiligt sind (50 ± 5%). Ein entsprechendes Diagramm für die β-Übergänge von ^{11}C, ^{13}N, ^{31}S u. ^{33}Cl ergibt kein so eindeutiges Resultat. (Physic. Rev. [2] 86. 428—30. 1/5. 1952. Kopenhagen, Univ., Inst. für Theoret. Phys.) KIRSCHSTEIN. 103

H. E. Gove, *Eine Suche nach γ-Strahlen aus dem 4,8 MeV-Niveau von ⁷Li.* (Vgl. GOVE u. HARVEY, C. 1952. 6004.) Unter Benutzung von 8 MeV-Cyclotronprotonen wird ein Vgl. zwischen dem γ-Spektr. aus der Rk. ^{12}C (p, p') $^{12}C^* \rightarrow {}^{12}C + \gamma + 4{,}5$ MeV u. aus derjenigen von ^7Li (p, p') $^7Li^*$, Q = —4,8 MeV, durchgeführt. Das γ-Spektr. wurde abwechselnd aus dünnen C- u. Li-Targets unter Benutzung eines NaJ (Tl)-Scintillationszählers unter 90° zum Strahlenbündel gemessen. Das γ-Spektr. von C zeigte eine ausgeprägte Spitze, die einem 4,5 MeV-γ-Strahl entsprach, wogegen im Falle von Li kein Anzeichen einer γ-Spitze im 4,8 MeV-Bereich oberhalb eines geringen Untergrundes sehr energiereicher γ-Strahlen vorlag. Die unelast. Protonengruppen aus beiden Targets waren angenähert gleicher Intensität. Es scheint, daß die bevorzugte Zerfallsart für das 4,8 MeV-Niveau von ^7Li nicht in einer γ-Emission besteht, sondern in einer Teilchenemission, wobei das Aufbrechen in ^4He u. ^3H als wahrscheinlich angenommen wird. (Physic. Rev. [2] 84. 1059. 1/12. 1951. Cambridge, Mass., MIT., Dep. of Phys., u. Labor. for Nucl. Sci. and Engng.) G. SCHMIDT. 103

V. Perez-Mendez und **P. Lindenfeld**, *Radioaktivität von ¹⁷F.* Die Nachprüfung spektrometr. Messungen mit der genaueren Meth. der Scintillationszählung mit Impulsverstärkung ergibt für ^{17}F keine Kern-γ-Strahlung. (Physic. Rev. [2] 83. 864. 15/8. 1951. New York, Columbia Univ., Pupin Phys. Labor.) WERNER SCHULZ. 103

B. B. Kinsey, G. A. Bartholomew und **W. H. Walker**, *Neutroneneinfang-γ-Strahlen von Phosphor, Schwefel, Chlor, Kalium und Calcium.* (Vgl. C. 1952. 2122.) Unters. der Neutroneneinfang-γ-Strahlung von P, S, Cl, K u. Ca mittels eines Paarspektrometers. Die Neutronenbindungsenergien von ^{32}P, ^{33}S, ^{36}Cl u. ^{40}K sind 7,94 ± 0,03, 8,64 ± 0,02, 8,56 ± 0,03 bzw. 7,77 ± 0,03 MeV. Das P-Spektr. ist kompliziert, der Grundzustand-γ-Strahl ist schwach. In ^{33}S wird innerhalb eines Kaskadenprozesses ^{33}S im 5. angeregten Zustand bei 3,2 MeV erzeugt. Der direkte Übergang in den Grundzustand von ^{33}S ist schwach. Bei ^{36}Cl sind die Intensitäten von den Übergängen zum Grundzustand u. den ersten 6 angeregten Zuständen vergleichbar. Bei ^{40}K sind die Übergänge zum Grundzustand u. zum 2. angeregten Zustand bes. stark. Einige γ-Strahlen rühren von einem 2,3 MeV angeregten Zustand von ^{42}K her, 3 schwächere γ-Linien werden dem Einfang in ^{39}K u. ^{41}K zugeschrieben. Das Ca-Spektr. kann auf Grund der Energieniveaus von ^{41}Ca gedeutet werden. Der Übergang zum Grundzustand fehlt. (Physic. Rev. [2] 85. 1012—23. 15/3. 1952. Chalk River, Ontario, Nat. Res. Counc. of Canada, Div. of Atomic Energy.) SPEER. 103

A. Flammersfeld, *⁷⁵Germanium, ein neues Kernisomer von T = 42 Sekunden Halbwertszeit.* (Vgl. C. 1951. II. 484.) Beim Beschuß von Ge mit Neutronen fanden Präpp. von Ge-Metall u. Oxyd, die in Schichtdicken von 2—10 mg/cm² benutzt wurden, Verwendung. Die Erzeugung der neuen Aktivität (42 Sek.) ist sowohl durch verlangsamte (Be + D)-Neutronen wie durch unverlangsamte (Be + D)- u. (Li + D)-Neutronen möglich. Der Wirkungsquerschnitt therm. Neutronen für den (n, γ)-Prozeß läßt sich aus dem Vgl. der Sättigungsaktivitäten der 42 Sek.-Periode mit der des gleichzeitig gebildeten ^{75}Ge (1,37 Std.) zu $0{,}06 \cdot 10^{-24}$ cm² abschätzen. (Li + D)-Neutronen liefern gegenüber gleichfalls unverlangsamten (Be + D)-Neutronen derartig größere Aktivitäten, daß Bldg. durch (n, 2n)-Prozeß vorliegen muß. Die Strahlung der 42 Sek.-Aktivität besteht aus weichen Elektronen u. γ-Strahlung. Ein Vgl. der Energie der Elektronen mit den für β-Zerfall von 42 Sek. Halbwertszeit üblichen Energien zeigt, daß bei der neuen Aktivität kein β-Zerfall vorliegen kann, vielmehr ist diese als Isomeren-Übergang zu deuten. Die 42 Sek.-Aktivität stellt $^{75}Ge^*$, ein Isomer zum ^{75}Ge, dar. (Z. Naturforsch. 7a. 295. März/April 1952. Mainz, Max-Planck-Inst. für Chemie.) G. SCHMIDT. 103

A. Flammersfeld, *Zwei Fälle von Isomerie bei Palladium.* (Vgl. vorst. Ref.) Neben den durch Neutronen erzeugten Aktivitäten ^{103}Pd, ^{109}Pd u. ^{111}Pd mit den Halbwertszeiten 17 Tage, 14,1 Std. u. 26 Min. treten bei Bestrahlung mit Neutronen noch 2 weitere Aktivitäten des Pd mit den Halbwertszeiten 4,8 Min. u. 23 Sek. auf, die wegen ihrer weichen Strahlung bisher der Beobachtung entgangen sind. Zur Unters. gelangte physikal. reines Pd als Metallfolie von 13 mg/cm². Beide Isomere senden außer Umwandlungselektronen auch nicht umgewandelte γ-Strahlen aus. Für die Einordnung in das Lebensdauer–Energie-Diagramm ist noch der Koeff. der inneren Umwandlung α erforderlich. Für diese Isomere gelten folgende Daten: ^{107}, $^{109}Pd^*$: Halbwertszeit 4,8 ± 0,1 Min.; Strahlung: Umwandlungselektronen der Energie $E_e = 0{,}160$ MeV u. γ-Strahlen; $\alpha = N_e/N_\gamma \sim 0{,}6$; erzeugt durch *Ag* (n, p), Pd (n, 2n), Pd (n, γ) ($\sigma = 0{,}018 \cdot 10^{-24}$ cm²). $^{(106)}Pd^*$: Halbwertszeit 23 ± 2 Sek.; Umwandlungselektronen $E_e = 0{,}200$ MeV u.

γ-Strahlung; $\alpha \sim 0,4$; erzeugt durch Pd (n, 2n) u. Pd (n, n). (Z. Naturforsch. **7a.** 296—97. März/April 1952.) G. Schmidt. 103

W. Ss. Schpinel und **N. W. Forafontow,** *Untersuchung der radioaktiven Strahlung von ^{192}Ir, ^{110}Ag und ^{114}In.* ^{192}Ir, das als 3 mg/cm^2 dicke Probe mit einem Magnetlinsenspektrometer untersucht wurde, hat ein einfaches β-Spektr. mit der Maximalenergie 660 $\pm$ 10 keV. Die Energien der γ-Quanten, die z. T. konvertiert sind, wurden durch Beobachtung der Pb-Photoelektronen mit einem β-Spektrometer mit inhomogenem achsensymm. Magnetfeld bestimmt; sie betragen ca. 206,5, 277, 296, 310, 315, 401, 417, 432, 467, 483, 586, 606 u. 614 keV. Mit demselben Gerät wurden das β-Spektr. u. die Konversionselektronen von ^{110}Ag untersucht; es wurden 3 β-Komponenten von 0,590 $\pm$ 0,04, 2,24 $\pm$ 0,05 u. 2,91 $\pm$ 0,1 MeV u. 6 γ-Linien von ca. 657, 683, 707, 789, 885 u. 932 keV gefunden. Durch die Messungen an ^{114}In wurden die Ergebnisse von Boehm u. Preiswerk (vgl. C. **1950. I.** 490) im wesentlichen bestätigt. (Журнал Экспериментальной и Теоретической Физики [J. exp. theoret. Physik] **21.** 1376—83. Dez. 1951. Moskau, Univ.) Kirschstein. 103

—, *Forschung in Harwell.* 1. Mitt. Programm der physikal. u. chem. Forschungsaufgaben auf dem Gebiet der Isotopenerzeugung u. der Reaktoren. Hierbei wird die Chemie der *Th*-Verbb. u. des UO_2 bes. berücksichtigt. (Atomics **3.** 201—05. 207. Aug. 1952.) G. Schmidt. 105

E. G. Linder und **S. M. Christian,** *Die Verwendung radioaktiver Stoffe für die Erzeugung hoher Spannungen.* (Sitzungsbericht.) β-strahlende Isotope werden, nachdem sie auf isolierte Elektroden aufgebracht wurden, ins Vakuum gesetzt. Die austretenden Elektronen bewirken eine ständige Aufladung der Strahler, d. h. eine direkte Umwandlung von Kernenergie in elektr. Energie. Mit einem ^{90}*Sr*-Präp. von 0,25 Curie wird eine Spannung von 365 kV erhalten. (Physic. Rev. [2] **83.** 233. 1/7.; Bull. Amer. physic. Soc. **26.** 42. Nr. 3. 26/4. 1951. Radio Corp. of America.) Reichardt. 105

B. L. Miller und **W. C. Porter,** *Vielfach-Hohlraumbeschleuniger für Elektronen.* (Sitzungsbericht.) 1,4 MeV-Elektronen werden in einem fünfteiligen Resonanzsyst., das von einem Magnetron gespeist wird, beschleunigt. Das Energiespektr. wurde für verschied. Energien bestimmt. Es kann durch Verstimmung der einzelnen Hohlräume variiert werden. Der Ausgangsstrom beträgt $0{,}1 \cdot 10^{-6}$ A, wenn $1{,}0 \cdot 10^{-6}$ A bei 13 kV injiziert werden. (Physic. Rev. [2] **83.** 232. 1/7.; Bull. Amer. physic. Soc. **26.** Nr. 3. 41. 26/4. 1951. Bartol Res. Found.) Reichardt. 112

Bernard L. Cohen, *Bewegung eines Ions in einem Cyclotron mit fester Frequenz.* (Sitzungsbericht.) Es werden Formeln für die maximale Energie als Funktion der Beschleunigungsdosenspannung sowie für die minimal erforderliche Spannung, um eine gegebene Energie als Funktion des magnet. Feldverlaufs zu erhalten, aufgestellt. (Physic. Rev. [2] **83.** 232. 1/7.; Bull. Amer. physic. Soc. **26.** Nr. 3. 41. 26/4. 1951. Oak Ridge Nat. Labor.) Reichardt. 112

Nils Göran Sjöstrand, *Ein 200 kV-Neutronengenerator.* Beschreibung eines Neutronengenerators, der über mehrere Std. konstant arbeitet u. Intensitäten bis zu 10 C Ra–Be-Äquivalent liefert. In einer Hochfrequenzionenquelle erzeugte D-Ionen werden durch 200 kV beschleunigt u. treffen auf ein Target aus schwerem Eis, in welchem sie nach der Rk. D (d, n)^{3}He Neutronen erzeugen. (Appl. sci. Res. B **2.** 227—40. 1951. Stockholm, AB Atomenergi, Dep. of Phys.) H. Hauswald. 112

A. J. Barnard und **J. R. Atkinson,** *Die Diffusionsnebelkammer.* Vff. geben eine genaue Beschreibung einer Diffusionsnebelkammer u. eine ausführliche Anleitung zu ihrem Betrieb. Die Kammer hat einen Durchmesser von 23 cm, eine Tiefe von 15 cm, wird von oben elektr. geheizt, von unten mit Trockeneis gekühlt u. wird mit Methylal in Luft von 1 at betrieben. Durch eine besondere Feldschaltung gelang es, scharfe Aufnahmen von Nebelbahnen schwach ionisierender Teilchen zu erhalten. (Nature [London] **169.** 170—73. 2/2. 1952. Glasgow, Univ.) Pollermann. 112

C. B. A. McCusker und **T. E. Nevin,** *Eine Nebelkammeruntersuchung der Elektronenkomponente von ausgedehnten Schauern in Luft.* Die Energie eines einfallenden Elektrons kann aus der Gesamtzahl der Schauerteilchen bestimmt werden, die zwischen parallel angeordneten Pb-Platten auftreten. Im Mittel erzeugt ein einfallendes Elektron 10 Teilchen, was einer Energie von 10^8 eV entspricht. (Proc. Roy. Irish Acad., Sect. A **54.** 201—04. Aug. 1951. Dublin, Inst. for Adv. Stud.; Univ. Coll., Phys. Dep.) Pollermann. 112

L. Voyvodic und **E. Pickup,** *Vielfachstreuung schneller Teilchen in photographischen Emulsionen.* Berechnung der Streukonstante K für Ilford G 5-Emulsion u. verschied. experimentelle Bedingungen nach der Streutheorie von Williams zur Ermittlung der Energie schneller Teilchen. K ändert sich von 19 auf 30 bei einer Änderung der Länge der Auswertezellen von 10 auf $10^4\mu$. Die Streutheorien von SNYDER, SCOTT u. MOLIÈRE werden mit der von WILLIAMS verglichen. Im Rahmen ihres Geltungsbereiches stimmen die Theorien auf ±1% überein. Bes. gute Übereinstimmung besteht zwischen WILLIAMS u. MOLIÈRE, wenn der MOLIÈREsche γ-Faktor in die WILLIAMSsche Theorie eingeführt wird. Es wird eine einfache Gleichung angegeben, welche für ILFORD G 5-Emulsion u. einfach geladene Teilchen Resultate mit ±1% Genauigkeit über einen großen Bereich von Zellenlängen u. für verschied. β-Werte liefert. Zur Bestätigung der theoret. K-Werte wird eine Unters. an Elektronenpaaren aus der γ-Strahlung von ^8Be vorgenommen. Es ergab sich eine mittlere γ-Energie von 17,4 ±0,5 MeV gegen den zu erwartenden Wert von 16,7 ±0,3 MeV. Neuere experimentelle K-Werte anderer Autoren werden mit den angegebenen theoret. Werten verglichen. (Physic. Rev. [2] 85. 91—100. 1/1. 1952. Ottawa, Can., Nat. Res. Council, Phys. Div.) EICHHOFF. 112

Nathan Kaplan und **Herman Yagoda**, *Messung des Neutronenflusses durch mit Lithiumborat geladene Emulsionen.* Angabe von 2 Methoden zum Laden von Kernemulsionen mit Li-Borat. Eine aus B_2O_3 u. Li_2CO_3 hergestellte 10%ig. Li-Boratlsg. wird durch Kochen mit überschüssigem Li_2CO_3 auf $p_H \sim 7$ gebracht u. mit 3% Glycerin oder Diäthylenglykol u. ~0,004% Netzmittel versetzt. ILFORD C_2-Platten nehmen bei 25° u. 2 Std. Baden in dieser Lsg. ~34 mg B u. 12 mg Li pro cm^3 der ursprünglichen, trockenen Emulsion auf. Höhere B- u. Li-Konzz. lassen sich dadurch erreichen, daß eine bestimmte Menge der Li-Borat-Lsg. auf eine Platte gebracht wird u. das Li-Borat im Laufe von ~16 Std. bei 25° in feuchter Atmosphäre gleichmäßig in die Emulsion einzieht. Die auf letztere Weise hergestellten Platten sind noch gleichmäßiger u. ergeben bei Bestimmungen des Neutronenflusses maximale Abweichungen vom Mittelwert von ±5% gegen ±18% für nach der ersten Meth. hergestellte Platten. Die mittleren Abweichungen betragen 2,5% bzw. 7%. Es wird eine Verarbeitungsvorschrift für solche geladene Platten angegeben, welche eine gute Unterscheidung von α- u. Tritonen-Bahnspuren ermöglicht. (Rev. sci. Instruments 23. 155—61. April 1952. Bethesda, Md., Nat Inst. of Arthritis and Metabol. Dis., Nat. Inst. of Health, Public Health Serv., Fed. Sec. Ag.) EICHHOFF. 112

A_2. Optisches Verhalten der Materie.

Henry G. Horak, *Eine spektrographische Untersuchung von RZ Cassiopeiae.* Aus 89 Spektrogrammen, aufgenommen in der Zeit vom 24/12. 1949—23/1. 1950 mit dem Quarzprismenspektrographen (Dispersion 40 Å/mm bei λ 3933 Å), werden Radialgeschwindigkeit u. Bahn bestimmt. In Übereinstimmung mit photometr. Messungen ergibt sich eine Kreisbahn. Das Spektr. enthält nur Linien der helleren Komponente, der Spektraltyp ist A 0. Die Radialgeschwindigkeitskurve zeigt den Rotationseffekt. Es wurden folgende Linien gemessen: *H* 9 3835,39, *Fe* I + *Ni* II 3849,86, *Si* II 3856,02, Fe I 3878,34, 4045,82, 4063,62, 4071,74, 4271,44, H_δ 4101,74, *Ca* I 4226,73, Fe II 4233,16, H_γ 4340,47, *Mg* II 4481,23, H 8 3889,05 u. Ca II 3933,67. (Astrophysic. J. 115. 61—65. Jan. 1952. Lawrence, Kan., Univ.) F. W. KRÜGER. 113

Sch. A. Beswerchni, A. L. Oscherowitsch und **Ss. F. Rodionow**, *Elektrophotometrische Untersuchungen der Durchsichtigkeit der Atmosphäre im ultravioletten Spektralgebiet.* Vff. erläutern die spektrophotometr. Untersuchungsmethoden des UV-Sonnenspektr. unter Verwendung moderner elektrophotometr. Anordnungen (5 Schaltschemata) u. untersuchen die Dicke der O_3-Schicht der Erdatmosphäre sowie die Erscheinung der durch die Aerosolschicht der Erdatmosphäre bedingten anomalen Durchsichtigkeit der Atmosphäre unter großen Zenitwinkeln. (Известия Академии Наук СССР, Серия Геофизическая [Nachr. Akad. Wiss. UdSSR, geophysik. Ser.] 1952. Nr. 3. 93—102. Mai/Juni. Leningrad, Shdanow-Univ., Geophysikal. Inst. der Akad. der Wiss. der UdSSR.) AMBERGER. 113

Romuald Anthony, *Atmosphärische Absorption der solaren Infrarotstrahlung.* Best. der Absorptionskoeffizienten aus Messung der Solarintensität als Funktion des Wassergeh. mit einem KBr-Doppelmonochromator. Vgl. mit den von ADEL (1938) u. ELSASSER (1939) berechneten Werten, die im Gebiet 750—1100 cm^{-1} doppelt so große Werte fanden. (Physic. Rev. [2] 85. 674. 15/2. 1952. Inyokern, Calif., U. S. Naval Ord. Test Stat.) LINDBERG. 113

S. S. Penner, *Emission und Absorption von Strahlung durch Spektrallinien mit Doppler-Kontur.* Vf. entwickelt Gleichungen für beobachtbare Intensitäten in Emission u. Absorption für Spektrallinien mit DOPPLER-Verbreiterung. Zur Veranschaulichung werden Rechnungen an Linien der (0,0)-Bande des $^2\Sigma-^2\Pi$-Bandensyst. von *OH* angegeben, die zeigen, daß bei Verbrennungsflammen die Grundvoraussetzungen der

Rechnung nicht erfüllt sind. (J. chem. Physics 20. 507—10. März 1952. Pasadena, Calif., California Inst. of Technol., Guggenheim Jet Propuls. Center.) D. Hahn. 114

R. A. Frosch und **H. M. Foley,** *Die Hyperfeinstrukturspektren zweiatomiger Moleküle.* (Sitzungsbericht.) Es wurde eine relativist. Theorie der magnet. Hyperfeinstruktur der Σ- u. Nicht-Σ-Zustände zweiatomiger Moll., einschließlich der durch Hund definierten Fälle a u. b, aufgestellt. Die relativist. Wechselwrkg. trat vornehmlich in ersteren Zuständen auf. (Physic. Rev. [2] **82.** 337—38. 15/4.; Bull. Amer. physic. Soc. **26.** Nr. 1. 50—51. 1/2. 1951. Columbia Univ.) Stahl. 114

R. J. Shalek, T. W. Bonner und **L. M. Branscomb,** *Die Emissionsspektren von Stickstoff bei Anregung mit energiereichen Protonen.* (Sitzungsbericht.) Beschuß von N_2 mit Protonen in Luft bei Drucken von 8—150 Torr ergibt eine Emission mit den vorherrschenden Gliedern des zweiten positiven Syst. u. der (0, 0)-Bande des ersten negativen Syst. von einfach ionisiertem Stickstoff. (Physic. Rev. [2] **85.** 739. 15/2. 1952; Bull. Amer. physic. Soc. **26.** Nr. 7. 5. 30/11. 1951. Rice Inst., u. Havard Univ.) Rudolph. 118

M. W. Feast, *Ein Emissionsbandensystem, das dem Molekül NH^+ angehört.* Durch astrophysikal. Forschung ist das Mol. NH^+ von Interesse geworden, dessen Spektr. Vf. in einer Hohlkathodenröhre in strömendem Ammoniak erzeugt. Es werden zwei nach Rot abschattierte Banden bei 2725 u. 2885 Å gefunden; zwei schwächere Banden bei 2614 u. 2825 Å gehören wahrscheinlich auch zu diesem System. Erstere sind dem Übergang $^2\Sigma^+–^2\Pi_r$ des NH^+-Mol. zuzuschreiben. Die Wellenzahlen u. Mol.-Konstanten für die identifizierten Niveaus werden angegeben. (Astrophysic. J. **114.** 344—55. Sept. 1951. Ottawa, Can., Nat. Res. Council, Div. of Physics.) D. Hahn. 118

Jean Robin und **Stéphane Robin,** *Verschiebung der Absorptionslinien von Rubidium und Kalium infolge Störung durch bis auf 1000 Atmosphären komprimiertes Argon, Helium und Stickstoff.* Die Verschiebungen der Resonanzlinien von Rb in Ar, N_2 u. He u. des 2. Dubletts der Hauptserie des Rb in Ar sowie die Verschiebung der Resonanzlinien von K in Ar werden als Funktion des Gasdruckes p bis zu einigen Hundert at gemessen. Mit zunehmendem p tritt eine Linienverbreiterung auf, die zum Teil zum völligen Verschmelzen der Dubletts führt. Die relative Intensität der Linien ändert sich sehr stark. So wird die bei geringem Druck intensivere Rb-Linie $\lambda_1 = 7800$ Å bei hohem Druck schwächer als ihre Komponente $\lambda_2 = 7947$ Å. Die Verschiebung von λ_1 u. λ_2 mit p geht in He nach kurzen Wellen, in Ar u. N_2 zunächst nach langen Wellen, bei λ_1 für sehr hohe Drucke jedoch wieder in umgekehrtem Sinne nach kurzen Wellenlängen. Die Resonanzlinien des K in Ar u. die Linien des 2. Dubletts der Hauptserie des Rb in Ar verschieben sich zu größeren Wellenlängen. (C. R. hebd. Séances Acad. Sci. **233.** 1019—22. 29/10. 1951.) Rudolph. 118

Roger Newman, *Das Emissionsspektrum von HCl im nahen Infrarot.* Bei der Beobachtung einer Cl_2–H_2-Flamme mit einem Vakuumgitterspektrographen ergaben sich starke Schwingungs- u. Rotationsanregung des in der Flamme entstandenen HCl. Die Banden im Frequenzbereich von 2975—3200 cm^{-1} u. von 5150—5850 cm^{-1} werden wiedergegeben u. daraus $T_{Rot.}$ zu ca. 2500° K als zuverlässigstem Wert u. $T_{Schwingung}$ ebenfalls zu 2500° K ermittelt. Die sich aus der H_2–Cl_2-Rk. ergebende maximale Temp. beträgt ca. 3000° K. (J. chem. Physics **20.** 749—50. April 1952. Pasadena, Calif., Inst. of Technol., Gates and Crellin Labors. of Chem.) Lindberg. 120

A. de Lattre, *Infrarotspektrum von SF_6 im LiF-Bereich.* Es wird gasförmiges SF_6 zwischen 1560 u. 2510 cm^{-1} mittels Beckman-Spektrometers mit LiF-Optik untersucht. Die Spektren werden bei 760, 180, 55 u. 10 mm Hg Druck aufgezeichnet u. Banden bei 1577 (53,2; m), 1616 (1,47; s), 1634 (1,47; s), 1713 (119; m), 1758 (1,55; s), 2027 (0,06; ss), 2225 (0,85; s) u. 2488 (0,13; ss) gefunden. Vf. vergleicht seine Messungen mit denen von Lagemann u. Jones (C. **1952.** 641) u. findet einige Diskrepanzen, obwohl er äußerst reines Gas benutzt hat. (J. chem. Physics **20.** 520—22. März 1952. Liège, Univ. de Liège Centre d'Analyse spectrale mol.) D. Hahn. 120

Cl. Duval und **J. Lecomte,** *Ultrarot-Absorptionsspektren von Ionen des Typs BO_2^- und BO_3^{3-}.* Es werden die Ultrarotspektren zwischen 650 u. 1400 cm^{-1} der *Orthoborate* von *Mg, Ca, Ni, Mn, Sr* u. *Ba*, der *Orthoborsäure,* weiterhin der *Metaborate* von *Na, Pb* u. *Ba* aufgenommen. Da in den Orthoboraten viel mehr Linien gefunden wurden, als den einfachen Ionen entsprechen, so wird Polymerisation angenommen. Für $(BO_3)_2^{6-}$ werden die möglichen Schwingungen angegeben. Auch bei den Metaboraten muß der Zahl der beobachteten Banden wegen Polymerisation angenommen werden, die sich im Laufe der Zeit ändert, da frisch bereitete Präpp. ein anderes Spektr. geben als alte. Für dimeres BO_2^- werden die möglichen Schwingungen angegeben. (Bull. Soc. chim. France, Mém. [5] **19.** 101—05 Jan./Febr. 1952. Paris, Sorbonne, Labor de Rech. phys. et de Chim. B.) Goubeau. 120

Richard M. Beth und **Angus F. Bond**, *Magnetisiert zirkular polarisiertes Licht ein brechendes Medium?* (Sitzungsbericht.) Eine möglicherweise nachweisbare Wikg. zirkular-polarisierten Lichtes ist auf Grund der durch den elektr. Lichtvektor erzeugten Polarisation denkbar. Unter Voraussetzung prakt. unbeeinflußter Atomkerne wurde die mittlere Lage der durch den elektr. Lichtvektor verschobenen Hüllelektronen berechnet. Der hierdurch entstehende Strom stellt eine (frequenzabhängige) Magnetisierung dar, so daß die resultierende magnet. Induktion berechnet werden konnte. (Physic. Rev. [2] **82**. 338—39. 15/4.; Bull. Amer. physic. Soc. **26**. Nr. 1. 51—52. 1/2. 1951. Western Reserve Univ.) STAHL. 122

Hiroshi Kubota, *Über überempfindliche Polarisationsfarben.* (Vgl. C. **1952**. **6809**.) Die Empfindlichkeit der bei der chromat. Polarisation empfindlichen Farbe läßt sich dadurch steigern, daß außer der doppelbrechenden Platte noch eine die Phase wellenlängenunabhängig verzögernde Schicht zwischen die Nicols gesetzt wird. Die chromat. Empfindlichkeit $\Delta C/\Delta(\mu d)$ ergibt sich proportional zu $1/(1-\eta/\pi)$ (ΔC chromat. Änderung, μd Phasendifferenz zwischen beiden Strahlen nach Durchstrahlung der doppelbrechenden Platte, η wellenlängenunabhängige Phasenverzögerung). Die achromat. Phasenverzögerung wird durch Totalreflexion an Glas realisiert. Als doppelbrechende Platte wurde eine gestreckte Plastikfolie benutzt, die auf jede gewünschte Phasenverzögerung eingestellt werden kann. (J. opt. Soc. America **42**. 144—45. Febr. 1952. Chiba City, Tokyo, Univ., Inst. of Ind. Sci.) LINDBERG. 122

G. C. Mönch, *Über die Farben dünner Häutchen und ihre Beziehung zu den Farben dünner doppelbrechender Kristallplatten.* Vgl. der Farben dünner Blättchen u. der Farben der zwischen zwei gekreuzten Nicols betrachteten doppelbrechenden Kristalle im parallelen Licht. Die spektrale Verteilung des vom Auge wahrgenommenen Helligkeitseindrucks wird für den Fall berechnet, daß bei Häutchen u. Kristall die gleiche Wellenlänge ausgelöscht wird u. die prim. Intensität so gewählt ist, daß die hellste Stelle im Spektr. für beide Beobachtungen gleich lichtstark erscheint. Die Rechnung zeigt, daß bei gleichen Gangunterschieden bei Häutchen u. Kristall prinzipiell Farbunterschiede auftreten. Bei dem untersuchten Beispiel eines Häutchens in Luft mit einem Brechungsindex wie Pyridin u. eines Quarzblättchens sind prakt. keine Farbunterschiede vorhanden. Bei Wahl von anderem Material lassen sich wahrscheinlich sowohl theoret. Farbübereinstimmung als auch größere Differenzen erzielen. (Optik **9**. 97—107. 1952. Halle/S.) LINDBERG. 122

Peter D. Johnson und **Ferd E. Williams**, *Energieniveaus und Termübergänge in dem mit Thallium aktivierten Kaliumchlorid-Phosphor.* Die Abhängigkeit der Intensität der Emission von der Temp. u. von der Wellenlänge des erregenden UV wurde an KCl·Tl-Phosphoren, auch an solchen mit wechselnden Zusätzen von Ca^{2+}, Ba^{2+}, Sr^{2+}, Cd^{2+} oder O^{2-} gemessen. Emissionsbanden liegen bei 3050 Å u. 4750 Å (Hauptbanden), ferner bei hohen Tl^+-Konzz. bei 3775 Å (bes. bei tiefer Temp.) u. 5800 Å, ferner bei hoher Cd^{2+}-Konz. (0,01 Cd) bei 3500 Å, letztere ist bes. deutlich bei niedriger Tl^+-Konz. (0,004 Tl). Alle Banden gehören dem Tl^+ an. Absorptionsbanden liegen bei 2470 Å u. 1960 Å (Hauptbande), ferner bei 2060 Å, u. bei hohem Tl-Geh. bei 2575 Å. Theoret. (vgl. WILLIAMS, C. **1951**. II. 3271) entspricht die Absorption 2470 Å u. Emission 3050 Å Übergängen zwischen $^1S_0$ u. $^3P_1{}^0$ des Tl^+. Nach den Auswahlregeln folgt, daß die Absorption bei 2470 Å $^1S_0 \rightarrow {}^3P_1{}^0$ u. bei 1960 Å $^1S_0 \rightarrow {}^1P_1{}^0$ entspricht. Die dem letzteren Übergang entsprechende Emission ist 4650 Å, wie aus deren Begünstigung durch Einstrahlung in 1960 Å folgt. (Entsprechendes gilt auch für die Emission 3050 Å u. die Absorption 2470 Å.) Die Emission bei 3775 Å (u. 5800 Å) sowie 3500 Å ist wahrscheinlich $^3P_2{}^0 \rightarrow {}^1S_0$ sowie $^3P_0{}^0 \rightarrow {}^1S_0$ zuzuordnen u. entsprechend umgekehrt bei der Absorption 2060 Å sowie 2575 Å. Aus der Temperaturabhängigkeit der Emission 4750 u. 3050 Å folgt, daß unter der Annahme therm. Besetzungsgleichgewichtes der beiden angeregten Zustände $^3P_1{}^0$ u. $^1P_1{}^0$ ersterer 0,021 eV über letzterem liegt. Die entsprechenden Übergangswahrscheinlichkeiten verhalten sich wie 6:1, was zur Folge hat, daß die Gleichgewichtsannahme nicht genau zutrifft. Für die Aktivierungsenergie der strahlungslosen Übergänge ergab sich für $^3P_1{}^0 \rightarrow {}^1S_0$ früher theoret. 0,69 eV, was in Übereinstimmung mit dem aus dem jetzt gemessenen Temperaturverlauf der Emissionsausbeute von 3050 Å bestimmten Wert von 0,60 eV ist. (J. chem. Physics **20**. 124—28. Jan. 1952. Schenectady, N. Y., Gen. Electr. Res. Labor.) BRAUER. 125

N. A. Gorbatschewa, M. A. Konstantinowa-Schlesinger, Je. G. Teremetzkaja und **S. A. Trapesnikowa**, *Luminescenzzentren und die die Prozesse der Kristallphosphorgewinnung beeinflussenden Faktoren.* Vff. suchen die Auffassung der Leuchtzentren als Quasimoll. (KONSTANTINOWA-SCHLESINGER, C. **1951**. II. 1695) durch den Umstand zu stützen, daß das Verhältnis zwischen den Absoluttemperaturen des Beginns der

Luminescenztilgung u. des Schmelzens des Grundmaterials („red. Temp.") für die einzelnen Leuchtstoffarten eine mehr oder minder konstante Größe ist, wobei Vff. annehmen, daß die red. Temp. entsprechend höher ist, wenn der Aktivator auf Grund seiner Koordinationszahl nicht zum Gitter des Grundmaterials paßt. Bei den *ZnS*-Luminophoren nehmen Vff. die Bldg. von Quasimoll. an, die in Ggw. von Cl^-, Br^- u. J^--Ionen blau, in Ggw. von SO_4^{2-}-Ionen gelb u. in Ggw. von Anionen, die sich im ZnS selbst, beispielsweise bei dessen teilweiser Oxydierung, bilden, gelbgrün luminescieren. $Cd_2P_2O_7 \cdot Mn$ fluoresciert bei einer Glühdauer von 3—4 Min. (700°) gelb, bei einer Glühdauer >5 Min. rot. Vff. führen das darauf zurück, daß sich das zur Bldg. von Quasimoll. mit gelber Luminescenz notwendige Cl als $CdCl_2$ aus dem Reaktionsgemisch entfernt. (Известия Академии Наук СССР, Серия Физическая [Nachr. Akad. Wiss. UdSSR, physik. Ser.] **15**. 730—36. Nov./Dez. 1951. Physikal. Lebedew-Inst. der Akad. der Wiss. der UdSSR.) AMBERGER. 125

E. Nagy, *Luminescenzerscheinungen in Willemit-Phosphoren.* Die früher (J. opt. Soc. America **39**. [1949.] 42 u. früher) gefundene Zerlegbarkeit des Emissionsspektr. von $Zn_2SiO_4 \cdot Mn$ in Banden mit Bandenmaxima bei 2,48; 2,35 (Maximum); 2,27; 2,05 eV wird erhärtet durch Messungen der Abklingzeiten, wonach die Nebenbanden fast völlig nach 3 oder 4 msec verschwunden sind. Die Banden 2,27 u. 2,17 eV gehören anwesendem β-Willemit zu. Die Einzelbande (Energie über Frequenz) müßte symm. sein, was aber nur im Phosphorescenzspektr. nachgewiesen wurde. Die Halbwertsbreite zweier untersuchter Banden wächst beinahe linear mit der Temperatur. Bei Erhöhung des Mn-Geh. von 1 auf 6% verschieben sich die Banden um 0,04 eV nach rot. Die Intensität I (einer Bande) befolgt die Formel von MOTT u. GURNEY $I/I_0 = 1 + C \exp(-E/kT)^{-1}$. Die dielektr. Verluste, die bei 20000 Hz u. 1 V an Stelle der unausführbaren Best. des Gleichstromwiderstands bestimmt wurden, befolgen ein inverses Gesetz $\sigma = \sigma_0 + A \exp(-E/kT)$, wobei die Aktivierungsenergie E in beiden Fällen die gleiche ist. Dies wird auch für ZnS·Ag gefunden. Vf. diskutiert mehrere Deutungsmöglichkeiten. (Acta physica Acad. Sci. hung. **1**. 115—25. 1951. Budapest, Res. Labor. for Telecomm.) BRAUER. 125

E. Nagy und Gy. Gergely, *Phosphorescenzspektren.* (Vgl. vorst. Ref.) An künstlichem manganaktiviertem *Willemit* wurde einmal das Spektr. des Nachleuchtens in verschied. Zeitpunkten nach Erregungsschluß gemessen u. mit dem Spektr. während der Erregung verglichen mit dem Resultat, daß bei UV-Erregung die gelbe Nebenbande in Phosphorescenz nicht mehr auftritt. Weiter wurde die durch (rechteckig) pulsierende Kathodenstrahlerregung erzeugte Emission spektral zerlegt u. zeitlich (über Multiplier- u. BRAUNsches Rohr) verfolgt. Bes. schnell (~ 25—$30 \cdot 10^{-6}$ sec) klingt eine blaue, nicht durch UV anregbare Bande an u. ab. (Acta physica Acad. Sci. hung. **1**. 127—33. 1951.) BRAUER. 125

Arthur G. Rouse und John B. Drahmann, *Kathodoluminescenz handelsüblicher Oxydkathoden.* (Sitzungsbericht.) Oxydkathoden zeigen bei Anregung durch einen nicht fokussierten Elektronenstrahl bei Tempp. von —140 bis 50° eine Luminescenz u. sichtbare Phosphorescenz. Mit Elektronenvervielfacher wird ein Emissionsmaximum bei —125° festgestellt. (Physic. Rev. [2] **85**. 739. 15/2. 1952; Bull. Amer. physic. Soc. **26**. Nr. 7. 5. 30/11. 1951. St. Louis, Univ., u. Seattle, Univ.) RUDOLPH. 125

A₃. Elektrizität. Magnetismus. Elektrochemie.

Henry Margenau und Stanley Bloom, *Cluster-Bildung von Ionen.* (Sitzungsbericht.) Unters. der zu Ionenclusterbldg. führenden intermol. Potentialverhältnisse. Bei der Potentialform cR^{-12}—KR^{-4} (c u. K Konstanten) bleibt die Clusterbildungstendenz nur für Li^- erhalten. Die Moll. wurden punktförmig idealisiert. (Physic. Rev. [2] **85**. 735. 15/2. 1952; Bull. Amer. physic. Soc. **26**. Nr. 6. 39. 24/10. 1951. Yale Univ.) SPEER. 131

F. Wenzl, *Ionen und Elektronen einheitlicher Anfangsgeschwindigkeiten im Vakuum.* Die Raumladungsgleichung für Elektronen u. Ionen gleicher Anfangsgeschwindigkeiten wird mittels ellipt. Integrale entsprechend den Überlegungen von ROTHE u. KLEEN für reinen Elektronenstrom allg. integriert. Unter der Voraussetzung, daß von der Anode Ionen ohne Anfangsgeschwindigkeit ausgehen, wird die Frage des Auftretens einer virtuellen Kathode untersucht. Verss., Potentialwellen zu realisieren, blieben ohne Erfolg. (Z. angew. Physik **4**. 94—104. März 1952. München.) H. HAUSWALD. 131

Francis J. Norton, *Quecksilberhydridionen im Massenspektrometer.* Im 60°-Massenspektrometer der GENERAL ELECTRIC COMP. mit magnet. Fokussierung, 1500 V Beschleunigungs- u. 70 V Ionisierungsspannung wurde die Bldg. von HgH^+-Ionen bei Füllung mit H_2 u. Hg-Dampf beobachtet. Eine Tabelle zeigt die gemessene quadrat.

Druckabhängigkeit der Intensität des $^{202}HgH^+$-Ions. Auch $^{204}HgH^+$ wurde bei hohen H_2-Drucken beobachtet. (Nature [London] **169.** 542. 29/3. 1952. Schenectady, N. Y., Gen. Electr. Co., Res. Labor.) CONRAD. 131

F. Reder und **E. Hafner,** *Eine einfache Methode zur Bestimmung der Dielektrizitätskonstante von Flüssigkeiten im cm-Wellen-Gebiet.* Vff. entwickeln eine Meth. zur DK.-Messung im Wellenlängengebiet von 3—30 cm. Die Meth. ist eine Weiterentw. der bekannten LECHERschen Drähte u. ist für Fll. u. für Festkörper geeignet. Die Genauigkeit beträgt trotz sparsamen Materialverbrauchs 0,5°/₀₀. (Acta physica austriaca **5.** 189—201. Dez. 1951. Graz, Inst. für theoret. Physik.) V. BOGDANDY. 132

Antoine Gennaoui, *Messung der Dielektrizitätskonstanten und der Absorptionskoeffizienten von Gasen und Dämpfen bei Hyperfrequenzen.* Nach einer näher beschriebenen Meth. wurden der Real- u. Imaginärteil ε' u. ε'' der komplexen DK. $\varepsilon = \varepsilon' - i\varepsilon''$ für die Frequenz f = 9450 MHz von mehreren Gasen u. Dämpfen gemessen. Die Meßgenauigkeit beträgt $0{,}02 \cdot 10^{-3}$ für $\varepsilon' - 1$ u. $0{,}005 \cdot 10^{-4}$ Nep./cm für ε''. Ergebnisse für ε' [im Folgenden sind genannt die Temp., der Druck p in mm Hg, $(\varepsilon'_0 - 1) \cdot 10^3$, wo ε'_0 sich auf f = 0 bezieht, u. $(\varepsilon'_{9450} - 1) \cdot 10^3$]: *Chlf.* 22°, 170, 0,79 u. 1,05; *Aceton* 19,6°, 189, 6,52 u. 5,17; *Ae.* 18,9°, 450, 4,10 u. 3,93; *A.* 22°, 49, 0,63 u. 0,54; *Bzl.* 22,5°, 82, 0,38 u. 0,37; C_2H_5Cl 19,8°, 760, 12,7 u. 12,5; CCl_4 20°, 90, 0,44 u. 0,52; NH_3 17,8°, 760, 6,3 u. 6,17. $\varepsilon' - 1$ ändert sich proportional mit p. Für den Absorptionskoeff. $\beta = \pi f \varepsilon''/c$ (c = Lichtgeschwindigkeit) wurde bei p = 100 u. bei 20° gefunden (in Einheiten von 10^{-4} Nep./cm): Chlf. 0,12, Aceton 0,56, Ae. 0,28, C_2H_5Cl 0,28, NH_3 0,44, CCl_4 0,12. β von Aceton u. Ae. steigt linear mit p an, während bei den übrigen Substanzen ein parabol. Anstieg vorliegt. (Helv. physica Acta **24.** 401—18. 20/11. 1951. Genf.) FUCHS. 132

M. I. Iglitzyn, *Über die elektrischen Eigenschaften des polykristallinen Selens.* Vf. untersucht im Temperaturbereich —180 bis +200° die spezif. Dunkelleitfähigkeit σ, die Thermo-EMK./Grad α u. die HALL-Konstante R von chem. reinen Se-Proben (0,0002% Fe, 0,00013% Al, 0,00005% Cu, die durch Kristallisation von amorphem Se unter Drucken von 60—80 kg/cm² bei 6 verschied. konstant gehaltenen Tempp. zwischen 117 u. 218° erhalten worden waren. Für eine der 6, untereinander nur geringfügig schwankenden, bei 218° krist. u. bei 0° gemessenen Proben findet Vf. $\sigma = 1{,}14 \cdot 10^{-4}\ \Omega^{-1}\ cm^{-1}$; $\Delta E = 0{,}224$ eV [$\sigma = \sigma_0 \cdot \exp(-\Delta E/2kT)$]; $\alpha = 987$ mV/Grad; $R = 6{,}02 \cdot 10^4$ CGSM; $n = 1{,}19\ cm^{-3}$; $u = 0{,}58\ cm^2/V \cdot sec$. Vf. findet reine Defektelektronenleitfähigkeit (Temperaturunabhängigkeit der Defektstellen). Die HALL-Konstante ist im Bereich —180 bis +200° ebenfalls temperaturunabhängig. ΔE nimmt linear mit der Kristallisationstemp. von ~0,47 bei 117° auf ~0,21 eV bei 218° ab; ln σ u. ln n nehmen linear in Abhängigkeit von 1/T ab. Die experimentellen Ergebnisse sind mit dem Bändermodell nicht vereinbar, können aber möglicherweise auf der Grundlage der Arbeit von VON HIPPEL (C. **1948.** II. 938) ihre Deutung finden. (Журнал Технической Физики [J. techn. Physik] **22.** 885—87. Mai 1952.) AMBERGER. 135

S. A. Goldman, *Nichtadditive Wirkung verschiedener Spektralgebiete auf Selenphotoelemente mit Sperrschicht.* Zwei Lichtquellen I u. II waren durch Filter so abgeschirmt, daß von der einen (I) nur Licht mit $\lambda_1 < 630$ mμ, von der anderen (II) nur Licht mit $\lambda_2 > 690$ mμ auf das Photoelement fiel. Bei Belichtung mit I u. II zusammen war die Photo-EMK. fast dieselbe wie bei Belichtung mit I allein. Die Photoleitfähigkeit war bei Belichtung mit I u. II um 93% größer als die Summe der Photoleitfähigkeiten bei Einzelbelichtung mit I bzw. II. (Известия Академии Наук СССР, Серия Физическая [Nachr. Akad. Wiss. UdSSR, physik. Ser.] **16.** 110—14. Jan./Febr. 1952. Wologda, Pädagog. Inst.) KIRSCHSTEIN. 135

W. Ss. Chasanow und **Ss. G. Jurow,** *Einfluß der Temperatur auf die spektrale Empfindlichkeit von Antimon—Cäsium-Photoelementen.* Nach den Messungen der Vff. beträgt die relative spektrale Empfindlichkeit von Sb-Cs-Photoelementen im Uviolglaskolben für ~3900 Å (Maximum) bei —20° 106; +20° 100; +60° 85; für ~5400 Å bei allen Tempp. ~0,55; für 6250 Å bei —20° 25; +20° 26; +60° 33; im Glaskolben für 4000 Å u. —20° 103; +20° 100; +60° 90; für ~5550 Å u. alle Tempp. 51 u. für 6250 Å bei —20° 20; +20° 24; +60° 31. (Журнал Технической Физики [J. techn. Physik] **22.** 744—46. Mai 1952.) AMBERGER. 135

B. T. Kolomijetz, *Über den Mechanismus der Photoleitfähigkeit und der Leitfähigkeit in Bleisulfidschichten.* (Vgl. C. **1952.** 2468.) An PbS-Schichten, die durch Verdampfen im Vakuum hergestellt u. danach an Luft therm. behandelt worden waren, wurde die Temperaturabhängigkeit der Dunkel- u. der Photoleitfähigkeit im Bereich von 10—90° untersucht. Aus den Ergebnissen ist zu schließen, daß der in der PbS-Schicht gelöste O_2 unmittelbar an der Elektrizitätsleitung teilnimmt; dies geht auch aus dem Verh.

an Luft u. im Vakuum hervor. Zur Erklärung des Mechanismus wird angenommen, daß bei genügend hoher Temp. O_2 in das PbS eindringt u. mit überschüssigem Pb u. den Dissoziationsprodd. des PbS *PbO* u. *PbO·PbSO₄* bildet. Dabei nimmt die Leitfähigkeit ab (irreversibler Teil des Oxydationsprozesses). Weitere Oxydation führt zu einer festen Lsg. vom Durchdringungstyp. Da O_2 Elektronen aus dem Grundband des PbS einfängt, wird dort Löcherleitung ermöglicht (reversibler Teil des Oxydationsprozesses). Die Einfangniveaus liegen 0,33 eV über dem Grundband. Die Photoleitfähigkeit entsteht dadurch, daß Elektronen von den Einfangniveaus in das freie Band übergehen. Die geringe Trägheit der Photoleitung in PbS ist durch die kurze Lebensdauer der Elektronen zu erklären; ihre Änderung mit der Temp. ist jedoch nach dem vorgeschlagenen Modell nicht zu verstehen. (Известия Академии Наук СССР, Серия Физическая [Nachr. Akad. Wiss. UdSSR, physik. Ser.] **16**. 70—80. Jan./Febr. 1952. Leningrad, Physikal.-Techn. Inst. der Akad. der Wiss. der UdSSR.) KIRSCHSTEIN. 135

Je. G. Misseljuk und **E. B. Mertenss,** *Negativer Photoeffekt in Silbersulfid.* Durch gleichzeitige Sublimation von Ag_2S u. PbS wurden Proben mit PbS-Gehh. bis zu 5% erhalten. Ein negativer Photoeffekt wurde bei 1—2% PbS beobachtet, bei größerem oder geringerem PbS-Geh. war der Photoeffekt positiv. Im günstigsten Fall nahm die Stromstärke bei Belichtung auf $^1/_3$—$^1/_6$ ab, in Einzelfällen auch auf $^1/_{10}$. Die Messungen wurden bei Feldstärken von 100—150 V/cm ausgeführt. In den meisten Fällen lag Elektronenleitung vor. (Известия Академии Наук СССР, Серия Физическая [Nachr. Akad. Wiss. UdSSR, physik. Ser.] **16**. 115—20. Jan./Febr. 1952.) KIRSCHSTEIN. 135

Lloyd P. Hunter, *Die inverse Spannungscharakteristik eines punktförmigen Kontaktes von Germanium des N-Typs.* Ein punktförmiger Kontakt von Ge des N-Typs zeigt eine inverse Strom–Spannungs-Charakteristik (Auftreten eines V_{min} bei zunehmender Stromstärke). Ausgehend von dem im nachst. Ref. mitgeteilten experimentellen Ergebnis, daß unter streng isothermen Bedingungen eine geradlinige Charakteristik erhalten wird, kann das anomale Verh. bei nichtisothermen Bedingungen qualitativ erklärt werden (Vorliegen eines Selbsterwärmungseffektes). (Physic. Rev. [2] **81**. 151—52. 1/1. 1951. East Pittsburgh, Pa., Westinghouse Res. Labor.) FUCHS. 135

A. I. Bennett und **L. P. Hunter,** *Messung der inversen Spannungscharakteristik von punktförmigen Germaniumkontakten durch Spannungsstöße.* (Vgl. vorst. Ref.). Vff. nahmen bei 26 u. 120° die inverse Strom–Spannungs-Charakteristik eines punktförmigen Kontaktes von Ge des N-Typs auf. Zur Vermeidung von Wärmeeffekten mußte mit Spannungsstößen von nur 0,5 μSek. Dauer gearbeitet werden. Die Ge-Kristalle von 0,015 in Dicke waren auf einem großen Cu-Block aufgebracht. Auf diese Weise wurde ein linearer Verlauf zwischen Spannung u. Stromstärke gefunden (Messungen zwischen —10 u. —60 V, entsprechend Stromstärken von —4 bis —29 mA). Wurde aber mit einer konstanten Spannung gearbeitet, so wurde ein komplizierter Zusammenhang zwischen Spannung u. Stromstärke gefunden, wo bei oberhalb ca. 12 mA die Spannung bei wachsender Stromstärke abfällt; V_{min} beträgt bei 26° —52 V u. bei 120° —27 V. Die Ergebnisse werden auf Grund von theoret. Betrachtungen diskutiert. (Physic. Rev. [2] **81**. 152. 1/1. 1951.) FUCHS. 135

H. B. Huntington, *Berechnung der Oberflächenenergie eines Metalls mit freien Elektronen.* Die Oberflächenenergie E eines Metalles wird für den Fall berechnet, daß die Elektronen des Metalles frei sind u. daß sich auf der Oberfläche keine Ladung befindet. E ist hiernach unabhängig von der Höhe der Potentialschranke an der Oberfläche. Dagegen ist die so berechnete Oberflächenspannung kleiner als halb so groß wie die für geschmolzene Metalle gemessene. Dieses Ergebnis steht im Widerspruch zu dem früher (vgl. C. **1950**. I. 2327) vom Vf. erhaltenen; der Unterschied ist durch die Forderung des Vorliegens einer elektr. neutralen Oberfläche bedingt. (Physic. Rev. [2] **81**. 1035—39. 15/3. 1951. Troy, N. Y., Rensselaer Polytechn. Inst., Dep. of Phys.) FUCHS. 136

F. Hubbard Horn, *Die Änderung des elektrischen Widerstandes von Magnesium beim Schmelzen.* In einer bes. konstruierten Meßzelle wurde unter Ar-Atmosphäre Mg geschmolzen u. der spezif. Widerstand bei Übergang vom festen in den fl. Zustand in einer Brückenschaltung gemessen. Die Temperaturbest. erfolgte mittels eines Chromel-Alumel-Thermoelementes. Als Meßproben wurden spektral reines (99,95%) u. handelsüblich reines Mg (99,52 bzw. 98,67%) mit Al, Fe, Mn, Cu, Si u. Cr als Verunreinigungen verwendet. Die Messungen ergaben: 1. Der spezif. Widerstand des fl. Mg verhält sich zu dem des festen wie 1,63/1 u. liegt daher unter dem theoret. zu erwartenden Wert 2,1. Vf. nimmt daher an, daß im fl. Material die Zahl der freien Elektronen größer ist als im festen. 2. Der Temperaturkoeff. des geschmolzenen Mg ist extrem klein. 3. Ca. 20—30° unterhalb des F. (651°) nimmt der Widerstand als Funktion der Temp. einen immer steileren Verlauf bis zum F., u. zwar unabhängig davon, ob während der Erwärmung oder der Abkühlung gemessen wird. Ein Hysteresiseffekt ist nicht nachweisbar. Die Beobachtungen am Mg werden mit ähnlichen bei anderen Metallen mit ähnlicher Struktur verglichen. (Physic. Rev. [2] **84**. 855—56. 15/11. 1951. Schenectady, N. Y., Gen. Electr. Co., Res. Labor.) REUSSE. 136

J. Bardeen, *Wahl des Maßstabes in der Londonschen Näherung in der Theorie der Supraleitung.* Ergänzende theoret. Bemerkungen zu der C. 1951. I. 3302 referierten Arbeit. (Physic. Rev. [2] **81**. 469—70. 1/2. 1951. Murray Hill, N. J., Bell Telephone Labors.) FUCHS. 136

William Band, *Das Ausschließungsprinzip und die Theorie der Supraleitung.* (Sitzungsbericht.) Aus den Eigenfunktionen eines Elektronengases wird die Resonanzenergie 1. Ordnung berechnet. Die Anwendung des Ergebnisses auf das Vol., für das das Ausschließungsprinzip gilt, führt zu Aussagen über die Supraleitung. (Physic. Rev. [2] **83**. 885. 15/8.; Bull. Amer. physic. Soc. **26**. Nr. 5. 5. 25/6. 1951. Washington, State Coll.) FUCHS. 136

J. Verhaeghe, G. Le Compte und G. Vandermeerssche, *Die magnetische Anisotropie von Indium-Einkristallen.* Vff. bestimmten nach der GOUY-Meth. die Anisotropie der magnet. Susceptibilität von Einkristallen aus gereinigtem In. Im Mittel ergaben sich aus 4 Proben für die Volumensusceptibilität folgende Werte: $\varkappa_\parallel = -0{,}886 \cdot 10^{6}$, $\varkappa_\perp = -0{,}398 \cdot 10^{-6}$, $(\varkappa_\perp - \varkappa_\parallel) = 0{,}47 \cdot 10^{-6}$, $\varkappa_\parallel/\varkappa_\perp = 0{,}44$. Für eine polykristalline Probe ergab sich $\varkappa = -0{,}56 \cdot 10^{-6}$. Unter Benutzung der D. 7,3082 für den Einkristall u. 7,2985 für den Polykristall berechnet sich daraus die Massensusceptibilität einer gepulverten Probe übereinstimmend zu $\chi = 0{,}076 \cdot 10^{-6}$. (Meded. Kon. vlaamse Acad. Wetensch., Letteren schone Kunsten België, Kl. Wetensch. **13**. Nr. 8. 3—9. 1951. Gent, Rijksuniv., Natuurk. Labor. V. HARLEM. 137

H. S. Gutowsky und D. W. McCall, *Kernmagnetische Resonanzfeinstruktur in Flüssigkeiten.* Vielfach-kernmagnet. Resonanzlinien mit Abständen von 0,3—0,7 Gauß wurden nach bekannter Meth. (C. 1951. I. 3002) für ^{19}F u. ^{31}P an einigen fl. P-Haliden ($POCl_3$, $POCl_2F$, $POClF_2$ u. CH_3OPF_2) beobachtet. Die Aufspaltung ist mit örtlichen kernmagnet. Dipolfeldern im Mol. verbunden. Die gegenüber festen Körpern mit 5—10 Gauß Abstand auftretende Verringerung des Abstandes deutet auf eine merkliche Einschränkung der mol. Rotation im fl. Zustand. Diskussion der Ergebnisse u. Berichtigung zu einer Unters. von PROCTOR u. YU (C. 1952. 324) über wss. Lsgg. von SbF_6^-. (Physic. Rev. [2] **82**. 748—49. 1/6. 1951. Urbana, Ill., Univ. of Illinois, Noyes Chem. Labor.) KÖHN. 137

Charles F. Davis, Arthur F. Kip und Renato Malvano, *Paramagnetische Resonanz bei sehr tiefer Temperatur von Praseodymchloridhydrat.* Ein Kristall von $PrCl_3 \cdot 7H_2O$ (I) wird bei 4° K in verschied. Neigungswinkel u. unter Drehung um 2 zueinander orthogonale u. zur Pinakoidfläche senkrechte Achsen einem stehenden Magnetfeld u. einem Wechselfeld ausgesetzt. Sein magnet. Resonanzspektr. (bei $\lambda = 3{,}2$ cm) besteht aus 2 Absorptionslinien, deren Lage mit der Orientierung des Kristalls zum Magnetfeld sich ändert; es verschwindet oberhalb ca. 20° K. Der Grundzustand von I ist mindestens doppelt degeneriert u. verschieden von dem des $Pr_2(SO_4)_3$-Hydrats. Die Anisotropie muß axiale Symmetrie aufweisen, kann also nicht einfach kub. sein. Die Hyperfeinstruktur der Resonanzlinie läßt auf ein mechan. Kernmoment des Pr von 5/2 schließen. (Atti Accad. naz. Lincei, Rend., Cl. Sci. fisiche, mat. natur. [8] **11**. 77—79. Juli/Aug. 1951. Turin, Politecnico, u. Massachusetts Inst. of Technol.) R. K. MÜLLER. 137

J. V. Fitzgerald, *Überführungszahlen für die elektrische Leitung in Glas.* Durch Vgl. der von JOHNSON u. Mitarbeitern (C. 1952. 2736) mittels radioakt. Indicatoren gemessenen ion. Diffusionskoeffizienten D für Na-Ionen in Glas mit den auf Grund der elektr. Leitfähigkeit berechneten Koeffizienten D′ (EINSTEINsche Beziehung) findet Vf. für das Glas Na_2O 16%, CaO 12%, SiO_2 72% eine Überführungszahl (D/D′) von 0,3 bis 0,5. Es muß beim Stromtransport also noch ein zusätzlicher Faktor eine Rolle spielen. (J. chem. Physics **20**. 922. Mai 1952. Creighton, Pa., Pittsburgh Plate Glass Co., Glass Div. Res. Labors.) SPEER. 138

Georg Masing und Günther Röth, *Über das Verhalten von Molybdän, Nickel und einigen Molybdän-Nickel-Legierungen in sauren Elektrolyten.* Das Ruhepotential der Mo-Elektrode wird als p_H-abhängig gefunden. Diese Abhängigkeit wird in Analogie zum Sb gedeutet. Dabei wird das Normalpotential des Mo gegen die MoO_4-Ionen zu $E_0^{\text{H}} = -0{,}20$ V abgeschätzt. Bei der anod. Auflsg. folgt das Mo bei nicht zu kleinen Stromdichten der TAFELschen Beziehung. Abweichungen hiervon werden als überlagerte Kathodenvorgänge u. das Ruhepotential als stark polarisiert gedeutet. Die p_H-Abhängigkeit der Steigung der TAFELschen Geraden wird durch einen Bedeckungsmechanismus formal beschrieben. Es wird ferner eine Meth. zur indirekten Messung der O-Depolarisation an verschied. Metallen beschrieben. Diese gestattet auch die Absolutbest. des im Elektrolyten mol. gelösten O_2 mit elektrochem. Mitteln. Der Innenstrom am Mo wurde in der Größenordnung von 10^{-6} A/cm² gefunden. Der Vgl. mit einem Stahl ergibt für die Innenstromdichten annähernd $i_{Fe} = 100\ i_{Mo}$. Dieser Befund stützt die Annahme einer sehr weitgehenden Oberflächenbedeckung der Mo-Elektrode, die sich auch in den Legierungen mit Ni stark bemerkbar macht. An den Stromdichte-Potential-Kurven der Ni–Mo-Legierungen wird der Einfl. des Mo untersucht. Zusätze von Mo veredeln das Potential gegenüber dem des Ni u. richten die Stromdichte-Potential-Kurven auf. Ab 10 % Mo wird eine erhöhte Säurebeständigkeit beobachtet. Bei größeren Stromdichten machen sich Passivitätserscheinungen bemerkbar, die vom Ni herzurühren scheinen. Zusatz von Cr zu Ni–Mo-Legierungen bewirkt schon bei kleinen Stromdichten Passivierung. (Werkstoffe u. Korrosion 3. 176—86. Mai/Juni. 253—62. Juli 1952. Göttingen, Univ., Inst. für allg. Metallkunde.) MARKHOFF. 142

A₄. Thermodynamik. Thermochemie.

Sidney G. Reed jr., *Über den Anfangszustand bei der Kondensation von Molekülen vom Edelgastyp.* In einem von Staub u. Ionen freien Dampf beginnt die Kondensation mit der Bldg. sehr kleiner Mol.-Aggregate, die oft stabile isomere Konfigurationen darstellen können u. die die Voraussetzung zur Kondensation schaffen. Vf. behandelt dieses Problem auf Grund thermodynam. Überlegungen u. gibt am Beispiel des N_2 numer. Einzelheiten an. (J. chem. Physics 20. 208—11. Febr. 1952. Washington, D. C., Catholic Univ. of America.) ROEDER. 149

B. J. Mason, *Spontane Kondensation von Wasserdampf bei Expansionskammerversuchen.* In Verbindung mit der BECKER-DÖRINGschen Theorie der Keimbldg. wurde die Übersättigung u. die Tröpfchenkonz. im Verlauf einer Nebelkammerexpansion berechnet, wobei die Kondensationswärme berücksichtigt wurde. Für ein Expansionsverhältnis von ca. 1,40 erreicht die Übersättigung ein Maximum u. die Tröpfchendichte einen konstanten Wert in Übereinstimmung mit Beobachtungen von FREY (Z. physik. Chem., Abt. B 49. [1941.] 83), die mit der Theorie von TOLMAN (C. 1950. I. 1572) über die Änderung der Oberflächenspannung nicht verträglich sind. (Proc. physic. Soc., Sect. B 64. 773—79. 1/9. 1951. London, Imp. Coll., Dep. of Meteor.) POLLERMANN. 149

B. M. Cwilong und **M. H. Edwards**, *Sublimation und Kondensation von Kohlendioxyd, Stickstoff und Sauerstoff in einer Expansionskammer.* In übersätt. Wasserdampf tritt unterhalb von —41,2° Eisbldg. auf. Ob die Eiskristalle durch Sublimation oder durch Gefrieren kleiner Tröpfchen entstehen, läßt sich nicht beobachten, da die im Dampf vorhandene Wassermenge bei dieser Temp. zu klein ist (Dampfdruck bei —40° 0,096 mm Hg). Verss. mit gesätt. CO_2-Dampf in einer He-Atmosphäre bei —100° ergaben oberhalb eines Expansionsverhältnisses von 1,2 reichliche Schauer von CO_2-Kristallen u. zeigen, daß wirklich Sublimation auftritt u. für sie ein krit. Expansionsverhältnis gilt. Ähnliche Verss. wurden mit N_2 u. O_2 durchgeführt, bei denen die He-Atmosphäre bis unterhalb des Tripelpunktes vorgekühlt war. (Physic. Rev. [2] 85. 380—81. 15/1. 1952. Vancouver, Can., Univ. of British Columbia, Dep. of Phys.) POLLERMANN. 149

W. David English, *Weitere Anwendungen von Egloffs Siedepunktsgleichung.* 2. Mitt. (1. vgl. C. 1951. II. 938.) Die EGLOFFsche Gleichung, um den Kp. zu berechnen, wird mit einem Korrekturfaktor versehen u. erhält neue Werte für die Konstanten. Sie lautet $T = a \ln(n + b) + K - 18{,}0/n_{\infty}$ (T = Kp. in °K; n = Zahl der Zentralatome; a, b u. K = empir. Konstanten). Damit werden eine Anzahl Kpp. für *n-Alkane, Silane, Germane; Stannane, Plumbane, Monoalkylsilane, Polyalkylsilane, α.ω-Disilylalkane, Monoalkylgermane* u. *Polyalkylstannane* berechnet, die mit den Beobachtungen gut übereinstimmen. (J. Amer. chem. Soc. 74. 2927—28. 5/6. 1952. Montreal, P. Q., Can., McGill Univ., Div. of Org. Chem.) MIETHING. 150

Russell N. Doescher, *Die Dissoziationswärme des Fluors.* Ausführliche Abfassung der in C. 1952. 2967 referierten Arbeit mit eingehender Beschreibung des Meßverf. u. der Apparatur. (J. chem. Physics 20. 330—34. Febr. 1952. Pasadena, Calif., California Inst. of Technol., Jet Propulsion Labor.) FORCHE. 155

G. B. Kistiakowsky, *Einleitung der Detonation in Gasen.* Sammelref. über die bisher veröffentlichten Theorien u. beobachteten Tatsachen über den Vorgang der Detonation in der Gasphase u. die Fortpflanzung der Stoßwellen. — 26 Literaturzitate. (Ind. Engng. Chem. 43. 2794—97. 10/12. 1951. Cambridge, Mass., Harvard Univ.) ROEDER. 157

John Manton, Guenther von Elbe und **Bernard Lewis,** *Anisotrope Ausbreitung von Verbrennungswellen in explosiven Gasgemischen und die Entwicklung von Cellularflammen.* Die Art der Ausbreitung von Verbrennungswellen hängt von der Beschaffenheit der Wellenflächen ab. Die Erscheinungen werden bei nicht stöchiometr. explosiven Gemischen durch die Brenngeschwindigkeit bedingt. Ist die Fläche konvex gegen das brennende Gas, so nimmt die Geschwindigkeit ab, weil die Ausbreitungsstrahlen divergieren u. dadurch die Konz. des Gases abnimmt. Bei konkaven Wellenflächen dagegen nimmt die Geschwindigkeit zu, weil die Konz. zunimmt. Die Entw. der Wellen wird an Hand von Schlierenaufnahmen gezeigt. (J. chem. Physics **20.** 153—57. Jan. 1952. Pittsburg, Bureau of Mines, Pa., Central Exp. Station.) MIETHING. 157

George T. Skaperdas, *Wärmeübergang.* Übersicht über die im Jahre 1951 erschienenen Arbeiten über den Wärmeübergang: 1. Wärmeübertragung durch Konvektion bei fl. Körpern (auch Metallen), 2. bei fest–gasförmigen Systemen, 3. bei Änderung des Zustandes, 4. durch Leitung. Es folgen Arbeiten über Temperaturmessung u. Anwendung der Wärmeübertragung z. B. in Wärmeaustauschern. — 89 Literaturangaben. (Ind. Engng. Chem. **44.** 75—78. Jan. 1952. New York, M. W. Kellogg Co.) MIETHING. 158

A_5. Grenzschichtforschung. Kolloidchemie.

Per Ekwall, *Assoziationskolloide. Oberflächen- und kolloidchemische Untersuchungen.* Zusammenfassender Vortrag über zum Teil unveröffentlichte Unterss. mit der Filmwaage an monomol. Filmen, bes. der *Myristinsäure* u. der *Resinate* (Einfl. des p_H, des Zusatzes von Aluminiumionen u. der Konst. der oberflächenakt. Substanzen). Beziehungen zwischen Film- u. Micellbildung. Unterss. an micellaren Systemen (Leitfähigkeits- u. Trübungsmessungen, Löslichmachung unlösl. Stoffe, Gestalt u. Typen der Micellen, techn. u. biol. Anwendungen). (Svensk kem. Tidskr. **63.** 277—307. 1951. Åbo, Finnland, Inst. für physikal. Chem.) MOLL. 166

G. Jacobs, *Zentrifugierungspotentiale und der Einfluß von Elektrolyten auf das ζ-Potential des As_2S_3-Sols.* Inhaltlich ident. mit der C. **1952.** 5052 referierten Arbeit. (Trans. Faraday Soc. **48.** 355—62. April 1952. Gent, Univ., Labor. de Chimie Physique.) WESLY. 168

George K. Fraenkel, *Viscos-elastischer Effekt in Lösungen einfacher Teilchen.* An einem einfachen Modell werden Berechnungen angestellt, die zeigen sollen, daß verd. Lsgg. von asymm. Teilchen eine Frequenzabhängigkeit der Viscositätszahl (intrinsic viscosity) sowie eine Rigidität aufweisen. Das hier benutzte Modell ist das einer Lsg. mit elast. hantelförmigen Teilchen, d. h. Teilchen, die aus 2 starren, durch elast. Kräfte zusammengehaltenen Körpern bestehen. Teilweise Rigidität würde auch bei unelast. Hanteln auftreten u. wird durch eine gewöhnlich vernachlässigte Kraft infolge der BROWNschen Bewegung verursacht. Ein weiterer Beitrag der Rigidität wird durch die elast. Natur der Hanteln bedingt. Bei hinreichend niedrigen oder hohen Frequenzen nähern sich die Ergebnisse einer analyt. Form, die ähnlich ist wie die gewöhnliche Dispersionsformel für die dielektr. Konstanten von Lsgg. u. 2 Relaxationszeiten enthält, eine für niedrige u. eine für hohe Frequenzen. Die Ergebnisse für unelast. Hanteln lassen sich mit nur einer Relaxationszeit beschreiben u. folgen für alle Frequenzen der üblichen Dispersionskurve. (J. chem. Physics **20.** 642—47. April 1952. Ithaca, N. Y., Cornell Univ.) HENTSCHEL. 172

F. Evva, *Analyse von Tonerdehydratsuspensionen durch Sedimentation.* Vf. beschreibt ein Verf., welches die Zus. von Tonerdehydratsuspensionen (Verteilungsverhältnis, durchschnittliche Teilchengröße usw.) quantitativ zu bestimmen ermöglicht. Um den Fehler der Eigensedimentation von überaus hohen Hydratsäulen zu vermeiden, füllt man in ein 500 cm^3-Meßglas 100—200 cm^3 Hydratsuspension u. läßt absitzen. Nun verd. man mit so viel Aluminatlauge, daß die Höhe des abgesetzten Hydrates 5—6% der gesamten Suspensionshöhe beträgt, dann wird die Suspension gut durchgemischt, aufgerührt u. in eine senkrecht stehende, unten verschlossene Glasröhre (20 mm Durchmesser, 1055 mm lang) bis zur 100 cm-Marke gefüllt. Vom Zeitpunkt des Einfüllens wird anfangs alle 10, später alle 5 Min. die Höhe der abgesetzten Hydratsäule u. die Temp. gemessen. Nachdem D. u. Viscosität der reinen Fl. bestimmt wurden, wird die durchschnittliche Temp. berechnet u. D. sowie Viscosität auf diese Temp. extrapoliert. Endlich bestimmt man die Volumendichte. Aus diesen Daten wird das Ergebnis graph. oder rechner. mittels des STOKESschen Gesetzes ermittelt, wobei verschied. Korrekturen durchzuführen sind, da dieses Gesetz nur für ideal kugelförmige Körper streng gültig ist. (Aluminium [Budapest] **2.** 148—53. 1950. Magyaróvár, Tonerdefabrik.) PLANK. 174

F. Evva, *Numerische Auswertung der kumulativen Kurven von Tonerdehydratsuspensionen.* (Vgl. vorst. Ref.) Mathemat. Ableitung u. Begründung des Verf. zur sedimentären Analyse von Tonerdehydratsuspensionen. (Aluminium [Budapest] 2. 168—71. 1950.) Plank. 174

F. Evva, *Untersuchung der Körner in Tonerdehydratsuspensionen.* In früheren Arbeiten (vgl. vorst. Reff.) nahm Vf. für die D. des Tonerdehydrates u. für die Konstante k Werte aus dem Schrifttum. In vorliegender Arbeit gibt Vf. diese Werte als Mittel von vielen Verss. an. Die D. des grobkörnigen Hydrates beträgt 2,26, die des feinkörnigen Hydrates 2,17. Der Wert für die Konstante ist (zwischen den Volumgewichten 0,5 u. 3%) k = 1,00—0,96·s, worin s das Volumgewicht in % bedeutet. (Aluminium [Budapest] 2. 276—78. 1950.) Plank. 174

M. M. Dubinin, *Die Adsorption von Gasen und Dämpfen sowie die Struktur der Adsorbenten.* Zusammenfassende Ergebnisse der Arbeiten des Vf. u. seiner Schule in den letzten 2—3 Jahren. (Успехи Химии [Fortschr. Chem.] 21. 513—33. Mai 1952.) Lebtag. 176

M. A. Gerowitsch und R. I. Kaganowitsch, *Adsorption von Ionen an monomolekularen Fettsäureschichten.* 3. Mitt. *Bildung von gemischten bimolekularen Filmen in Silberionen enthaltenden Lösungen.* (2. vgl. Вестник Московского Государственного Университета [Mitt. Univ. Moskau] 8. [1949.] 79.) Aus den Kurven Oberflächenpotential E-Fläche S je Mol. in Å u. Druck P–S für die Filme von 10, 25, 50 u. 75%ig. *ω-Bromdodecancarbonsäure* (I) u. *Palmitinsäure* (II) sowie *ω-Oxytetradecancarbonsäure* (III)- u. II auf der Lsg. von $1 \cdot 10^{-3}$ n $AgNO_3$ u. $1 \cdot 10^{-5}$ n H_2SO_4 ist ersichtlich, daß für I–II bei abnehmendem S E von positiven zu negativen Werten übergeht u. bei 20 Å, entsprechend der Zerstörung des monomol. Films, den Grenzwert —170 mV erreicht. In Ggw. von $AgNO_3$ wird das negative E rasch positiv u. erreicht den Grenzwert +420 mV bei ca. dem halben S-Wert des monomol. Films. Demnach wird I unter Bldg. eines bimol. Films von *ω-Oxydodecancarbonsäure* (IV) verseift, wobei die untere Schicht aus dem Ag-Salz von IV mit in die Lsg. gerichteter Bindung C–OH, die obere Schicht aus dem Ag-Salz von II mit in die Luft gerichtetem unpolarem Ende besteht. Diese Bldg. eines bimol. Films wird durch die Kurven E–S u. P–S von III u. II bestätigt. Sowohl für I–II wie für III–II weist die Kurve E–Konz. der ω-Verb. ein Maximum bei 50% ω-Verb. auf. Für 25, 50 u. 75% ω-Verb. wird die gedachte Struktur des bimol. Films schemat. dargestellt. (Журнал Физической Химии [J. physik. Chem.] 25. 1289—94. Nov. 1951. Moskau, Lomonossow-Univ.) Lebtag. 176

A₆. Strukturforschung.

H. S. Kaufman und Isidor Fankuchen, *Röntgenstrahlenbeugung.* Literaturübersicht 1950—1951. Apparative Entw., Analysentechnik u. Anwendungen. — 114 Zitate. (Analytic. Chem. 24. 20—22. Jan. 1952. New York, N. Y., M. W. Kellogg Co., u. Brooklyn, N. Y., Polytechn. Inst.) Gerhard Günther. 181

G. W. Brindley und J. Méring, *Beugung der Röntgenstrahlen durch die Strukturen mit regellosen Schichten.* 1. Mitt. Es wird theoret. die Änderung des Strukturfaktors bei der Best. der reflektierten Intensität von einem regellosen Pulver von zweidimensionalen Gittern behandelt. (Acta crystallogr. [London] 4. 441—47. Sept. 1951. Paris, Labor. Central des Services Chim. de l'État, u. Leeds, Univ., Labor. de Phys.) Gottfried. 181

H. J. Grenville-Wells, *Eine neue Methode zur Beobachtung von Compton-Streuung und anderer inkohärenter Streuung von Röntgenstrahlen in Kristallen.* Auf gut exponierten Laue-Aufnahmen von *Diamant, Benzophenon* u. *Graphit,* die mit Cu- oder FeK-Strahlung u. Bremsstrahlung erhalten wurden, beobachtet Vf. spontane Weitwinkelbeugungsbilder, die dem Laue-Bild überlagert sind. Da die Quelle der Weitwinkelstrahlung im Kristall liegt, die Strahlung aber keine Fluorescenzstrahlung, sondern eine der einfallenden ähnliche Strahlung ist, muß es sich entweder um Compton- oder andere inkohärente Streuung handeln. (Nature [London] 168. 291. 18/8. 1951. London, Univ. Coll.) Faessler. 181

A. L. Mackay, *Kugelförmige Patterson-Schnitte.* Nach kurzer Darlegung des allg. Prinzips der graph. Berechnung wurde an Hand eines Beispiels [*β-Ca₃(PO₄)₂*] ein kugelförmiger Patterson-Schnitt zur Best. der Orientierung der PO_4^{3-}-Gruppen graph. berechnet. (Acta crystallogr. [London] 4. 477—78. Sept. 1951. London, Birkbeck Coll. Res. Labor.) Gottfried. 181

J. L. Amorós und M. Font-Altaba, *Ausdruck für den Vektorkomplex jeder der 230 Kristallgruppen.* Vff. leiten aus der allg. Formel von Patterson für die 7 Syngonien der dreidimensionalen Systeme u. zweidimensionalen Entwicklungen Formeln ab u. erläutern deren Anwendung. (An. Real Soc. españ. Física Quím., Ser. A **47.** 167—72. Juli/Aug. 1951. Barcelona, Dep. de Cristalogr. y Roentgenol.) R. K. MÜLLER 181

S. Senent und **F. Senent,** *Eigenfunktionen der gelenkten Valenzen in den reinen Hybridformen.* Im Anschluß an das Verf. von KIMBALL (J. chem. Physics **8.** [1940.] 188) wird vorgeschlagen, die Hybridformen in reine u. gemischte einzuteilen, u. für erstere eine allg. Meth. angegeben, um eine lineare Beziehung zwischen den die Eigenfunktion bildenden Atombahnen herzustellen. Nach dieser Meth. werden Ausdrücke für die Eigenfunktionen der theoret. möglichen reinen Formen gegeben. (An. Real Soc. españ. Física Quím., Ser. A **47.** 181—92. Juli/Aug. 1951. Valladolid, Inst. de Quim. fis., u. Valencia, Inst. de Optica.) R. K. MÜLLER. 182

R. T. Sanderson, *Die Stabilität nichtpolarer kovalenter Bindungen.* Vf. zeigt, daß in einer Gruppe von nichtpolaren kovalenten bin. Verbb. von irgendeinem einzelnen Element die Wärmestabilität mit Anwachsen der Differenz der Radien der zusammengesetzten Atome abnimmt. Wichtig ist für die Unterss. die Best. des „Stabilitätsverhältnisses", d. h. des Verhältnisses der mittleren Elektronendichte eines Atoms oder seines Ions zu derjenigen eines isoelektron. inerten Atoms. In einer Tabelle sind die Werte der Stabilitätsverhältnisse u. nichtpolaren kovalenten Radien der Elemente *Br, N, Se, S, As, J, C, Bi, Pb, Te, Ge, Tl, H, Hg, Sb* u. *P* angegeben. Es folgt eine Diskussion der Meßergebnisse. (J. chem. Physics **20.** 535. März 1952. Iowa City, Io., State Univ. of Iowa, Dep. of Chem. and Chem. Engng.) D. HAHN. 182

E. P. Gross, *Mitteilung über die Wechselwirkung eines Elektrons mit einem Gitteroscillator.* Theoret. Abhandlung. (Physic. Rev. [2] **84.** 818—23. 15/11. 1951. Cambridge, Mass., Inst. of Technol., Labor. for Insulation Res.) GOTTFRIED. 182

Pierre Chatelain, *Theoretische Untersuchung der Lichtstreuung durch eine Flüssigkeit mit nur einer Isotropieachse: Anwendung auf flüssige Kristalle vom nematischen Typ.* Es wurde theoret. die Lichtstreuung durch eine Fl. behandelt, die aus anisotropen Elementen zusammengesetzt ist, welche Schwankungen in ihrer Orientierung in der Art zeigen, daß die Fl. nur eine einzige isotrope Achse besitzt. Zwei Fälle wurden behandelt, u. zwar diskrete anisotrope Moll. u. große Gruppen von parallelen anisotropen Moll., die zwischen isolierten Moll. verteilt sind. In beiden Fällen führt die Theorie auf Depolarisationsfaktoren, die wesentlich größer als 1 sind. Ausführlich diskutiert wurden kugelförmige Gruppen mit einem Radius von 0,1 μ, die 10^6 Moll. von *Azoxyanisol* enthalten u. die parallel oder unter einem Winkel $<36^0$ zu der isotropen Achse angeordnet sind, sowie noch Einzelmoll., die unter einem Winkel $>36^0$ gegen diese Achse geneigt sind. Die berechneten u. gemessenen Werte der diffusen Streuung u. der Depolarisationsfaktoren stimmen größenordnungsmäßig befriedigend überein. Aus den Unterss. kann geschlossen werden, daß in nemat. fl. Kristallen die Lichtstreuung auf die Schwankungen in der Orientierung der Moll. um die isotrope Achse zurückzuführen ist u. daß ferner die Schwankungen in zwei Moll. nur als unabhängig behandelt werden können, wenn ihr Abstand 0,1 μ überschreitet. (Acta crystallogr. [London] **4.** 453—57. Sept. 1951. Hérault, Fac. des Sci. de Montpellier, Labor. de Minéral.) GOTTFRIED. 186

E. Jenckel, *Das Transformationsintervall. Die Einfriertemperatur der glasigen Stoffe.* Vf. gibt einen ausführlichen Überblick über das Wesen der Einfriertemp. (ET.), den Einfl. der Viscosität auf ET., die Methoden zur Best. der ET.; schließlich wird eine Reihe von experimentellen Ergebnissen (Literaturdaten) gebracht, die Abhängigkeit der ET. von der chem. Konst. diskutiert u. die Weichmacherwrkg. bei den organ. Gläsern u. beim Quarzglas behandelt. Zunächst wird an Hand von experimentellen Daten u. den Aussagen der Thermodynamik gezeigt, daß es sich bei dem Transformationspunkt um eine ET. handelt u. daß keine Umwandlung 2. oder 3. Art vorliegt. Die Temperaturabhängigkeit der Viscosität läßt sich darstellen durch $\ln \eta = Q/RT + (Q/RT)\cdot K\cdot \exp(Q/RT) + \ln A$; darin ist K ein Maß für den Gesamtzusammenhalt des Systems. Der Vgl. mit Versuchswerten zeigt, daß sich Q u. ln A nur innerhalb einer Zehnerpotenz ändern, K dagegen innerhalb von 8 Zehnerpotenzen. Deshalb wird auch die ET. in erster Linie durch den Wert von K bestimmt. Die ET. liegt bei einem η-Wert von ca. 10^{13} absol. Einheiten. Zur Best. der ET. werden folgende Methoden genannt (mit Beispielen): Messung der spezif. Wärme, des spezif. Vol., des Brechungsindex, von η, der dielektr. Verluste, der mechan. Verluste u. der Sprödigkeit („brittle point"). Die ET. hängt sehr stark von der chem. Konst. ab. Sie liegt bei hochpolymeren aliphat. KW-stoffen wegen der geringen zwischenmol. Kräfte sehr niedrig (z. B. bei —68° beim Polyäthylen); bei Zunahme dieser Kräfte durch die Anwesenheit von Dipolen (z. B. Polyvinylchlorid, ET. = 70—77°) oder die Ausbildung von H-Brücken (z. B. Polyvinylalkohol, ET. = 85°), sowie durch Vernetzungen (Vulkanisation) oder durch ster. Behinderungen (z. B. Polystyrol, E. T. = 83°) steigt ET. an. Schließlich spielt auch die freie Drehbarkeit der Hauptkette eine Rolle. Vgl. hierzu die Zusammenstellung von ET.-Werten von 28 organ. Hochpolymeren u. von 5 anorgan. Gläsern. Durch den Zusatz einer zweiten Komponente wird ET. eines organ. Glases erniedrigt; hierauf ist die Wrkg. der sogenannten Weichmacher bei Hochpolymeren zurückzuführen (hierzu werden nähere Angaben über experimentelle Ergebnisse u. theoret. Betrachtungen zur formelmäßigen Fassung der Weichmacherwrkg. gemacht). Auch bei Silicatgläsern liegt ein solcher Effekt vor (z. B. Erniedrigung von ET. von SiO_2 durch Na_2O-Zusatz). — Diskussion. (Kolloid-Z. **120.** 160—77. Jan. 1951. Aachen, TH, Inst. für theoret. Hüttenkunde u. physikal. Chemie). Fuchs. 188

S. Z. Lewin und John E. Vance, *Der Einfluß von Wasserstoffionenkonzentration, Löslichkeit, Fällungsgeschwindigkeit und relativer Übersättigung auf das Wachstum von Strontiumsulfatkristallen.* Es wird eine neue Meth. zur Herst. größerer Mengen von $SrSO_4$-Kristallen beschrieben, die auf dem Prinzip der Soxhlet-Extraktion beruht u. in 24 Std. bis zu 15 g $SrSO_4$-Kristalle liefert. Unter Benutzung dieser Meth. ergibt sich, daß die Kristallgröße nur von der H^+-Ionenkonz. stark beeinflußt wird, nicht dagegen von der Löslichkeit des $SrSO_4$ in dem betreffenden Medium, der Fällungsgeschwindigkeit, der relativen Übersättigung, der Ggw. von Neutralsalzen u. anderem. Mit steigendem p_H-Wert wird eine Zunahme der mittleren Kristallgröße beobachtet. Der Kristallhabitus ist von der Natur u. der Konz. der anwesenden Säure abhängig. Die Ergebnisse werden diskutiert. Es wird versucht, den Mechanismus des H^+-Ionen-Einfl. auf das Kristallwachstum, der entweder in einer Erhöhung der Wachstumsgeschwindigkeit oder in einer Unterdrückung der Keimbldg. bestehen kann, auf der Grundlage zu deuten, daß der geschwindigkeitsbestimmende Schritt beim Kristallwachstum der Übergang von Ionen aus der Adsorptionsschicht in eine Gitterposition ist. (J. Amer. chem. Soc. **74.** 1433—36. 20/3. 1952. New York, N. Y., New York Univ., Dep. of Chem.) Levi. 190

W. F. Claussen, *Eine zweite Wasserstruktur für Edelgashydrate.* In früheren Unterss. des Vf. (C. **1951.** II. 2015) war festgestellt worden, daß es zwei verschied. Hydratstrukturen geben müßte, u. zwar für Hydrate von kleinen Moll. oder Gasen, wie Cl_2, CH_3SH, H_2S, Br_2, SO_2 usw., mit einer kub. Elementarzelle u. a = 12 Å u. für Hydrate von großen Moll., wie z. B. $CHCl_3$, $C_2H_2Cl_2$, mit einer kub. Gitterkonstante von 17 Å. Vf. beschreibt in der vorliegenden Arbeit eine Wasserstruktur für Hydrate der kleineren Moll. mit a = 12 Å. Diese Wasserstruktur ist ein modifiziertes raumzentriert kub. Gitter, an dessen Ecken u. in dessen Mittelpunkt sich eine pentagonal-dodekaedr. Anordnung von 20 Wassermoll. befindet. Die Dodekaeder an der Ecke des Würfels sind an benachbarte Eckendodekaeder durch 2 zusätzliche Wassermoll. unter Bldg. von Sechsecken von Wassermoll. gebunden. Die raumzentrierten Dodekaeder sind an die acht Eckendodekaeder durch H-Bindungen u. außerdem an 12 der „Sechseck"-Wassermoll. gebunden. Die resultierende Struktur hat neben den pentagonalen Dodekaedern noch ein Tetrakisdekaeder. Das Vol. dieser Figur ist größer als das des Dodekaeders u. kleiner als das des früher beschriebenen Hexakisdekaeders. Die Gesamtanzahl von Wassermoll. beträgt 46, die hypothet. Anzahl von Wassermoll., die alle Löcher ausfüllt, beträgt $5^3/_4$, von Wassermoll., die nur die mittelgroßen Hohlräume ausfüllen, $7^2/_3$. Es wird eine Anzahl von Gashydraten angeführt (in Klammer sind die Anzahl Wassermoll. angegeben), die alle a = 12 Å haben: *Ar* (4,5); CH_4 (6,3); C_2H_2 (5,7); PH_3 (5,9); H_2S (5,7); CO_2 (6); N_2O (6); H_2Se (5,87); C_2H_6 (7); C_2H_4 (7,4); C_2H_5F (8,77); SO_2 (8); CH_3Cl (7,2); Cl_2 (6,94); Br_2 (10). (J. chem. Physics **19.** 1425—26. Nov. 1951. Urbana. Ill.. State Water Survey.) Gottfried. 195

C. D. West, *Strukturoptische Untersuchungen.* 3. Mitt. *Verschmierte Röntgenschichtlinien von Perjodidkristallen.* (2. vgl. C. **1949.** E. 247.) Es wird über Unterss. an Perjodiden mit hauptsächlich polaren organ. Moll. berichtet, die stark positiv dichroit. sind. An zahlreichen Verbb. wurden verschmierte Schichtlinien beobachtet, die typ. punktförmigen Röntgendiagrammen überlagert waren. Diese Effekte werden einer Beugung durch gemischte Strukturen zugeschrieben, die dreidimensionale Gitter u. lineare Gitter enthalten. Die Periode der linearen Gitter in allen diesen kristallinen Perjodiden ist 3,1 Å. Dieser Wert ist der gleiche Wert, der bei orientierten Jodverbb. auftritt. Beispiele für positiv-dichroit. period. Kristalle mit verschmierten Schichtlinien sind *Cinchonidin–Herapathit, Benzamid* + HJ_3, *Cumarin* + KJ_3 u. *Piperin* + NH_4J_3. Dichroit.-positive Kristalle, die keine verschmierten Schichtlinien zeigen, sind: *Chinin–Herapathit, Purpureokobaltsulfattrijodid* u. die *Äthyloxalatalkalitrijodide.* (J. chem. Physics **19.** 1432. Nov. 1951. Cambridge, Mass., Polaroid Corp.) Gottfried. 195

D. W. Pashley, *Asymmetrische Elektronenbeugungseffekte an Silber-Einkristallen.* Bei Elektronenbeugungsverss. an elektrolyt. behandelten Ag-Oberflächen wurden in

Reflexion Feinstrukturen gefunden, die mit der Lage der Kristallflächen zusammenhängen. Gewisse Unsymmetrien in diesen Feinstrukturen, wie Nebenreflexe u. unsymm. Streifen, lassen sich aus der LAUEschen Beugungstheorie nicht unmittelbar ableiten. Aus ihrer Unters. läßt sich folgern, daß sie wahrscheinlich durch Störungen im Kristallbau entstehen, doch erscheint es nicht ausgeschlossen, daß einige durch Brechung entstanden sind. (Proc. physic. Soc., Sect. A **64.** 1113—24. 1/12. 1951. London, Imperial Coll., Phys. Dep.) C. REUBER. 196

J. A. Allen, *Oxydfilme auf elektrolytisch polierten Kupferoberflächen.* Zur Aufklärung, ob sich auf elektrolyt. poliertem Cu ein Oxydfilm befindet oder nicht, untersuchte Vf. Cu-Oberflächen, die in H_3PO_4 elektrolyt. poliert waren, durch Elektronenbeugung u. nach einer elektrometr. Methode. Es ließ sich zeigen, daß die Oberflächen unmittelbar nach dem Polieren oxydfrei sind. Die Geschwindigkeit ihrer Oxydation hängt von dem Spülverf. ab, d. h. davon, in welcher Weise der Phosphorsäureelektrolyt von dem polierten Probestück entfernt wurde. Durch Spülen mit W. allein bildet sich auf dem Cu eine Schicht, wahrscheinlich aus bas. Cu-Phosphat. Wird diese Schicht durch 10%ig. H_3PO_4 entfernt, so ist das Cu nach Spülen mit W. u. A. oxydfrei. Eine solche Cu-Oberfläche oxydiert sich rasch bei Zutritt von O_2; es bilden sich Oxydfilme von 15 Å Dicke in 30 Min. u. Filme von 20—25 Å in 17 Stunden. Oberflächen, die noch Phosphat enthalten, oxydieren sich langsamer mit unterschiedlicher Geschwindigkeit. (Trans. Faraday Soc. **48.** 273—79. März 1952. Teddington, Middlesex, Chem. Res. Labor.) SKALIKS. 196

L. C. Chang und **T. A. Read,** *Experimenteller Nachweis der Relaxation während diffusionsloser Phasenänderungen von Einkristallen von β-Au–Cd-Legierungen mit 47,5 Atom-% Cd.* (Sitzungsbericht.) Bei der β-Au–Cd-Legierung mit 47,5 At.-% Cd tritt bei Abkühlen auf ca. 60° eine Umwandlung in die β'-Phase auf, u. zwar durch einen diffusionslosen Mechanismus. Die umgekehrte diffusionslose Umwandlung β' → β tritt bei Erhitzen der β'-Phase auf ca. 70—80° auf. Die Umwandlung vollzieht sich in gut angelassenen Kristallen durch das langsame Fortschreiten einer Grenzfläche zwischen den zwei Phasen von einem Ende der Probe bis zu dem anderen Ende, bis die Umwandlung vollständig ist. Hält man diese Grenzfläche in einer gegebenen Lage für eine gewisse Zeit t bei einer gegebenen Temp. T, dann bleibt diese Grenzfläche beim Wiedererhitzen an derselben Stelle für ein Zeitintervall t' stehen u. schreitet dann ruckweise fort. Vorläufige Unterss. ergaben, daß sich t' mit t u. T ändert, woraus geschlossen werden kann, daß das Relaxationsphänomen diffusionskontrolliert ist, z. B. durch die Diffusion von Fremdatomen zu der Grenzfläche. (Physic. Rev. [2] **82.** 770. 1/6.; Bull. Amer. physic. Soc. **26.** Nr. 2. 14. 8/3. 1951. Columbia Univ.) GOTTFRIED. 197

Ulrich Dehlinger und **Helmut Knapp,** *Thermodynamik der Kaltaushärtung.* Jeder übersätt. metall. Mischkristall kann in einem bestimmten Temperatur- u. Konzentrationsbereich stetig, d. h. durch negative Diffusion unter ständiger Verminderung der freien Energie, in einen inhomogenen Zustand übergehen, in dem die gelösten Atome in Bezirken höherer Konz. (Komplexen) angereichert sind. Infolge der von der regellosen Verteilung der Komplexe herrührenden Entropie, die bisher in diesem Zusammenhang noch nicht beachtet worden ist, stellt sich oberhalb der Spinodalen des homogenen Mischkristalls ein metastabiles Gleichgewicht der Komplexe ein, so daß sich an der Spinodalen unendlich große, bei höherer Temp. aber immer kleinere Komplexe bilden können u. immer weniger gelöste Atome zu Komplexen vereinigt sind. Beim Überschreiten dieser Grenzkomplexgröße nimmt die freie Energie wieder zu. Mit zunehmender Spannungsenergie der Komplexe wird die zu einer bestimmten Komplexgröße gehörende Gleichgewichtstemp. niedriger. Es entsteht dann eine obere Grenzkurve jeder möglichen Komplexbldg., die im allg. zwischen Spinodalen u. wahrer Gleichgewichtskurve des Zustandsbildes liegt. Thermodynam. ist es möglich, daß unterhalb der Spinodalen der Mischkristall durch stetige Entmischung vollständig in zwei Phasen zerfällt. Prakt. wird die Geschwindigkeit dieses Vorgangs meist sehr klein sein. (Z. Metallkunde **43.** 223—27. Juni 1952. Stuttgart, TH.) HOCHSTEIN. 200

Hans J. Mähly, *Die genäherte Berechnung von Eigenwerten elastischer Schwingungen anisotroper Körper.* Zunächst werden die mathemat. u. mechan. Grundlagen kurz erörtert. Das Problem wird dann mit Hilfe direkter Näherungsmethoden sowie mittels Störungsrechnung behandelt. — 26 Literaturzitate. (Ergebn. exakt. Naturwiss. **24.** 402—42. 1951.) LEVI. 200

K. S. Krishnan und **S. K. Roy,** *Elastische Konstanten von Alkalihalogenidkristallen.* Vff. leiten Gleichungen zur Berechnung der elast. Konstanten von Kristallen vom NaCl- u. CsCl-Typ ab. (Nature [London] **168.** 869—70. 17/11. 1951. New Delhi, Nat. Phys. Labor. of India.) GOTTFRIED. 200

A_7. Gleichgewichte. Kinetik.

Fred Basolo, John G. Bergmann und Ralph G. Pearson, *Mechanismus von Substitutionsreaktionen von Komplexionen.* 1. Mitt. *Kinetik der Aquotisierung und Hydrolyse von einigen C-substituierten Acetatopentamminkobalt(III)-Ionen.* Es werden die Geschwindigkeiten der Aquotisierung u. Hydrolyse verschied. C-substituierter Acetatopentamminkobalt(III)-Ionen gemessen, u. es wird gefunden, daß sie von der Basenstärke des koordinierten Liganden abhängig, aber unabhängig von seiner Größe sind. Vff. diskutieren den Substitutionsvorgang so, daß die Substitutionsgruppe hauptsächlich von einer der austretenden Gruppe entgegengesetzten Seite in den Komplex eintritt oder daß die Substitution durch einen Ionisationsvorgang erklärt werden kann. Es wird gefunden, daß in derselben Reihe von Ionen, welche Liganden verschied. Basenstärke enthalten, bei den Hydrolysegeschwindigkeiten ein hundertfacher Sprung, jeweils verglichen mit einem nur zehnfachen für die Aquotisierungsgeschwindigkeit, besteht. Es ist dies auf dem Wechsel der positiven Restladung am zentralen Co-Atom, welche auf die Annäherung des negativ geladenen OH^- einen größeren Einfl. ausübt als auf ein neutrales H_2O-Mol., begründet. Die Geschwindigkeiten der Aquotisierungs-Rkk., welche nach der Gleichung $[Co(NH_3)_5X]^{++} + H_2O \rightarrow [Co(NH_3)_5H_2O]^{+++} + X^-$ verlaufen, werden durch Titration des gebildeten Aquokomplexes, der eine Säure mit der Ionisationskonstanten $2{,}04 \cdot 10^{-6}$ ist, mit 0,0755 n NaOH ermittelt. Die Geschwindigkeiten der Hydrolyse nach der Gleichung $[Co(NH_3)_5X]^{++} + OH^- \rightarrow [Co(NH_3)_5OH]^{++} + X^-$ werden durch Titration der nicht umgesetzten OH^--Ionen mit HCl ermittelt. Hierbei bedeutet X eine der nachst. aufgeführten Säurerestgruppen. Es sind folgende Geschwindigkeitskonstanten (in $Min.^{-1}$) u. Hydrolysekonstanten (in Liter · Mol^{-1} · $Min.^{-1}$) (Werte in Klammern) errechnet worden: für CF_3COO^- $3{,}3 \cdot 10^{-3}$ (4,4); CCl_3COO^- $3{,}2 \cdot 10^{-3}$ (4,3); $CHCl_2COO^-$ $9{,}6 \cdot 10^{-4}$ (1,6); CH_2ClCOO^- $3{,}5 \cdot 10^{-4}$ ($2{,}5 \cdot 10^{-1}$); $CH_2OH \cdot COO^-$ — ($7{,}0 \cdot 10^{-2}$); CH_3COO^- $4{,}9 \cdot 10^{-4}$ ($4{,}2 \cdot 10^{-2}$); $CH_3CH_2COO^-$ $1{,}9 \cdot 10^{-4}$ ($2{,}7 \cdot 10^{-2}$); $(CH_3)_2CHCOO^-$ $1{,}6 \cdot 10^{-4}$ ($3{,}4 \cdot 10^{-2}$); $(CH_3)_3CCOO^-$ $2{,}6 \cdot 10^{-4}$ ($1{,}8 \cdot 10^{-2}$). Vff. diskutieren die Tendenz all dieser Komplexionen, in Lsg. NH_3 frei zu machen, wie es für die Aquotisierung gemäß $[Co(NH_3)_5X]^{++} + (n+1)H_2O \rightarrow [Co(NH_3)_{5-n}(H_2O)_{n+1}]^{+++} + X^- + nNH_3$ u. für die Hydrolyse nach $[Co(NH_3)_5X]^{++} + (n+1)OH^- \rightarrow [Co(NH_3)_{5-n} \cdot (OH)_{n+1}]^{+3-n} + X^- + nNH_3$ zu erwarten ist. Ein Einfl. der H^+-Konz. auf die Geschwindigkeit der Aquotisierungs-Rk. kann nicht festgestellt werden, während der Hydrolysevorgang von der OH^--Konz. durch eine Rk. 1. Ordnung abhängt. — Diskussionsbemerkungen. (J. physic. Chem. **56.** 22—25. Jan. 1952. Evanston, Ill., Northwestern Univ., Dep. of Chem.) SPARMANN. 223

Frederick R. Duke und Welby G. Courtney, *Komplexe bei Oxydations-Reduktions-Reaktionen. Die Kupfer(II)-Cyanid-Reaktion.* Es wird die Rk. von Cu^{2+} mit CN^- mittels opt. Messungen untersucht u. gefunden, daß sie gemäß der Gleichung $8CN^- + 2Cu^{2+} \rightarrow 2Cu(CN)_3^{2-} + (CN)_2$ verläuft. Die Wrkg. verschied. CN^--Konzz. bei konstanter Cu^{2+}-Konz. auf den Extinktionskoeff. einer ammoniakal. Cu^{2+}-Lsg. wird bei 615 mμ gemessen u. gefunden, daß eine lineare Beziehung zur CN^--Konz. besteht. Vff. diskutieren die Kinetik der Rk. u. geben die Gleichung $-R_0 = -(dT_{Cu^{II}}/dt)_0 = k'' \cdot (Cu^{2+})_0(CN^-)_0{}^4$ an, nach der die Geschwindigkeit der Rk. von der 4. Potenz der CN^--Konz. abhängt. Der Einfl. des NH_3 auf die Rk. wird berechnet u. gezeigt, daß der intermediäre Komplex $Cu(CN)_4(NH_3)^{--}$ die Disproportionierungs-Rk. einleitet. Eine mögliche Begründung, daß für die untersuchte Komplexbildungs-Rk. 4 CN^- notwendig sind, wird diskutiert. — Diskussionsbemerkungen. (J. physic. Chem. **56.** 19—21. Jan. 1952. Ames, Iowa, State Coll., Inst. for Atomic Res., u. Dep. of Chem.) SPARMANN. 223

Konrad B. Krauskopf, *Die Löslichkeit von Gold.* Durch Berechnung der Oxydations-Reduktionspotentiale, der Änderungen der freien Energien sowie der Gleichgewichtskonstanten ermittelt Vf. die Löslichkeit von Au in verschied. Elektrolyten. In sauren Wässern, die Cl^- u. andere stark oxydierend wirkende Substanzen, wie MnO_2, O_2, Fe^{+++}, Cu^{++}, enthalten, ist Au löslich. Die erhaltenen Löslichkeiten stimmen mit experimentell von anderen Autoren bestimmten gut überein. Schwächere Oxydationsmittel als Cu^{++}, z. B. H_2SO_4, vermögen Au nicht mehr anzugreifen. In alkal. Lsg. ist der $AuCl_4^-$-Komplex nicht mehr beständig, die Löslichkeit des Au in 1 mol. OH^--Lsg. bei einem O_2-Partialdruck von 0,2 at ergibt sich zu 10^{-6} g/Liter. In der Natur ist demnach ein Angriff des Au in alkal. Lsg. durch den Luft-O_2 unwahrscheinlich. Die Tatsache, daß Au in HS^--Lsg. nach $Au + HS^- = AuS^- + \frac{1}{2}H_2$ lösl. ist, führt Vf. auf eine außerordentliche Stabilität des AuS^- zurück. Unter dieser Annahme ergibt sich für die Löslichkeit 0,0001 Mol/Liter AuS^- in 2 mol. HS^-, für die Gleichgewichtskonstante 10^{-6} u. für die Energie der Bldg. von AuS^- + 11000 cal. Seewasser vermag Au sowohl als AuO_2^- als auch als $AuCl_4^-$ zu lösen. Vf. vermutet auf Grund der vorhandenen experimentellen u. thermodynam. Unterlagen, daß mit steigender Temp. auch die Löslichkeit des Au ansteigt, u. weist darauf hin, daß für die Fällung des Au aus seinen Lsgg. mehrere komplizierte Mechanismen möglich sind, der einfachste u. wahrscheinlichste aber ein Temperatur- u./oder Druckabfall ist. (Econ. Geol. **46.** 858—70. Dez. 1951. Stanford, Calif., Univ.) WOELK. 224

K. Hauffe und **H. Pfeiffer,** *Über die Mitwirkung von Phasengrenzreaktionen bei der Oxydation von Metallen und Legierungen bei höheren Temperaturen.* Die Oxydationsvorgänge werden in zwei Teil-Rkk. zerlegt, Phasengrenz-Rkk. u. Diffusionsvorgänge. Das für die Gesamt-Rk. gültige Zeitgesetz ist davon abhängig, welche der beiden Teil-Rkk. zeitbestimmend ist. Bei der Oxydation von *Fe* wird unterhalb 900° ein parabol., darüber ein lineares Anlaufgesetz gefunden. Außerdem ist bei 1000° die Oxydationsgeschwindigkeit der dritten Wurzel aus dem O_2-Druck proportional. Hieraus kann geschlossen werden, daß oberhalb 900° Phasengrenz-Rkk. zu einem erheblichen Teil geschwindigkeitsbestimmend für die Oxydation des Fe sind. Allg. wird festgestellt, daß bei einer Oxydation, deren Prod. ein Elektronendefektleiter ist, die Oxydationsgeschwindigkeit O_2-druckabhängig ist, wenn Phasengrenz-Rkk. geschwindigkeitsbestimmend sind, gleichgültig, ob an der Grenze Metall/Metalloxyd oder Metalloxyd/Gasphase. Ist dagegen das gebildete Oxyd ein Elektronenüberschußleiter, so ist die Rk. nur dann druckabhängig, wenn sich der geschwindigkeitsbestimmende Schritt an der Grenze Metalloxyd/Gasphase abspielt. Die bei der Fe-Oxydation erzielten Versuchsergebnisse werden mit Hilfe des Massenwirkungsgesetzes rechner. ausgewertet. Während bei der Oxydation von *Zn* in allen Fällen ein parabol. Anlaufgesetz beobachtet wurde, gehorcht die Schwefelung von *Ni*, auffälligerweise im Gegensatz zu der von Fe, einem linearen Gesetz, das darauf schließen läßt, daß in diesem Falle die Rk. Ni + $\frac{1}{2}S_{2(g)}$ = NiS geschwindigkeitsbestimmend ist. Es kann weiterhin gezeigt werden, daß die Ggw. von Metalloxyddämpfen in der zundernden Atmosphäre die Oxydationsgeschwindigkeit von Metallen u. Legierungen sehr stark erhöhen oder herabsetzen kann. Es werden Verss. mit *MoO_3*- u. *Li_2O*-Dampf durchgeführt u. auf Grund der Fehlordnungstheorie heterotyper Mischphasen gedeutet. (Z. Elektrochem., Ber. Bunsenges. physik. Chem. **56.** 390—98. 1952. Greifswald, Univ., Inst. für physikal. Chemie.) LEVI. 225

E. Abel, *Über die Selbstzersetzung von Wasserstoffsuperoxyd.* Vf. entwickelt einen Zersetzungsmechanismus des reinen H_2O_2 u. diskutiert die Kinetik dieser Reaktion. Am nächsten kommt Vf. mit seiner Auffassung SIMON u. MARCHAND (C. **1951.** I. 824). Der Geschwindigkeitskoeff. der Zers. des H_2O_2 im alkal. Medium wird in Annäherung bestimmt. Die Zersetzungsgeschwindigkeit des H_2O_2 in alkal. Lsg. durchschreitet bei stetig geändertem Alkalizusatz ein Maximum. Es besteht Parallelität zwischen der Zers. reiner alkal. H_2O_2-Lsgg. u. alkal. H_2O_2-Lsgg., die Metallkoll. enthalten. Die Lagen beider Geschwindigkeitsmaxima fallen nahezu zusammen. Vf. schließt daraus auf die Identität des Mechanismus beider Rkk. u. nimmt an, daß das Metallkoll. den Mechanismus der unkatalysierten Rk. nicht verändert. (Mh. Chem. **83.** 422—39. 1952. London). J. MATTNER. 225

A. Glasner und **L. Weidenfeld,** *Thermische Zersetzung von Kaliumchlorat und Chlorat–Chlorid-Mischungen.* Der Einfl. verschied. Mengen von KCl [erhalten durch therm. Zers. von $KClO_4$ (I), von KCl (KAHLBAUM p.A.), getrocknet bei 110° (II), von KCl, bei 600° für 1 Std. geglüht (III)] u. von II + $KClO_4$ auf die therm. Zers. von $KClO_3$, die nach $2KClO_3 \rightarrow 2KCl + 3O_2$ (A) u. $4KClO_3 \rightarrow 3KClO_4 + KCl$ (B) verlaufen kann, wurde bei Temp. zwischen 400—575° untersucht, indem die gebildete O_2-Menge gemessen u. der Rückstand analysiert wurde. Der Zusatz von II beschleunigt die Zers. des $KClO_3$ erheblich. Der Einfl. von I—III auf die $KClO_4$-Bldg. ist unterschiedlich, doch nimmt die gebildete Menge mit steigender Temp. ab. Bei 455° beträgt das Verhältnis R von gebildetem $KClO_4$ zu entwickeltem O_2 bei Verwendung von reinem $KClO_3$ ca. 3, mit I-Zusatz 10, mit II-Zusatz 0,06—0,2, mit III-Zusatz ca. 5, mit Zusatz von II + $KClO_4$ je nach Mengenverhältnissen 0,3 bis ca. 5. Aus den Versuchsergebnissen wird geschlossen, daß Rk. B keine simultane Rk. ist, sondern daß $KClO_4$ sich als Folge-Rk. aus KCl bildet, das aus der Rk. A entstandenen O_2 absorbieren bzw. binden kann, u. daß in den verschied. Mischungen ein wahres Gleichgewicht herrscht, nach dem sich $KClO_4$ u. $KClO_3$ kontinuierlich bilden u. zersetzen. II selbst absorbiert keinen Luft-O_2, seine Wrkg. ist auf einen „Gedächtniseffekt" zurückzuführen. Die unterschiedlichen Ergebnisse früherer Autoren sind durch die Verwendung von KCl verschied. Herkunft erklärbar. (J. Amer. chem. Soc. **74.** 2464—67. 20/5. 1952. Jerusalem, Israel, Hebrew Univ., Dep. of Inorg. and Analyt. Chem., u. Ministry of Defence, Labor of the Sci. Dep.) MOSLÉ. 225

A. Glasner und **L. Weidenfeld,** *Die thermische Zersetzung von Kaliumperchlorat und Perchlorat–Halogenid-Mischungen. Eine Untersuchung über die thermische Zersetzung* *fester Stoffe.* (Vgl. vorst. Ref.) Vff. untersuchten bei Atmosphärendruck die therm. Zers. von $KClO_4$ sowie von Mischungen von $KClO_4$ mit *KCl*, *KBr* u. *KJ*. Die Zersetzungskurven von $KClO_4$ sind charakterist. für Rkk. im festen Zustand. Die Halogenide verkürzen die Induktionsperiode u. beschleunigen die Zersetzung. In einigen Fällen halten die Reaktionsmischungen bei verhältnismäßig niedrigen Tempp. einen beträchtlichen Prozentsatz O_2 zurück. Vff. nehmen an, daß der O_2 durch das teilweise zers. Perchlorat hindurchdiffundieren kann u. daß sich so ein Gleichgewichtszustand einstellen könne. Ein möglicher Mechanismus für die Zers. des $KClO_4$ wird vorgeschlagen u. eine Gleichung für die Zersetzungsgeschwindigkeit aufgestellt, welche die experimentellen Befunde befriedigend wiedergibt. Der angegebene Mechanismus soll bei Rkk. des Typus feste Phase I → feste Phase II + Gas allg. anwendbar sein. (J. Amer. chem. Soc. **74.** 2467—72. 20/5. 1952.) J. MATTNER. 225

Dora Peschanski, *Kinetik der Oxydation von Jod durch Kaliumperjodat in wässeriger Lösung.* J_2 wird in wss. Lsg. durch KJO_4 nach der Gleichung $5\,JO_4^- + J_2 + H_2O = 7\,JO_3^- + 2\,H^+$ zu Jodat oxydiert. Die Gesamt-Rk. läßt sich in eine Reihe von Einzelgleichungen auflösen. Die Oxydationsgeschwindigkeit hängt 1. von der Konz. der Reaktionsteilnehmer, 2. von der Ionenstärke der Lsg., 3. von der DK. der Lsg. u. 4. von der Temp. ab. Die Ergebnisse werden vom Gesichtspunkt der modernen Theorien der chem. Kinetik in Lsgg. diskutiert. Die Geschwindigkeitsgleichung der Rk. lautet $-d\,JO_4^-/dt = -d\,J_2/dt = 1{,}37 \cdot 10^7 \cdot 10^{\sqrt{\mu}} \cdot A \cdot [JO_4^-]\,[J_2]\,[H^+]^{-0,5} \cdot e^{-19900/RT}$ Mol/*l*·sec. Die Aktivierungsenergie der Rk. beträgt in Lsgg. mit Essigsäure–K-Acetat-Puffer 12000 cal/Mol. Im Verlauf der Rk. wird die Bldg. eines akt. Komplexes der Form $(JO_4J)^{--}$ angenommen. Der minimale Abstand zwischen den beiden Ionen JO_4^- u. J^- dieses Komplexes beträgt $2—2{,}5 \cdot 10^{-8}$ cm. (J. Chim. physique Physico-Chim. biol. **48.** 489—99. Nov./Dez. 1951. Paris, Fac. des Sci., Labor. de Chimie C.) R. MATTNER. 225

M. Cottin, M. Haïssinsky und D. Peschanski, *Über die Isotopenaustauschreaktionen im System Jodat–Perjodat–Jod.* Das Stattfinden der Rk. $5\,JO_4^- + J_2 + H_2O = 7\,JO_3^- + 2\,H^+$ (vgl. vorst. Ref.) hat den Sinn eines großen Teils früherer Ergebnisse (C. **1947.** 1822) wieder in Frage gestellt, da von der Voraussetzung ausgegangen worden war, daß J_2 u. KJO_4 unter gewöhnlichen Bedingungen nicht merklich miteinander reagieren. Die Verss. der Vff. zeigen, daß der Austausch zwischen JO_4^- u. J_2 in 0,5n HNO_3 langsam verläuft, aber sicher nachweisbar ist. Seine Geschwindigkeit ist vergleichbar mit der des Paares JO_3^-/J_2. Die Austauschgeschwindigkeit ändert sich mit der Acidität im gleichen Sinn wie die Geschwindigkeit der Rk. $JO_4^-–J_2$. Sie wird mit Steigerung des p_H vermindert. Die Aktivierungsenergien dieser beiden Prozesse haben sehr ähnliche Werte. Dies scheint eine wenigstens teilweise vorhandene Analogie anzuzeigen. Der Austausch JO_4^-/JO_3^- verläuft außerordentlich langsam. Es dauert unter günstigen Bedingungen ca. 100—200 Tage, bis der Austausch zur Hälfte vonstatten gegangen ist. Die Rolle des katalyt. wirksamen J_2 beim Austausch JO_4^-/JO_3^- wurde nicht nochmals untersucht. Wahrscheinlich findet doppelter Austausch der Art JO_3^-/J_2 u. JO_4^-/J_2 statt. (J. Chim. physique Physico-Chim. biol. **48.** 500. Nov./Dez. 1951. Paris, Inst. du Radium.) R. MATTNER. 225

G. Ja. Turowski und **F. M. Wainstein,** *Anwendung von schwerem Sauerstoff zur Untersuchung des Mechanismus der oxydativen Katalyse.* Unter Verwendung von $Cu^{18}O$ wird experimentell festgestellt, daß die Oxydation von *CO* an CuO als Katalysator ohne Red. u. Wiederoxydation des letzteren verläuft. Unter Berücksichtigung der bereits (C. **1951.** I. 977) gemachten gleichen Feststellung in bezug auf MnO_2 als Katalysator, kann die Theorie der Bldg. von Zwischenverbb. bei der oxydativen heterogenen Katalyse nicht widerspruchslos aufrechterhalten werden. (Доклады Академии Наук СССР (Ber. Akad. Wiss. UdSSR] [N. S.] **78.** 1173—75. 21/6. 1951. Pissarshewski-Inst. für physikal. Chem. der Akad. der Wiss. der UkrSSR.) REINBACH. 227

B. Anorganische Chemie.

A. K. Dmitrijew, *Chemische Ungleichwertigkeit des Wasserstoffs im Moment der Ausscheidung.* 2. Mitt. (1. vgl. Журнал Общей Химии [J. allg. Chem.] **18.** (**80.**) [1948.] 1267.) Werden *Methylrot, Methylenblau, Pyronin, Indigocarmin* nach dem Erhitzen mit HCl (1 : 1) mit Metallpulver versetzt, dann ergibt sich für die zunehmende H-Aktivität dieselbe Reihenfolge wie für die Red. der S-Derivv., wobei *Mg* u. *Zn* die Reihe eröffnen u. *Co* u. *Ni* beschließen. Am intensivsten verläuft die Red. nahe dem Neutralpunkt. Im Vgl. zu reinem *Al* wird in seinen Legierungen die H-Aktivität durch *Cu* u. *Ag* stark verringert (bei Ag um das 10fache), durch Co u. Ni stark erhöht (bei Ni um das 4fache). Aus der Unters. des Einfl. von Ag, *Au, Cd, Hg, Pb, Sb, Bi, Pt* u. *Pd* in Berührung mit

Zn u. Al auf die H-Aktivität ergibt sich folgendes: die Elemente links von Zn u. Al (im Period. Syst.) setzen die H-Aktivität herab, die Elemente rechts davon erhöhen sie. Die Stellung der Metalle nach der H-Aktivität unterscheidet sich nicht von ihrer Stellung im Period. System. Diese Periodizität der Metalle gegenüber der H-Aktivität erklärt die hohe chem. Aktivität von H_2 in Ggw. der Metalle der 8. Gruppe. (Журнал Общей Химии [J. allg. Chem.] **22.** (**84.**) 545—51. April 1952. Leningrad, Technol. Molotow-Inst., Chem. Labor.) LEBTAG. 238

Abraham Fookson, Philip Pomerantz und **Edwin H. Rich,** *Darstellung und Reinigung von Wasserstoffdeuterid.* Die Darst. von HD aus $Li[AlH_4]$ u. D_2O gemäß $Li[AlH_4] + 4 D_2O \rightarrow LiOD + Al(OD)_3 + 4 HD$ wird beschrieben: In einen CLAISEN-Kolben wurden 150 cm^3 über Na getrockneter Dibutyläther dest. u. in N_2-Atmosphäre mit 5,75 g $Li[AlH_4]$ versetzt. Der Haupthals des Kolbens wurde mit einer Gummimembran verschlossen, auf den Seitenhals ein mit einer Vakuumapp. verbundener Rückflußkühler aufgesetzt, das Reaktionsgemisch mit fl. N_2 eingefroren, evakuiert, im Vakuum durch vorsichtiges Erwärmen kurz zum Sieden erhitzt, abermals mit fl. N_2 gekühlt u. evakuiert. Zu dem erstarrten Reaktionsgemisch wurden nunmehr aus einer Injektionsspritze nach Durchstechen der Gummimembran in mehreren Portionen insgesamt 18 cm^3 99,5%ig. D_2O injiziert u. die Rk. durch Aufschmelzen des Gemisches u. gleichzeitiges Rühren mit dem Magnetrührer in Gang gebracht. Das entwickelte HD wurde mittels einer TÖPLER-Pumpe in mehrere Vorratskolben gepumpt, aus diesen in eine Destillierapp. nach SCOTT u. BRICKWEDE (Physic. Rev. [2] **48.** [1935.] 483; **55.** [1939.] 672) übergeführt u. bei der Temp. des fl. H_2 funktioniert. Aus. ca. 15 Liter Rohprod. wurden so ca. 10 Liter 99,8%ig. HD mit $Kp._{760}$ 22,54° K gewonnen (vgl. CLUSIUS u. STARKE, Z. Naturforsch. **4a.** [1949.] 549). (J. Res. nat. Bur. Standards **47.** 31—34. Juli 1951. Washington, D. C., Nat. Bur. of Standards.) WEIGEL. 238

Mansel Davies und **Emrys Gwynne,** *Die Wechselwirkung Jod–Jodid.* Das Lösungsgleichgewicht $J_2 + J^- \rightleftharpoons J_3^-$ wurde bei verschied. Tempp. untersucht. Dazu wurde die Verteilung von J_2 in KJ-Lsg. u. CCl_4 bestimmt. Die hierbei erhaltenen Werte stimmten gut mit den nach KIRCHHOFF berechneten Werten überein. Eine starke Temperaturabhängigkeit der Enthalpieänderung dieser Rk. wurde festgestellt. Die Rk. $2 J_3^- \rightleftharpoons J_6^{2-}$ wurde als nächster Schritt der Polyjodidbldg. angesehen. An Hand eines elektrostat. Modells wurde eine Berechnung der Wechselwirkungsenergie der Trijodidbldg. angegeben. (J. Amer. chem. Soc. **74.** 2748—52. 5/6. 1952. Aberystwyth, Wales, Univ. Coll., Edward Davies Labors.) KLAFFKE. 249

W. W. Shreeve, F. Leaver und **I. Siegel,** *Eine Methode zur spezifischen Umwandlung von Jodoform in Kohlendioxyd. Jodoform* (I) kommt häufig als Zwischenprod. beim Abbau organ., mit C-Isotopen markierter Verbb. vor. Vff. entwickeln eine Meth. zur spezif. Umwandlung von I über CO als Zwischenstufe in CO_2, die an Stelle der Totaloxydation mittels Chromsäuremischung nach der Meth. der nassen Verbrennung von VAN SLYKE u. FOLCH (J. biol. Chemistry **136.** [1940.] 509) verwendet werden kann. Letztere Meth. verursacht in manchen Fällen, bes. wenn nur kleine Mengen von I (0,5 Millimol u. weniger) vorliegen, Schwierigkeiten bei der Best. der spezif. Aktivität der C-Fraktion. Bei der vorgeschlagenen Meth. wird zunächst I mit wss. $AgNO_3$-Lsgg. zur Rk. gebracht, wobei CO entsteht; letzteres wird unter Verwendung einer H_2SO_4–J_2O_5-Mischung zu CO_2 oxydiert. Beide Rkk. erfolgen in einem Arbeitsgang. Die CO_2-Ausbeute beträgt 95% der theoret. Menge (bezogen auf I). Für die Verss. wird mit ^{14}C markiertes I verwendet. (J. Amer. chem. Soc. **74.** 2404. 5/5. 1952. Cleveland, O., Western Reserve Univ.) GEDSCHOLD. 260

R. Weber, *Einwirkung von Ammoniak auf metallisches Quecksilber.* Anknüpfend an amerikan. Arbeiten (vgl. VAN BRUNT, Science [New York] **65.** [1927.] 63; HENDERSON, Ind. Eng. Chem. **10.** [1932.] 73; SAMPEY, Refrigerating Engng. **54.** [1947.] 349) stellte Vf. durch Einw. von NH_3 mit durchschnittlich 5 Vol.-% Luft bei ca. 2,5 at Druck auf Hg in Ggw. von Glas u. Fe einen dunkelbraunen bis dunkelgrauen Explosivstoff dar, der mit winzigen Hg-Tröpfchen durchsetzt ist u. im allg. erst beim Erhitzen explodiert. Zur Bindung des O_2 wird dem Reaktionsgemisch Zn-Amalgam zugesetzt. Qualitativ wurden in dem Prod. Hg u. N, sowie als Verunreinigungen Fe, Ca, Cu, Mg, Sn, Mn u. Si nachgewiesen. Röntgenograph. läßt sich zeigen, daß der Hauptbestandteil *Millonsche Base* ist u. daneben wahrscheinlich geringe Mengen daraus entstandenes *NHg_2OH* vorliegen, die für die explosiven Eigg. des Körpers verantwortlich sind. (Naturwissenschaften **38.** 528. Nov. 1951. Wiesbaden-Dotzheim, Versuchsstand der Ges. Linde.) LEVI. 290

John E. Ricci und **Jack Fischer,** *Das ternäre System Thallium(I)-sulfat–Natriumsulfat–Wasser bei 25 und 45°.* Vff. bestimmten die Löslichkeitsisothermen des Syst.

Tl_2SO_4–Na_2SO_4–H_2O bei 25 u. 45° u. vergleichen sie mit denen des Syst. Ag_2SO_4–Na_2SO_4–H_2O (vgl. SIMONS u. RICCI, J. Amer. chem. Soc. **68.** [1946.] 2194). Im Gegensatz zum Ag_2SO_4 bildet Tl_2SO_4 bei diesen Tempp. keine feste Lsg. mit Na_2SO_4. Die einzigen festen Phasen sind bei 25° Tl_2SO_4 u. $Na_2SO_4 \cdot 10\,H_2O$ u. bei 45° Tl_2SO_4 u. Na_2SO_4. Die Löslichkeit von $Na_2SO_4 \cdot 10\,H_2O$ wird bei 25° von Tl_2SO_4 kaum beeinflußt. Dagegen tritt, wie erwartet, bei 45° Verminderung der Löslichkeit von wasserfreiem Na_2SO_4 ein. Die Löslichkeit von Tl_2SO_4 wird bei beiden Tempp. deutlich von Na_2SO_4 erhöht, woraus Vff. auf Komplexbldg. zwischen Tl_2SO_4 u. SO_4^{--}-Ionen schließen. (J. Amer. chem. Soc. **74.** 1607—08. 20/3. 1952. New York.) R. MATTNER. 297

H. J. Cluley und **R. C. Chirnside,** *Die Trennung des Germaniumtetrachlorids von Arsentrichlorid durch fraktionierte Destillation.* In Ergänzung der Angaben von SEBBA (C. **1952.** 6176) untersuchen Vff. die Trennung von $GeCl_4$ u. $AsCl_3$ durch fraktionierte Destillation. Es werden quantitative Angaben über die Dauer der Dest., die Ausbeute u. Reinheit des erhaltenen $GeCl_4$ gemacht. Die Destillationsapp. war vollständig aus Pyrexglas angefertigt. Während der Dest., bes. aber nach Abkühlung des Destillationsrückstandes, wurde das Auftreten einer weißen krist. Verb. beobachtet. Diese enthielt nach spektrograph. Unters. nur Ge als Metallkomponente. Die Möglichkeit, daß es sich bei dieser Verb. um eine *Chlorogermaniumsäure* handelt, wird diskutiert. (J. chem. Soc. [London] **1952.** 2275—76. Juni. Wembley, General Electric Co., Ltd., Res. Labor.) PLUST. 326

J. D. H. Strickland, *Darstellung und Eigenschaften von Silicomol ybdänsäure.* **1. Mitt.** *Die Eigenschaften von α-Silicomolybdänsäure.* Es wird ein neues Verf. zur Herst. von *Silicomolybdänsäure* (I) beschrieben, das eine Verbesserung des Verf. von NORTH u. HANEY (vgl. Inorganic Syntheses, Vol. I, MCGRAW-HILL BOOK CO., INC, New York, N. Y., 1946) darstellt u. zu einem sehr reinen Prod. in 100%ig. Ausbeute führt. Es werden UV-Absorptionsspektren gemessen. Die chem. Unters. von I in wss. Lsg. ergab im wesentlichen eine Bestätigung der in der Literatur angegebenen Eigenschaften. Bes. eingehend wurde die Red. von I mit $SnCl_2$ untersucht. Das Silicomolybdation wird unversehrt red., wahrscheinlich durch Anlagerung von H-Atomen u. liefert dabei 2 blaue Verbb., die beide nach wie vor Si u. Mo im Verhältnis 1:12 enthalten. Durch Absorptionsmessungen u. potentiometr. Unterss. kann gezeigt werden, daß die eine Verb., *α-silicomolybdänige Säure* (II), einer Aufnahme von 4 Elektronen, die andere, *α-untersilicomolybdänige Säure,* einer Aufnahme von 5 Elektronen entspricht. Für II wird die Formel $(H_4SiMo_{12}O_{40})^{4-}$ angegeben. Die chem. Eigg. dieser Verbb. werden untersucht, bes. das Verh. gegen Oxydationsmittel. (J. Amer. chem. Soc. **74.** 862—67. 20/2. 1952. London, Woolwich, Royal Arsenal, British Ministry of Supply, Chem. Inspect.) LEVI. 336

J. D. H. Strickland, *Darstellung und Eigenschaften von Silicomolybdänsäure.* **2. Mitt.** *Darstellung und Eigenschaften von β-Silicomolybdänsäure.* (Vgl. vorst. Ref.) Bei der Darst. von *Silicomolybdänsäure* (I) durch Rk. zwischen Kieselsäure u. mit 2 Äquivalenten Säure angesäuertem n. Molybdat in wss. Lsg. entsteht nicht die gewöhnliche α-I. Das Absorptionsspektr. dieser im folgenden als β-I bezeichneten Verb. weicht merklich von dem der α-Verb. ab, u. zwar ist die Absorption im sichtbaren Gebiet des Spektr. etwa doppelt so stark wie bei α-I. Vf. nimmt an, daß der Unterschied zwischen den beiden Verbb. in der Struktur des Anions liegt, diese also isomer sind. Das β-Anion geht durch eine Umwandlung erster Ordnung spontan in die α-Form über. Weiterhin unterscheiden sich die beiden Substanzen in ihrem Verh. bei der Red. mit $SnCl_2$. β-I liefert nur ein Reduktionsprod., das insoweit der α-silicomolybdänigen Säure entspricht, als es aus der in ihrer Gesamtheit durch Addition von 4 Elektronen red. Ausgangssäure besteht, u. daher *β-silicomolybdänige Säure* (II) genannt wird. Das Absorptionsspektr. von II entspricht im UV-Teil dem der β-I, im sichtbaren Teil dagegen dem der α-untermolybdänigen Säure. Das Oxydationspotential der Rk. $\beta\text{-I} + 4\,e^- \rightleftharpoons \text{II}$ ist ähnlich dem der entsprechenden α-Verbindungen. Zum Vgl. von α- u. β-I werden ferner polarograph. Daten herangezogen. (J. Amer. chem. Soc. **74.** 868—71. 20/2. 1952.) LEVI. 336

J. D. H. Strickland, *Darstellung und Eigenschaften von Silicomolybdänsäure.* **3. Mitt.** *Die Vereinigung von Silicat und Molybdat.* (2. vgl. vorst. Ref.) Die Rk. zwischen Na-Silicat u. überschüssigem n. Na-Molybdat in Ggw. bekannter Mengen HCl wurde untersucht, indem in bestimmten Zeitintervallen der p_H-Wert u. die gebildete Menge *Silicomolybdänsäure* (I) gemessen wurde. I wurde durch ihre Absorption unter Verwendung red. u. unred. Lsgg. erfaßt. In Molybdatlsgg., die mit bis zu 1,5 Äquivalenten Säure pro Mol. MoO_4^{2-} angesäuert waren, bildete α-I das Hauptprodukt. Nach einem Knick in der Molybdat-Titrationskurve bei 1,5 Äquivalenten Säure wurden steigende Mengen β-I gebildet. In Lsgg., die mehr als 2 Äquivalente Säure enthalten, ist β-I das einzige Prod., die Rk. ist dann erster Ordnung hinsichtlich der SiO_2-Konzentration. In Ggw. von SO_4^{2-} steigt bei gegebener Acidität das Verhältnis α- : β-Form. Es wird angenommen, daß bei verschied. Aciditäten 3 verschied. Molybdationenarten vorliegen: bis 1,5 Äquivalente Säure *α-Molybdat*, das mit Silicat α-I bildet, über 1,5 Äquivalente Säure *β-Molybdat*, das aus dem β-I entsteht, u. in sehr stark sauren Lsgg. eine *γ-Form*, die überhaupt nicht mit Silicat reagiert. Die Bedeutung dieser Unterss. für Fragen der analyt. Chemie wird diskutiert. (J. Amer. chem. Soc. **74.** 872—76. 20/2. 1952.) LEVI. 336

C. Mineralogische und geologische Chemie.

Guido Carobbi, *Mitteilungen über die in der Studienzentrale für Geochemie des Nationalen Forschungsrates ausgeführten Forschungen.* Zusammenfassung der italien. Arbeiten über Geochemie, die angewandten Bestimmungsmethoden, die in geringer Konz. vorliegenden Bestandteile der Mineralien u. Gesteine u. die Biogeochemie. — 59 Literaturzitate. (Chimica [Milano] [N. S.] **6.** 420—25. Dez. 1951. Florenz, Univ., Ist. di Mineral. e Geochim.) R. K. MÜLLER. 378

E. B. Sandell, *Der Berylliumgehalt von Tiefengesteinen.* Der Be-Geh. der pluton. Gesteine beträgt in den *Graniten* 3,0 pro Million u. nimmt mit dem SiO_2-Geh. der Gesteine ab, so daß *Diorite* 1,6, *Basalte* 0,9 u. ultrabas. Gesteine (42% SiO_2) <0,25 enthalten. Eine Ausnahme machen die *Phonolite* aus Afrika, in denen bei einem SiO_2-Geh. von 53% 7 Teile pro Million gefunden wurden. In Graniten u. *Llaniten* von Texas wurden ebenfalls höhere Werte gefunden (4—8 Teile pro Million). Das Be bildet meist keine selbständigen Mineralien, sondern ersetzt andere Ionen (Al). (Geochim. cosmochim. Acta [London] **2.** 211—16. 1952. Minneapolis, Minn., Univ.) ENSSLIN. 378

J. Laurence Kulp, Lansing E. Tryon und Herbert W. Feely, *Verfahren zur Bestimmung von natürlichem ^{14}C.* Es werden die Methoden zur Darst. u. Best. des ^{14}C in natürlichen, C-haltigen Proben beschrieben. Durch Verbrennung oder Hydrolyse wird CO_2 hergestellt, dieses mit erhitztem Mg zu C red., C durch Extraktion mit HCl u. HNO_3 von MgO u. anderen Verunreinigungen befreit u. in einem Endfensterzähler ausgezählt. Die Anordnung des Zählers gestattet eine Red. des Untergrundes auf 2,5 Impulse pro Min. bei einer n. Intensität von 4—6 Impulsen pro Minute. Bei 3tägiger Zählung ist es möglich, bis zu 25000 Jahre alte Holzproben u. 30000 Jahre alte Muschelproben zu messen. (Trans. Amer. geophysic. Union **33.** 183—92. April 1952. Palisades, N. Y., Columbia Univ., Lamont Geologic. Labor.) WEIGEL. 378

George Tunell, *Mineralbildung in chemischen Systemen der Natur unter Gleichgewichts- und Nichtgleichgewichtsbedingungen.* Hinweis auf die Bedeutung der Differentiation im Zusammenhang mit Fragen des Gleichgewichtes auf die für pegmatit. u. pneumatolyt.-hydrothermale Bildungen wichtigen Systeme. Bes. hervorgehoben werden die Bedingungen, die zur Bldg. von Zinnober führen, u. die Vorgänge bei der Entstehung des eisernen Hutes in den Kupferlagerstätten im SW der USA im Zusammenhang mit dem Syst. Fe_2O_3–CuO–SO_3–H_2O. (Amer. Mineralogist **36.** 171—81. März/April 1951. Los Angeles, Calif., Univ. of California.) W. FABER. 378

Ss. I. Benesslawski, *Böhmit und seine gesteinsbildende Rolle in Bauxiten.* An verschied. *Bauxit* (I)-Vorkk. wird gezeigt, daß *Böhmit* (II) sowohl in der Monohydrat- als auch in der Trihydratform von I zugegen ist. II kommt nur in der kryptokrist., nicht in der vollkrist. I-Form vor. I ist ein Übergangsmineral zwischen komplexem *Alumogel* u. krist. *Gibbsit* oder *Diaspor*. Das Al-Si-Ti-Gel besitzt eine wechselnde Zus., so daß die chem. Zus. von II wegen der unmöglichen Trennung vom Alumogel nicht genau ermittelt werden kann. II liegt in I in der kryptokrist. Form vor. Im nichtmetamorphisierten I werden syngenet. *Korund* u. wasserfreies amorphes Al_2O_3 beobachtet. (Известия Академии Наук СССР, Серия Геологическая [Nachr. Akad. Wiss. UdSSR, geol. Ser.] **1952.** Nr. 4. 54—62. Juli/Aug.) LEBTAG. 380

Elysiário Tavora, *Eschwegeit und Euxenit.* Vf. untersucht den Strukturtyp u. die Gitterkonstanten von Eschwegeit. Das Mineral ist orthorhomb. mit a = 5,516, b = 14,550, c = 5,154 Å, D. 5,43 (ungeglüht). Das Verhältnis Ti : (Nb + Ta) ergibt sich zu 0,2346/(0,0976 + 0,1892) = 0,82. Mit Nb : Ta = 0,1892 : 0,0976 fällt das Mineral in den Bereich des n. Euxenits, die Ta-Atome ersetzen somit Nb-Atome im Verhältnis Nb : Ta = 1,93 : 1, im Vgl. mit 1 : 7,4 bei Ta-Euxenit u. 1 : 3,2 bei Ta-Polykrasit. (An. Acad. brasil. Ci. **23.** 119—28. 31/3. 1951. Rio de Janeiro, Univ., Dep. nac. da Prod. mineral.) R. K. MÜLLER. 380

M. N. Albow, *Über die Formen der Goldmigration in der Oxydationszone von Erzlagerstätten.* Entscheidend für die hypergene Migration von Au ist dessen Korngröße. Jeder

Korngröße entspricht eine besondere Migration in der Oxydationszone. Makroskop. Au (> 100 μ) wandert in den Spalten infolge der großen D. nach unten. Bei 100—1 μ wird Au als Suspension mit den absteigenden Wässern mitgerissen. Das submkr. Au (1 μ — Atomradius von Au) wandert als koll. oder wahre Lsg. von Sulfaten oder Halogeniden. In ein u. derselben Lagerstätte kann Au auf verschied. Weise wandern. (Известия Академии Наук СССР, Серия Геологическая [Nachr. Akad. Wiss. UdSSR, geol. Ser.] 1952. Nr. 4. 41—53. Juli/Aug.) LEBTAG. 383

M. Ss. Totschilin, *Über die Klassifikation und Diagnostik von Brauneisensteinen am Beispiel der Lipetzker Vorkommen.* Auf Grund eingehender Unterss. an Brauneisensteinen hält Vf. die von KROTOW u. RODE gegebenen Klassifikationen für unbefriedigend u. schlägt folgende vor: *Limonit* → *Hydrogoethit* ↗ *Goethit* ⟶ ↘ *Lepidokrokit* ↗ *Hydrohämatit*. In einer ausführlichen Tabelle werden die Eigg. von Limonit, Hydrogoethit, Goethit u. Lepidokrokit gegenübergestellt. Das war für den in Lipetzk fehlenden Hydrohämatit nicht erforderlich, da er sich deutlich von den aufgeführten Abarten unterscheidet. *Turgit* besteht nach Ansicht des Vf. aus einer Mischung der beiden Phasen Hydrogoethit u. Goethit. (Доклады Академии Наук СССР [Ber. Akad. Wiss. UdSSR] [N. S.] **80.** 665—67. 1/10. 1951. Woronesh, Univ.) PINKOW. 383

H. M. E. Schürmann, *Massengesteine aus Ägypten.* 15. Mitt. *Untersuchungen des älteren und jüngeren Präkambriums im nördlichen Teil der östlichen arabischen Wüste (27° 30′—27° 55′). Zum Gedächtnis von Dr. Hassan Sadek Pascha.* (14. vgl. C. **1951.** I. 3017.) (Neues Jb. Mineralog., Abh. **84.** 93—146. April 1952. Den Haag, Holland.) ENSSLIN. 385

H. Häusler und E. Häusler, *Eine Notiz zur Rißbildung an feuchten Peliten.* (Geol. u. Bauwes. **18.** 177—85. 1951. Pucking, Ob.-Österr.) ENSSLIN. 385

H. Häusler, *Eine Tüpfelreaktion zur Kennzeichnung von Gesteinstrukturen.* Der Strukturaufbau bestimmter Gesteine läßt sich durch Auftropfen von verschied. Fll. unter Beobachtung der Aufnahme der Fl. bis zu einem gewissen Grad beurteilen. Es wurden auf *Tone*, roh u. mit verschied. Brenntempp., *W.*, *Rüböl* u. *Eosin*-Lsgg. aufgetropft u. die Aufnahme beobachtet. (Geol. u. Bauwes. **18.** 186—94. 1951.) ENSSLIN. 385

D. Organische Chemie.

D_1. Allgemeine und theoretische organische Chemie.

Lewis Friedman und John Turkevich, *Die Massenspektren einiger deuterierter Isopropylalkohole.* Die Massenspektren von $(CH_3)_2CHOH$ (I), $(CH_3)_2CHOD$ (II), $(CH_3)_2CDOH$ (III) u. $(CH_3)_2CDOD$ (IV) wurden mit einem CONSOLIDATED-Massenspektrometer vom NIERschen Typ u. mit einem GEN. ELECTR.-Massenspektrometer mit 75 bzw. 45 V Ionisierungsspannung aufgenommen. Die Ergebnisse sind tabellar. mit den Daten für I aus der Literatur zusammengestellt. Das häufigste Ion in allen Spektren ist das durch Abspaltung einer Methylgruppe u. eines Elektrons entstandene. Beim nächsthäufigen Ion (M. 43 bei I) wird die Entstehung durch Abspaltung einer Methylgruppe u. eines H-Atoms der Hydroxylgruppe durch Diskussion der Spektren der deuterierten Verbb. wahrscheinlich gemacht. Bei anderen Ionen werden verschied. Bildungsmöglichkeiten erörtert. Die Ergebnisse sind mit dem von CUMMINGS u. BLEAKNEY (C. **1941.** II. 2071) vorgeschlagenen Ionisationsmechanismus für Alkohole verträglich. Die Spektren der deuterierten Isopropylalkohole zeigen, daß die sek. C—H-Bindung häufiger bricht als die prim. u. daß Ionen, die die Gruppierung $—C{=}O^+—H$ oder $—C^-{=}O^+$ enthalten, ca. 75 % der Gesamtionenmenge darstellen. — I wurde dargestellt durch Hydrolyse von dest. Al-Isopropylat mit gewöhnlichem W.; II durch Hydrolyse der gleichen Verb. mit 99,8 % D_2O; IV durch katalyt. Red. von Aceton mit Deuterium; III durch Hydrolyse von IV mit leichtem Wasser. (J. Amer. chem. Soc. **74.** 1666—68. 5/4. 1952. Upton, Long Island, N. Y., Brookhaven Nat. Labor., Dep. of Chem.) CONRAD. D 100

Marguerite Lestrade und Pierre Thouvenin, *Ultraviolettabsorptionsspektrum von Cyclopentanon im Dampfzustand.* Dampfförmiges Cyclopentanon zeigt im Absorptionsspektr. um 3000 Å eine in 5 Serien A bis E unterteilte Bande mit einer Grenze bei 3316,0 Å. Jede Serie entspricht den Absorptionsmaxima der fl. Verbindung. Die Serien A bis C werden analysiert, die bei kurzen Wellen liegenden Serien D u. E konnten nicht aufgelöst werden. Die gemessene Frequenz 1225 cm^{-1} wird der CO-Gruppe im angeregten Zustand, die Frequenzen 210 u. 238 cm^{-1} bzw. 75 u. 130 cm^{-1} den Schwingungen des n. bzw. angeregten Mol. zugeordnet. (C. R. hebd. Séances Acad. Sci. **234.** 2183—85. 26/5. 1952.) RUDOLPH. D 118

Richard B. Turner und **Dorothy M. Voitle,** *Die Struktur von 1-Acetyl-2-methylcyclohexen; charakteristische Merkmale der Spektren von s-cis-α.β-ungesättigten Ketonen.* (Vgl. C. **1951.** II. 1728.) Das nach 2 verschied. Verff. hergestellte *1-Acetyl-2-methylcyclohexen* ist nach seinen UV- u. Infrarot-Spektren ein *Gleichgewichtsgemisch* (G) der Δ^1- u. Δ^2-*Isomeren* (I u. II). Durch Umkristallisieren der *Semicarbazone* (SC) aus G u. Zerlegung des höherschm. SC durch Phthalsäure wird reines I erhalten. I absorbiert im UV beim berechneten λ, aber ε ist ungewöhnlich klein. Dies wurde früher auf ster. Hinderung der Resonanz infolge gegenseitiger Störung der CH_3-Gruppe des CH_3CO-Restes u. der 2-CH_3-Gruppe bei s-trans-Konfiguration zurückgeführt (s = single bezieht sich auf die Konfiguration an der C=C—C=O-Einfachbindung). Ein Vgl. der Spektren von I mit denen von s-cis-α.β-ungesätt. Ketonen macht aber bei I s-cis-Struktur wahrscheinlich. Hiermit sind im Einklang die geringere Hinderung der s-cis-Form u. die Lage des λ_{max} des SC von I, die um ca. 39 mμ kurzwelliger ist, als für die s-trans-Form zu erwarten wäre. Ein Vgl. der Spektren einiger s-cis-α.β-ungesätt. Ketone u. ähnlich substituierter s-trans-Verbb. läßt bei beiden Arten keine wesentliche Verschiebung der Banden erkennen. Aus den Kurven ist aber zu schließen, daß die s-cis-Verbb. wegen des geringeren Abstandes zwischen den Enden des konjugierten Syst. ein niedrigeres ε zeigen als die s-trans-Derivate.

V e r s u c h e (FF. korr., UV-Spektren in A., Infrarotspektren s. Original): *1-Acetyl-2-methyl-*Δ^1(u. -Δ^2)-*cyclohexen* (G), a) durch 15std. Kochen von 9 g Nonandion-(2.8) u. 20%ig. H_2SO_4 unter N_2, 5,8 g, Kp.$_{16}$ 85—88°, λ_{max} 248 mμ (ε = 4450); mit fast gleichem Ergebnis aus α.ω-Diacetylcapronsäureäthylester; b) aus 122 g CH_3COCl, 147 g Methyl-Δ^1-cyclohexen u. der Lsg. von 400 g $SnCl_4$ in CS_2 bei <—5°; nach Stehen über Nacht (Zimmertemp.) bei 0° mit Eis zers. u. wss. Schicht ausgeäthert; Vakuumrückstand der organ. Fll. über Nacht mit 61 g NaOH in verd. CH_3OH stehengelassen; 102 g, Kp.$_{14}$ 82—85°. — *1-Acetyl-2-methyl-*Δ^1-*cyclohexen* (I); *Semicarbazon,* aus G, $H_2NCONHNH_2 \cdot HCl$ u. CH_3COONa in CH_3OH (1 : 3) bei Zimmertemp., roh, F. 201—204° (Zers.), 7mal aus A., F. 227—227,5° (Zers.); hiervon 4 g mit 4 g Phthalsäure dampfdest., Destillat: I, Kp.$_{17}$ 89,5—90°, D.^{25} 0,9484, n_D^{25} 1,4872, λ_{max} 249 mμ (ε = 6890); aus den Mutterlaugen des SC *Semicarbazon von 1-Acetyl-2-methyl-*Δ^2-*cyclohexen* (II), F. 160—162° (A.); hieraus wie bei I II, etwas unrein, Kp.$_{17}$ 83—83,5°, D.^{25} 0,9463, n_D^{25} 1,4740, λ_{max} 240—250 mμ (ε = 1020). — *Gleichgewichtsgemisch* aus I u. II; I u. II änderten ihr UV-Spektr. nicht durch Versetzen ihrer Lsg. in verd. CH_3OH mit einigen Tropfen konz. H_2SO_4 u. Wiedergewinnung; beim Stehen über Nacht ihrer Lsg. in absol. A. mit C_2H_5ONa unter N_2 hatte das regenerierte Keton aus I λ_{max} 249 mμ (ε = 4470), das aus II λ_{max} 248 mμ (ε = 4450); die Infrarotspektren der beiden Prodd. waren mit dem von G identisch. — Folgende Ketone wurden aus den SC wie bei I regeneriert u. durch eine kurze PODBIELNIAK-Kolonne dest.; F. u. UV-Absorption der SC in [ ]: *Acetyl-*Δ^1-*cyclohexen* nach RUZICKA u. Mitarbeitern (Helv. chim. Acta **14.** [1931.] 1151), aber mit NaOH dehydrochloriert, Kp.$_{14}$ 82—84°, λ_{max} 232 mμ (ε = 12400), [F. 219—221°, λ_{max} 260 (24000)]. — I, [240 (10360)]. — *1-Acetyl-2-butyl-*Δ^1-*cyclohexen,* 245 (4000), [226 (12000)]. — *cis-1-Acetyl-2-methylcyclohexan* [F. 182 bis 182,5°, 225 (12300)]. — *Pulegon,* 252 (6500), [253 (11000)]. — *1-Acetyl-2-methyl-*Δ^1-*cyclopenten,* Kp.$_{15}$ 75,5—76,5°, 253 (10010), [F. 223—224° (Zers.), 268 (18120)]. — *Acetophenon* (III), Kp.$_{16}$ 85,5—86,5°, 242 (12800), [F. 204.5—205,5°, 272 (15810)]. — *p-Methyl-*, Kp.$_{12}$ 94—95°, 252 (15100), [275 (19900)]; *o-Methyl-*, aus o-Toluylchlorid u. $Cd(CH_3)_2$, Kp.$_{16}$ 93—94°, 243 (8850), [F. 210—211°, 250 (12480)]; *2.4-Dimethylacetophenon.* Kp.$_{15}$ 110—110,5°, 252 (14100), [F. 200—201°, 255 (11030)]. (J. Amer. chem. Soc. **73.** 1403—10. April 1951. Cambridge, Mass., Harvard Univ., Converse Mem. Labor.) LEHMSTEDT. D 118

B. Susz, E. Dallwigk und **E. Briner,** *Untersuchungen über die ultraroten Absorptionsspektren von Ozoniden.* 2. Mitt. *Ermittlung der ultraroten Absorptionsspektren der Ozonide von trans-Stilben und Styrol.* (1. vgl. BRINER u. Mitarbeiter, C. **1952.** 5530.) Im Bereich von 600—1800 cm^{-1} werden die Ultrarotspektren aufgenommen von Lsgg. verschieden stark ozonisierter Proben von *trans-Stilben* u. *Styrol.* Die bis zu 50%ig. Ozonisation neu auftretenden Linien werden den Ozoniden zugeordnet, während die bei noch stärkerer Ozonisation neu beobachteten Linien den Zersetzungsprodd. zugeschrieben werden. (Helv. chim. Acta **35.** 345—53. 1/2. 1952.) GOUBEAU. D 120

E. Dallwigk, B. Susz und **E. Briner,** *Untersuchungen über die ultraroten Absorptionsspektren von Ozoniden.* 3. Mitt. *Ermittlung der ultraroten Absorptionsspektren der Ozonide von Anethol, Methylisoeugenol, Benzol, Naphthalin, Cyclohexen, Limonen, Caryophyllen,*

Nopinen und von Äthylmaleat und Äthylfumarat. (2. vgl. vorst. Ref.) Es werden die Ultrarotspektren zwischen 600 u. 1800 cm^{-1} der Lsgg. verschieden starken Ozonisationsgrades mitgeteilt von *Anethol, Methylisoeugenol, Bzl., Naphthalin, Cyclohexen, Limonen, Caryophyllen, Nopinen, Äthylmaleat* u. *Äthylfumarat.* Aus diesen Spektren lassen sich einige für die Ozonide charakterist. Linien ermitteln, bes. im Gebiet 1680—1780 u. 1050—1175 cm^{-1}. Die Doppelbindungslinie erlaubt Rückschlüsse auf die Struktur der Ozonide. (Helv. chim. Acta **35.** 353—62. 1/2. 1952.) Goubeau. D 120

Pál Szarvas und **Gabriella Németh,** *Rotationsdispersion und Lösungsmitteleinfluß.* Es wird die Rotationsdispersion der *d-Weinsäure* in verschied. Lösungsmitteln im sichtbaren u. UV-Gebiet untersucht. Die Theorie des Lösungsmitteleinfl. von Beckmann, Cohen u. Harks (J. chem. Physics **4.** [1936.] 784; **8.** [1940.] 827) wird allg. bestätigt. Durch Extrapolation der Versuchsdaten wird die Rotationsdispersionskurve der d-Weinsäure in einem idealen, unpolaren Lösungsm. bestimmt. Der Verlauf dieser idealen Kurve ist im Gebiet 580—250 mμ normal. Die Kurve verläuft auch im sichtbaren Gebiet völlig im negativen Rotationsbereich. Dies bedeutet, daß die bekannten „Anomalien“ der Rotationsdispersionskurve der d-Weinsäure in verschied. Lösungsmitteln nur als eine von der Dipolwrkg. des Lösungsm. hervorgerufene Erscheinung betrachtet werden können. (Magyar Kémiai Folyóirat [Ung. Z. Chem.] **56.** 43—47. 1950. Budapest, Univ., Inst. für allg. Chem.) Plank. D 122

F. Dangl, *Über das Verhalten von Acridinfarbstoffen als Fluorochrome.* Außerordentlich stark verd. Farbstofflsgg., sogenannte Fluorochrome, bringen noch Präparatanteile zur Fluorescenz, die diese unter n. Bedingungen nicht aufweisen. Bei der Anwendung von *Acridinorange* (I) für Vitalunterss. können photodynam. Effekte durch die erregende UV-Strahlung ausgelöst werden. Zur exakten Erfassung der Farbwerte verschied. Konzentrationsstufen wss. Lsgg. von I wurden die Extinktionswerte von 10 zu 10 Å mit dem Spektralphotometer von König u. Martens bestimmt. Durch Zwischenschalten einer 20%ig. $NaNO_2$-Lsg. als UV-Sperrfilter konnten charakterist. Fluorescenzbanden u. fluorescenzlöschende Einflüsse von Verunreinigungen festgestellt werden. Bei Belichtung einer wss. Lsg. von I in einer Elektrolysenzelle mit gleichartigen Pt-Elektroden treten Photoströme auf. Diese Erscheinung dürfte wohl als Becquerel-Effekt 2. Ordnung anzusprechen sein u. muß bei der Deutung der Farbwerte vital fluorochromierter Präpp. berücksichtigt werden. (Mikrochem. verein. Mikrochim. Acta **36/37.** 1163—68. 1951. Wien, Hochsch. für Bodenkultur, Lekt. für Fluorescenzmikroskopie.) Schlegel. D 125

J. W. Tomecko und **W. H. Hatcher,** *Die Dielektrizitätskonstanten von binären Mischungen.* Da bei Messungen der DKK. durch Kapazitätsbest. leitfähige Stoffe Fehler in den gemessenen Werten zeigen, wurden mit einer im einzelnen beschriebenen App. Messungen der DK. von *Aceton, Essigsäure, Propionsäure, Buttersäure* u. *Isobuttersäure* u. von Mischungen von Aceton mit diesen Säuren u. mit *Bzl.* sowie von Aceton mit *Propionaldehyd* u. mit *Toluol* durchgeführt. Es zeigt sich, daß die DKK. zu groß oder zu klein ausfallen, je nachdem die Restkapazität des Standardkondensators klein oder groß im Vgl. zur Zellkapazität ist. Die Ergebnisse der Messungen an den bin. Lsgg. werden in Kurvenform übersichtlich wiedergegeben. (Trans. Roy. Soc. Canada, Sect. III [3] **45.** 39—51. Juni 1951. Montreal, Loyola Coll., Chem. Labor.) K. L. Wolf. D 132

Talat-Erben, *Über theoretische Deutung und Gültigkeitsbereich der empirischen Regel von Bredig, wonach organische, isomere Ionen gleiche Beweglichkeit besitzen.* Die von Bredig empir. gefundene Regel läßt sich auch theoret. begründen, wenn man als Ionenmodell ein Rotationsellipsoid annimmt u. die von Oberbeck abgeleiteten Hauptreibungskoeffizienten bei der translator. Bewegung des Ellipsoids durch ein viscoses Medium benutzt. Nur bei sehr gestreckten oder abgeplatteten Ellipsoiden verliert die Bredigsche Regel ihre Gültigkeit. (J. Chim. physique Physico-Chim. biol. **49.** 126—27. März 1952. Istambul, Univ. Techn., Inst. de Chim.) Hentschel. D139

Philip W. West, Thomas Robichaux und **T. S. Burkhalter,** *Analyse des Systems Wasser–Benzol–Methyläthylketon mit einem Hochfrequenzoscillator.* Die Probe (25 cm^3) wird in einer Meßzelle in die Spule des Arbeitsoscillators eingeführt, der gegen einen Vergleichsoscillator konstanter Frequenz arbeitet. Die Frequenz der in einer Mischröhre auftretenden neuen Schwingung wird mit einem Kathodenstrahloscillographen bestimmt u. ist charakterist. für die Zus. der Probe. Das W. wird durch $CaCl_2$ entfernt, die Probe erneut gemessen u. der Wassergeh. sowie das Verhältnis von Bzl. zu Methyläthylketon aus Eichkurven ermittelt. Die Dauer einer Analyse beträgt 5 Min., die Genauigkeit reicht für Betriebskontrollen aus. (Analytic. Chem. **23.** 1625—27. Nov. 1951. Baton Rouge, La., Louisiana State Univ., Coates Chem. Labor.) Eichhoff. D144

Hs. H. Günthard und **E. Kováts**, *Thermodynamische Eigenschaften von Methylcyanid (Acetonitril).* Aus den bekannten Schwingungs- u. Rotationsfrequenzen des CH_3CN werden die thermodynam. Funktionen berechnet. Bei 298,16° K sind die Entropieterme des Gases: $S_t = 37{,}064$; $S_r = 18{,}532$; $S_v = 2{,}410$ cal/Grad·Mol; die gesamte Entropie ist also 58,01 cal/Grad·Mol bei 1 at. Für die spezif. Wärme des Gases gilt $c_p = 4{,}756 + 2{,}8544 \cdot 10^{-2} \cdot T - 0{,}9776 \cdot 10^{-5} \cdot T^2$ (im Bereich von 300 bis 1000° K). Die berechneten Werte für die Freie Enthalpie, Enthalpie, Entropie u. spezif. Wärme werden für 300—1000° K tabellar. aufgeführt. (Helv. chim. Acta **35**. 1190—91. 16/6. 1952. Zürich, ETH, Organ.-chem. Labor.) v. BOGDANDY. D 146

G.-M. Schwab, **S. Paparos** und **I. Tsipouris**, *Die Wärmetönung der Bildung von Natriumoxalat aus Natriumformiat.* Die Lösungswärmen des festen *NaOOCH* u. $Na_2C_2O_4$ in azeotroper H_2SO_4 werden bei Tempp. zwischen 130 u. 150° gemessen, es ergeben sich bei 140° 21,5 u. 26,5 kcal für die Rkk. $2\,NaOOCH_{fest} + H_2SO_4 \rightarrow Na_2SO_{4\,gel.} + H_2O_{fl.} + CO_{gasf.}$ bzw. $Na_2C_2O_{4\,fest} + H_2SO_4 \rightarrow Na_2SO_{4\,gel.} + CO_{gasf.} + CO_{2\,gasf.} + H_2O_{fl.}$. Durch Kombination mit der Wärmetönung der Wassergas-Rk. ergibt sich die Reaktionswärme der Rk. $2\,NaOOCH_{fest} = Na_2C_2O_{4\,fest} + H_2$ zu $-4{,}4 \pm 2$ kcal; die Rk. ist also endotherm. Bei der techn. Darst. des Oxalats geht man nun von geschmolzenem NaOOCH aus, auf Grund der Schmelzentropien von anderen *Na*-Salzen wird die Schmelzwärme des Salzes auf 4 ± 1 kcal/Mol geschätzt. Dann wäre die Umsetzung des geschmolzenen NaOOCH zu festem $Na_2C_2O_4$ mit einer Reaktionswärme von 4 ± 3 kcal exotherm. Die große Wärmeentw. beim techn. Prozeß wird deshalb dem schnellen Ablauf der Rk. zugeschrieben u. der Schluß gezogen, daß es sich um eine Ketten-Rk. in fl. Phase handelt. (Z. Naturforsch. **6a**. 387—90. Juli 1951. Athen, TH, Physikal.-chem. Inst.; München, Univ., Physikal.-chem. Inst.) WITTIG. D 156

J. H. Burgoyne und **P. K. Kapur**, *Die Oxydation von Äthylenoxyd in der Dampfphase.* Im Bereich von 260—380° bilden *Äthylenoxyd* (I)–*Sauerstoff* (II)-Gemische kalte Flammen. Bei 335° liegt die untere Druckgrenze bei 400 mm Hg. Die n. Verbrennung erfolgt bei 250 u. 500 mm oberhalb 460 bzw. 430°. Die Rk. wurde bei 420 u. 298° sowohl manometr. als auch durch Produktanalyse verfolgt. Der Druckanstieg während der Rkk. ist bedingt durch Bldg. von CO, H_2O u. KW-stoffen (CH_4). Die Rk. beginnt ohne Induktionsperiode mit maximaler Geschwindigkeit, die im Verlauf der Rk. abfällt. Bei 420° erfolgt nach dem II-Verbrauch langsamer Zerfall des I. Bei 298° wurden kleine Mengen Peroxyd gefunden. Unterss. bei verschied. Tempp. ergeben ein ständiges Anwachsen der Oxydationsgeschwindigkeit mit der Temp., die scheinbare Aktivierungswärme beträgt 14 kcal. Bei 420° ist die Geschwindigkeit des II-Verbrauchs etwa proportional der Wurzel aus dem II-Druck u. dem Quadrat des I-Drucks. Bei einem Druckverhältnis I : II = 2 : 1 ist bei einem Gesamtdruck von 200 mm Hg u. 420° die Rk. in 2 Min. zur Hälfte abgelaufen. Oberflächenvergrößerung um den Faktor 3 bringt bei 420° keinen merklichen Effekt; sehr starke Vergrößerung macht eine Beschleunigung des II-Verbrauches u. des nachfolgenden I-Zerfalles merklich. Bei 298° ist der anfängliche II-Verbrauch proportional dem I-Druck u. vom II-Druck unabhängig. Der Oberflächeneinfl. ist etwas stärker als bei der höheren Temp.; nach II-Verbrauch erfolgt leichte Druckabnahme infolge einer Polymerisation von I. Während bei 420° Verdünnung des Reaktionsgemisches durch N_2 ohne Einfl. ist, tritt bei 298° dadurch leichte Verzögerung ein. — Die Oxydation wird als Ketten-Rk. angesehen; die Start-Rk. soll zwischen I u. II erfolgen, wobei der Anteil des Primärschrittes an der Wand gegenüber dem in der Gasphase mit fallender Temp. steigt. Die Bldg. von *Acetaldehyd* (III) aus I ist stark exotherm u. könnte daher prim. III-Bldg. nahelegen; jedoch muß die Entw. kalter Flammen in I u. III wegen verschied. oberer Temperaturgrenzen als unterschiedlich angenommen werden. (Trans. Faraday Soc. **48**. 234—43. März 1952. London, Imp. Coll., Dep. of Chem. Engng. and Appl. Chem.) THEILE. D 157

San-ichiro Mizushima, **Yonezo Morino** und **Takehiko Shimanouchi**, *Einige Probleme der inneren Rotation.* Mit Hilfe von Infrarot-, RAMAN- u. dielektr. Messungen sowie Elektronenbeugungsmessungen wurde die Struktur zahlreicher Moll. im Hinblick auf die innere Rotation um die C—C-Achse untersucht. Die Resultate sind für folgende Verbb. tabellar. zusammengestellt: $ClH_2C{-}CH_2Cl$, $BrH_2C{-}CH_2Br$, $ClH_2C{-}CH_2Br$, $ClH_2C{-}CH_2J$, $CH_3CH_2{-}CH_2CH_3$, $CH_3CH_2{-}CH_2Cl$, $HOH_2C{-}CH_2Cl$, $ClH_2C{-}COCl$, $BrH_2C{-}COCl$, $ClOC{-}COCl$, $Br(CH_3)_2C{-}C(CH_3)_2Br$, $Cl(CH_3)_2C{-}C(CH_3)_2Cl$, $Cl_3C{-}CCl_3$, $Cl_3Si{-}SiCl_3$. Hinsichtlich des die innere Rotation behindernden Potentials wird festgestellt, daß die räumliche Kraft zwischen Atomen, die in verschied. beweglichen Gruppen enthalten sind, die Hauptrolle für die Best. des wesentlichen Verlaufs der Potentialkurve spielt, wenn die C—C-Bindung keinen merklichen Doppelbindungscharakter besitzt. Die stabilen Molekülkonfigurationen, die durch diese Kraft bestimmt werden, werden durch andere Kräfte, wie elektrostat. oder H-Bindung usw., nicht stark geändert, da diese nur in einem Maße wirksam werden, wie es der Energiedifferenz zwischen den stabilen Konfigurationen entspricht. Die intermol. Kräfte, die für Änderungen des Gleichgewichtsverhältnisses der stabilen Konfigurationen verantwortlich sind, können deren wesentlichen Charakter, der durch die räumlichen Kräfte bestimmt ist, nicht verändern. (J. physic. Chem. **56.** 324—26. März 1952. Hongo, Tokyo, Tokyo Univ., Fac. of Sci., Chem. Labor.) LEVI. D 182

G. E. McCasland und **Donald Arthur Smith,** *Stereochemie der Aminocyclanole. Reaktion epimerer Aminocyclanole mit glykolspaltenden Reagentien.* Es wird die Möglichkeit der Konfigurationsbest. epimerer Aminocyclanole (I) untersucht, u. zwar durch Messung der Reaktionsgeschwindigkeit cis-trans-isomerer *2-Aminocyclohexanole* (II) u. *-cyclopentanole* (III) mit Pb-Tetraacetat (IV) u. Perjodsäure (V). Es ergab sich, daß die cis-Verbb. durch IV weitaus rascher oxydiert werden als die trans-Verbb., doch ist die Geschwindigkeit bei III absol. gesehen größer als die bei II. Die Reaktionsordnung der Oxydation konnte nicht bestimmt werden, da wahrscheinlich verschied. Rkk. nebeneinander ablaufen. Vff. glauben, daß die Rk. von I mit IV für die Konfigurationsbest. geeignet ist, sofern die epimeren Formen in reiner Form vorliegen. Die Rk. von I mit V ist ungeeignet, da in diesem Fall räumliche Unterschiede nur zum Teil durch verschied. Reaktionsgeschwindigkeiten aufgezeigt werden. Bemerkenswert ist die Abhängigkeit der Reaktionsgeschwindigkeit von V vom p_H-Wert. Bei niedrigem p_H verläuft die Rk. unmeßbar langsam, bei hohem p_H unmeßbar rasch. Bei der Rk. selbst steigt der p_H-Wert rasch an. Zur Erklärung dieses Effektes nehmen Vff. an, daß nur die freien I mit V rasch reagieren, als Salz der Oxydation aber größeren Widerstand entgegensetzen. Temperaturänderungen rufen nur einen geringen Effekt hervor. (J. Amer. chem. Soc. **73.** 5164—67. Nov. 1951. Toronto, Can., Univ., Dep. of Chem.) GRALHEER. D 184

G. L. Clark und **Chia-Chen Chu,** *Röntgenbeugungsuntersuchung einiger Fettsäuren mit verzweigter Kette.* Röntgenograph. wurden die folgenden Säuren untersucht: *14-Äthylhexadecansäure* (I), *16-Methyloctadecansäure* (II) u. *17-Methyloctadecansäure* (III). Ergebnisse: I triklin mit a = 5,58 Å; b = 6,79 Å; c = 27,96 Å; α = 93° 15′; β = 111° 30′; γ = 100° 14′; z = 2; Raumgruppe P$\bar{1}$; opt.-negativ; II a = 5,43 Å; b = 6,91 Å; c = 28,00 Å; α = 91° 16′; β = 94° 16′; γ = 104° 56′; z = 2; Raumgruppe P$\bar{1}$; opt.-negativ; III a = 5,64 Å; b = 9,66 Å; c = 37,10 Å; α = 90° 24′; β = 91° 38′; γ = 102° 33′; z = 4; Raumgruppe P$\bar{1}$; opt.-positiv. In III mit z = 4 verlangt die Raumgruppe P$\bar{1}$ zwei asymm. Einheiten; in dem Gitter bildet demnach eine Gruppe von 2 Moll. die asymm. Einheit der Struktur. Diese zwei Moll. sind durch eine Pseudogleitebene senkrecht zu der a-Achse verbunden. Aus der positiven opt. Aktivität folgt, daß die Ketten nicht gekreuzt sind; die Kette ist daher nicht gegen die Pseudogleitebene — die b c-Ebene — verdreht. (Acta crystallogr. [London] **4.** 470—71. Sept. 1951. Urbana, Ill., Univ., Dep. of Chem.) GOTTFRIED. D 195

F. G. Keihn und **A. J. King,** *Die Raumgruppe und die optischen Konstanten von Glucuronolacton.* Schwenk- u. WEISSENBERG-Aufnahmen an *Glucuronolacton* ergaben eine monokline Zelle mit den Dimensionen a = 6,81 Å; b = 7,50 Å; c = 6,64 Å; β = 93° 16′; z = 2. Da sich der Kristall als piezoelektr. erwies, ist Raumgruppe C_2^2 — P 2_1. — Die Brechungsindices sind α = 1,548; β = 1,578; γ = 1,588 (ll b). Die Kristalle sind spaltbar nach (1 0 1) u. (0 0 1). (Acta crystallogr. [London] **4.** 473—74. Sept. 1951. Syracuse, N. Y., Univ., Dep. of Chem.) GOTTFRIED. D 195

Artturi I. Virtanen und **Ann-Marie Berg,** *Die enzymatische Hydrolyse und Synthese von Benzhydroxamsäure.* Vff. untersuchen, ob die enzymat. Katalyse, die bei der Bldg. von Glutaminhydroxamsäure u. Glutamin auftritt, sich verallgemeinern läßt. Kinet. verfolgt wird dabei der Einfl. von *Hefeautolysat* (I) nach GRASSMANN u. MAYR u. *Schafleberextrakt* (II) auf die Hydrolyse von *Benzhydroxamsäure* (III) u. von *Benzamid* (IV). Die Lsgg. wurden mit Phosphat (p_H 7,3) oder mit Glycin-NaOH (p_H 7,4) gepuffert. I hydrolysiert III in 3 Std. zu 39%, in 19 Std. vollständig; IV in 17½ Std. zu 34%. II hydrolysiert III in 2 Std. zu 25,6%, in 17½ Std. zu 59,5% in Phosphatlsg., in Glycinlsg. zu 18,2% bzw. 37,6%; IV in 17½ Std. zu 10,6% in Phosphatlsg. bzw. zu 6,8% in Glycinlösung. Bei p_H 6,0 war die Wrkg. von I nur $^2/_3$ von der bei p_H 7,4, in Acetatpuffer bei p_H 5,4 findet keine Hydrolyse statt. Boratpuffer inaktiviert das Enzym, ebenfalls Dialyse, während $MgSO_4$-Zusatz das dialysierte Prod. in einem Falle aktiviert, in anderem nicht. Bei II ist Dialyse ohne Einfluß. Auch die Synth. von III erfolgt mit I aus Benzoesäure (V) u. Hydroxylamin (VI), mit II aus IV bzw. V u. VI. — Die Synth. wurde an Hand des Absorptionsspektr. verfolgt, λ_{max} von III ~500 mμ. Weitere Verss. mit *Adenosintriphosphorsäure* (VII) zeigten, daß VII die Synth. aus V u. VI

deutlich, aus IV u. VI aber nur wenig katalysiert. (Acta chem. scand. 5. 909—20. 1951. Helsinki, Finnland, Univ., Labor. for Chem. Res., Biochem. Inst.)
Kleinwächter. D 225

Jay E. Taylor und **Thora J. Feltis**, *Die hydrolytische Zersetzung von Diazoniumsalzen.* 1. Mitt. *Sehr genaue Geschwindigkeitsbestimmung in hochverdünnten Lösungen.* Vff. beschreiben eine App., in der alle bekannten Fehlerquellen, die bei Zers. von Diazoniumsalzen auftreten, ausgeschaltet werden. Neben genauer Zeitmessung, schneller Vermischung von Diazoniumsalzen u. W. u. Konstanthaltung von Temp. u. Druck wird vor allem die Übersättigung der Lsgg. mit N_2 durch einen bes. konstruierten, schnell laufenden Rührer vermieden. Bei Rkk. ohne Rühren kommen bis 5,7 fache Übersättigungen an N_2 vor. Kinet. verfolgt wird die Hydrolyse von *p-Tolyldiazoniumbisulfat* (I) bei 30, 39,96, 49,90 $\pm$0,01° in Lsgg., die 0,01059 mol. an I waren. Die Rk. ist exakt 1. Ordnung ($k^{30,00°} = 0{,}960 \cdot 10^{-5}$, $k^{39,96°} = 4{,}11 \cdot 10^{-5}$, $k^{49,90°} = 15{,}7 \cdot 10^{-5}$ sec^{-1}). (J. Amer. chem. Soc. **74**. 1331—33. 5/3. 1952. Oxford, O., Miami Univ., Dep. of Chem.)
Kleinwächter. D 225

Gust.-Ad. Holmberg, *Hydrolyse von C—C-Bindungen.* 2. Mitt. *Die Geschwindigkeiten der Hydrolyse einiger substituierter Malonate in 57%igem wässerigem Äthanol bei 165°.* (1. vgl. Acta Acad. Aboensis math. physic. **16**. [1949.] Nr. 6. 1.) Triarylmethylmalonsäureäthylester, $XC_6H_4(C_6H_5)_2C \cdot CH(CO_2C_2H_5)_2$, werden in wss.-alkoh. Lsg. bei 165° im Autoklaven zu Triarylcarbinol u. Diäthylmalonat gespalten. Die Geschwindigkeitskonstanten der Spaltung der Derivv. X = *o-CH₃* (I), *m-CH₃* (II), *p-CH₃* (III), *o-CH₃O* (IV) u. *p-CH₃O* (V) werden bestimmt nach gleicher Meth., wie in der 1. Mitt. (l. c.) beschrieben. Die als Stör-Rk. erkannte Verseifung u. CO_2-Abspaltung zu Triarylpropionsäure verläuft nur bei II u. III mit solcher Geschwindigkeit, daß sie in Rechnung gesetzt werden muß. Die gemessene Reaktionszeit erfährt eine Korrektur, da schon vor dem als Nullzeit angenommenen Erreichen von 165° merklicher Umsatz erfolgt. Die Zeitkorrektur wird als ein für jeden Ester spezif. Merkmal angesehen, da die einzelnen Ester bei verschied. Tempp. beginnen, mit merklicher Geschwindigkeit zu reagieren. Die erhaltenen Geschwindigkeitskonstanten zeigen keinerlei Gang. Dagegen kann man unter Zugrundelegen der Zeitkorrektur die Ester in der Reihenfolge Phenylderiv., II, I, III, IV, V ordnen, die der Zunahme ihrer Neigung zur C—C-Hydrolyse entspricht. Die gleiche Reihenfolge erhält man, wenn die entsprechend substituierten Triarylcarbinole nach ihrer Basizität geordnet werden (vgl. Bowden u. Thomas, J. chem. Soc. [London] **1940**. 1242), was dort mit Hilfe der Resonanztheorie erklärt wird. Der hier gefundene geringe Unterschied zwischen II u. III ist durch die Resonanztheorie jedoch schlecht zu erklären. — I hydrolysiert quantitativ u. mit größerer Geschwindigkeit als III, — III reagiert nur zu 87% —, Grund dafür kann ster. Hinderung sein.

V e r s u c h e: *Diphenyl-m-tolylmethylchlorid*, aus m-Tolyl-MgBr u. Benzophenon in Ae. (→ Carbinol) u. Rk. des Rohprod. mit $CaCl_2$ u. HCl in Benzollsg., 30%. — *Diphenyl-m-tolylmethylmalonsäurediäthylester* (II), $C_{27}H_{28}O_4$, F. 99—100° (A.), durch Erhitzen der benzol. Lsg. von Äthoxymagnesiummalonsäureäthylester u. vorst. Verb. 1 Std. auf dem sd. Wasserbad, 63,5%; *β.β-Diphenyl-β-[m-tolyl]-propionsäure*, $C_{22}H_{20}O_2$, F. 118—119°. (Acta Acad. Aboensis, Math. Physica **17**. Nr. 1. 1—14. 1951. Åbo, Akademi.)
Manthey. D 225

Gust.-Ad. Holmberg, *Hydrolyse von C—C-Bindungen.* 3. Mitt. *Ein Mechanismus für die Reaktionen von triarylmethylsubstituierten Malonestern und Barbitursäuren.* (2. vgl. vorst. Ref.) Die experimentellen Ergebnisse früherer Arbeiten über die Hydrolyse von triarylmethylsubstituierten Malonestern bzw. Barbitursäuren werden zu folgenden Punkten zusammengefaßt: 1. Die Rk. wird durch Wasserstoffionen beschleunigt bzw. durch Hydroxylionen verlangsamt. 2. Bei der Rk. muß mehr als die berechnete Menge W. zugegen sein. 3. Das Zentralkohlenstoffatom des Malonesters bzw. der Barbitursäure muß ein Wasserstoffatom gebunden haben. — Da die Rk. in stark polarem Medium stattfindet, wird ein Schritt der Rk. in der Aufspaltung der Verb. in das positive Ion $R(C_6H_5)_2C^+$ (I) u. das negative Ion des Malonester- bzw. Barbitursäurerestes bestehen. Die Abhängigkeit von der Wasserstoffionenkonz. deutet darauf hin, daß der Angriff nicht von der Seite des positivierten Zentral-C-Atoms des Substituenten her erfolgt, sondern am gegenüberliegenden C-Atom des Malonester- bzw. Barbitursäurerestes. Hier muß nach Punkt 3 eine Methingruppe vorliegen, deren Bindung durch das Gleichgewicht zwischen Keto- u. Enolform sowie durch den Einfl. des Substituenten geschwächt ist. Demnach ist die Ausbldg. einer Wasserstoffbrücke zwischen der Methingruppe u. einem Wassermol. bzw. einem Hydroniumion wahrscheinlich, wodurch die Ablösung des Ions I eingeleitet wird. Der Einfl. der Konst. von R auf die Reaktionsfähigkeit des Esters (vgl. 2. Mitt.) findet seine Erklärung in der bei den einzelnen Derivv. möglichen Stabilisierung von I durch Resonanz. Da das o-Tolylderiv. schneller hydrolysiert als das p-Tolylderiv., werden für das erste andere Resonanzformen vorgeschlagen, die bei höherer Temp. an Bedeutung gewinnen sollen. Der Zusammenhang zwischen Neigung zur Hydrolyse u. Resonanz verlangt, daß die Triarylmethylgruppe sich in einer Ebene befindet. Dies steht in Einklang mit der Wrkg. der Wasserstoffionen, die eine Streckung der C—C-Bindung zwischen Substituent u. Restmol. hervorrufen. Die Rk. wird schließlich als eine vom „push-pull"-Typ gedeutet, bei der je ein Mol. W. auf der Seite des Substituenten u. des Malonesterrestes gleichzeitig angreifen. Bei der so erfolgenden Carbinolbldg. wird eine Inversion bei I hervorgerufen. (Acta Acad. Aboensis, Math. Physica **17.** Nr. 1a. 1—7. 1951.) MANTHEY. D 225

Martin A. Paul, *Ein kinetischer Salzeffekt bei der säurekatalysierten Zersetzung des Trioxans.* Die Geschwindigkeit der Zers. des *Trioxans* zu Formaldehyd in wss. Lsgg. starker Säuren wurde dilatometr. bestimmt. Die Messungen wurden bei 40° in Lsgg. von $HClO_4$, H_2SO_4 u. HCl sowie in gemischten Lsgg. von $HClO_4$ u. $NaClO_4$ von konstanter Ionenstärke durchgeführt. Die Geschwindigkeitskonstante 1. Ordnung wurde zur HAMMETTschen Säurefunktion H_0 in Beziehung gesetzt, es ergab sich die Gleichung $\log k = -H_0 - 4{,}135$. Zusatz von $NaClO_4$ zu perchlorsauren Lsgg. erhöht die Reaktionsgeschwindigkeit: In einer Lsg., die 4n an $HClO_4$ u. 2n an $NaClO_4$ war, wurde k versechsfacht, verglichen mit einer Lsg. von 4n$HClO_4$. Aus diesen Beobachtungen wird geschlossen, daß der geschwindigkeitsbestimmende Schritt der Rk. in einer langsamen Umlagerung u. Zers. der konjugierten Säure des Trioxans besteht, während das Gleichgewicht zwischen Trioxan u. der konjugierten Säure sich schnell einstellt. (J. Amer. chem. Soc. **74.** 141—43. 5/1. 1952. Endicott, N. Y., Harpur Coll., Dep. of Chem.) MANTHEY. D 225

William A. Bonner, *Die Wasserstoffquelle bei der reduktiven Desulfurierung.* Von den beiden in der Literatur diskutierten Möglichkeiten der Herkunft des Wasserstoffs bei der Hydrogenolyse schwefelhaltiger Verbb. mit RANEY-Ni — an der Ni-Oberfläche adsorbierter H oder H aus dem als Lösungsm. verwendeten A. — trifft nur die erste zu: Beim $^3/_4$std. Kochen von β-Thionaphthol (I) in A. mit RANEY-Ni unter Durchleiten eines Luftstromes u. Einleiten in 2.4-Dinitrophenylhydrazinlsg. wird quantitativ *Naphthalin* (III; F. 78—80°) gebildet, es entstehen aber nur 11% der bei Dehydrierung von A. zu Acetaldehyd als H-Quelle zu erwartenden Menge *Acetaldehyd-2.4-dinitrophenylhydrazon* (II; F. 147,5—148°); die gleiche Menge II wird auch im Blindvers. ohne I gebildet. Bei Ausführung der Rk. in Bzl. (das nicht als H-Donator dienen kann) an Stelle von A. wird aus I ebenfalls quantitativ III gebildet. Beim Kochen von I in A. oder Bzl. mit wasserstofffreiem RANEY-Ni entsteht an Stelle von III *Di-β-naphthyldisulfid,* F. 141,5—142°; die im ersten Falle gebildete Menge II entspricht wieder dem Blindversuch. Der aus der SH-Gruppe von I stammende H kann nicht Acetaldehyd zu A. zurückreduzieren, da auch bei der Desulfurierung von Diäthylsulfid nur die dem Blindvers. entsprechende Menge II entstand. (J. Amer. chem. Soc. **74.** 1033—34. 20/2. 1952. Stanford, Calif., Stanford Univ., Dep. of Chem.) SPAETH. D 227

William A. Bonner, *Stereochemische Wege der reduktiven Desulfurierung.* Bei der reduktiven Desulfurierung von *2-Phenyl-2-phenylmercaptopropionsäure* (I), deren Darst. beschrieben wird, entsteht *2-Phenylpropionsäure* (IV). Wenn diese Desulfurierung mit opt.-akt. I durchgeführt wird, in der das asymm. C-Atom dem S benachbart ist, so ist die erhaltene IV opt.-inaktiv. Die Verss. werden besser mit dem *Amid von* I (II) ausgeführt; auch aus opt.-akt. II entsteht nur opt.-inakt. *2-Phenylpropionamid* (V). Die Racemisierung muß während der Desulfurierung stattgefunden haben, da (—)-V beim Kochen mit RANEY-Ni nicht racemisiert wird. Im Gegensatz dazu entsteht bei der Desulfurierung von opt.-akt. *2-Phenyl-2-benzolsulfonylpropionamid* (III) opt.-akt. V, Racemisierung findet nur zu ca. 10% statt. Der Unterschied. im Verh. der Sulfide u. Sulfone bei der reduktiven Desulfurierung kann nicht in der Ausbldg. einer Wasserstoffbrückenbindung in III (in II ist eine solche Bindung nicht möglich) begründet sein, da auch in (—)-*2-Phenyl-2-benzolsulfonylpropionsäureäthylester* (VI) eine Wasserstoffbrücke zur Sulfongruppe nicht möglich ist u. trotzdem bei der Desulfurierung opt.-akt. IV-*Äthylester* entsteht. Es muß sich also um einen Unterschied im Mechanismus der Desulfurierung von Sulfiden u. Sulfonen mit RANEY-Ni handeln, die Sulfide können demnach auch nicht Zwischenprodd. bei der Desulfurierung der Sulfone sein. In Übereinstimmung mit HAUPTMANN u. WLADISLAW (C. **1950.** II. 2185 u. 2186) nimmt Vf. für die Desulfurierung der Sulfide einen radikal. Mechanismus an, u. zwar besteht die erste Stufe in einer Chemisorption des Sulfids am Ni unter Beteiligung der einsamen Elektronenpaare des S; die hierdurch geschwächte C—S-Bindung wird unter Bldg. eines Radikals gespalten, das entweder H (von der Oberfläche des Ni; vgl. vorst.

Ref.) aufnimmt oder sich in Abwesenheit von H mit einem zweiten Radikal kombiniert. Die bekannte opt. Instabilität freier Radikale steht mit diesem Mechanismus in Übereinstimmung. In den Sulfonen enthält der S kein einsames Elektronenpaar mehr, die Chemisorption kann also nicht mit seiner Hilfe bewerkstelligt werden. Vf. nimmt daher an, daß die Adsorption an der Katalysatoroberfläche mit Hilfe der O-Atome geschieht; das adsorbierte Mol. reagiert dann mit einem gleichfalls adsorbierten H unter Spaltung der C—S-Bindung u. Bldg. eines opt.-akt. Reduktionsprodukts. Hierbei ist Inversion wahrscheinlich, dafür spricht auch der Vgl. der opt. Daten von I u. ihren Derivv. im Vgl. mit denjenigen von IV u. ihren entsprechenden Derivaten.

Versuche: *2-Chlor-2-phenylpropionsäureäthylester*, Kp.$_{21}$ 104—108°, durch Behandeln von Atrolactinsäureäthylester (Kp.$_8$ 99—100°) während 20 Min. mit PCl_5 unter Eiskühlung, Stehen über Nacht, Verdünnen mit PAe. u. Dest.; 94% (Ausbeute). — *2-Phenyl-2-phenylmercaptopropionsäureäthylester*, $C_{17}H_{18}O_2S$, Kp.$_{10}$ 183°, durch Kochen vorst. Verb. in Chlf. mit neutraler Na-Thiophenolatlsg. in A. während 90 Min., Filtrieren, Einengen, Eingießen in W. u. Extraktion mit PAe.; $D.^{20}{}_{20}$ 1,127, $n_D{}^{26}$ 1,5785, Mol.-Refr. 83,9; 89%. — *2-Phenyl-2-phenylmercaptopropionsäure* (I), $C_{15}H_{14}O_2S$, F. 104,5—105° (Bzl.–PAe.), durch 7 std. Rühren vorst. Esters mit 10%ig. NaOH auf dem Dampfbad, Ausschütteln mit Ligroin, Ansäuern der alkal. Lsg. mit HCl, Wasserdampfdest. u. Extraktion des Rückstands mit Ae. + Ligroin; 81%; aus dem Wasserdampfdestillat durch Aussalzen *Thiophenol*. — *2-Phenylpropionamid* (V), $C_9H_{11}ON$, F. 97,5° (Bzl.–Ligroin). Phenylacetonitril wird tropfenweise zu Na-Sand in Ae. unter Rühren zugefügt, nach weiterem 2½ std. Kochen tropfenweise CH_3J zugegeben, die trübe Mischung 90 Min. gekocht, filtriert, eingedampft u. das erhaltene dunkle Öl 2 Tage mit 10%ig. NaOH auf dem Dampfbad gerührt; nach Ausschütteln mit Ae. wird angesäuert u. die erhaltene ölige IV während 90 Min. mit $SOCl_2$ erhitzt, das Prod. tropfenweise in gekühltes NH_4OH eingetragen u. V mit Ae. extrahiert. Der hohe F. von V im Vgl. mit der Angabe von JANSSEN [1889] (91—92°) beruht vielleicht auf Polymorphie, da durch Desulfurierung gewonnenes V meist bei ~91° schmolz. — *2-Phenylpropionsäure* (IV), durch 15 std. Kochen von I in A. mit RANEY-Ni, Eindampfen, Aufnehmen in Aceton + Ae., Filtrieren u. Eindampfen des Filtrats; 41%. *Amid* (V), F. 91,5—92°. — *2-Phenyl-2-phenylmercaptopropionamid* (II), $C_{15}H_{15}ONS$, F. 88,5—89° (Bzl.-Ligroin 1:5), aus I mit $SOCl_2$ u. dann NH_4OH; 100%; gibt bei 14 std. Kochen mit RANEY-Ni in A. V, F. 94,5°; 85%. — (+)-I, F. 88° (Bzl.–Ligroin). 25,8 g I in A. wurden mit 12,1 g (+)-1-Phenyläthylamin gekocht; die Mischung wurde mit heißem W. versetzt u. das bei 0° auskrist. Salz mehrmals aus heißem A. + W. krist.; nach 8 Kristallisationen wurden 4,7 g (+)-*1-Phenyläthylammonium-*(+)-*2-phenyl-2-phenylmercaptopropionat* [$C_{23}H_{25}O_2NS$, F. 154—155°, lange Nadeln, $[\alpha]_D{}^{25}$ 196,2° (c = 0,621 in A.)] erhalten, die bei der Zerlegung mit verd. HCl 2,3 g (+)-I ergaben; $[\alpha]_D{}^{30}$ 162,0° (c = 1,92 in A.). — (—)-I, F. 87,5—88°, durch Ansäuern der Mutterlauge vorst. Vers. mit verd. HCl, Lösen der erhaltenen Säure (21,1 g) in A., Zugabe von 10,1 g (—)-1-Phenyläthylamin in A. u. heißem W. u. 7 maliges Umkristallisieren wie oben; das erhaltene (—)-*1-Phenyläthylammonium-*(—)-*2-phenyl-2-phenylmercaptopropionat* (F. 154—155°, $[\alpha]_D{}^{25}$ —204,3° (c = 0,881 in A.); 6,3 g] ergab 3,2 g (—)-I, $[\alpha]_D{}^{26}$ —165,3° (c = 1,903 in A.). — (—)-*2-Phenyl-2-phenylmercaptopropionylchlorid* (VII), durch Erhitzen von (—)-I mit $SOCl_2$ während 90 Min. u. Abdest. des überschüssigen $SOCl_2$ im Vakuum bei 100°; $[\alpha]_D{}^{25}$ —47,0°; 99%. — (+)-II, F. 104°, $[\alpha]_D{}^{26}$ 104,5° (c = 0,88 in A.), feine Plättchen. — (—)-II, F. 104°, $[\alpha]_D{}^{25}$ —112,0° (c = 1,797 in A.). — 5 std. Kochen von (+)- oder (—)-II mit RANEY-Ni gab opt.-inakt. V, F. 94°. — (—)-IV, durch Spaltung von IV über das *Chininsalz* (Kristallisation aus Aceton) u. Zers. mit verd. HCl; $[\alpha]_D{}^{25}$ —58,0° (c = 1,881 in 75%ig. A.). *Amid* [(—)-V], F. 98° (Bzl.–Ligroin), $[\alpha]_D{}^{24}$ —28,5° (c = 0,808 in 75%ig. A.). Nach 5 std. Kochen von (—)-V mit RANEY-Ni in A. wurden 80% mit ident. Drehwert zurückgewonnen. — (+)-*2-Phenyl-2-benzolsulfonylpropionamid* [(+)-III], $C_{15}H_{15}O_3NS$, F. 182° (Aceton + Ligroin), durch Oxydation von (+)-II in CH_3COOH mit 30%ig. H_2O_2 während 1 Std. auf dem Dampfbad u. Eingießen in W.; $[\alpha]_D{}^{25}$ 59,7° (c = 0,554 in Aceton); 68%. — (—)-III, F. 183—183,5°, aus (—)-II analog; $[\alpha]_D{}^{25}$ —69,8° (c = 0,66 in Aceton). — 5 std. Kochen von (+)-III mit RANEY-Ni in A. lieferte (+)-V [F. 90,5—91° (Bzl.–Ligroin 1:6), $[\alpha]_D{}^{25}$ 22,6° (c = 1,237 in 75%ig. A.); 100%], von (—)-III analog (—)-V [F. 89,5—90° (Bzl.–Ligroin 1:7), $[\alpha]_D{}^{25}$ —21,0° (c = 1,717 in 75%ig. A.); 83%]. — (—)-*2-Phenyl-2-phenylmercaptopropionsäureäthylester*, durch 1 std. Kochen von VII mit absol. A., Eingießen in W. u. Extraktion mit Bzl.; $[\alpha]_D{}^{25}$ —89,8° (c = 3,68 in Ae.); 93%. — (—)-*2-Phenyl-2-benzolsulfonylpropionsäureäthylester* (VI), durch Oxydation vorst. Verb. in CH_3COOH mit 30%ig. H_2O_2 während 1 Std. bei 100°, Eingießen in W. u. Extraktion mit Bzl.; $[\alpha]_D{}^{27}$ —15,5° (c = 2,78 in A.) 67%. — (—)-*2-Phenylpropionsäureäthylester*, $C_{11}H_{14}O_2$, durch 4 std. Kochen von VI mit RANEY-Ni in A.; $[\alpha]_D^{25}$ —40,9° (c = 4,24 in Ae.); 63%. — *p-Phenylphenacyl-2-phenyl-2-phenylmercaptopropionat*, $C_{29}H_{24}O_3S$, F. 119—119,5° (Bzl. + Ligroin), durch Neutralisieren von I in A. mit 10%ig. NaOH, 2 std. Kochen mit p-Phenylphenacylbromid in A., Eingießen in W. u. Extraktion mit Bzl.; 94%. — *p-Phenylphenacyl-2-phenyl-2-benzolsulfonylpropionat*, $C_{29}H_{24}O_5S$, F. 162° (Bzl. + Ligroin 1:4), durch Oxydation vorst. Verb. in CH_3COOH mit 30%ig. H_2O_2 während 20 Min., Eingießen in W. u. Extraktion mit Ae.; 87% (roh). (J. Amer. chem. Soc. **74**. 1034—39. 20/2. 1952. Stanford, Calif., Stanford Univ., Dep. of Chem.) SPAETH. D 227

D_2. Präparative organische Chemie. Naturstoffe.

Gy. Oláh, *Organische Fluorverbindungen.* Zusammenfassender Bericht über die Darst. u. Anwendungen des Fluors, die apparativen Schwierigkeiten, Nomenklatur der organ. Fluorverbb., deren Darst. u. Verwendung. Ausführliche Schrifttumsangaben. (Magyar Kémikusok Lapja (Z. Ver. ung. Chemiker] **5**. 343—50. 1950.) PLANK. 450

J. H. Gorvin, *Chlorierung durch Chlorkationen.* Vf. gibt eine Arbeitsvorschrift für die Chlorierung von *p-Nitrotoluol* (I) nach der bisher nur für aromat. Bromierung u. Jodierung angewandten Meth. der direkten Halogenierung durch positive Ionen (vgl. DERBYSHIRE u. WATERS, C. **1951**. II. 357 u. J. chem. Soc. [London] **1950**. 3694) an. Einer Mischung von I (0,1 Mol), Ag_2SO_4 (0,05 Mol), H_2SO_4 u. H_2O wird in CCl_4 gelöstes Cl_2 zugefügt u. 30 Min. geschüttelt: 96% rohes *2-Chlor-4-nitrotoluol*, F. 60—62°. $HgSO_4$ statt Hg_2SO_4 war nicht brauchbar. Mit Benzoesäure wird m-Chlorbenzoesäure gebildet, daneben tritt jedoch auch Dichlorierung ein. (Chem. and Ind. **1951**. 910. 27/10. London, Wellcome Labors. of Tropical Med.) BEHNE. 450

József Varga und **Mihály Freund**, *Katalytische Dehydrierung von Butan.* Vff. dehydrierten ein Gemisch von n-Butan mit 15,6% Isobutangeh. über einem Al_2O_3–Cr_2O_3-Katalysator. Das Endgas enthielt mehr *Butylen* als in dem CIOS-Bericht (CIOS. XXXII. 107. 51) der Leuna-Werke angegeben ist. (Magyar Kémiai Folyóirat [Ung. Z. Chem.] **56**. 21—24. 1950. Budapest, Techn. Univ., Chem. Techn. Inst., u. Ungar. Mineralöl- u. Erdgasversuchsanstalt.) PLANK. 520

E. J. Bourne, G. P. McSweeney, M. Stacey und **L. F. Wiggins**, *Die Isopropylidenderivate von 6-wertigen Alkoholen.* 2. Mitt. *Isopropylidenderivate von Sorbit.* (1. vgl. WIGGINS, J. chem. Soc. [London] **1946**. 13.) Bei der milden sauren Hydrolyse von *Triisopropylidensorbit* (I) werden neben unverändertem I *3.4; 5.6-Diisopropylidensorbit* (II), *3 4-Isopropylidensorbit* (III) u. *Sorbit* gewonnen. Neben II wurden auch Spuren der isomeren *1.2; 3.4-Verb.* nachgewiesen. — Die Struktur von II u. III wird durch verschied. Rkk. bewiesen. Damit ist für I die Struktur *1.2; 3.4; 5.6-Triisopropylidensorbit* festgelegt; Sorbit gibt also wie Mannit (vgl. 1. Mitt., l. c.) mit Aceton das 1.2; 3.4; 5.6-Triketal, in dem die an den prim. Alkoholgruppen gebundenen Ketalgruppen am wenigsten stabil sind. — Aus II wird durch Oxydation mit $NaJO_4$ *2.3; 4.5-Diisopropyliden-aldehydo-D-arabinose* (IV) gewonnen, von der einige neue Derivv. beschrieben werden.

Versuche: *1.2;3.4;5.6-Triisopropylidensorbit* (I), F. 46°, durch 18 std. Schütteln von 80 g Sorbit mit Aceton u. konz. H_2SO_4 u. Neutralisieren mit konz. NH_4OH + Soda; Nadeln aus wss. Aceton mit einer Spur NH_3; $[\alpha]_D^{18}$ —13,8° (c = 6,1, CH_3OH); 51,2 g (Ausbeute). — Stufenweise Hydrolyse von 32,3 g I durch 105 Min. Stehen in absol. A. mit 5n HCl bei 18—20°, Kühlen auf 0°, Neutralisieren mit $BaCO_3$ u. Filtrieren; Eindampfen bei 40° ergibt nach Extraktion des Sirups mit kaltem Aceton, Eindampfen, Lösen in A. u. Eingießen in Eiswasser + wenig NH_4OH 15 g I. Nach Eindampfen der überstehenden Lsg. u. Extrahieren mit kaltem Bzl. krist. aus trockenem Aceton *3.4-Isopropylidensorbit* (III), F. 89—90°; $[\alpha]_D^{20}$ —31,0° (c = 4,9, CH_3OH); 2,0 g. Benzollsg. eindampfen, Rückstand fraktionieren; die Fraktion mit $Kp._{0,015}$ 138° (Badtemp.), n_D^{16} 1,4650, krist. aus Ae./PAe. u. ist *3.4;5.6-Diisopropylidensorbit* (II), $C_{12}H_{22}O_6 \cdot \frac{1}{2} H_2O$, F. 55—56°; $[\alpha]_D^{19}$ + 25,2° (c = 1,4, A.); 2,8 g. Aus den Ae./PAe.-Mutterlaugen wird ein Sirup gewonnen, der bei der Oxydation mit $NaJO_4$ eine durch papierchromatograph. Analyse identifizierte Mischung von *Arabinose* u. *Xylose* (aus *1.2;3.4-Diisopropylidensorbit* entstanden) ergibt. — I, auch aus 1 g II oder aus 0,5 g III durch Schütteln mit Aceton wie oben; 0,55 bzw. 0,29 g. — *Hexaacetylsorbit*, F. 99 bis 100°, aus 0,3 g II bzw. 0,3 g III durch Hydrolyse mit n H_2SO_4 bei 100° u. Acetylieren; 0,3 bzw. 0,35 g. — *1.2;5.6-Tetraacetyl-3.4-isopropylidensorbit*, $C_{17}H_{26}O_{10}$, durch 3 tägiges Stehen von 1 g III mit Essigsäureanhydrid u. Pyridin bei 25°, Eingießen in $NaHCO_3$-Lsg. u. Ausziehen mit Chlf.; Sirup; die Hauptfraktion hat $Kp._{0,04}$ 160—164° (Badtemp.); $[\alpha]_D^{20}$ + 8° (c = 2,3, Chlf.); n_D^{19} 1,4475; 1,32 g. — *1.2;5.6-Tetramethansulfonyl-3.4-isopropylidensorbit*, $C_{13}H_{26}O_{14}S_4$, durch 20 std. Stehen von 0,5 g III mit

Methansulfonylchlorid in trockenem Pyridin bei 0°, Eingießen in W. u. Extraktion mit Chlf.; Sirup, der durch Trocknen bei 30°/0,01 als Glas erstarrt; $[\alpha]_D^{18}$ —2,7 (c = 3,7, Chlf.); 1,08 g. Die Verb. zeigt beim Erhitzen mit NaJ in trockenem Aceton im Rohr J_2-Entw., 3,3 Mol *methansulfonsaures Na*/Mol werden nachgewiesen. — *1.2; 5.6-Tetramethyl-3.4-isopropylidensorbit*, $C_{13}H_{26}O_6$, durch 20std. Erhitzen von 2 g III in Aceton mit CH_3J u. Ag_2O u. mehrfache Wiederholung der Methylierung; beweglicher Sirup, $Kp._{0,015}$ 90—92°; $[\alpha]_D^{17}$ +23,7° (c = 1,3, CH_3OH); n_D^{17} 1,4425; 0,9 g. — *1.2; 5.6-Tetramethylsorbit*, $C_{10}H_{22}O_6$, aus 0,66 g vorst. Verb. in CH_3OH durch 26std. Stehen mit 5nHCl bei 18°; Sirup, $Kp._{0,015}$ 113—120° (Badtemp.); $[\alpha]_D^{16}$ —4,0° (c = 5,5, CH_3OH); n_D^{22} 1,4540; 0,46 g; die Verb. verbraucht 1,03 Mol Pb-Tetraacetat in 2 Min., maximal 1,16 Mol. — *3.4-Isopropyliden-1.6-ditritylsorbit*, $C_{47}H_{46}O_6 \cdot H_2O$, F. 79 bis 83°, aus 0,5 g III durch 24std. Stehen mit Triphenylmethylchlorid in trockenem Pyridin bei Raumtemp.; Prismen aus wss. A.; $[\alpha]_D^{20}$ +1,0° (c = 2,2, Pyridin); 0,8 g. — *2.5-Diacetyl-3.4-isopropyliden-1.6-ditritylsorbit*, $C_{51}H_{50}O_8$, F. 103—105° (A.), bei der Herst. vorst. Verb. Zugabe von Essigsäure zur Reaktions-Fl. nach 36 Std.; $[\alpha]_D^{17}$ 6,6° (c = 2,4, Pyridin); 1,3 g. — Bei der Perjodatoxydation von III wurden 1,93 Mol Perjodat/Mol III in 36 Std. verbraucht; es werden 2 Mol *HCHO*/Mol III u. keine HCOOH gefunden. — *2.3-Isopropyliden-D-threo-dioxysuccindialdehyd*, aus 4 g III u. 2 Mol $NaJO_4$ in wss. Lsg. durch 20std. Stehen bei Raumtemp., Eindampfen in Ggw. von $NaHCO_3$ u. Extrahieren mit Chlf.; 2,58 g Sirup; identifiziert als *Bisphenylhydrazon*, F. 143°, Nadeln aus A.; $[\alpha]_D^{14}$ —236° (c = 0,9, Chlf.). — *Dibenzyliden-D-threit*, F. 228° (A., dann Dioxan), aus vorst. Dialdehyd durch 3std. Erhitzen mit nH_2SO_4 auf 100°, Neutralisieren, Zentrifugieren; nach Eindampfen der überstehenden Lsg. wird der Rückstand in W. 5 Std. mit Na-Amalgam gerührt, es wird neutralisiert, eingedampft, mit heißem CH_3OH extrahiert, der Extrakt mit HCl gesätt. u. 20 Std. mit Benzaldehyd geschüttelt. — *3.4;5.6-Diisopropyliden-1.2-ditosylsorbit*, $C_{26}H_{34}O_{10}S_2$, durch 20std. Stehen von 0,4 g II u. Tosylchlorid in Pyridin bei Raumtemp.; Sirup, $[\alpha]_D^{20}$ +11,8° (c = 4,4, Chlf.); 0,65 g. Beim Erhitzen der Verb. mit NaJ in trockenem Aceton tritt Abspaltung von J_2 ein, 1,84 Mol Na-Tosylat/Mol werden verbraucht. — Bei der Perjodatoxydation von II wird 1 Mol Perjodat/Mol II verbraucht u. 0,86 Mol HCHO/Mol II gefunden. — *2.3;4.5-Diisopropyliden-aldehydo-D-arabinose* (IV), $Kp._{0,04}$ 85—90° (Badtemp.), aus 3,1 g II in W. durch 5std. Stehen mit $NaJO_4$ bei Raumtemp., Sättigen mit NaCl u. Extrahieren mit Chlf.; $[\alpha]_D^{17}$ —17,1° (c = 7,2, Chlf.); n_D^{16} 1,4480; 2,1 g. — *D-Arabinosedibenzylmercaptal*, $C_{19}H_{24}O_4S_2$, F. 148—149°, aus 0,1 g IV durch 9std. Schütteln mit Toluol-ω-thiol u. konz. HCl nach Zugabe von Eis-W. u. Extraktion mit Ae.; der Rückstand gibt aus absol. A. seidige Nadeln; $[\alpha]^{13}$ +19,0° (c = 2,8, Pyridin); 0,05 g. — *α-D-Arabinosetetraacetat*, F. 94°, aus IV nach 1std. Hydrolyse mit nH_2SO_4 bei 100° durch Acetylierung des dabei entstandenen Sirups mit Essigsäureanhydrid u. Na-Acetat bei 100°; Kristalle durch Verreiben mit wss. A.; $[\alpha]_D^{19}$ —41,2° (c = 3,2, Chlf.). — IV-*Bis-dimedonderiv.*, $C_{27}H_{40}O_8$, F. 147—148°, aus Dimedon in wss. A. mit 0,2 g IV durch 40std. Stehen bei Raumtemp. u. 2std. Erhitzen auf 70°; nach Verdünnen mit W. u. Kühlen Prismen aus wss. A.; $[\alpha]_D^{19}$ —34,8° (c = 2,7, Chlf.); 0,3 g. — IV-*Semicarbazon*, $C_{12}H_{21}O_5N_3$, F. 144—145°, aus IV mit Semicarbazid.HCl u. Na-Acetat in W.; nach 24 Std. Ausfällen durch Wasserzugabe; Nadeln aus Bzl./Leichtbenzin; $[\alpha]_D^{16}$ +7,6° (c = 2,9, A.). — III, auch aus 1,253 g II durch 49 Min. Behandlung mit nHCl in A. bei 19,5°, Kühlen u. Neutralisieren; 0,36 g. (J. chem. Soc. [London] **1952**. 1408—14. April. Birmingham, Univ., Chem. Dep.) Rossow. 580

Murray Hauptschein, Charles S. Stokes und Edward A. Nodiff, *Thiolester von Perfluorcarbonsäuren*. Die Chloride u. Anhydride von Perfluorfettsäuren reagieren leicht mit Mercaptanen u. Dimercaptanen bei Abwesenheit eines Lösungsm. zu Thiolestern u. Dithiolestern. So erzielt man durch Umsetzung von *Trifluoressigsäureanhydrid* (I), *Trifluoracetylchlorid* (II), *Pentafluorpropionylchlorid* (III) bzw. *n-Heptafluorbutyrylchlorid* (IV) mit *Äthylmercaptan* (V) oder *Pentamethylendimercaptan* (VI) gute Ausbeuten an *Trifluorthiolessigsäureäthylester*, *Pentafluorthiolpropionsäureäthylester*, *Heptafluorthiolbuttersäureäthylester* (VII), *Bis-[trifluorthiolessigsäure]-pentamethylenglykol-1.5-diester*, *Bis-[pentafluorthiolpropionsäure]-pentamethylenglykol-1.5-diester* bzw. *Bis-[n-heptafluorthiolbuttersäure]-pentamethylenglykol-1.5-diester* (VIII). Die Perfluorfettsäuren selbst sind sehr reaktionsträge. Die direkte Veresterung der freien Säure mit V gelang nur im Falle der Heptafluorbuttersäure mit lediglich 5%ig. Ausbeute an VII. Da sich Perfluorglutarsäurechlorid nur mit sehr schlechter Ausbeute durch Einw. von PCl_5 oder $SOCl_2$ auf *Hexafluorglutarsäure* (IX) gewinnen läßt, wurde zur Darst. des *Hexafluordithiolglutarsäurediäthylesters* (XIII) die Säure mittels $POCl_3$ in das Anhydrid X übergeführt u. dieses mit V umgesetzt. Dabei entsteht zunächst nur der saure Monoester XI, welcher mittels PCl_5 in das Säurechlorid XII umgewandelt wurde. Letzteres ließ sich dann mit einem zweiten Mol V in XIII überführen. Mit VI setzt sich X bei mehrstd. Erhitzen auf 100° zu der Verb. *HOOC—(CF₂)₃—CO—S(CH₂)₅S—CO—(CF₂)₃—COOH* um. Bei weiterem Erhitzen auf über 200° bildet sich ein gelbes wachsartiges, in den üblichen organ. Lösungsmitteln lösl. Polymeres [*—SCO—(CF₂)₃—CO—...... S(CH₂)₅—*]ₙ. — Die Thiol- u. Dithiolester der Perfluorfettsäuren sind in W. u. K_2CO_3-Lsg. unlösl. u. werden von kalter 5%ig. KOH nicht hydrolysiert. Von warmer alkoh. KOH werden sie verseift. Die Hydrolyse erfolgt durch Spaltung der S-Acylbindung gemäß $C_nF_{2n+1}COSR \rightarrow C_nF_{2n+1}COOH + RSH$, u. nicht durch Spaltung der S-Alkylbildung nach $C_nF_{2n+1}COSR \rightarrow C_nF_{2n+1}COSH + ROH$. Die reinen Thiolester haben einen relativ schwachen Geruch, der mit Ansteigen des prozentualen F-Geh. abnimmt. VIII ist prakt. geruchlos. — Eingehende Betrachtungen der Infrarotspektren u. Mol.-Refrr. der fluorierten Thiolester u. Sauerstoffester u. Vgll. mit den entsprechenden unfluorierten Verbb. führen zur Ableitung von allg. Gesetzmäßigkeiten über den Einfl. von Perfluoralkylgruppen. Die Infrarotabsorptionsspektren der fluorierten Thiolester zeigen verhältnismäßig schwache Banden bei 14,1—14,42 μ aus Vibrationsschwingungen der C—S-Streckung, die durch Biegungsvibrationen des C-Skeletts maskiert werden können. Aus diesen Spektren u. dem früher beobachteten Einfl. von CF_3-Gruppen auf die Ultrarotabsorption (vgl. C. **1952**. 988. 6194. 6195) werden folgende Rückschlüsse gezogen: Verbb. des Typs $CF_3—(CF_2)_n—X$ (X = Cl, Br, J, COSR, COOH, COCl), bei denen eine CF_3-Gruppe unmittelbar mit anderen CF_2-Gruppen verbunden ist, geben eine mäßige oder starke Bande bei 7,33—7,53 μ, die den C—F-Streckungsvibrationen in der CF_3-Gruppe entspricht. Komplizierter liegen die Verhältnisse, wenn eine CF_3-Gruppe direkt mit einer funktionellen Gruppe verbunden ist, wie in $CF_3—X$. Gewöhnlich ist hier die Bande bei 7,33—7,53 μ, sofern sie überhaupt auftritt, schwach, u. häufig zeigt sich eine andere schwache Bande bei 7,2 μ. Ausnahmen bilden $CF_3—COOC_2H_5$ u. $(CF_3—CO)_2O$, welche in diesem Gebiet verhältnismäßig starke Banden aufweisen. Enthält das Mol. keine CF_3-Gruppen, z. B. $X—(CF_2)_n—X$, so treten im Bereich von 7,33—7,53 μ keine Banden auf; die einzige bisher bekannte Ausnahme von dieser Regel ist das cycl. X mit einer Bande bei 7,46 μ. — Vergleicht man die Streckungsvibrationsfrequenzen der CO-Gruppe in den gewöhnlichen Estern u. Thiolester von Perfluorcarbonsäuren u. von unfluorierten Säuren, so findet man bei den Sauerstoffestern der Perfluorsäuren eine Verschiebung um ca. 0,1—0,2 μ nach kürzeren Wellenlängen im Vgl. zu den Estern der unfluorierten Säuren, während sie bei den Thiolestern höchstens einige Hundertstel μ beträgt. Die CO-Banden der gewöhnlichen Ester u. Thiolester von Perfluorsäuren liegen durchschnittlich bei 5,6 bzw. 5,9 μ, diejenigen von unfluorierten Säuren bei 5,7 bzw. 5,91—5,95 μ. Das läßt sich wie folgt erklären: Infolge der elektronegativen F-Atome hat das C-Atom der CO-Gruppe in den perfluorierten Verbb. eine größere positive Ladung als in den unfluorierten Verbindungen. Daher ist die Anziehung zwischen dem positiven C u. dem negativen O der C—O-Bindung verstärkt u. die Bewegung des O-Atoms verringert; die vergrößerte Kraftkonstante der C—O-Bindung kommt in der höheren Frequenz u. geringeren Wellenlänge der Ultrarotbande zum Ausdruck. In den Thiolestern ist der positive Charakter des C-Atoms der CO-Gruppe infolge der höheren Polarisierbarkeit des S-Atoms im Vgl. zu O nicht so sehr verstärkt, u. die Kraftkonstante der C—O-Bindung ist in den fluorierten Thiolestern wesentlich geringer erhöht. Die Spektren von XI u. XII enthalten neben der CO-Bande der Thiolester noch eine Carbonsäure—CO-Bande bei 5,67 μ bzw. eine Säurechlorid—CO-Bande bei 5,61 μ. — Der Unterschied in den Werten der Mol.-Refr. von Thiolestern u. gewöhnlichen Estern ist in den Reihen der unfluorierten Säuren u. der Perfluorsäuren von derselben Größenordnung.

Versuche: *Pentafluorpropionylchlorid* (III), $CF_3—CF_2—COCl$, Kp.₇₆₀ 9,5°; aus Perfluorpropionsäure mit überschüssigem PCl_5; 90% (Ausbeute). Auf gleiche Weise u. mit derselben Ausbeute wurden *Trifluoracetylchlorid* (II) u. *n-Heptafluorbutyrylchlorid* (IV) dargestellt. — *Trifluorthiolessigsäureäthylester*, $CF_3—CO—SC_2H_5$, Kp.₇₆₀ 90,5°, $D.^{0,0}_4$ 1,2766, $D.^{25,5}_4$ 1,2338, $n_D^{0,0}$ 1,3888, $n_D^{25,5}$ 1,3755; durch Zutropfen von I in 20—30%ig. Überschuß zu V oder durch Einleiten von gasförmigem II in V bei Zimmertemp., mehrstd. Erwärmen des Reaktionsgemisches auf 100°, Waschen des Prod. mit 5%ig. KOH, Trocknen über wasserfreiem $MgSO_4$ u. Fraktionierung; 84% berechnet auf V. — *Pentafluorthiolpropionsäureäthylester*, $CF_3—CF_2—CO—SC_2H_5$, Kp.₇₆₀ 103°, $D.^{0,0}_4$ 1,3765, $D.^{24,1}_4$ 1,3300, $n_D^{0,0}$ 1,3707, $n_D^{24,1}$ 1,3592; analog aus III u. V; 93%. — *n-Heptafluorthiolbuttersäureäthylester* (VII), $CF_3—CF_2—CF_2—CO—SC_2H_5$, Kp.₇₆₀ 119°, $D.^{0,0}_4$ 1,4618, $D.^{19,3}_4$ 1,4217, $n_D^{0,0}$ 1,3631, $n_D^{19,3}$ 1,3544; aus IV u. V; 90%. — *Bis-[trifluorthiolessigsäure]-pentamethylenglykol-1.5-diester*, $CF_3—CO—S(CH_2)_5S—OC—CF_3$, Kp.₈ 119°, $D.^{0,0}_4$ 1,3960, $D.^{24,8}_4$ 1,3627, $n_D^{0,0}$ 1,4372, $n_D^{24,8}$ 1,4269; aus I u. VI; 79%; oder aus II u. VI; 84%. — *Bis-[pentafluorthiolpropionsäure]-pentamethylen-*

glykol-1.5-diester, CF_3—CF_2—CO—$S(CH_2)_5S$—OC—CF_2—CF_3, Kp.$_8$ 128°, D.$^{0,0}{}_4$ 1,4758, D.$^{22,8}{}_4$ 1,4404, $n_D^{0,0}$ 1,4102, $n_D^{22,8}$ 1,4006; aus III u. VI; 80%. — *Bis-[n-heptafluorthiolbuttersäure]-pentamethylenglykol-1.5-diester* (VIII), CF_3—CF_2—CF_2—CO—$S(CH_2)_5S$—OC—CF_2—CF_2—CF_3, Kp.$_8$ 142°, D.$^{0,0}{}_4$ 1,5613, D.$^{24,5}{}_4$ 1,5220, $n_D^{0,0}$ 1,3960, $n_D^{24,5}$ 1,3866; aus IV u. VI; 80%. — *Hexafluorglutarsäureanhydrid* (X), $C_5O_3F_6$, Kp.$_{760}$ 72°, D.$^{0,0}{}_4$ 1,7231, D.$^{24,9}{}_4$ 1,6541, $n_D^{0,0}$ 1,3315, $n_D^{24,9}$ 1,3190; durch 8std. Erhitzen von 240,1 g IX mit 56,0 g $POCl_3$ auf 150°; 76,5%. — *Hexafluormonothiolglutarsäure-S-monoäthylester* (XI), C_2H_5S—CO—$(CF_2)_3$—COOH, Kp.$_8$ 131°, $n_D^{25,0}$ 1,4070; aus X u. V; 95,2%. XI ist therm. sehr stabil, aber wasserlösl. u. wird weitgehend zu IX u. V hydrolysiert. — *Hexafluormonothiolglutarsäurechlorid-S-monoäthylester* (XII), C_2H_5S—CO—$(CF_2)_3$—COCl, Kp.$_{43}$ 101°, $n_D^{25,0}$ 1,4016; aus XI mit PCl_5; 83%. — *Hexafluordithiolglutarsäurediäthylester* (XIII), C_2H_5S—CO—$(CF_2)_3$—CO—SC_2H_5, Kp.$_8$ 122°, D.$^{0,0}{}_4$ 1,4178, D.$^{24,5}{}_4$ 1,3858, $n_D^{0,0}$ 1,4446, $n_D^{24,5}$ 1,4351; aus XII mit der äquimol. Menge V; 90%. (J. Amer. chem. Soc. **74**. 4005—10. 20/8. 1952. Philadelphia, Pa., Temple Univ., Res. Inst.) FORCHE. 810

Reuben G. Jones, *Die Synthese von Äthoxymethylenoxalessigsäurediäthylester und verwandten Verbindungen.* Es werden in einer Reihe von Verss. die besten Bedingungen für die Darst. von *Äthoxymethylenoxalessigsäurediäthylester* (I) aus Oxalessigsäurediäthylester (II) durch Kondensation mit Orthoameisensäuretriäthylester in Ggw. von Essigsäureanhydrid ermittelt. Analog werden auch *Äthoxymethylenacetylbrenztraubensäureäthylester* u. *Äthoxymethylentrifluoracetessigsäureäthylester* aus Acetylbrenztraubensäureäthylester bzw. Trifluoracetessigsäureäthylester dargestellt. I wird in *Aminomethylenoxalessigsäurediäthylester* u. *Oxymethylenoxalessigsäurediäthylester* übergeführt. Folgender Reaktionsmechanismus wird bei der Darst. von I angenommen: $HC(OC_2H_5)_3$ + $(CH_3CO)_2O$ → $CH_3COOCH(OC_2H_5)_2$ (III) + $CH_3COOC_2H_5$; III + II → CH_3COOH + $C_2H_5OOCCOCH\cdot[CH(OC_2H_5)_2]\cdot COOC_2H_5$ → A. + I; A. + $(CH_3CO)_2O$ → CH_3COOH + $CH_3COOC_2H_5$; III $\xrightarrow{\text{therm. Zers.}}$ $CH_3COOC_2H_5$ + $HCOOC_2H_5$.

Versuche: *Äthoxymethylenoxalessigsäurediäthylester* (I), $C_{11}H_{18}O_6$, Kp.$_{0,2}$ 146°; n_D^{25} 1,4782; D.$^{25}{}_{25}$ 1,1375: 1 Mol Oxalessigsäurediäthylester (II), 1,75 Mol $HC(OC_2H_5)_3$ u. 2,84 Mol $(CH_3CO)_2O$ wurden langsam von 120 auf 140° erhitzt, die flüchtigen Reaktionsprodd. gesammelt u. der Rückstand fraktioniert. Bei vorst. Mengenverhältnis wurde die höchste Ausbeute von 90% erreicht. — Ein gleicher Ansatz von 0,7 Mol II, 1,2 Mol $HC(OC_2H_5)_3$ u. 1,8 Mol $(CH_3CO)_2O$ lieferte ca. 0,3 Mol $HCOOC_2H_5$, 2,4 Mol $CH_3\cdot COOC_2H_5$, 1,3 Mol CH_3COOH u. 0,62 Mol I. — *Aminomethylenoxalessigsäurediäthylester*, $C_9H_{13}O_5N$, F. 68—69° (Ae.-PAe.): 0,25 Mol I wurden in absol. Ae. mit 0,27 Mol NH_3 in absol. A. versetzt; 91% (Ausbeute); leicht lösl. in A., $CH_3COOC_2H_5$, mäßig in Ae., unlösl. in PAe. u. H_2O. — *Cu-Salz* von *Oxymethylenoxalessigsäurediäthylester*, $C_{18}H_{22}O_{12}Cu$, blaue Kristalle aus A. u. Bzl., F. 232—233° (Zers.), aus 0,5 Mol $CuCl_2\cdot 2\,H_2O$ in W. u. 0,41 Mol I; 83—92%; daraus wurde mit 12n HCl + Ae. *Oxymethylenoxalessigsäurediäthylester*, $C_9H_{12}O_6$, Kp.$_1$ 94—95°, n_D^{25} 1,4673, D.$^{25}{}_{25}$ 1,190, in Freiheit gesetzt; 82—90%. Die Verb. konnte auch durch Hydrolyse von I mit $NaHCO_3$ in W. bei Zimmertemp. erhalten werden; 90%. — *Äthoxymethylenacetylbrenztraubensäureäthylester*, $C_{10}H_{14}O_5$, Kp.$_{0,5}$ 147° (leichte Zers.), n_D^{25} 1,4885, D.$^{25}{}_{25}$ 1,130, aus 0,5 Mol Acetylbrenztraubensäureäthylester, 0,75 Mol $HC(OC_2H_5)_3$ u. 1,5 Mol $(CH_3CO)_2O$ wie bei I; 66%. — *Cu-Salz* von *Oxymethylenacetylbrenztraubensäureäthylester*, $C_{16}H_{18}O_{10}Cu$, blaue Kristalle, F. 190 bis 191° (Bzl.), aus vorst. Verb. u. wss. $Cu(OOCCH_3)_2$; lösl. in $CH_3COOC_2H_5$; daraus fällbar mit Petroläther. — *Äthoxymethylentrifluoracetessigsäureäthylester*, $C_9H_{11}O_4F_3$, Kp.$_{10}$ 115—120°, n_D^{25} 1,4262, D.$^{25}{}_{25}$ 1,239, aus 0,5 Mol Trifluoracetessigsäureäthylester, 0,75 Mol $HC(OC_2H_5)_3$ u. 1,5 Mol $(CH_3CO)_2O$; 67%, daneben $HCOOC_2H_5$, $CH_3COOC_2H_5$ u. CH_3COOH. (J. Amer. chem. Soc. **73**. 3684—86. Aug. 1951. Indianapolis, Ind., Lilly Res. Labors.) FAASS. 870

Alton Meister und **Jesse P. Greenstein**, *Glycyldehydropeptide des Leucins, Valins und Isoleucins.* Durch Kondensation von Chloracetonitril mit entsprechenden α-Ketosäuren u. anschließende Aminierung wurden *Glycyldehydrovalin* (I), *-leucin* (II) u. *-isoleucin* (III) dargestellt. Nach dem Azlactonverf. wurde das krist. *Acetyldehydroisoleucin* (IV), dessen Hydrolyse *rac.-α-Keto-β-methylvaleriansäure* (V) ergab, dargestellt. Die Dehydropeptide werden durch Rattennierenhomogenat oder *Lactobacillus arabinosus*-Zellen unter Bldg. von NH_3, Glykokoll u. der entsprechenden Ketosäuren enzymat. hydrolysiert. *L. arabinosus* verwertet II u. L-Leucin etwa gleich gut; I u. III bewirken eine geringere Wachstumssteigerung als die entsprechenden L-Aminosäuren.

Versuche: *Acetyldehydroisoleucin* (IV), aus DL-Isoleucin nach DOHERTY, TIETZMAN u. BERGMANN (J. biol. Chemistry, **147.** [1943.] 617), F. 177°. — *Glycyldehydroisoleucin* (III), aus opt.-akt. oder rac. V (DL-Form durch Säurehydrolyse von IV;

82% [Ausbeute]) u. Chloracetonitril u. Aminierung (nach 6tägigem Stehen bei 5°) mit 30 Voll. 28%ig. wss. NH_3, aus W.-A.; 15—25%; opt.-inakt.; Absorption zwischen 210 u. 240 mμ mit λ_{max} 225 mμ. Hydrolyse mit 2n HCl (1 Std. bei 100°) gibt V (*2.4-Dinitrophenylhydrazon*, F. u. Misch-F. 166°). *Glycyldehydroleucin* (II), hat kein charakterist. Maximum zwischen 210 u. 270 mμ. *Glycyldehydrovalin* (I), Absorption zwischen 210 u. 240 mμ. (J. biol. Chemistry **195.** 849—54. April 1952. Bethesda, Md., Nat. Inst. of Health, Nat. Cancer Inst.) K. F. MÜLLER. 950

W. Ss. Abramow, *Reaktion von dialkylphosphorigen Säuren mit Aldehyden und Ketonen. Eine neue Methode der Gewinnung von Estern der α-Oxyalkylphosphonsäuren. α-Oxyalkylphosphonsäureester $R(OH)PO(OR)_2$* entstehen aus Dialkylphosphiten u. Aldehyden oder Ketonen. Die Rk. verläuft nach dem Schema $(RO)_2P—ONa + R'R''CO \rightarrow (RO)_2P(:O)C(ONa)R'R'' \rightarrow (RO)_2P(:O)C(OH)R'R''$. Schnell reagieren Carbonylverbb. auch mit dialkylphosphorigen Säuren in Ggw. von einigen Tropfen Na- oder Li-Methylat-Lösung. Es wird der Reaktionsmechanismus auf elektronentheoret. Grundlage diskutiert.

Versuche: Rk. von Aldehyden u. Ketonen — CH_2O, Acetaldehyd, Butyraldehyd, Benzaldehyd, Aceton, Acetophenon, Cyclopentanon u. Cyclohexanon — mit dialkylphosphorigsaurem Na—Alkyl = Methyl, Äthyl, Isopropyl u. Butyl. Die Komponenten reagieren in trocknem Ae. unter Aufsieden des Lösungsm. miteinander. Man behandelt mit HCl-haltigem W. u. erhält aus der äther. Lsg. die Reaktionsprodd., die, falls fl., im Vakuum dest. werden. — Rk. von Aldehyden u. Ketonen mit dialkylphosphorigen Säuren. Äquimol. Mengen der Reaktionspartner werden mit einigen Tropfen Na- oder Li-Methylat-Lsg. versetzt, wobei sich das Reaktionsgemisch auf 30—60° erwärmt; danach wird kurze Zeit auf 100—125° erhitzt. — *Oxymethylphosphonsäurediäthylester*, $Kp._3$ 124—126°; $D.^{20}_4$ 1,1396; n_D^{20} 1,4322, Mol.-Refr. ($[MR]_D$) 38,1. *α-Oxyäthylphosphonsäurediäthylester*, $Kp._6$ 139—140°; $D.^{20}_4$ 1,119; n_D^{20} 1,4308; $[MR]_D$ 42,2. *α-Oxybutylphosphonsäurediäthylester*, $Kp._{18}$ 165—167°; $D.^{20}_4$ 1,071; n_D^{20} 1,4371; $[MR]_D$ 51,3. *α-Oxybenzylphosphonsäure; Dimethylester*, F. 101—102°, *Diäthylester*, F. 82—83°, *Diisopropylester*, F. 95—97°. *α-Oxyisopropylphosphonsäurediäthylester*, $Kp._{10}$ 130—131°; $D.^{20}_4$ 1,0887; n_D^{20} 1,4318; $[MR]_D$ 46,7. *α-Oxy-α-methylbenzylphosphonsäure; Dimethylester*, F. 134—135°, *Diäthylester*, $Kp._3$ 132°; $D.^{20}_4$ 1,122; n_D^{20} 1,4870; $[MR]_D$ 66,13. *1-Oxycyclopentyl-(1)-phosphonsäure; Dimethylester*, F. 77—78°, *Diisopropylester*, F. 63—63,5°. — *1-Oxycyclohexyl-(1)-phosphonsäure; Dimethylester*, F. 118 bis 119°, *Diäthylester*, F. 72—73°, *Diisopropylester*, F. 95—97°, *Dibutylester*, F. 46 bis 47,5°. (Журнал Общей Химии [J. allg. Chem.] **22.** (**84.**) 647—52. April 1952. Kasan, Chem.-Technol. Kirow-Inst.) H. FRÖHLICH. 980

W. L. Waisser und **A. M. Polikarpowa,** *Alkylierung von Äthylbenzol mit Acetylen.* (Vgl. C. **1952.** 5879.) Die Alkylierung von $C_6H_5C_2H_5$ (I) mit C_2H_2 unter Verwendung eines $H_3PO_4 \cdot BF_3$-Katalysators mit Zusatz von HgO (10 cm³ + 1 g HgO/100 cm³ I) führt in Analogie zu den bisher untersuchten Aromaten zu *Äthyliden-bis-äthylbenzol*, Kp. 314—316°; $D.^{20}_{20}$ 0,9646; n_D^{20} 1,5510 (ident. mit dem Präp. von REICHERT u. NIEUWLAND, J. Amer. chem. Soc. **45.** [1923.] 12. 3090?). Bei der optimalen Reaktionstemp. von 60—65° beträgt die Ausbeute, auf eingesetztes I bezogen, 38—39%, auf umgesetztes I bezogen, 44—46%. Als Rückstand verbleiben Polymerisate, vermutlich von Vinyläthylbenzol. (Доклады Академии Наук СССР [Ber. Akad. Wiss. UdSSR] [N. S.] **85.** 85—86. 1/7. 1952.) R. K. MÜLLER. 1010

S. M. McElvain und **Melvin M. Olson,** *Durch Basen eingeleitete Reaktionen gewisser Benzylester.* Nach Erhitzen von *Benzylcyanacetat* (I) mit Na-Benzylat (**II**) in Benzylalkohol (**VII**) auf 170—180° wurden 58,6% CO_2, 28,5% *Acetonitril* + *Toluol*, 2,4% *Hydrozimtsäurenitril* (III), 3,5% *Dibenzylacetonitril* (**IV**), 1,5% *Benzyldibenzylcyanacetat*(**V**) u. eine große Menge eines Polykondensationsprod. erhalten. Erhitzen von I mit wasserfreiem Na-Acetat in Eisessig lieferte dagegen 77,5% CO_2, 57,5% *Acetonitril*, 88,5% *Benzylacetat* u. kein polymeres Material. Aus diesen Rkk. ist ersichtlich, daß die Rk. zunächst unter Abspaltung der Benzylgruppe u. Decarboxylierung des entstandenen Cyanacetations verläuft. Wurde *Benzylbenzylcyanacetat* (**VI**) mit 20 Mol.-% **II** in **VII** über 160° erhitzt, so wurden 69% CO_2, 40,4% **III**, 25,4% **IV** u. 26,8% **V** isoliert. Da auch mit 5 Mol.-% **II** fast die gleichen Ausbeuten erzielt wurden, ist ersichtlich, daß die Base katalyt. wirkt. Bei der Umsetzung von **V** mit **II** mußten im Gegensatz zu **I** u. **VI** äquimol. Mengen **II** angewandt werden. Als Reaktionsprodd. wurden dabei 91% CO_2 (nach Ansäuern), 92,5% **IV**, 39% *Dibenzyläther* u. ein hochsd. Öl erhalten. Daraus kann entnommen werden, daß das zunächst gebildete Anion $(C_6H_5CH_2)_2C(CN)COO^-$ nicht spontan decarboxyliert wird, sondern durch Alkoholyse **IV** u. *Na-Benzylcarbonat* liefert. Die bei den genannten Rkk. möglichen Reaktionsschemata werden diskutiert.

V e r s u c h e: *Benzylcyanacetat* (I), $C_{10}H_9O_2N$, F. 28—29°, durch Erwärmen von wss. Chloressigsäure auf 50°, Neutralisation mit wasserfreiem Na_2CO_3, Zugabe von wss. NaCN unterhalb 95°, kurzes Kochen, Zugabe von konz. HCl, Extraktion mit Ae., Entfernung des Ae., Erhitzen der Cyanessigsäure mit **VII** auf 60—70°/25 mm unter Abdest. von W. u. Dest.; n_D^{25} 1,5173, Kp.$_{0,2}$ 100—105°, durchscheinende Kristalle; 44,1% (Ausbeute). — Durch Zutropfen von I zu NaH in absol. Ae. unter N_2, Zugabe von Benzylbromid unter Kühlen, 3tägiges Stehen bei Raumtemp., Zugabe von W., Extraktion mit Ae., Waschen mit 5%ig. HCl u. Dest. der äther. Lsg. wurden folgende Fraktionen erhalten: 1. Kp.$_{0,6}$ 48—118°, 2. I, 28,5%, 3. Kp.$_{0,6}$ 118° bis Kp.$_{0,18}$ 158°, 4. *Benzylbenzylcyanacetat* (**VI**), Kp.$_{0,18}$ 158° bis Kp.$_{0,35}$ 175°, 25,4%, u. 5. *Benzyldibenzylcyanacetat* (**V**, Kp.$_{0,35}$ 175° bis Kp.$_{0,2}$ 202°, F. 92° (A.); 28,6%. Bei umgekehrter Zugabe der Ausgangsmaterialien wurden 29,5% **VI** u. 17,6% **V** erhalten. — 114 g **VII** wurden zu 3,64 g Na unter N_2 zugegeben, 0,871 Mol I zugefügt, das Gemisch wurde 6 Std. gekocht u. das gebildete CO_2 mit N_2 ausgetrieben (0,460 Mol). Ein Teil der in der Kühlfalle enthaltenen Fl. wurde mit W. extrahiert, bis mit $NaHCO_3$ keine zweite Schicht mehr gebildet wurde, u. *Acetonitril*, Kp. 78—80°, n_D^{25} 1,3443, isoliert (24,8%). Das wasserunlösl. Prod. war *Toluol*; *2.4-Dinitroderiv.*, F. 70—71°. Durch Ansäuern des Reaktionsgemisches wurde eine weitere Menge CO_2 erhalten. Nach Abtrennen des NaCl wurden W. u. **VII** abdest., der Rückstand in Ae. aufgenommen u. dest.: a) Kp.$_{1,5}$ 62° bis Kp.$_2$ 87°, b) Kp.$_2$ 87—102°, c) Kp.$_{1,5}$ 105—163°, d) Kp.$_{1,5}$ 163° bis Kp.$_{1,3}$ 180°, e) Kp.$_{1,3}$ 180° bis Kp.$_2$ 190° u. ein harzartiger Rückstand. Erneute Dest. von a) u. b) lieferte: **VII**, Kp.$_{11}$ 91—91,5°, 2. Kp.$_{11}$ 91,5—93°, 3. Kp.$_{11}$ 93—119°, 4. Kp.$_{11}$ 119—121,5° u. 5. **III**, Kp.$_{11}$ 121,5—122°, n_D^{25} 1,5210 (Gesamtausbeute 2,4%). Durch Kühlen von c), d) u. e) wurde *Dibenzylacetonitril* (**IV**), F. 91—92° (95%ig. A.); 3,5%, erhalten. Fraktion f) wurde mehrere Tage mit Ae. extrahiert, der Ae. entfernt u. der Rückstand mit überhitztem Wasserdampf bei 15 mm dest.: **V**, aus 95%ig. A.; 1,46%, u. eine Verb. mit F. 106—107°. Das nach Abtrennung des **VII** ursprünglich erhaltene ätherunlösl. Prod. war unlösl. in W., PAe., Ae., Bzl. u. Chlf., lösl. in **VII** u. Alkali, aus dem es mit Säure wieder ausgefällt werden konnte. Ließ sich nicht umkristallisieren. Lieferte mit methanol. Cu(II)-Acetat einen grünlichbraunen Niederschlag. — Durch 6std. Erhitzen von I mit der äquimol. Menge wasserfreiem Na-Acetat u. Eisessig auf 150—165° wurden 77,5% CO_2 entwickelt u. 57,5% Acetonitril abdestilliert. Behandlung des Reaktionsgemisches mit der dem Na-Acetat entsprechenden Menge 5%ig. HCl lieferte nach Extraktion mit Ae. u. Dest. *Benzylacetat*, Kp.$_{20}$ 103 bis Kp.$_{0,6}$ 62°, n_D^{25} 1,4994; 88,5%. — Durch Zugabe von 90,2 g **VII** zu 0,038 g-Atom Na unter N_2, Zugabe von 0,19 Mol **VI**, 4std. Erhitzen auf 160—168° u. Ansäuern mit 1nHCl wurden 69,2% CO_2 entwickelt. Aufnehmen des Reaktionsgemisches in Ae. u. Dest. lieferte: 1. **VII**, 2. **III**, 40,4%, 3. Kp.$_{0,2}$ 87° bis Kp.$_{0,25}$ 158°, 4. **IV**, 25,4%, 5. **V**, 26,8%, u. einen Rückstand. Bei Anwendung von 5 Mol-% Na wurden 63% CO_2, 40,7% **III**, 23,1% **IV** u. 29,8% **V** isoliert. — Durch 4std. Erhitzen von 0,04 g-Atom Na in 90,7 g **VII** mit 0,157 Mol **V** auf 165—167° u. Behandlung mit 1nHCl wurden 20,4% CO_2 entwickelt. Aufnehmen des Reaktionsgemisches in Ae. u. Dest. lieferte 25,4% **IV** u. 62,8% unverändertes **V**. Bei Anwendung von 0,108 g-Atom Na, 0,108 Mol **V** u. 149 g **VII** wurden 90% CO_2, 39% *Dibenzyläther*, Kp.$_{0,15}$ 94—96°, n_D^{25} 1,5598, u. 93% **IV** isoliert. (J. Amer. chem. Soc. **73**. 4824—27. Okt. 1951. Madison, Wis., Univ. of Wisconsin, Labor. of Organ. Chem.)

HORST BAGANZ. 1070

I. Ch. Feldman und Je. Ss. Nikitskaja, *Synthese von Aminosulfiden und Aminosulfonen*. 8. Mitt. *Synthese von Aminoaryl-β-ketonsulfonen und ihren Derivaten*. (7. vgl. C. **1952**. 4292.) Aus dem Na-Salz (I) von p-Acetylaminobenzolsulfinsäure u. p-Acetylamino-ω-chloracetophenon (II) wurde *p-Acetylaminophenyl-p'-acetylaminophenacylsulfon* (III) synthetisiert. Nach GOLDBERG u. BESLY (J. chem. Soc. [London] **1945**. 566) wurde aus I u. ω-Bromacetophenon (IV) *p-Acetylaminophenyl-phenacylsulfon* (V) hergestellt. Die Entacetylierung zu den freien Aminen wurde mit Essigsäure + HCl durchgeführt, u. aus diesen wurden durch Kondensation mit Salicylaldehyd (VI) die entsprechenden SCHIFFschen Basen erhalten. Die Beweglichkeit der H-Atome der Gruppierung $—COCH_2SO_2—$ in III u. V zeigte sich bei der Kondensation mit **VI**. Aus beiden entstanden die erwarteten Äthylenderivv., aus III *α-[p-Acetylaminobenzolsulfonyl]-α-[p'-acetylaminobenzoyl]-β-[o''-oxyphenyl]-äthylen* (VII), aus V *α-[p-Acetylaminobenzolsulfonyl]-α-benzoyl-β-[o'-oxyphenyl]-äthylen* (**VIII**). **VII** u. **VIII** lieferten *Dibromsubstitutionsprodd.*, die beide Br in der Oxyphenylgruppe enthielten. Die Äthylenbindung in den **VII** u. **VIII** entsprechenden Verbb. mit freien NH_2-Gruppen ließ sich bei Zimmertemp. u. n. Druck in Ggw. von RANEY-Ni oder Pt nach ADAMS nicht hydrieren. H der CH_2-Gruppe in V erwies sich auch bei der Rk. mit γ-Diäthylaminopropylchlorid (**IX**) als reaktionsfähig. Es bildete sich *p-Acetylaminophenyl-[α-benzoyl-*

δ-diäthylaminobutyl]-sulfon u. hieraus bei alkal. Verseifung unter gleichzeitiger hydrolyt. Abspaltung der Acetyl- u. Benzoylgruppe *p-Aminophenyl-δ-diäthylaminobutylsulfon*. Dagegen reagierte III mit IX nicht.

Versuche: *p-Acetylaminophenyl-phenacylsulfon* (V); aus I u. IV in Toluol in Ggw. von Cu-Pulver. Hieraus *p-Aminophenyl-phenacylsulfon* durch Hydrolyse mit HCl u. Essigsäure. Hieraus mit VI in warmem CH_3OH die SCHIFFsche Base, $C_{21}H_{17}O_4NS$, F. 159—161°; aus A. gelbe Kristalle; 84%. — *p-Acetylaminophenyl-p'-acetylaminophenacylsulfon* (III), $C_{18}H_{18}O_5N_2S$, F. 261—263°. 3,3 g I werden mit 3,2 g II in 25 cm³ A. 6 Std. unter Rühren zum Sieden erhitzt; Kristalle aus verd. Essigsäure; 80% (Ausbeute). — *p-Aminophenyl-p'-aminophenacylsulfon*, $C_{14}H_{14}O_3N_2S$, F. 214—216°; aus III durch 2std. Erhitzen mit Essigsäure u. verd. HCl auf 85—90°; 95%. *Dihydrochlorid*, F. 239 bis 241°; geht beim Umkristallisieren aus A. in die freie Base über. Aus dieser mit VI in CH_3OH die *Schiffsche Base*, $C_{28}H_{22}O_5N_2S$, F. 225—227°; orangegelber Nd.; 88%. — *p-Acetylaminophenyl-[α-benzoyl-δ-diäthylaminobutyl]-sulfon*, $C_{23}H_{30}O_4N_2S$, aus V (3,17 g) u. IX (4,5 g) in Na-Äthylat-Lsg., 2 Std. bei 40° u. 6 Std. zum Sieden; dunkelgelb; 80%. — *p-Aminophenyl-δ-diäthylaminobutylsulfon*; aus vorst. Verb. durch 2std. Erhitzen mit alkoh. NaOH auf dem Wasserbad; zähe, dunkelrote M.; 93%. *Dihydrochlorid*, $C_{14}H_{26}O_2N_2Cl_2S$; aus absol. A. + Ae.; sehr hygroskopisch. — *α-[p-Acetylaminobenzolsulfonyl]-α-benzoyl-β-[o'-oxyphenyl]-äthylen* (VIII), $C_{23}H_{19}O_5NS$, F. 75—77° (Zers.); aus V u. VI in Pyridin in Ggw. von sehr wenig Piperidin, 7 Std. bei 100°; aus Essigsäure durch Fällen mit PAe. + Ae. hellgelbes Pulver; 90%. — *α-[p-Acetylaminobenzolsulfonyl]-α-benzoyl-β-[2'-oxy-3'.5'-dibromphenyl]-äthylen*, $C_{23}H_{17}O_5NBr_2S$, F. 223—225° (Zers.). a) Aus vorst. Verb. u. Br_2 in Eisessig; 82%. b) Aus V u. 3.5-Dibrom-2-oxybenzaldehyd in Pyridin in Ggw. von sehr wenig Piperidin, 7 Std. bei 100; 76%. Kristalle aus Bzl. oder Dichloräthan. — *α-p-[Aminobenzolsulfonyl]-α-benzoyl-β-[o'-oxyphenyl]-äthylen*, $C_{21}H_{17}O_4NS$, F. 98—100° (Zers.). VIII wird mit Eisessig u. verd. HCl 6 Std. auf dem Wasserbad erwärmt, die Aminoverb. mit NH_3 gefällt u. durch Umfällen mit NH_3 aus der HCl-Lsg. (Kohle) gereinigt; Kristalle aus 70%ig. A.; 89% (Rohprod.). — *α-[p-Acetylaminobenzolsulfonyl]-α-[p'-acetylaminobenzoyl]-β-[o''-oxyphenyl]-äthylen* (VII), $C_{25}H_{22}O_6N_2S$, F. 104—106° (Zers.); aus III u. VI analog der Herst. von VIII; hellgelber Nd. aus Essigsäure + Ae.; 83% (Rohprod.). — *α-[p-Acetylaminobenzolsulfonyl]-α-[p'-acetylaminobenzoyl]-β-[2''-oxy-3''.5''-dibromphenyl]-äthylen*, $C_{25}H_{20}O_6N_2Br_2S$, F. 115 bis 117° (Zers.); aus vorst. Verb. u. Br_2 in Eisessig (60%) oder aus III u. 3.5-Dibrom-2-oxybenzaldehyd analog Vorst. (84%); Kristalle aus Dichloräthan. — *α-[p-Aminobenzolsulfonyl]-α-[p'-aminobenzoyl]-β-[o''-oxyphenyl]-äthylen*, $C_{21}H_{18}O_4N_2S$, F. 124—126° (Zers.); aus VII durch Verseifen mit Eisessig + verd. HCl, 2 Std. bei 85—90°; hellgelb. (Журнал Общей Химии [J. allg. Chem.] 22. (84.) 278—85. Febr. 1952. Moskau, Allunions Wiss. Chem.-Pharmazeut. Ordshonikidse-Forschungsinst.) WÖRFFEL. 1090

I. Ch. Feldman und **A. Je. Gawrilowa**, *Synthese von Aminosulfiden und Aminosulfonen. 9. Mitt. Ein neuer Typ von Diaminosulfonen.* (8. vgl. vorst. Ref.) Zweck der Unters. war die Herst. von Verbb. des Typus $NH_2C_6H_4SO_2CH_2NH_2$ u. Derivaten. p-Acetamidobenzolsulfinsäure (I) gab bei der Kondensation mit CH_2O *Oxymethyl-p-acetamidophenylsulfon* (II), das mit Anilin unter Bldg. von *Anilinomethyl-p-acetamidophenylsulfon*, mit 2-Amino-4-methylthiazol analog unter Bldg. von *p-Acetamidophenyl-[4-methylthiazolyl-(2)-aminomethyl]-sulfon* reagierte. In beiden Fällen ließ sich die Acetylgruppe hydrolyt. abspalten. Analog verliefen auch die Rkk. von II mit NH_3, 2-Aminothiazol oder 2-Aminopyridin, doch ließ sich in diesen Fällen die Acetylgruppe der entstehenden Verbb. hydrolyt. nicht entfernen, da die Hydrolyse zu I führte.

Versuche: *Oxymethyl-p-acetamidophenylsulfon* (II), $C_9H_{11}O_4NS$, F. 161—162°; aus I (30 g) u. 40%ig. CH_2O-Lsg. (18 g) in absol. A. (150 cm³), 1 Std. bei 50—60°; Plättchen aus A.; 90% (Ausbeute). *Essigsäureester*, $C_{11}H_{13}O_5NS$, F. 199°; aus II durch 3std. Erhitzen mit Acetanhydrid auf 85—90°; Kristalle aus A.; 85%. — *Anilinomethyl-p-acetamidophenylsulfon*, $C_{15}H_{16}O_3N_2S$, F. 190—191°; aus II u. Anilin in absol. A., 6 Std. bei 70—80°; Kristalle aus 75%ig. A.; 73%. — *Anilinomethyl-p-aminophenylsulfon*, $C_{13}H_{14}O_2N_2S$, F. 205—206°; aus vorst. Verb. durch 2std. Erhitzen mit verd. HCl (1 : 1) auf 80—90°; man fällt mit NH_3; Kristalle aus A.; 87%. — *p-Acetamidophenyl-[4-methylthiazolyl-(2)-aminomethyl]-sulfon*, $C_{13}H_{15}O_3N_3S_2$, F. 210—213°; aus II u. 2-Amino-4-methylthiazol in absol. A., 10 Std. bei 70°; Kristalle aus 75%ig. A.; 71%. — *p-Aminophenyl-[4-methylthiazolyl-(2)-aminomethyl]-sulfon*, $C_{11}H_{13}O_2N_3S_2$, F. 174°; aus vorst. Verb. durch Hydrolyse analog Vorst.; wird mit 10%ig. Lauge abgeschieden; Kristalle aus A.; 90%. — *p-Acetamidophenyl-[thiazolyl-(2)-aminomethyl]-sulfon*, $C_{12}H_{13}O_3N_3S_2$, F. 150—152°; aus II u. 2-Aminothiazol; Kristalle aus A.; 65%. — *p-Acetamidophenyl-[pyridyl-(2)-aminomethyl]-sulfon*, $C_{14}H_{15}O_3N_3S$, F. 158—159°; aus II u. 2-Aminopyridin; Kristalle aus A.; 65%. — *p-Acetamidophenyl-aminomethyl-sulfon*, $C_9H_{12}O_3N_2S$, F. 226—227°; aus II (25 g) u. 20%ig. wss. NH_3 (15 cm³) in absol. A. (100 cm³), 3 Std. bei Raumtemp.; Kristalle aus 85%ig. A.; 94%. — *p-Acetamidophenyl-diäthylaminomethyl-sulfon*, $C_{13}H_{20}O_3N_2S$, F. 170—171°; aus II u. Diäthylamin in absol. A., 10 Std. bei 50—60°; wird aus der Reaktionslsg. mit Aceton gefällt; Kristalle aus A.; 70%. — *p-Aminophenyl-diäthylaminomethyl-sulfon*, $C_{11}H_{18}O_2N_2S$, F. 162—163°; aus vorst. Verb. durch 2std. Erhitzen mit 12%ig. HCl auf 70—80°; man macht mit NH_3 alkal. u. dampft im Vakuum ein; Nadeln aus W.; Ausbeute gering. (Журнал Общей Химии [J. allg. Chem.] 22. (84.) 286—90. Febr. 1952.) WÖRFFEL. 1090

F. Micheel und **K. Weichbrodt**, *Über Kondensationsprodukte von 4-Fluor-3-nitrobenzoesäure mit Aminosäuren und Aminen.* 4-Fluor-3-nitrobenzoesäureäthylester (I) setzt sich leicht mit NH_2-Gruppen von Aminosäuren u. aromat. Aminen um, wobei Histidin u. Lysin mit zwei Mol. I reagieren. Lysin gibt auch ein Monoderivat. Dargestellt wurden: *N-[2-Nitro-4-carbäthoxyphenyl]-DL-alanin*, $C_{12}H_{14}O_6N_2$, F. 152°. — *Bis-α.ε-[N-2-nitro-4-carboxyphenyl]-DL-lysin*, $C_{20}H_{20}O_{10}N_4$, F. 142°. — *ε-[N-2-nitro-4-carboxyphenyl]-DL-lysin*, $C_{13}H_{17}O_6N_3$, F. 240°. — *Bis-[N-2-nitro-4-carbäthoxyphenyl]-L-histidin*, $C_{24}H_{23}O_{10}N_5$, F. 120—122°. — *N-[2-Nitro-4-carbäthoxyphenyl]-L-tyrosin*, $C_{18}H_{18}O_7N_2$, F. 75°. (Angew. Chem. **64.** 397—98. 21/7. 1952. Münster, Univ., Organ.-Chem. Inst.) FORCHE. 1210

Gerald F. Grillot und **Raymond I. Bashford jr.**, *Die Mannich-Reaktion von optisch-aktiven substituierten Mandelsäuren und Nitroalkanen.* Kondensation von *d-* u. *l-o-Nitromandelsäure* mit CH_2O u. Piperidin lieferte opt.-akt. MANNICH-Basen. Diese Beobachtung steht im Gegensatz zu den Behauptungen von ALEXANDER u. UNDERHILL (C. **1949.** E. 688), daß bei der MANNICH-Rk. zunächst Enolisierung eintritt, was zur Racemisierung führen müßte. Verss., die Rk. durch Unterss. der Reaktionsgeschwindigkeit zu klären, mißlangen, da sie zu schnell verlief. Kondensation von *d-2-Nitrobutan* (I) mit CH_2O u. Isopropylamin (II) lieferte neben dl-2-Nitrobutan eine geringe Menge opt.-akt. Substanz. Es wird angenommen, daß neben der schnell verlaufenden Racemisierung von I durch II eine langsame Rk. zwischen I u. Isopropylaminomethanol unter Bldg. der MANNICH-Base erfolgt. Zur Erzielung einer optimalen Ausbeute wurden Verss. bei verschied. p_H-Werten durchgeführt. Auf Grund der Tatsache, daß *Acetophenon* eine MANNICH-Rk. eingeht, *α-Methylbutyrophenon* dagegen nicht infolge ster. Hinderung, wird angenommen, daß der Rk. ein Mechanismus des S_N2-Typs zugrunde liegt.

Versuche: *o-Nitrobenzaldehyd*, nach TSANG u. Mitarbeiter (C. **1946.** I. 1397); 18% (Ausbeute). — *o-Nitromandelsäurenitril*, F. 93—95° (Bzl.), aus vorst. Verb.; 84%. — *o-Nitromandelsäure* (III), F. 137—138°, durch 24std. Erhitzen der vorst. Verb. mit konz. HCl auf 70—80°, Eindampfen unter vermindertem Druck, Aufnehmen in Aceton, Eindampfen des Filtrats u. Zugabe von heißem Chlf.; 36,2%. *d*-III, nach MCKENZIE u. STEWART (J. chem. Soc. [London] **1935.** 104), F. 100—101°, $[\alpha]_D^{20}$ +346°, (A.). *l*-III, $[\alpha]_D^{20}$ —320° (A.). — Aufnehmen von d-III in W., Zutropfen von Piperidin bis zur alkal. Rk. (Lackmus), Zugabe von CH_2O u. Kristallisation des Nd. aus wenig heißem W. lieferte die *Mannichbase*, F. 154—161° (Zers.), $[\alpha]_D^{20}$ +439° (A.). — *l-Mannich-Base*, F. 154—157° (Zers.), $[\alpha]_D^{20}$ —449°. — Aufnehmen der d- u. l-MANNICH-Base in warmem W., Einengen lieferte die *dl-Mannich-Base*, F. 107—108° (W.). — Durch Umsetzung im Polarimeterrohr wurden keine brauchbaren Drehwinkelwerte für kinet. Messungen erhalten. Unterschiede der Reaktionsgeschwindigkeit wurden weder bei 1°, 20° u. p_H-Werten im alkal. Bereich beobachtet. Bei p_H 3,1 fand keine Rk. statt. — *d-2-Nitrobutan* (I; $[\alpha]_D^{20}$ +5,07°) gibt bei Rk. mit II u. CH_2O entsprechend JOHNSON (J. Amer. chem. Soc. **68** [1946.] 12) die *Mannich-Base* mit dem Drehwert +0,03 ±0,02°. — Durch Zugabe von CH_2O + II bei höchstens 25° zu *2-Nitropropan*, 1std. Rühren (p_H 9,6) u. Zugabe von $MgSO_4$ wurde eine *Mannich-Base*, $Kp._{10}$ 82—84°, erhalten; 6,8%. Bei p_H 5,8 betrug die Ausbeute weniger als 1%, bei p_H 7,4 1,7%, bei p_H 11,3 2,1%. — *α-Methylbutyrophenon*, Darst. aus sek.-Butylbromid, über dl-Äthylmethylessigsäure, deren Chlorid u. Rk. nach FRIEDEL-CRAFTS; 65%. *2.4-Dinitrophenylhydrazon*, $C_{17}H_{18}O_4N_4$, F. 128—129°. 48std. Kochen mit CH_2O u. Piperidin oder Piperidinhydrochlorid in 95%ig. A. lieferte das Ausgangsprod. unverändert zurück. (J. Amer. chem. Soc. **73.** 5598—5600. Dez. 1951. Syracuse, N. Y., Syracuse Univ., Dep. of Chem.) HORST BAGANZ. 1250

Howard H. Woeber, *Synthese der ³⁶Cl-δ-[p-Chlorphenyl]-hydantoinsäure.* Die Handhabung von radioakt. Chlor macht einige Abwandlungen des n. Syntheseganges bei der Darst. von *^{36}Cl-δ-[p-Chlorphenyl]-hydantoinsäure* (I) notwendig. Durch Einleiten von Chlor, aus $Na^{36}Cl$ in Wasserstoffperoxyd („Superoxol") in der Kälte mit rauchender

H_2SO_4 frei gemacht, in Acetanilidlsg. wird ^{36}*Cl-p-Chloracetanilid* dargestellt, aus dem durch Verseifen mit konz. HCl am Rückfluß ^{36}*Cl-p-Chloranilinhydrochlorid*, hieraus mit Phosgen in Dioxan ^{36}*Cl-p-Chlorphenylisocyanat* u. aus diesem durch Umsatz mit Glycin in alkal. Lsg. u. anschließendem Ansäuern ^{36}*Cl-δ-[p-Chlorphenyl]-hydantoinsäure* in 15,6%ig. Ausbeute gewonnen wird. (J. Amer. chem. Soc. **74**. 1354—55. 5/3. 1952. Georgia, Georgia Agricult. Exp. Stat.) B. KASPAR. 1280

O. Clauder und **L. Toldy**, *Tuberkulostatisch wirksame Verbindungen*. 2. Mitt. (1. vgl. Magyar Kémikusok Lapja [Z. Ver. ung. Chemiker] **4**. [1949.] 596.) Vff. untersuchten die tuberkulostat. Eigg. einiger aromat. prim. Amine, bzw. von deren in p-Stellung substituierten Derivaten. Für das Entstehen der tuberkulostat. Wrkg. ist die Art der zur Aminogruppe in p-Stellung substituierten Gruppe bes. wichtig. Weitere Substitutionen führten zu Verbb. mit noch besserer Wirkung. Es wurden einige in der Amidgruppe substituierte Amide der 2-Chlor-4-aminobenzoesäure u. 2-Oxy-4-aminobenzoesäure hergestellt. Die Darst. der substituierten Amide erfolgte aus 4-Nitrosalicylsäurechlorid oder 2-Chlor-4-nitrobenzoesäurechloid u. Amin in Ggw. von Pyridin. Dann wurde in geeigneten Lösungsmitteln mit RANEY-Ni hydriert.

Versuche: *N-[2-Oxy-4-nitrobenzoyl]-p-toluidin*, aus 4-Nitrosalicylsäurechlorid u. p-Toluidin in Chlf. u. Pyridin; aus Eisessig hellgelbe Nadeln, F. 253°. — *N-[2-Oxy-4-aminobenzoyl]-p-toluidin*, aus vorst. Verb. durch Hydrieren mit RANEY-Ni, F. 168 bis 169°. — *N-[2-Oxy-4-nitrobenzoyl]-p-aminobenzoesäurepropylester*, aus 4-Nitrosalicylsäurechlorid u. p-Aminobenzoesäurepropylester in Chlf. u. Pyridin; aus Aceton–W. blaßgelbe Nadeln, F. 211—212°. — *N-[2-Oxy-4-aminobenzoyl]-p-aminobenzoesäurepropylester*, aus vorst. Nitroverb. durch Hydrierung, F. 150—151°. — *N-[2-Oxy-4-nitrobenzoyl]-β-naphthylamin*, aus β-Naphthylamin in Chlf., absol. Pyridin u. 4-Nitrosalicylsäurechlorid; aus Eisessig, F. 248—249°. — *N-[2-Oxy-4-aminobenzoyl]-β-naphthylamin*, aus Vorst. durch Hydrieren in Eisessig mit RANEY-Ni; aus A., F. 214°. — *N-[2'-Chlor-4'-nitrobenzoyl]-2-aminothiazol*, aus 2-Aminothiazol in Chlf., absol. Pyridin u. 2-Chlor-4-nitrobenzoylchlorid; blaßgelbe Nadeln aus Dioxan, F. 267°. — *N-[2'-Chlor-4'-aminobenzoyl]-2-aminothiazol*, durch Hydrieren vorst. Nitroverb. in Dioxan; aus A., F. 227°. — *N-[2'-Chlor-4'-nitrobenzoyl]-2-aminopyridin*, aus 2-Chlor-4-nitrobenzoylchlorid in Chlf. u. 2-Aminopyridin in absol. Pyridin; aus Dioxan, F. 170°. — *N-[2'-Chlor-4'-aminobenzoyl]-2-aminopyridin*, durch Hydrieren vorst. Verb. in Dioxan; aus A. blaßgelbe Nadeln, F. 153—154°. (Magyar Kémiai Folyóirat [Ung. Z. Chem.] **56**. 61—63. 1950. Budapest, Pharmazeut. u. Chem. Fabrik Richter.) PLANK. 1300

O. Clauder und **L. Toldy**, *Tuberkulostatisch wirksame Verbindungen*. 3. Mitt. (2. vgl. vorst. Ref.) Vff. stellten in der Amidgruppe substituierte Nicotinsäureamide durch Acylieren mit Nicotinsäurechlorid-Hydrochlorid in absol. Pyridin her. Es wurden hergestellt: *N-Nicotinyl-2-aminothiazol*, F. 212°. — *N-Nicotinyl-β-naphthylamin*, F. 166°. — *N-Nicotinyl-4-aminobenzoesäurepropylester*, F. 116°. — *N-Nicotinyl-4-aminosalicylsäurepropylester*, F. 95—97°. Die ersten drei Verbb. kristallisieren aus Pyridin/W., die letzte aus Alkohol. (Magyar Kémiai Folyóirat [Ung. Z. Chem.] **56**. 451—52. 1950.) PLANK. 1300

M. Bodánszky, *Versuche zur Darstellung tuberkulostatischer Stoffe*. Auf der Suche nach besser wirkenden Stoffen als Tb I/698 (4-Acetylaminobenzaldehydthiosemicarbazon) stellten DRAIN, GOODACRE u. SEYMOUR *4-Aminosalicylaldehydthiosemicarbazon* (I) von Tb I/698 übertreffender Wrkg. her. Da weder die Synth. noch die Eigg. der untersuchten Verbb. beschrieben wurden u. hierüber auch im Schrifttum keine Angaben zu finden sind, suchte Vf. einen gangbaren Weg zur Synthese. Die besten Erfolge erzielte er vom 2-Acetoxy-4-nitrobenzaldibromid ausgehend. Dieses wurde mit Eisessig, Essigsäureanhydrid u. Na-Acetat gekocht, in *2-Acetoxy-4-nitrobenzaldiacetat* übergeführt, dieses in absol. Ae. gelöst u. in Ggw. von Pd-Knochenkohle hydriert, wodurch *2-Acetoxy-4-aminobenzaldiacetat* (II) gebildet wurde. In der kochenden verd. alkoh. Lsg. von Thiosemicarbazid wurde II gelöst, u. nach ½std. Kochen begann schon in der Hitze die Ausscheidung von I in Form gelber Nadeln, F. 220° (Zers.). Die tuberkulostat. Wrkg. in vitro war geringer als die von PAS. (Magyar Kémiai Folyóirat [Ung. Z. Chem.] **56**. 324—25. 1950. Budapest, Pharmaz. Forsch. Inst.) PLANK. 1330

Bengt Weibull, *Über Cyclohexylverbindungen mit vier- und sechswertigem Schwefel*. Es wird eine Reihe von Rkk. mit dem S-Atom von Cyclohexanthiol (**XX**) u. einigen Cyclohexylsulfiden, deren Darst. vom Vf. früher (Ark. Kem., Mineralog. Geol., Ser. A **23**. [1946.] Nr. 18) beschrieben wurde, untersucht. Krist. Jodmethylate werden aus Cyclohexylmethylsulfid (I) u. Dicyclohexylsulfid (II), nicht aber aus Cyclohexylbenzylsulfid (III) u. Cyclohexylphenylsulfid (IV) erhalten; sie sind in saurer, neutraler oder alkal. Lsg. bei 100° ziemlich beständig, zers. sich aber beim Kochen mit alkoh. KOH. HOOC-gruppenhaltige Cyclohexylsulfoniumverbb. lassen sich entweder durch Alkylierung der entsprechenden Cyclohexylmercaptosäuren oder durch Rk. der Cyclohexylsulfide mit Halogencarbonsäuren darstellen. Die Überführung von Cyclohexylmethylcarboxymethylsulfoniumbromid (**XIV**) in Cyclohexylmethylthetin gelang nicht in befriedigender Weise, da sich dieses in der alkal. Lsg. schnell weiter zersetzt. Dagegen ließ sich *Cyclohexylcarboxymethylthetin* (**V**) in neutraler Lsg. leicht aus den Na-Salzen von Cyclohexylmercaptoessigsäure (**XI**) u. Brom- (**VI**) oder Chloressigsäure (**VIa**) darstellen; es ist beim Erwärmen in alkal. wss. Lsg. beständig, zers. sich aber beim Erhitzen über den F. u. mit heißem W. oder heißer verd. HCl. Cyclohexylcarboxymethyl-2-carboxyäthylsulfoniumbromid (**XVI**) oder -chlorid, nicht aber das Jodid, geben mit Ag_2O oder alkoh. KOH das entsprechende *Thetin*, das sich nicht analog **V** darstellen ließ. Das Reaktionsprod. aus **II** u. **VI** krist. nicht, **III** u. **IV** reagierten überhaupt nicht mit **VI**, ebenso waren Verss. zur Darst. von Sulfoniumverbb. aus Cyclohexylmercaptobernsteinsäure (**XVII**) vergeblich. — Mit H_2O_2 in Aceton lassen sich die Cyclohexylsulfide zu den entsprechenden *Sulfoxyden* oxydieren, deren Zers. untersucht wird; mit Perhydrol in Eisessig führt die Oxydation zu den *Sulfonen*. Die Cyclohexylsulfonylcarbonsäuren lassen sich aus den Na-Salzen der Mercaptocarbonsäuren auch durch Oxydation in neutraler wss. Lsg. mit $KMnO_4$ darstellen. — Cyclohexansulfinsäure (**VII**) ist unter Luftausschluß beständig, sie addiert sich an Acryl- (**XXI**) oder Maleinsäure. Orientierende Verss. zeigten, daß die Additionsgeschwindigkeit mit steigender H-Ionenkonz. ein flaches Maximum durchläuft. Mit Chloramin B (**VIII**; Benzolsulfonnatriumchloramid) geben die indifferenten Cyclohexylsulfide krist. *Sulfinimine*, die Cyclohexylmercaptosäuren dagegen instabile u. nichtkrist. Derivate. **VII** reagiert mit **VIII** nach a) $C_6H_{11}\cdot SO_2^- + C_6H_5SO_2NCl^- + 2H_2O \rightarrow C_6H_{11}SO_2Cl + C_6H_5SO_2NH_2 + 2OH^-$; b) $C_6H_{11}\cdot SO_2^- + C_6H_5SO_2NCl^- + H_2O \rightarrow C_6H_{11}SO_3^- + C_6H_5SO_2NH_2 + Cl^-$; c) $C_6H_{11}\cdot SO_2^- + C_6H_5SO_2NCl^- \rightarrow C_6H_{11}SO_2N^-\cdot SO_2\cdot C_6H_5 + Cl^-$, u. zwar sind die Rkk. a), b) u. c) zu 65, 25 bzw. 10% an der Gesamt-Rk. beteiligt. Dicyclohexyldisulfid (**X**) liefert mit **VIII** in Aceton–W. als Hauptprod. *Cyclohexansulfinsäure-bis-[benzolsulfonyl]-amidin* (**XXVI**), das auch in Pyridin–W. gebildet wird, im letzteren Falle bildet sich neben weiteren Nebenprodd. eine krist. Verb., deren Eigg. die Struktur **IX** wahrscheinlich machen. Ähnlich wie **X** reagieren Cyclohexylthiolacetat u. Cyclohexylthiolbenzoat mit **VIII**. Die an sich schon verwickelten Rkk. werden noch dadurch kompliziert, daß **VIII** auch mit den verwendeten Lösungsmitteln in Rk. tritt. Vf. versucht, unter Berücksichtigung dieser Neben-Rkk. Gleichungen für die einzelnen Umsetzungen aufzustellen. Dicyclohexyldisulfoxyd reagiert mit **VIII** als Thiolsulfonat (**XXIII**): $R\cdot SO_2\cdot S\cdot R + C_6H_5SO_2NCl^- \rightarrow RSO_2N^-\cdot SO_2C_6H_5 + RSCl$, das dabei gebildete Cyclohexansulfenylchlorid geht dann weitere Umsetzungen ein.

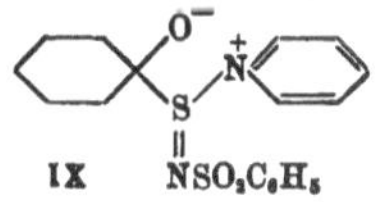

IX

Versuche: *Cyclohexyldimethylsulfoniumjodid*, F. 105—106°, durch 4tägiges Stehen von 1,3 g I u. 1,5 g CH_3J u. Rühren des harten Kristallkuchens mit Äthylacetat; aus CH_3OH + Äthylacetat + Ae. 2,0 g mkr. Prismen; wird durch Dampfdest. seiner Lsg. in W., n-HCl oder n-NaOH nicht merklich zersetzt. Nach 1 std. Kochen von 2,7 g Jodid in alkoh. KOH u. Einleiten der Gase in wss. $HgCl_2$-Lsg. wurden 0,2 g *Dimethylsulfid*·$HgCl_2$, F. 157—159°, u. aus der alkoh. Lsg. nach Neutralisation mit 2n HCl, Zugabe von W., Ätherextraktion u. Behandlung mit $HgCl_2$ 2,25 g **I**·$HgCl_2$, F. 89—92°, erhalten. — *Dicyclohexylmethylsulfoniumjodid*, F. 111—113°, aus 2 g **II** u. 1,5 g CH_3J wie vorst.; aus A. + Äthylacetat + Ae. 0,7 g Nadeln; 1,7 g lieferten nach 1 std. Kochen mit alkoh. KOH, Neutralisation mit 2n HCl, Dest. u. Behandlung des Destillats mit Thiolessigsäure u. dann $HgCl_2$ 0,03 g *Chlormercuricyclohexylmercaptid* (**XIII**); weitere Dest., Verdünnen des Destillats mit W., Ätherextraktion u. Umsetzung mit $HgCl_2$ ergab 0,15 g **I**·$HgCl_2$; aus dem Destillationsrückstand wurden 1,05 g **II**·$HgCl_2$, F. 135—137°, erhalten. — Nach 6 std. Rühren von 1,7 g **XI**, 2 ml Dimethylsulfat (**XII**) u. 20 ml W. hatte sich am Boden eine geringe Menge Öl gebildet; Ätherextraktion der Säuren u. Neutralisation mit n-NaOH zeigte Sulfoniumsalzbldg. zu 91,5% an; in Ggw. von 9,65 ml n-NaOH betrug die Salzbldg. 95%, mit 19,6 ml n-NaOH 90%. Ein etwas größerer Ansatz (7 g **XI**, 41 ml n-NaOH u. 4 ml **XII**) wurde nach Extraktion einiger Öltropfen mit Ae. in 4 gleiche Teile geteilt; der erste wurde mit 5n HCl angesäuert, die trübe Lsg. wurde mit Ae. extrahiert u. die äther. Lsg. mit n-NaOH neutralisiert (86% Sulfoniumsalzbldg.); die klare wss. Lsg. wurde in die warme wss. Lsg. von 15 g $HgCl_2$ gegossen u. ergab 8,1 g $C_6H_{11}\cdot S(Cl)(CH_3)CH_2COOH\cdot 6\,HgCl_2$ $C_9H_{17}O_2Cl_{13}SHg_6$, F. ~150°. Der zweite Teil der Lsg. wurde nach Neutralisation mit 2n HCl 2 Std. auf dem Wasserbad erwärmt, wobei etwas *Cyclohexen* abdest.; der Rückstand wurde mit Ae. extrahiert u. mit n-NaOH neutralisiert, daraus ergab sich die Zers. unter Bldg. sauren Materials zu 8%. Der dritte Teil wurde ebenso behandelt, es wurden prakt. kein Destillat u. kein saures Material erhalten. Der vierte Teil ergab nach Alkalisieren mit n-NaOH u. Behandlung wie vorst. etwas I; die Zers. hatte zu 8% stattgefunden. — *Cyclohexylmethylcarboxymethylsulfoniumbromid* (XIV), $C_9H_{17}O_2BrS$, F. 111—113°, aus 4,7 g I u. 5 g VI ohne Lösungsm. oder in W. oder Äthylacetat; 5 g (Ausbeute). Die Darst. des entsprechenden Jodids aus XI u. CH_3J gelang nicht. 1 std. Kochen von 2,7 g des Bromids mit KOH in A. u. Aufarbeitung lieferte geringe Mengen *$CH_3 \cdot S \cdot CH_3$*, 0,3 g XIII, 0,35 g $I \cdot HgCl_2$, XI [+ 30%ig. H_2O_2 → *Cyclohexylsulfonylessigsäure*, F. 77—80° (PAe.)], *Methylmercaptoessigsäure* u. *Cyclohexyldimethylsulfoniumbromid* oder *-chlorid*. — *Cyclohexylmethylthetin* wurde aus XIV mit Ag_2O in W. nur in unreiner Form erhalten. — *Cyclohexylmethyl-2-carboxyäthylsulfoniumjodid*, $C_{10}H_{19}O_2JS$, F. 109—112°, durch 4 tägiges Stehen von 1,9 g β-Cyclohexylmercaptopropionsäure (XXVIII) u. 1,5 g CH_3J u. Rühren des erhaltenen Kristallkuchens mit Äthylacetat; aus A. + Äthylacetat + Ae. 1,8 g rechteckige Täfelchen; oder durch Ausführung der Rk. in Äthylacetat; zers. sich langsam mit verd. warmer HCl, schnell mit verd. warmer NaOH, wobei sich I u. *Acrylsäure* (XXI) (+ Toluol-ω-sulfinsäure → *β-Benzylsulfonylpropionsäure*, F. 176—177°) bilden. — Verss. zur Darst. von Cyclohexylmethyl-β-propiothetin aus vorst. Verb. waren erfolglos. — *Cyclohexylcarboxymethylthetin* (V), $C_{10}H_{16}O_4S$, F. 112—113°, durch 5 std. Erwärmen von XI, VIa u. krist. Soda unter Zugabe von n-NaOH bis zur neutralen Rk. gegen Phenolrot auf dem Wasserbad u. Ansäuern mit 5 n HCl. Die Darst. von V aus XI u. VI oder VIa wurde bei Raumtemp. u. bei 100° durchgeführt u. der Umsatz nach verschied. Zeiten bestimmt. 1½ std. Erhitzen von 2,3 g V mit n-HCl u. Aufarbeitung lieferte 2,4 g XIII, 0,05 g *Cyclohexanol* (→ *Adipinsäure*, F. 151—152°) u. 0,8 g *Carboxymethylmercaptoessigsäure* (XV), F. 128,5—129,5° (Äthylacetat–PAe.); in wss. Lsg. wurden die gleichen Prodd. in ähnlichem Mengenverhältnis erhalten, in NaOH trat nur geringe Zers. ein. V zers. sich auch beim Erhitzen auf 120° ohne Lösungsm., wobei *Cyclohexen*, *$CH_3 \cdot S \cdot CH_3$* (*$\cdot 2\,HgCl_2$*, $C_2H_6Cl_4SHg_2$, F. 157—159°), *CO_2*, die *Methylester* von XI u. XV u. I entstehen, die, soweit möglich, quantitativ bestimmt wurden; daneben entstanden noch weitere, nicht identifizierte Produkte. — *Cyclohexylcarboxymethyl-2-carboxyäthylsulfoniumbromid* (XVI), $C_{11}H_{19}O_4BrS \cdot H_2O$, F. 104—107° (zugeschmolzene Capillare) bzw. 116—118° (offene Capillare), durch 3 tägiges Stehen von 18,8 g XXVIII u. 13,9 g VI in W. u. Rühren mit Aceton; 26,1 g mkr. Nadeln. Das *Chlorid*, $C_{11}H_{19}O_4ClS$, F. 129—130°, läßt sich analog, aber in sehr langsamer Rk. darstellen. Beim Erwärmen in W. zers. sich XVI zu *Cyclohexen*, *Cyclohexanol*, *β-Carboxymethylmercaptopropionsäure* (F. 92—94°), XI u. XXI; mit 1 Mol Alkali werden dieselben Prodd. gebildet, daneben XI-*Methylester* u. *CO_2*. — *Cyclohexyl-2-carboxyäthylthetin*, $C_{11}H_{18}O_4S$, F. 114—115°, aus 3,5 g XVI mit alkoh. KOH oder Ag_2O in W.; 0,6 bzw. 0,7 g kleine Stäbchen. — *Cyclohexylmethylsulfoxyd*, $C_7H_{14}OS$, durch Oxydation von 7,6 g I in Aceton mit 30%ig. H_2O_2, Eindampfen, Aufnehmen in W., Ausschütteln mit Ae., Eindampfen, Dest. bei 110—120°/0,5 mm, Aufnehmen in W., Ausschütteln mit Ae., Eindampfen u. Trocknen; 3,9 g sehr hygroskop. Öl, $D.^{20}{}_4$ 1,0689, $n_D{}^{20}$ 1,5107, Mol.-Refr. 40,97, F. 8—9°. — *Dicyclohexylsulfoxyd*, $C_{12}H_{22}OS$, F. 85,5—87°, durch Oxydation von 2 g II wie vorst. u. Eindampfen; aus PAe. 1,4 g Plättchen. — *Cyclohexylphenylsulfoxyd*, $C_{12}H_{16}OS$, F. 61—63,5° (PAe.), aus 1,9 g IV wie vorst.; 1,9 g. — *Cyclohexylbenzylsulfoxyd*, $C_{13}H_{18}OS$, F. 84—85°, aus 2,1 g III wie vorst.; aus Bzl. + PAe. 1,1 g kleine Nadeln. — *Cyclohexylcyclohexanthiolsulfonat* („*Dicyclohexyldisulfoxyd*") (XXIII), $C_{12}H_{22}O_2S_2$, F. 37—38°, durch Oxydation von 2,3 g X in Aceton mit 30%ig. H_2O_2, Verdunstenlassen u. Zugabe von etwas W. zu dem braunen Öl nach 3 Wochen; nach 1 weiteren Woche hatten sich 0,7 g Kristalle abgeschieden; aus A. kleine Stäbchen. — *Cyclohexylsulfinylessigsäure*, $C_8H_{14}O_3S$, F. 82—84°, durch Behandeln der kalten Lsg. von XI in Aceton mit 30%ig. H_2O_2 u. Einengen an der Pumpe bei Raumtemp. unmittelbar danach; aus Aceton + PAe. 9,4 g glitzernde Kristallflocken; zers. sich bei 4 std. Erwärmen auf dem Wasserbad zu *Glyoxylsäure* [*Phenylhydrazon*, F. 132—135° (Zers.)] u. *Bis-[cyclohexylmercapto]-essigsäure*, $C_{14}H_{24}O_2S_2$, F. 46—48° (PAe.). — *β-Cyclohexylsulfinylpropionsäure*, $C_9H_{16}O_3S$, F. 108—111° (Äthylacetat), analog; zers. sich bei 4 std. Erwärmen mit W. oder n NaOH zu X u. XXI. — *Cyclohexylsulfinylbernsteinsäure* (XVIII), $C_{10}H_{16}O_5S$, durch Behandlung von XVII in Aceton mit 30%ig. H_2O_2 bei 13° (Selbsterwärmung auf 22°), Abkühlen auf 13°, Stehen bei Raumtemp. über Nacht, Eindampfen im Vakuum, Extraktion des Rückstands mit wenig Aceton u. dann mit PAe. u. Kristallisation des unlösl. Prod. aus Aceton; hat keinen definierten F., wird $>130°$ gelb u. bis zum endgültigen Schmelzen bei 237—240° oberhalb des festen Teiles feucht. Durch Oxydation mit H_2O_2 in Eisessig liefert XVIII *Cyclohexylsulfonylbernsteinsäure* (XIX). Bei Raumtemp. sind Lsgg. des Na-Salzes von XVIII beständig, beim Erwärmen findet Zers. zu X, *Dicyclohexyltrisulfid* (oder X + S), *Cyclohexanon* (*2.4-Dinitrophenylhydrazon*, F. 160—162°), *α-Cyclohexylmercaptoacryl-*

säure ($C_9H_{14}O_2S$, F. 82—84°) u. *Fumarsäure* (XXII) statt, in alkal. Lsg. bilden sich X u. die Na-Salze von XXII u. VII. Die Zers. von XVIII in 5,23 n H_2SO_4 ist kompliziert, isoliert wurden je Mol XVIII 0,41 Mol XX, 0,54 Mol XXII, 0,47 Mol CO_2, 0,087 Mol XXIII, 0,16 Mol *α-Cyclohexylmercapto-β-cyclohexylsulfonylpropionsäure* (F. 116—118°), 0,22 Mol *Brenztraubensäure* (*2.4-Dinitrophenylhydrazon*, F. 215—216°), Spuren X u. 0,04 Mol einer S-haltigen zweibas. Säure, deren Zus. einem *Additionsprod. aus α-Cyclohexylmercaptoacrylsäure* u. *Brenztraubensäure* (*S-Benzylisothiuroniumsalz*, $C_{28}H_{38}O_5N_4S_3$, F. 146—148°) entspricht. — *Cyclohexylmethylsulfin-benzolsulfonylimin*, $C_{13}H_{19}O_2NS_2$, F. 80,5—82,5°, aus I in Aceton u. VIII in W. (VIII enthält im Gegensatz zu den Angaben von CHATTAWAY [1905] nach Kristallisation aus W. u. Trocknen an der Luft nicht 3, sondern nur 1½ Kristallwasser) unter Selbsterwärmung; die nach dem Verdunsten des Acetons zurückbleibende untere ölige Schicht krist. beim Impfen; aus Xylol kleine Nadeln. — *Dicyclohexylsulfin-benzolsulfonylimin*, $C_{18}H_{27}O_2NS_2$, F. 107,5—110,5°, wie vorst. aus 1 g II u. 1,3 g VIII; aus Xylol 1,3 g stäbchenförmige Kristalle. — *Cyclohexylphenylsulfin-benzolsulfonylimin*, $C_{18}H_{21}O_2NS_2$, F. 113—114,5°, 1,7 g (roh) aus 1 g IV u. 1,3 g VIII; aus A. kleine Stäbchen. — *Cyclohexylbenzylsulfin-benzolsulfonylimin*, $C_{19}H_{23}O_2NS_2$, F. 142,5—143,5°, aus 1 g III u. 1,3 g VIII; aus A. 1,4 g Stäbchen. — *Cyclohexylcarboxymethylsulfin-benzolsulfonylimin*, $C_{14}H_{19}O_4NS_2$, wird in unreiner Form aus dem Na-Salz von XI u. VIII neben *Benzolsulfonamid* (XXV; F. 152—153,5°) gebildet; daneben wird XI durch VIII zum entsprechenden Sulfoxyd oxydiert. — *Cyclohexyl-2-carboxyäthylsulfin-benzolsulfonylimin*, $C_{15}H_{21}O_4NS_2$, ebenfalls nur unrein u. in geringer Menge analog vorst. Verbindung. — XVII liefert mit VIII überhaupt kein Sulfinimin, sondern wird nur zur leicht zersetzlichen XVIII oxydiert. — *Cyclohexylmethylsulfon*, $C_7H_{14}O_2S$, F. 19—23°, durch Oxydation von 3,9 g I in Eisessig mit 30%ig. H_2O_2 unter Selbsterwärmung auf 60° u. Eindampfen im Wasserstrahlvakuum; 2,4 g Öl, Kp.$_{0,8}$ 118—119°, D.$^{20}_4$ 1,1455, n_D^{20} 1,4900, Mol.-Refr. 40,95, das beim Kühlen u. Kratzen fest wird. — *Dicyclohexylsulfon*, $C_{12}H_{22}O_2S$, F. 133,5—135°, wie vorst. aus 2 g II; aus A. 1,9 g stäbchenförmige Kristalle. — *Cyclohexylphenylsulfon*, $C_{12}H_{16}O_2S$, F. 73—76°, aus 1,9 g IV (1½ Std. Erwärmen auf dem Wasserbad); aus Eisessig 0,4 g durchscheinende, fast quadrat. Plättchen. — *Cyclohexylbenzylsulfon*, $C_{13}H_{18}O_2S$, F. 104—104,5°, aus 2,1 g III; aus A. 1,85 g glitzernde Kristallflocken. — *Cyclohexylsulfonylessigsäure*, $C_8H_{14}O_4S$, F. 82,5—84,5° (Bzl.), a) durch Oxydation von 1,75 g XI in Eisessig mit 30%ig. H_2O_2 während 4 Std. unter Eiskühlung u. dann über Nacht bei Raumtemp.; b) durch Neutralisation von 8,7 g XI mit Sodalsg. u. tropfenweise Zugabe von 0,75 n $KMnO_4$-Lsg. unter Durchleiten von CO_2, Filtrieren, Eindampfen u. Ansäuern mit HCl; 7,5 g. — *β-Cyclohexylsulfonylpropionsäure* (XXIV), $C_9H_{16}O_4S$, F. 112,5—114°, analog vorst. Verb. nach a) oder b); ist beim Erwärmen in saurer oder neutraler wss. Lsg. beständig, zers. sich bei 2½ std. Erhitzen mit n NaOH zu den Na-Salzen von VII (*Chlormercurisalz*, $C_6H_{11}O_2ClSHg$, wird bei 140° schwarz, schm. aber nicht bis 250°) u. XXI. — XIX, $C_{10}H_{16}O_6S \cdot H_2O$, F. 81—83°, wie vorst. nach a) oder b); wird in alkal. Lsg. in die Salze von VII u. XXII gespalten. Diese Spaltung ist für die präparative Darst. von *Cyclohexansulfinsäure* (VII), $C_6H_{12}O_2S \cdot H_2O$, F. 38,5—41,5° (zugeschmolzene Capillare) geeignet; VII wird aus dem Na-Salz mit 5 n HCl freigemacht; das *S-Benzylisothiuroniumsalz*, F. 158—159°, ist wasserhaltig. — *Cyclohexansulfonylbromid*, Kp.$_{0,6}$ 95°, durch Behandlung des Na-Salzes von VII mit gesätt. Br_2-W. u. Extraktion mit PAe.; wird in Eis–Kochsalz-Mischung fest; F. 4—6°, D.$^{20}_4$ 1,5439, n_D^{20} 1,5333, Mol.-Refr. 45,68. — Bei der Umsetzung des Na-Salzes von VII mit VIII in W. wurden je Mol VII u. VIII 0,9 Mol XXV, 0,64 Mol *Cyclohexansulfonylchlorid* (Kp.$_{0,9}$ 79°, D.$^{20}_4$ 1,2696, n_D^{20} 1,4977, Mol.-Refr. 42,15), 0,09 Mol *Cyclohexansulfonylbenzolsulfonamid* (XXVII; $C_{12}H_{17}O_4NS_2$, F. 170—172°, aus Bzl. glänzende Nadeln) u. 0,21 Mol *Na-Cyclohexansulfonat* ($C_6H_{11}O_3SNa$, erweicht bei 190°, gibt aber bis 220° keine klare Schmelze) isoliert. — VII addiert sich an XXI zu XXIV, an Maleinsäure zu XIX; mit Cyclohexen konnte kein Reaktionsprod. isoliert werden. — XX gibt mit VIII oder Chloramin T X, daneben XXV bzw. *p-Toluolsulfonamid* (F. 136—138°). — Bei der Rk. von 1 Mol X in Aceton mit 4 Mol VIII in W. wurden erhalten: 1,05 Mol XXV, 3,9 Mol Cl^-, 1,17 Mol *Cyclohexansulfinsäure-bis-[benzolsulfonyl]-amidin* (XXVI; $C_{18}H_{22}O_4N_2S_3$, F. 154—155°, aus A. harte, glitzernde Bipyramiden), 0,32 Mol eines Gemisches, das neben den vorst. Verbb. noch eine unbekannte, sich in alkal. Lsg. zu *Cyclohexanon*, XXV u. SO_2 zers. Substanz enthielt, 0,214 Mol H_2SO_4, *S* in unbekannter Menge u. wahrscheinlich *Cyclohexen*. Bei Ausführung der Rk. in Pyridin–W. entstand außerdem Verb. IX (?), die bei saurer Hydrolyse in *Cyclohexanon*, *Pyridin*, XXV u. SO_2 gespalten wird. — 1 Mol Cyclohexylthiolacetat reagiert mit 2,92 Mol VIII zu 0,84 Mol XXV, 2,74 Mol Cl^-, 0,26 Mol organ. Cl-Verbb., 0,71 Mol XXVI, 0,49 Mol *Acetylbenzolsulfonamid*, $C_8H_9O_3NS$, F. 123—125° (Bzl., A.–W. u. Bzl.), 0,51 Mol CH_3COOH, 0,25 Mol

H_2SO_4, Spuren IX u. *Cyclohexen* in unbekannter Menge. Analog lieferte Cyclohexylthiolbenzoat mit **VIII** (die Rk. geht sehr viel langsamer vor sich) **XXV**, **XXVI**, *Benzoylbenzolsulfonamid* (F. 147—148°), *Benzoesäure* (F. 118—120°) u. H_2SO_4. — Die Rk. von **XXIII** mit **VIII** ging in Aceton zu langsam vor sich, so daß die Konkurrenz-Rk. von **VIII** mit dem Lösungsm. zu groß wurde; in Pyridin–W. wurden **XXV**, H_2SO_4, **XXVI** u. **XXVII** erhalten. (Ark. Kemi 3. Nr. 23. 171—223. 1951. Swed. Royal Acad. of Sci., Nobel Inst., Dep. for Organ. Chem.) Spaeth. 1890

N. Koslow und **L. Achmetschina**, *Katalytische Aminierung von Cyclohexanol.* Die Rk. von Cyclohexanol (I) mit NH_3 am Al_2O_3-Katalysator ist bei niedrigen Drucken von einer Dehydratisierung von I zu Cyclohexen (II) begleitet. Bei 5—10 at NH_3-Druck fällt diese Neben-Rk. weg. Die optimale Temp. für die Bldg. von Cyclohexylamin (III) liegt bei 260—300°, bei höherer Temp. zerfällt III zu II u. NH_3. Die Ausbeute an III beträgt bei 260—300° u. 8—10 at NH_3 70—74% auf eingesetztes I bzw. 90—95% auf umgesetztes I bezogen. Das entstehende III hat Kp. 132—134°; $D.^{20}{}_4$ 0,8670 bis 0,8720; n_D^{20} 1,4570—1,4582. (Доклады Академии Наук СССР [Ber. Akad. Wiss. UdSSR] [N. S.] 85. 91—93. 1/7. 1952.) R. K. Müller. 2110

E. C. Horning und **John Koo**, *Glyoxylat-Ringschlüsse. Methoxydihydronaphthaline.* Der Glyoxylat-Ringschluß nach Bougault (1914] mit konz. H_2SO_4 wurde zur Synth. von *6.7-Dimethoxy-1.2-dihydronaphthalindicarbonsäure-(3.4)-anhydrid* (**Ia**) u. *3.4-Dihydro-6.7.8-trimethoxynaphthalindicarbonsäure-(1.2)-anhydrid* (**Ib**) angewandt. **Ia** gibt bei der Hydrolyse die entsprechende Dicarbonsäure, die bei Zimmertemp. beständig ist; beim Erhitzen auf 80—90° oder dem Vers. der Umkristallisation bildet sich **Ia** zurück. Mit 18%ig. H_2SO_4 nach Haworth, Moore u. Pauson (J. chem. Soc. [London] **1949**. 3271) entsteht bei der Cyclisierung von α-Keto-β-carbäthoxy-δ-(3.4.5-trimethoxybenzoyl]-valeriansäureäthylester statt **Ib** der entsprechende Diäthylester, aus dem aber nicht **Ib**, sondern infolge des Einfl. der 8-Methoxygruppe nur ein Halbester erhalten werden konnte, während bei der Cyclisierung mit konz. H_2SO_4 nach der Hydrolyse oder Umesterung **Ib** als Endprod. entsteht.

Versuche (FF. korr.): *β-[3.4-Dimethoxybenzoyl]-propionsäure*, F. 157—158°, durch Friedel-Crafts-Rk. von Veratrol mit Bernsteinsäureanhydrid in Tetrachloräthan/Nitrobenzol; 62% (Ausbeute). — *γ-[3.4-Dimethoxyphenyl]-buttersäure*, F. 56 bis 58°, durch Hydrieren vorst. Verb. in Essigsäure bei 60—70° über 5%ig. Pd-Kohle bei 30—40 lbs. Druck; 97%. *Äthylester*, $Kp._{0,3}$ 138—143°; 73%. — *α-Keto-β-carbäthoxy-δ-[3.4-dimethoxyphenyl]-valeriansäureäthylester*, durch Kondensation vorst. Esters mit Diäthyloxalat in Ggw. von C_2H_5OK; 60%. — *6.7-Dimethoxy-1.2-dihydronaphthalindicarbonsäure-(3.4)-anhydrid* (**Ia**), F. 190—191°, durch Cyclisierung vorst. Verb. bei 25—30° mit konz. H_2SO_4 während 2 Std.; rote Kristalle aus Bzl.-Hexan; 68%. — *β-[3.4.5-Trimethoxybenzoyl]-propionsäure*, $C_{13}H_{16}O_6$, F. 130,5—131,5°, durch Versetzen einer Lsg. von Na in trockenem C_2H_5OH mit Äthyl-3.4.5-trimethoxybenzoylacetat u. nachfolgendes Hinzufügen von Bromessigester bei 10—15° u. 2 Tage Stehen bei Zimmertemp.; Hydrolyse des Rohprod. (71%) mit 20%ig. H_2SO_4 während 48 Std.; aus Bzl.-Pentan kleine Kristalle; 75%. *Äthylester*, $C_{15}H_{20}O_6$, F. 54,5—55°, Kristalle aus wss. A.; 78%. — *γ-[3.4.5-Trimethoxyphenyl]-buttersäureäthylester*, $C_{15}H_{22}O_5$, $Kp._{0,3}$ 165—170°, durch Hydrieren des vorst. Ketoesters in Essigsäure bei 60—70° über 5%ig. Pd-Kohle bei 35—40 lbs. Druck; 99%. — *α-Keto-β-carbäthoxy-δ-[3.4.5-trimethoxybenzoyl]-valeriansäureäthylester*, durch Kondensation vorst. Verb. mit Diäthyloxalat in Ggw. von KOC_2H_5 in Ae., 3 std. Erhitzen u. 12 std. Stehen; 56%. — *3.4-Dihydro-6.7.8-trimethoxynaphthalindicarbonsäure-(1.2)-anhydrid* (**Ib**), $C_{15}H_{14}O_6$, F. 120—121°, durch Behandeln vorst. Verb. mit konz. H_2SO_4 bei 30—35° während 30 Min.; kleine dunkelgelbe Kristalle aus Ae.-Pentan; 75%. (J. Amer. chem. Soc. 73. 5828—29. Dez. 1951. Philadelphia, Pa., Univ. of Pennsylvania, John Harrison Labor.) Rosdorff. 2700

Ernst D. Bergmann und **David Lavie**, *Die Anlagerung von Fluoren an Benzylidenfluoren und die Feinstruktur des Benzylidenfluorens.* Es wird gezeigt, daß das von Pinck u. Hilbert (C. **1946**. I. 1707) durch Anlagerung von Fluoren (I) an Benzylidenfluoren (II) erhaltene, bei 240° schm. Kondensationsprod. *Bis-[9-fluorenyl]-phenylmethan* (**III**) u. nicht *9-Benzyl-9.9'-difluorenyl* (**IV**) ist. Ein Gemisch des Kondensationsprod. mit **IV** zeigt eine starke F.-Erniedrigung. Die Kondensations-Rk. ist als Spezialfall der Michael-Kondensation anzusehen, die nur mit polaren ungesätt. Systemen vonstatten geht. Gemäß der Richtung des Dipolmoments in II muß sich bei der Anlagerung von I das von dem 9-H-Atom des I gelieferte Proton mit dem 9-C-Atom der Benzylidenverb.

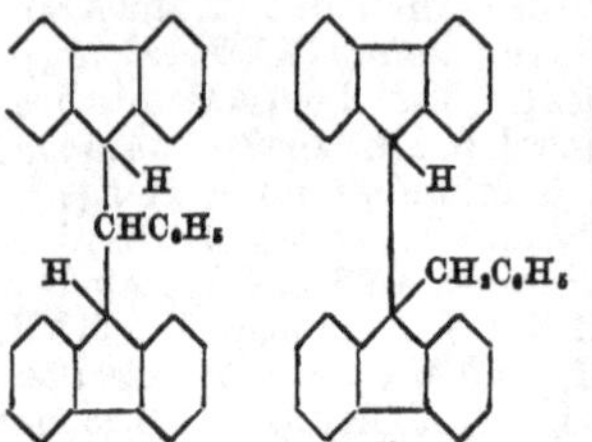

III IV

u. das Fluorenylanion mit dem phenylierten C-Atom verbinden. Der tatsächliche Verlauf der Rk. in diesem Sinne ist ein Beweis für die Richtung des Dipolmoments in II. Die mit III isomere Verb. IV wurde aus Benzyl-MgCl u. Dibiphenylenäthylen erhalten (vgl. FUSON u. PORTER, C. **1948**. II. 189). (J. Amer. chem. Soc. **74**. 3173—74. 20/6. 1952. Rehovoth, Israel, Daniel Sieff Res. Inst.) FORCHE. 2750

E. C. Horning und **John Koo**, *Glyoxylat-Ringschlüsse. Methoxybenzsuberene.* Mit Hilfe der Glyoxylat-Cyclisierung nach BOUGAULT [1914] gelang die Darst. von *Benzsuberendicarbonsäureanhydriden*, die mit dem WINDAUS-Anhydrid, einem Abbauprod. des Colchicins, verwandt sind. Die Glyoxylsäureester werden durch FRIEDEL-CRAFTS-Rk. mit Glutarsäureanhydrid (I) u. Red. der CO-Gruppe der Ketosäure oder des -esters u. folgende Kondensation mit Diäthyloxalat gewonnen. Die Ringschlußbedingungen sind für jede Verb. verschieden, zu strenge Bedingungen führen zur Sulfonierung oder Verlust an Ketoester. Die Anhydride sind neutrale, gelbe, krist. Verbb., die sich in warmem Alkali lösen, aus den farblosen, alkal. Lsgg. werden sie beim Ansäuern wieder ausgefällt.

Versuche (FF. korr.): *γ-[3.4-Dimethoxybenzoyl]-buttersäure*, F. 138—140°, durch Umsetzen von Veratrol mit I in Tetrachloräthan/Nitrobenzol bei 0—5° in Ggw. von $AlCl_3$, 3 Tage Stehen bei Zimmertemp.; Nadeln aus heißem W.; 31% (Ausbeute). *Äthylester*, $C_{15}H_{20}O_5$, F. 63° (Ae.–Essigester); 71%. — *δ-[3.4-Dimethoxyphenyl]-valeriansäure*, F. 75—77° (Bzl.), durch Red. vorst. Säure in CH_3COOH bei 60—70° über 5%ig. Pd-Kohle bei 30—40 lbs. Druck; 80%. *Äthylester*, $C_{15}H_{22}O_4$, a) durch Hydrierung des Ketoesters wie vorst.; $Kp._{0,5}$ 148—151°; 95%; b) durch 3std. Kochen der Säure mit A. u. konz. H_2SO_4; $Kp._{0,4}$ 143—144°; 66%. — *α-Keto-β-carbäthoxy-ε-(3.4-dimethoxyphenyl]-capronsäureäthylester*, durch Kondensation vorst. Esters mit Diäthyloxalat in Ae. in Ggw. von KOC_2H_5; 37%. — *2.3-Dimethoxybenzsuberen-(5)-dicarbonsäure-(5.6)-anhydrid*, $C_{15}H_{14}O_5$, F. 164—165°, durch 24std. Stehen einer Lsg. vorst. Esters in H_3PO_4 + H_2SO_4 bei 0—5° u. Erwärmen auf Zimmertemp. während 2 Std.; hellgelbe Kristalle; 50%. — *1.2.3-Trimethoxybenzol* (*Pyrogalloltrimethyläther*), F. 43—46°, durch Methylierung von Pyrogallol; 97%. — *γ-[2.3.4-Trimethoxybenzoyl]-buttersäure* (II), F. 70—75°, durch Umsetzen von I mit vorst. Verb. in Tetrachloräthan/Nitrobenzol in Ggw. von $AlCl_3$; 57%; daneben wahrscheinlich *Oxydimethoxybenzoylbuttersäure*, F. 168 bis 181°; 24% (vgl. HAWORTH, MOORE u. PAUSON, J. chem. Soc. [London] **1948**. 1045), die durch Methylierung II gab. *Äthylester*, $C_{16}H_{22}O_6$, $Kp._{0,3}$ 166—167°; 60%. — *δ-[2.3.4-Trimethoxyphenyl]-valeriansäureäthylester*, $C_{16}H_{24}O_5$, $Kp._{0,4}$ 148—152°, durch Hydrieren vorst. Esters wie oben; 53%. — *α-Keto-β-carbäthoxy-ε-[2.3.4-trimethoxyphenyl]-capronsäureäthylester*, durch Kondensation vorst. Verb. mit Diäthyloxalat in Ggw. von KOC_2H_5; 48%. — *1.2.3-Trimethoxybenzsuberen-(5)-dicarbonsäure-(5.6)-anhydrid*, $C_{16}H_{16}O_6$, F. 111—113°, durch 24std. Behandeln einer Lsg. vorst. Verb. in 85%ig. H_3PO_4 mit konz. H_2SO_4 bei 0—5°, weiterem Hinzufügen von H_2SO_4 u. Erhitzen auf 50°; gelbe Kristalle aus Ae./Pentan; 70%. (J. Amer. chem. Soc. **73**. 5830—31. Dez. 1951. Philadelphia, Pa., Univ. of Pennsylvania, John Harrison Labor.) ROSDORFF. 2950

Ahmed Mustafa und **Mustafa Kamal Hilmy**, *Reaktionen mit Benzoxanthonen.* In Analogie zu dem thermochromen Verh. des *Dixanthylidens* zeigen auch seine Derivv., das *Di-[3.4-]* (I) u. *Di-[1.2-Benzoxanthyliden-(9)]* (II) in Lsg. oder in der Schmelze eine Farbveränderung. I u. II wurden nach früheren Methoden durch Red. der *9.9-Dichloride* des *3.4-* (III) u. *1.2-Benzoxanthons* (IV) sowie des *3.4-* (V) u. *1.2-Benzoxanthithions* (VI) mit Cu-Pulver oder von III u. IV mit Zn-Staub in Eisessig u. HCl erhalten. Bei Behandlung von I u. II mit Oxalylchlorid u. W. oder S werden unter Sprengung der Doppelbindung die Benzoxanthone III u. IV oder ihre Thioverbb. V u. VI gebildet. Die Umsetzung von III u. IV mit Phenyl-MgBr führt zu *9-Phenyl-benzoxanthhydrolen* u. deren Red. mit Zn u. Eisessig zu den entsprechenden *Xanthenen*, die auch durch Red. der Xanthone u. Thioketone mit $LiAlH_4$ erhalten werden können.

Versuche: *Di-[3.4-benzoxanthyliden-(9)]* (I), $C_{34}H_{20}O_2$, F. 346°, a) durch 10std. Erhitzen auf dem Dampfbad von 2 g III mit 10 g Oxalylchlorid (oder 15 cm³ $SOCl_2$). Nach Entfernen desselben Lösen des orangefarbenen Öls in Xylol u. 6std. Kochen mit 4 g Cu-Pulver, hellgelbe Kristalle, in der Schmelze grün, mit H_2SO_4 orangerot; 1,4 g (Ausbeute); b) durch Red. von 1 g III mit Zn-Staub in Eisessig + HCl; 0,05 g; c) durch 30 Min. Erhitzen auf 220° von 1 g V mit Cu-Pulver im CO_2-Strom; 0,5 g. Analog: *Di-[1.2-benzoxanthyliden-(9)]* (II), F. 290°, gelblichgrüne Kristalle, in der Schmelze olivgrün, mit H_2SO_4 orangerot. — *3.4-Benzoxanthithion-(9)* (V), $C_{17}H_{10}OS$, F. 140 bis 141°, a) durch 10 Min. Erhitzen auf 270° von I mit Schwefelpulver u. Extraktion mit Bzn.; b) durch Lösen des orangefarbenen Öls aus 25 g III mit Oxalylchlorid in Bzl. u. 6std. Kochen mit Thiolessigsäure; tiefgrüne Farbe. Nach Dest. des Bzl.

Extraktion mit Bzn.; braune Kristalle aus Bzl., mit H_2SO_4 orangerot; grüne benzol. Lsg. mit $HgCl_2$ rotbraun; 3,5 g. Analog: *1.2-Benzoxanththion-(9)* (VI), F. 147°, dunkelgrüne Kristalle aus Bzl., grüne Schmelze, mit H_2SO_4 rot, grüne benzol. Lsg. mit $HgCl_2$ rot. — *3.4-Benzoxanthon* (III), $C_{17}H_{10}O_2$, F. 160°, durch 6std. Erhitzen von 1 g I mit Oxalylchlorid; nach Abdest. des Chlorids orangefarbenes Öl in Bzl. lösen; hellgelbe Kristalle aus Bzl./Petroläther. — *9-Phenyl-3.4-benzoxanthhydrol*, $C_{23}H_{16}O_2$, F. 230°, aus III u. Phenyl-MgBr durch Extraktion mit Ae.; Kristalle aus Bzl., mit H_2SO_4 orangegelb; durch Red. mit Zn u. $PtCl_2$ in Eisessig entsteht *9-Phenyl-3.4-benzoxanthen*, $C_{23}H_{16}O$, F. 133—134°; Kristalle. Analog: *9-Phenyl-1.2-benzoxanthhydrol*, F. 175—176°, aus A. Kristalle, u. *9-Phenyl-1.2-benzoxanthen*, F. 169—170°, aus Bzl./A. Kristalle. — *3.4-Benzoxanthen*, $C_{17}H_{12}O$, F. 95—96° (PAe.), a) durch Hinzufügen einer Lsg. von 1 g III in Bzl. zu einer turbinierten Suspension von 0,5 g $LiAlH_4$ in Ae. u. 3std. Kochen am Rückfluß; 85%; b) aus V u. $LiAlH_4$; 81%. *Pikrat* (rot), $C_{17}H_{12}O.C_6H_3O_7N_3$, F. 126°. — Analog nachst. Verbb.: *1.2-Benzoxanthen*, F. 99—100°, aus IV; Kristalle aus A.; 82%. — *Xanthen*, a) aus Xanthon; 90%; b) aus Xanththion; 78%. — *Thioxanthen*, a) aus Thioxanthon; 74%; b) aus Thioxanththion; 83%. — *Michlers Methan*, aus MICHLERs Thioketon; 72%. (J. chem. Soc. [London] 1952. 1343—45. April. Kairo, Ägypten, Fouad I. Univ., Fac. of Sci., Chem. Dep.) FRANCK. 3061

Irving Allan Kaye, Howard C. Klein, William J. Burlant und Irving C. Kogon, *Einige 1-[thienyl-(2)]-2-N.N-disubstituierte Aminoalkanole und ihre Methyläther.* Durch Bromierung von 2-Acetylthiophen (I) zu *2-Bromacetylthiophen* (II), Umsetzung von II mit den entsprechenden sek. Aminen u. Red. der erhaltenen Aminoketone mit Al-Isopropylat wurden *1-[Thienyl-(2)]-2-diäthylamino-*, *-2-di-n-butylamino-*, *-2-piperidino-* u. *-2-morpholinoäthanol* dargestellt, u. zwar am besten ohne Isolierung der Zwischenprodd., denn *Diäthylaminomethyl-* u. *Di-n-butylaminomethyl-[thienyl-(2)]-keton* (IV) sind sehr unbeständig, dagegen sind *Piperidinomethyl-* (III) u. *Morpholinomethyl-[thienyl-(2)]-keton* gegen O_2 u. Säure beständig. Verss. zur Darst. von 2-Piperidino-1-cyclohexyl-1-[thienyl-(2)]-äthanol aus III u. Cyclohexyl-MgBr waren vergeblich, III wurde unverändert zurückgewonnen, mit CH_3MgJ wurde außer unverändertem III eine geringe Menge eines hydroxylhaltigen Öls erhalten, aus dem aber keine reine Verb. isoliert werden konnte. — Weiterhin wurde 2-Morpholinoäthyl-[thienyl-(2)]-keton zu *1-[Thienyl-(2)]-3-morpholinopropanol* red. u. aus Thienyl-(2)-MgBr u. Dimethyldialkylaminoacetalen in bekannter Weise eine Reihe von Methyläthern der Aminoalkohole dargestellt. Die neuen Verbb. zeigten nicht die gewünschte physiol. Wirkung.

Versuche (FF. korr.): *2-Bromacetylthiophen* (II), $Kp._7$ 127—130°, durch Bromierung von I in Chlf. in Ggw. von $CaCO_3$ oder in Ae. bei Raumtemp.; n_D^{29} 1,6168, $D.^{29}_4$ 1,6657; 74—82% (Ausbeute). II verharzt beim Stehen zu einer schwarzen M., ist aber in Ae. bei 5° beständig. *Hexamethylentetraminsalz*, $C_{12}H_{17}ON_4BrS$, F. 155 bis 156° (CH_3OH). — *Di-n-butylaminomethyl-[thienyl-(2)]-keton* (IV), $C_{14}H_{23}ONS$, $Kp._4$ 140 bis 145°, durch Zutropfen von II zu Di-n-butylamin in Ae. unter $N_2 < 10°$, Stehen über Nacht bei 0—5°, Filtration, Eindampfen im Vakuum u. Dest. unter N_2; n_D^{29} 1,5221, $D.^{29}_4$ 1,0102; 75%; gab kein festes Salz. — *Piperidinomethyl-[thienyl-(2)]-keton* (III), $C_{11}H_{15}ONS$, $Kp._{0,3}$ 125—127°, aus Piperidin u. II wie vorst. u. Ausfällung mit alkoh. HBr u. Isopropanol als *Hydrobromid*, F. 255—256° (CH_3OH–Isopropanol); 67%. *Hydrochlorid*, F. 245—247° (CH_3OH–Isopropanol). — *Morpholinomethyl-[thienyl-(2)]-ketonhydrochlorid*, $C_{10}H_{13}O_2NS.HCl$, F. 236—238° (CH_3OH-Aceton), analog; 84%. — *Benzylaminomethyl-[thienyl-(2)]-ketonhydrochlorid*, $C_{13}H_{13}ONS·HCl$, F. 208—209° (CH_3OH–Isopropanol); 57%. — *1-[Thienyl-(2)]-2-di-n-butylaminoäthanol*, $C_{14}H_{25}ONS$, $Kp._4$ 155°, $Kp._2$ 125—130°. Al-Isopropylat in Toluol u. IV in Isopropanol wurden unter Entfernung des gebildeten Acetons u. Zugabe von Isopropanol zur Konstanthaltung des Vol. gekocht; nach dem Einengen im Vakuum wurde der dunkle Rückstand mit 10%ig. wss. NaOH behandelt u. mit Ae. extrahiert; n_D^{29} 1,5082, $D.^{29}_4$ 0,9861; 74%; *Oxalat*, F. 121—122° (CH_3OH–Isopropanol). *Methyläther*, $C_{15}H_{27}ONS$, $Kp._4$ 140 bis 144°; 17%. — *1-[Thienyl-(2)]-2-diäthylaminoäthanol*, $C_{10}H_{17}ONS$, $Kp._4$ 124°; 60% (bezogen auf I, da die Zwischenstufen nicht isoliert wurden); *Methojodid*, F. 154,5 bis 155,5° (Isopropanol). *Methyläther*, $Kp._{20}$ 122—123°; 18%; *Methojodid*, $C_{11}H_{19}ONS·CH_3J$, F. 116—117° (Isopropanol). — *1-[Thienyl-(2)]-2-piperidinoäthanol*, $C_{11}H_{17}ONS$, F. 81—82° (Hexan), $Kp._7$ 154—156°; 64%. *Hydrobromid*, F. 173° (Zers.; CH_3OH–Isopropanol). — *1-(Thienyl-(2)]-2-morpholinoäthanol*, $C_{10}H_{15}O_2NS$, F. 100—102° (Isopropanol–Hexan); 61%. *Hydrobromid*, F. 178° (Zers.; CH_3OH–Isopropanol). — *1-[Thienyl-(2)]-3-morpholinopropanol*, $C_{11}H_{17}O_2NS$, F. 77—77,5° (Isopropanol–Hexan), $Kp._{0,03}$ 120°; 53%. — *Methyl-1-[thienyl-(2)]-2-di-n-propylaminoäthyläther*, $C_{13}H_{23}ONS$, $Kp._{0,02}$ 65 bis 70°; 40%. *Hydrochlorid*, F. 114—115° (Aceton). (J. Amer. chem. Soc. 74. 3676—79. 20/7. 1952. Brooklyn, N. Y., Brooklyn Coll. Dep. of Chem.) SPAETH. 3071

Russell Gaertner, *Reaktionen von Thianaphthenyl-(3)-methylmagnesiumchlorid.* Es wird die Reaktionsweise von *Thianaphthenyl-(3)-methyl-MgCl* (I) mit CO_2, Chlorkohlensäureäthylester (III), Äthylenoxyd, HCHO, Benzoyldurol (IV) u. Benzophenon mit Vgl. mit *Thianaphthenyl-(2)-methyl-MgCl* (II) (vgl. C. **1952.** 6848) untersucht; im Gegensatz zu II gibt I nur mit III ausschließlich das anomale Prod., *3-Methylthianaphthoesäure-(2)* (VI), in den meisten anderen Fällen wurden Gemische des n. u. des anomalen Prod. erhalten, mit IV wie bei II nur das n. Produkt. Danach kann die früher (l. c.) angeführte Vermutung, daß die Tendenz zur anomalen GRIGNARD-Rk. ein Kriterium für den aromat. Charakter darstelle, nicht aufrechterhalten werden, denn dann müßten I u. II die beiden Arten der Reaktionsprodd. im selben Verhältnis liefern. Die Tendenz zur Umlagerung (bezogen auf die Rk. mit CO_2) nimmt ab in der Reihe *Thianaphthenyl-(2)-methyl-*, *Furfuryl-(2)-*, *Thianaphthenyl-(3)-methyl-*, *Thenyl-(2)-*, *Benzyl-*. Die geringere Tendenz zur Umlagerung von I im Vgl. mit II hängt vielleicht damit zusammen, daß die elektromere Verschiebung **a** in **A** leichter erfolgt als in **B**, da sich in **B** die Polarisationsfähigkeit **b** hemmend darauf auswirkt, nur in **A** kann nämlich **b** ohne Störung des Resonanzsyst. des ankondensierten Benzolringes wirksam werden.

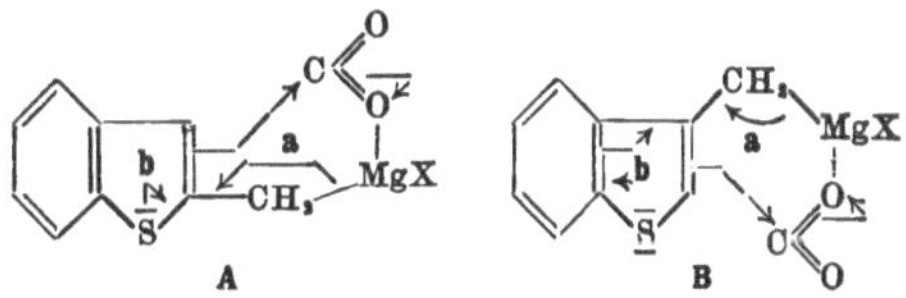

A B

Versuche (FF. korr.): *Thianaphthenyl-(3)-methyl-MgCl* (I), aus 3-[Chlormethyl]-thianaphthen (XII; F. 34—35°) im „cycl. reactor" (vgl. C. **1952.** 1815); 99% (Ausbeute); oder in n. Weise; 36%; daneben *1.2-Bis-[thianaphthenyl-(3)]-äthan* (V). Hydrolyse von I mit gesätt. NH_4Cl-Lsg. u. Eis lieferte *3-Methylthianaphthen* (VIII), $Kp._{0,3}$ 63—72°, n_D^{20} 1,6268, $D.^{20}_4$ 1,137, Mol.-Refr. 46,18; 83%; *Pikrat*, F. 122,5—123,5°. — *3-Methylthianaphthoesäure-(2)* (VI), $C_{10}H_8O_2S$, F. 244—244,5°, u. *Thianaphthenyl-(3)-essigsäure* (VII), F. 108—109° (CCl_4-Hexan), aus I u. CO_2, Extraktion mit Alkali u. Digerieren mit Aceton u. Bzl.; als unlösl. Prod. VI, aus CH_3COOH Prismen; 50%; aus der Benzolschicht VII; 16%; *Amid*, F. 172,4—174°. Als neutrales Prod. entstand V, $C_{18}H_{14}S_2$, F. 141,5—142,5°, aus Hexan Nadeln. — *2-Brom-3-methylthianaphthen* (IX), C_9H_7BrS, Kp. 114—115°, durch Zugabe von Br_2 in CCl_4 zu VIII in CCl_4 unter Kühlung, Erwärmen auf 50°, Absaugen des CCl_4 u. Rühren des Rückstandes über Nacht mit 10%ig. KOH bei 90°; n_D^{20} 1,6548, $D.^{20}_4$ 1,555, Mol.-Refr. 53,57; 92%. Die GRIGNARD-Verb. aus IX (IXa) gibt mit CO_2 VI; 41%. **IXa** reagiert nicht mit IV in Äther. — *1-Duryl-1-phenyl-2-[thianaphthenyl-(3)]-äthen*, $C_{26}H_{24}S$, F. 206—207°, aus I u. IV; nach Entfernung von etwas VIII aus Aceton–Hexan u. Aceton–Bzl. Kristalle; 20%. — *1.1-Diphenyl-2-[thianaphthenyl-(3)]-äthen*, $C_{22}H_{16}S$, F. 234—235°, aus I u. Benzophenon in Ae., Hydrolyse nach 2 std. Erwärmen, Dest. des öligen Prod. bis 150°/0,1 mm u. Aufnehmen des Rückstands in Aceton; aus Bzl.–Aceton Prismen; 19%. — Aus I u. III entstand nur VI; 43%. — Die Umsetzung von I mit gasförmigem HCHO lieferte *2-[2-Oxymethylthianaphthenyl-(3)]-äthanol* (?), $C_{11}H_{12}O_2S$, F. 141—142° (Aceton–Bzl.), unreines *2-[Thianaphthenyl-(3)]-äthanol* u. *3-Methylthianaphthenyl-(2)-carbinol*, $C_{10}H_{10}OS$, F. 90,6—91,6°; 18%; letzteres entsteht auch durch Red. von VI mit $LiAlH_4$ in Ae.; aus Hexan Prismen; 95%. — *3-Methyl-2-acetothianaphthon*, $C_{11}H_{10}OS$, F. 76,5—77,5°, durch 1 std. Erwärmen von VIII mit Acetanhydrid in Ggw. von BF_3-Ätherat auf 100°, Hydrolyse, Dest. bei 129—131°/0,5 mm, Kristallisation aus Hexan–CH_3OH u. Sublimation bei 60°/1 mm; 44% (roh). — *3-Methylthianaphthenylthioessigsäuremorpholid*, $C_{15}H_{17}ONS_2$, F. 112—113° (A.), durch 12 std. Kochen vorst. Verb. mit S u. Morpholin. — *3-Methylthianaphthenyl-(2)-essigsäure*, $C_{11}H_{10}O_2S$, F. 150,4—152° (Bzl.–Hexan), durch Hydrolyse vorst. Verb. mit alkoh. KOH; sublimiert bei 140°/0,1 mm; 57%. — *2-[3-Methylthianaphthenyl]-äthanol* (X), $C_{11}H_{12}OS$, durch Red. vorst. Säure mit $LiAlH_4$; viscoses Öl, n_D^{20} 1,6237, $D.^{20}_4$ 1,190; 89%. *Phenylurethan*, $C_{18}H_{17}O_2NS$, F. 128,6—129,6°, aus Hexan–Bzl. feine Nadeln. — *3-Propiothianaphthon*, F. 79—81°, aus 26,8 g Thianaphthen u. 19,6 g Propionylchlorid in CS_2 in Ggw. von $AlCl_3$ u. fraktionierte Kristallisation des erhaltenen Isomerengemisches aus CH_3OH–Hexan; 8,4 g. — *3-[Thianaphthenyl-(3)]-propionsäure*, $C_{11}H_{10}O_2S$, F. 147—148,5° (Bzl.), aus vorst. Keton nach WILLGERODT-KINDLER wie oben; sublimiert bei 140°/0,2 mm; 43%. — *3-[Thianaphthenyl-(3)]-propanol-(1)* (XI), $C_{11}H_{12}OS$, $Kp._{0,3}$ 139—140°, aus vorst. Säure mit $LiAlH_4$; n_D^{20} 1,6174; 83%. *Phenylurethan*, $C_{18}H_{17}O_2NS$, F. 96,5—97,5° (Bzl.–Hexan). — Aus I u. Äthylenoxyd entstand ein Gemisch von X u. XI, die als Phenylurethane durch fraktionierte Kristallisation aus Hexan getrennt wurden. — Verss. zur Synth. des als Zwischenprod. erwünschten Phenyl-[thianaphthenyl-(3)-methyl]-ketons aus Thianaphthenyl-(3)-acetylchlorid mit Bzl. in Ggw. von $AlCl_3$ oder mit C_6H_5MgBr lieferten nur nicht getrennte Gemische. — Nach 1 std. Erwärmen von XII in Dioxan mit $SnCl_2$

in konz. HCl auf 70° wurde VIII erhalten; 59%; daneben entstand wahrscheinlich *3-Methyl-2-[thianaphthenyl-(3)-methyl]-thianaphthen*, $C_{18}H_{14}S_2$, F. 121—122° (Hexan). — Bei Verss. zur Verbesserung der Ausbeute an VII bei der Darst. aus XII mit NaCN in Aceton (Erwärmen über Nacht) wurde nach Hydrolyse mit alkoh. Alkali nur *Äthyl-[thianaphthenyl-(3)-methyl]-äther*, $C_{11}H_{12}OS$, $Kp._{0,5}$ 104—105°, erhalten; n_D^{20} 1,5921, $D.^{20}_4$ 1,135, Mol.-Refr. 57,25; 59%. Dagegen ergab 4std. Kochen von XII mit gepulvertem KCN u. 1%ig. NaJ-Lsg. in Aceton, nachfolgendes Erhitzen unter Rühren mit W. u. Alkalihydrolyse 72% VII. — Beim Vers. der Umsetzung von IXa in Ae. (noch unverändertes Mg enthaltend) mit Duryl-o-methoxyphenylketon (XIII) in Bzl. entstand *2.2'-Diduroylbiphenyl*, $C_{34}H_{34}O_2$, F. 257—258,6° (Bzl.), das sich auch aus Diphenoylchlorid (aus Diphensäure mit $SOCl_2$) u. Durol in CS_2 in Ggw. von $AlCl_3$ (66%) u. aus XIII mit $HgBr_2$ u. Mg-Pulver in Ae. + Bzl. bildet; im letzten Falle entstand daneben *9.10-Diduryl-9.10-dihydro-10-oxy-1-methoxyphenanthren*, $C_{35}H_{38}O_2$, F. 256—263° (Zers.), aus Aceton-Bzl. Platten. (J. Amer. chem. Soc. **74**. 2185—88. 5/5. 1952. Eugene, Oreg., Univ., Dep. of Chem.) SPAETH. 3071

J. Tabone, N. Mamounas und D. Robert, *Kynurenin als Vorstufe des o-Aminoacetophenons bei der Zersetzung des Tryptophans mit verdünnten Alkalien.* Wird eine soda-alkal. *Tryptophan* (I)-Lsg. bei 37° gehalten, so läßt sich nach 48 Std. eine Substanz nachweisen, die Vff. durch Chromatographie an Hydrocellulose bzw. papierchromatograph. als *Kynurenin* (II) identifizieren. Für die Zers. von I in verd. alkal. Lsgg. nehmen Vff. folgenden Abbauweg an: I → II → o-Aminoacetophenon → Anthranilsäure. (Bull. Soc. Chim. biol. **33**. 1560—63. 1951. Inst. Pasteur.) NEHRING. 3081

M. M. Fraser und R. A. Raphael, *Die Synthese des Histamins aus Butin-(2)-diol-(1.4).* *Butin-(2)-diol-(1.4)* (I) wird mit $SOCl_2$ in *1.4-Dichlorbutin-(2)* (II) übergeführt, das mit Phthalimid-K die entsprechende *Diphthalimidoverb.* (III) ergibt, die in Ggw. von $HgSO_4$ in 90%ig. Essigsäure glatt W. zu *1.4-Diphthalimidobutanon-(2)* anlagert. Dessen Hydrolyse ergibt *1.4-Diaminobutanon-(2)*, das mit KSCN zu *2-Mercaptohistamin* kondensiert wird. Durch dessen Oxydation mit $FeCl_3$ u. Zugabe von Pikrinsäure wird das *Dipikrat* des *Histamins* erhalten.

V e r s u c h e: *1.4-Dichlorbutin-(2)* (II), aus I u. 2,4 Mol $SOCl_2$. In geringer Menge entsteht *4-Chlorbutin-(2)-ol-(1)*, C_4H_5OCl, $Kp._{12}$ 87—88°, n_D^{19} 1,5007; *Phenylurethan*, $C_{11}H_{10}O_2NCl$, Nadeln aus PAe., F. 77—78°. — *1.4-Diphthalimidobutin-(2)* (III), $C_{20}H_{12}O_4N_2$, durch Zugabe von II zur Lsg. von Phthalimid-K in $HCONH_2$ u. 7std. Erhitzen auf Wasserbad, schwach gelbe Prismen aus Essigsäure, F. 281—282°; 91%. — *1.4-Diphthalimidobutanon-(2)*, $C_{20}H_{14}O_5N_2$, durch 4std. Erhitzen von 3 g III in 90%ig. Essigsäure in Ggw. von 0,75 g Hg-Acetat + 0,5 cm³ H_2SO_4, Platten aus Essigsäure, F. 248 bis 249°; 92%. *Oxim*, $C_{20}H_{15}O_5N_3$, Nadeln aus A., F. 225—226°. — *1.4-Diaminobutanon-(2)-dihydrochlorid*, durch 36std. Erhitzen von vorst. Verb. mit Eisessig-konz. HCl (1 : 1), Abfiltrieren der Phthalsäure u. Versetzen des eingeengten Filtrats mit A., Platten, F. 217° (Zers.); 83%. — *2-Mercaptohistaminhydrochlorid*, durch Eindampfen von 3,1 g vorst. Verb. u. 1,85 g KSCN in 15 cm³ W. u. anschließendes 1std. Erhitzen auf dem Wasserbad, Nadeln, F. 244—245°; 90%. — *Histamindipikrat*, durch 1std. Erhitzen von 0,155 g vorst. Verb. u. 1,39 g $FeCl_3 \cdot 6\,H_2O$ in 10 cm³ W. u. Versetzen der mit Na_2CO_3 neutralisierten Lsg. mit Pikrinsäurelsg., gelbe prismat. Platten aus wss. A., F. 234—235° (Zers.); 80%. *Histamindihydrochlorid*, Nadeln aus CH_3OH-Ae., F. 238 bis 239°. (J. chem. Soc. [London] **1952**. 226—28. Jan. Glasgow, Univ.)
K. F. MÜLLER. 3122

Irving Allan Kaye und Chester L. Parris, *Acylierte 2-Iminothiazoline.* 2-Acetamidothiazol (VIII) liefert bei der Alkylierung mit Benzylchlorid in Ggw. von $LiNH_2$ an Stelle des erwarteten N-Benzyl-N-[thiazolyl-(2)]-acetamids *2-Acetylimino-3-benzylthiazolin* (II), das auch bei der Acetylierung von 2-Imino-3-benzylthiazolin (III) entsteht. In Abwesenheit von $LiNH_2$ wurden überhaupt keine isolierbaren Prodd. gebildet. Vff. halten es daher für möglich, daß den *Acylderivv. des 2-Benzylaminothiazols* (I) nicht die Struktur von N-Benzyl-N-[thiazolyl-(2)]-amiden, sondern von *2-Benzylimino-3-acylthiazolinen* zukommt; der Vers., dieses für das *Acetyl-* (Ia) u. *Benzoylderiv.* (Ib) von I zu beweisen, schlug fehl, da Ia u. Ib bei der Red. mit $LiAlH_4$ Acylspaltung zu I erleiden, auch II verliert bei dieser Behandlung die Acetylgruppe, während 2-Benzoylimino-3-benzylthiazolin (V) zu *2-Benzylimino-3-benzylthiazolin* red. wird. — Bei der Rk. von Dimethylchloracetal (IV) mit N-Benzyl-N'-acetylthioharnstoff (VI) entsteht III durch Hydrolyse des zunächst gebildeten II. Bei der analogen Rk. mit N-Benzyl-N'-benzoylthioharnstoff (VIa) wird die Benzoylgruppe nicht abgespalten u. es entsteht V. Demnach scheinen also die Acylthioharnstoffe in der tautomeren Isoform zu reagieren.

V e r s u c h e (FF. korr.): *2-Benzamidothiazol* (VII; F. 150,5—151°, aus Isopropanol), *2-Acetamidothiazol* (VIII; F. 205—206°, aus A.) u. *N-Benzyl-N'-acetylthioharn-*

stoff (VI; F. 127,5—129,5°, aus Isopropanol) wurden nach bekannten Verff. dargestellt. — *Acetylderiv.* (Ia) von *2-Benzylaminothiazol* (I), $C_{12}H_{12}ON_2S$, F. 71,5—72,5° (wss. CH_3OH), durch 3std. Kochen von I mit Acetanhydrid u. Eingießen in Eiswasser 97% (Ausbeute). — *Benzoylderiv.* (Ib) von I, $C_{17}H_{14}ON_2S$, F. 126,5—127° (Isopropanol), durch Zugabe von Benzoylchlorid zur Lsg. von I in Pyridin u. Ae. bei 1—3°, 10 Min. Kochen u. Eingießen in Eiswasser; 56%. — *2-Benzoylimino-3-benzylthiazolin* (V), F. 100—101° (A.), a) durch 54std. Erwärmen von IV mit VIa in W. auf dem Dampfbad; 58%; b) durch Benzoylierung von II; 68%. — *2-Imino-3-benzylthiazolin* (III)-*Hydrochlorid*, F. 181,5—183°, aus IV u. VI in W. während 24 Std. auf dem Dampfbad; 53%. — *2-Acetylimino-3-benzylthiazolin* (II), $C_{12}H_{12}ON_2S$, F. 101,5—102° (Isopropanol), a) durch 7std. Kochen von VIII mit $LiNH_2$ in Xylol, 17std. Kochen nach Zugabe von $C_6H_5CH_2Cl$, Filtration, Extraktion mit verd. HCl u. Ausfällung aus der sauren Lsg. mit verd. NaOH; 39%; b) durch tropfenweise Zugabe von wss. NaOH zu III·HCl in Acetanhydrid, Ae. u. W. bei 10°; 90%. — I (F. 127—129°) entsteht bei der Behandlung von VII, Ia u. Ib mit $LiAlH_4$; 85, 75 bzw. 75%. — *2-Äthylaminothiazol*, F. 52,5—53,5° (Hexan), durch $LiAlH_4$-Red. von VIII; 77%. *Pikrat*, F. 182,5—183,5° (Aceton). — *2-Benzylimino-3-benzylthiazolin*, F. 220—220,5° (A.), durch $LiAlH_4$-Red. von V; 81%. Dagegen lieferte II bei der Red. III; 42%. (J. org. Chemistry 17. 737—41. Mai 1952. Brooklyn, N. Y., Brooklyn Coll., Dep. of Chem.) SPAETH. 3142

J. Schmutz, R. Hirt und H. Lauener, *Synthese von 2-Carbonylchromonen.* 3. Mitt. (2. vgl. C. 1952. 217.) Im Zusammenhang mit *Khellin*, einem *2-Methyl-5.8-dimethoxyfuranochromon* von coronarspasmolyt. Wrkg., wurden 2-Carbonylchromone dargestellt. Ausgehend von 2-Alkylchromonen, deren aktivierte Methylen- oder Methylgruppe entweder direkt oder über ihre Kondensationsprodd. oxydiert wurde, gelang ihre Darst. auf 3 verschied. Wegen: 1. durch direkte Oxydation mit SeO_2 oder CrO_3; 2. durch Spalten der Nitrone bzw. Anile; 3. durch Spalten der Isonitroverbindungen. — Nur der *Chromon-2-aldehyd* (I) u. das *2-Benzoylchromon* (II) zeigten eine coronardilatator. Wrkg. am isolierten Kaninchenherzen.

Versuche (FF. im KOFLER-Block, korr.): Die nachst. beschriebenen 2-Alkylchromone wurden durch Kondensation von o-Oxyacetophenon mit Propionsäureester u. NaH in Pyridin dargestellt. — *2-n-Propylchromon* (III), $C_{12}H_{12}O_2$, Kp.$_1$ 120—123° hellgelbes Öl. *$HgCl_2$-Anlagerungsverb.*: F. 95°; aus Ae. Nadeln. — *2-n-Butylchromon* (IV) $C_{13}H_{14}O_2$, Kp.$_{1,2}$ 126—129°; hellgelbes Öl. — *2-[2-'Methylpropyl]-chromon* (V), $C_{13}H_{14}O_2$, Kp. 123—126°; halbkristalline M., gegebenenfalls uneinheitlich. — *2-Benzylchromon* (VI), $C_{16}H_{12}O_2$, F. 86—87° (aus Diisopropyläther). — *7-Methoxy-2-benzylchromon* (VII) $C_{17}H_{14}O_3$, F. 190—191°; aus Bzl./PAe. Nadeln. — *2-[4'-Methoxybenzyl]-chromon* (VIII), F. 128—129° (A.). — *2-[3'.4'-Methylendioxybenzyl]-chromon* (IX), $C_{17}H_{12}O_4$, F. 131°, aus A. Nadeln. — *2-Methylchromonpyridiniumjodid* (X), $C_{15}H_{12}O_2NJ$, F. 222—223° (Zers.), a) durch 10std. Stehenlassen einer Lsg. von 2,72 g 2-Jodmethylchromon in 30 cm³ Aceton u. Pyridin; orangegelbe Kristalle aus Methanol/Ae.; 3,25 g (Ausbeute); b) durch Zugabe von Jod zu einer Lsg. von *2-Methylchromon* (XI) in Pyridin u. 30 Min Erwärmen auf 100°; gelbe Nadeln aus Methanol; 88%. — *Chromyl-(2)-N-[p-dimethylaminophenyl]-nitron* (XII), $C_{18}H_{16}O_3N_2$, F. 203—204°; a) aus 0,5 cm³ 30%ig. wss. NaOH u. einer gd. Lsg. von 8 g XI u. 7,65 g p-Nitrosodimethylanilin in 90 cm³ A.; 3 Std. bei 20° stehenlassen, dann stark kühlen, ziegelrote Nädelchen aus Dioxan; 1,4 g; b) 7,3 g X in 40 cm³ W. u. 30 cm³ A. lösen, nach Abkühlen mit 3 g p-Nitrosodimethylanilin in 250 cm³ A. versetzen u. auf —5° abkühlen, 20 cm³ 1nNaOH hinzufügen, nach 30 Min. Nd. durch Zugabe von eiskaltem W.; 7,9 g. — *Chromon-2-aldehyd* (I), $C_{10}H_6O_3$, F. 162 bis 163°, durch Erwärmen von 7,9 g XII mit 80 cm³ verd. HCl auf dem Wasserbad Abstumpfen der Säure mit NH_3 u. Ausschütteln des Aldehyds mit Chlf.; Rückstand aus Chlf. in Bzl. aufnehmen u. mit PAe. ausfällen; 3,8 g. *Aldoxim* (XIII), $C_{10}H_7O_3N$, F. 162—163°; aus A. feine Nädelchen. *Phenylhydrazon* (XIV), $C_{16}H_{12}O_2N_2$, F. 218 bis 219°; gelbe Kristalle aus Alkohol. — *2-Cyanchromon* (XV), $C_{10}H_5O_2N$, F. 129—131° durch 3½std. Kochen am Rückfluß von 1,5 g XIII in 20 cm³ Acetanhydrid; Prismen aus Methanol; 1 g. — *Chromon-2-carbonsäure* (XVI), F. 259—262° (Zers.), a) durch Oxydat. von I mit CrO_3 in Eisessig in der Kälte; b) durch 1std. Erhitzen von XV mit 84%ig. H_2SO_4 auf 100° (Ölbad) u. Verdünnen mit W.; Nadeln; c) durch 5std. Erhitzen von 4,8 g XI mit SeO_2 in Dioxan-W.; 820 mg. Allg. werden die Alkylchromone bei den Oxydationen mit SeO_2 in 3%ig. wss. Dioxan am Rückfluß gekocht, Filtrat wird verdampft, Rückstand in Chlf. aufgenommen u. mit $NaHCO_3$ extrahiert. Nach dem Ansäuern der $NaHCO_3$Lsg. werden saure Oxydationsprodd. ausgeschieden, neutrale befinden sich im Chloroformrückstand. — *3-Methylchromon-2-carbonsäure*, F. 234 bis 236°, als saurer Anteil bei der SeO_2-Oxydation von 9,57 g 2.3-Dimethylchromon;

190 mg. — Aus dem Chloroformrückstand von SeO_2-Oxydationen wurden nachst. Verbb. gewonnen: *3-Methylchromon-2-aldehyd*, $C_{11}H_8O_3$, Kp.₁ 125—129°, F. 145°, Nadeln aus Methanol; 900 mg; gibt bei Oxydation mit CrO_3 in Eisessig vorst. Säure. *Aldoxim*, $C_{11}H_9O_3N$, F. 183—184°, Kristalle aus wss. Methanol. — *2-Acetylchromon*, $C_{11}H_8O_3$, $Kp._3$ 153—156°, F. 135—137°, aus 43,5 g 2-Äthylchromon in 6 Std., gelbliche Nadeln aus Bzl./PAe.; 7,9 g (daneben als saurer Anteil 1,8 g **XVI**). *Monoxim*, $C_{11}H_9O_3N$, F. 278—279°, aus A. Nadeln. — *Chromon-2-äthylketon*, $C_{12}H_{10}O_3$, $Kp._3$ 156—160° F. 104—105°; aus 28,2 g **III** in 6 Std., gelbe Prismen aus Bzl./PAe.; 2,4 g (daneben als saurer Anteil 650 mg **XVI**). *Monoxim*, $C_{12}H_{11}O_3N$, F. 231—233°, aus A. Nadeln. — *Chromon-2-n-propylketon*, $C_{13}H_{12}O_3$, $Kp._1$ 138—145°, F. 107°, aus 30,3 g **IV** in 11 Std., Kristalle aus Bzl./PAe.; 2,8 g. *Monoxim*, $C_{13}H_{13}O_3N$, F. 216°. — *Chromon-2-isopropylketon*, $Kp._1$ 130—145°, F. 71—72°, aus 20,2 g **V** in 45 Std., Kristalle aus Bzl./PAe.; 4,8 g. *Monoxim*, F. 133—134°, Nadeln aus wss. Methanol. — *2-Benzoylchromon* (**II**), $C_{16}H_{10}O_3$, $Kp._1$ 160—180°, F. 93—94°, a) aus 33,1 g **VI** in 8 Std., Nadeln aus Methanol; 18 g; b) aus 35,4 **VI** in Acetanhydrid in 8 Std.; 12 g; c) 14,2 g **VI** u. 8 g CrO_3 in Eisessig 2 Min. am Rückfluß kochen u. 1 Std. bei 90° halten. Rückstand aus Eisessig in Methanol/Chlf. lösen u. Reinig. mit $NaHCO_3$; 4,9 g; d) durch 10 Min. Erwärmen von 22 g **XVII** in 60 cm³ W. mit 40 cm³ konz. HCl, 15,2 g; e) durch 3std. Erhitzen auf 120° (Ölbad) von 8,7 g **XVIII** in 60 cm³ 65%ig. H_2SO_4; 6,9 g. *Monoxim*, $C_{16}H_{11}O_3N$, F. 222—223°, aus A. Nadeln. *Phenylhydrazon*, $C_{22}H_{16}O_2N_2$, F. 172—173°, gelbe Nadeln aus Methanol. — *2-Benzylchromon-p-dimethylaminoanil* (**XVII**), $C_{24}H_{20}O_2N_2$, F. 164—166°, durch Zugabe von Piperidin zu einer Lsg. von **VI** u. p-Nitrosodimethylanilin in A. u. 10std. Stehenlassen bei 0°; ziegelrote Kristalle aus Bzl./PAe.; 61,4%. — *Isonitroso-2-benzylchromon* (**XVIII**), $C_{16}H_{11}O_3N$, F. 220—221°, durch Einleiten von HCl in eine turbinierte Lsg. von **VI** in Bzl. u. Ae., 15 Min. Isoamylnitrit zutropfen, weitere 20 Min. HCl einleiten u. 2 Std. bei 20° stehenlassen; aus A. Nadeln; 88,5%. — Analog folgende *Isonitroso-2-benzylchromone*: *4'-Methoxy-* (**XIX**), $C_{17}H_{13}O_4N$, F. 252—254°; aus **VIII**, Nadeln aus Eisessig–W.; 93%. *7-Methoxy-* (**XX**), $C_{17}H_{13}O_4N$, F. 253—254°, aus **VII**, Prismen aus Eisessig–W.; 90%. — *3'.4'-Methylendioxy-* (**XXI**), $C_{17}H_{11}O_5N$, F. 223 bis 225°, aus **IX**, Nadeln aus Eisessig–W.; 89,1%. — Folgende *N-[p-Dimethylaminophenyl]-nitrone* wurden analog Verb. **XVII** dargestellt: *2-Chromyl-4'-methoxyphenyl-* (**XXII**), $C_{25}H_{22}O_4N_2$, F. 188—190°, aus **VIII** u. p-Nitrosodimethylanilin, orangefarbene Platten aus Aceton. — *7-Methoxy-2-chromylphenyl-* (**XXIII**), $C_{25}H_{22}O_4N_2$, F. 205—207°, aus **VII**, orangegelbe Kristalle aus Aceton; 85%. — *2-Chromyl-3'.4'-methylendioxyphenyl-* (**XXIV**), $C_{25}H_{20}O_5N_2$, FF. 128—131° u. 181—182°; aus **IX** orangerote Nadeln aus Aceton/Methanol; 78,1%. — *4'-Methoxy-2-benzoylchromon*, $C_{17}H_{12}O_4$, F. 99—100°, a) aus 8,1 g **XIX** mit 65%ig. H_2SO_4 analog **II**, e); 5,4 g; b) aus 11,6 g **XXII** mit HCl analog **II**, d) Nadeln aus Methanol; 8,1 g. *Monoxim*, F. 250—252°, Nadeln aus Eisessig-Wasser. *Phenylhydrazon*, $C_{23}H_{18}O_3N_2$, F. 179—180°, gelbe Kristalle. — *7-Methoxy-2-benzoylchromon*, F. 118—120°, a) aus 2,4 g **XX** analog **II**, e); 1,9 g; b) aus 5,8 g **XXIII** analog **II**, d) Nadeln aus Methanol; 4,25 g. *Monoxim*, F. 251—253°, Prismen aus Eisessig–Wasser. *Phenylhydrazon*, F. 173—174°, gelbe Kristalle aus Methanol. — *3'.4'-Methylendioxy-2-benzoylchromon*, $C_{17}H_{10}O_5$, F. 152—154°, aus 5,8 g **XXIV** analog **II** d); Prismen aus A.; 4,15 g. (Helv. chim. Acta **35**. 1168—78. 16/6. 1952. Bern, Dr. A. Wendler AG., Wissenschaftl. Abtlg.) Franck. 3211

E. Tagmann, E. Sury und **K. Hoffmann**, *Über Alkylenimin-Derivate*. 1. Mitt. *Über in 3-Stellung basisch substituierte Pyrrolidin-, Piperidin- und Hexamethyleniminderivate*. Durch Michael-Kondensation von Acrylsäuremethylester (I) bzw. Acrylonitril (II) mit bas. substituierten Acetonitrilen R_1RCHCN mit beweglichem H-Atom in α-Stellung entstehen die entsprechenden *Nitrilester* $H_3COOCCH_2CH_2C(R_1R)CN$ bzw. *Glutarsäuredinitrile* $NCCH_2CH_2C(R_1R)CN$, die nach Verseifung zu den *Nitrilcarbonsäuren* $HOOC\cdot CH_2CH_2C(R_1R)CN$ — die Dinitrile auch direkt — mit elektrophilen Reagentien zu 3.3-disubstiruierten *2.6-Dioxopiperidinen* (*Glutarsäureimiden*) ringgeschlossen werden können. Das so durch Verseifung u. nachfolgenden Ringschluß aus γ-Phenyl-γ-cyan-γ-[β'-diäthylaminoäthyl]-buttersäuremethylester (III) erhaltene *3-Phenyl-3-[β-diäthylaminoäthyl]-2.6-dioxopiperidin* (IV) gab durch Red. mit $LiAlH_4$ *3-Phenyl-3-[β-diäthylaminoäthyl]-piperidin*, das andererseits aus III durch hydrierenden Ringschluß zu *5-Phenyl-5-[β-diäthylaminoäthyl]-piperidon-(2)* u. Red. erhältlich war; auch die beiden mit CH_2O u. HCOOH hergestellten *N-Methylderivv.* waren identisch. — Die Synth. ließ sich auch auf 5- u. 7-gliedrige Ringe ausdehnen. Von den dargestellten Verbb. besitzt das leicht wasserlösl. Hydrochlorid von IV eine starke u. spezif. parasympathicolyt. Wirkung.

Versuche: Bas. substituierte Acetonitrile R_1RCHCN, aus den Acetonitrilen RCH_2CN in absol. Ae. mit $NaNH_2$ unter N_2 durch Zutropfen der entsprechenden

Chloralkyldialkylamine (Innentemp. nicht über 30—35°), 1 std. Kochen nach beendeter Rk., Zers. mit W. u. Aufarbeitung der äther. Lsg.: *Phenyl-[β-dimethylaminoäthyl]-*, $Kp._{0,35}$ 109—115°. — *Phenyl-[β-diäthylaminoäthyl]-*, $Kp._{0,3}$ 118—130°. — *Phenyl-[γ-diäthylaminopropyl]-*, $Kp._{0,15}$ 121—125°. — *Phenyl-[β-methyl-β-dimethylaminoäthyl]-*, $Kp._{0,3}$ 109—111°. — *Phenyl-[γ-piperidinopropyl]-*, $Kp._{0,3}$ 146—151°. — *Phenyl-[β-(N-methyl-N-cycloheptyl)-aminoäthyl]-*, $Kp._{0,3}$ 147—151°. — *m-Methoxyphenyl-[β-dimethylaminoäthyl]-*, $Kp._{0,9}$ 137—142°. — *m-Methoxyphenyl-[β-diäthylaminoäthyl]-*, $Kp._{0,9}$ 144—152°. — *p-Chlorphenyl-[β-diäthylaminoäthyl]-*, $Kp._{0,4}$ 130—134°. — *α-Naphthyl-[β-diäthylaminoäthyl]-*, $Kp._{0,15}$ 156—160°. — *α-Thienyl-[β-diäthylaminoäthyl]-*, $Kp._{0,3}$ 95—106°. — *Pyridyl-(3)-[β-dimethylaminoäthyl]-*, $Kp._{0,15}$ 112—116°, aus Pyridyl-(3)-acetonitril u. β-Chloräthyldimethylamin in Ggw. von $NaNH_2$ in Bzl. bei 70 bis 80°. — γ.γ-Disubstituierte γ-Cyanbuttersäuremethylester, aus den vorst. Acetonitrilen in Dioxan + Triton B in tert.-Butanol durch Zutropfen von I bei 75—90°, 1 std. weiteres Erwärmen, Verdünnen mit W. u. Ae.-Extraktion: *γ-Phenyl-γ-[β'-dimethylaminoäthyl]-*, $Kp._{0,45}$ 147—148°. — *γ-Phenyl-γ-[β'-diäthylaminoäthyl]-* (III), $Kp._{0,5}$ 160—178°. — *γ-Phenyl-γ-[γ'-piperidinopropyl]-*, $Kp._{0,5}$ 181—182°. — *γ-[m-Methoxyphenyl]-γ-[β'-dimethylaminoäthyl]-*, $Kp._{0,7}$ 165—168°. — *γ-[m-Methoxyphenyl]-γ-[β'-diäthylaminoäthyl]-*, $Kp._{0,7}$ 168—175°. — *γ-[p-Chlorphenyl]-γ-[β'-diäthylaminoäthyl]-*, $Kp._{0,7}$ 187—190°. — α.α-Disubstituierte Glutarsäuredinitrile, wie vorst. mit II: *α-Phenyl-α-[γ'-diäthylaminopropyl]-*, $Kp._{0,3}$ 158—164°. — *α-Phenyl-α-[β'-methyl-β'-dimethylaminoäthyl]-*, $Kp._{0,3}$ 160—162°. — *α-Phenyl-α-[β'-(N-methyl-N-cycloheptyl)-aminoäthyl]-*, $Kp._{0,15}$ 187—192°. — *α-[α'-Naphthyl]-α-[β'-diäthylaminoäthyl]-*, $Kp._{0,15}$ 192—199°. — *α-[α'-Thienyl]-α-[β'-diäthylaminoäthyl]-*, $Kp._{0,3}$ 160—163°. — *α-[Pyridyl-(3)]-α-[β'-dimethylaminoäthyl]-*, $Kp._{0,18}$ 174—183°. — Die Verseifung der Estergruppe der Nitrilcarbonsäureester wurde entweder durch 1 std. Kochen mit methanol. KOH oder durch 3—4 std. Kochen mit Eisessig u. konz. HCl durchgeführt; die Dinitrile wurden, soweit sie nicht direkt cyclisiert wurden, durch Kochen mit Eisessig u. konz. HCl zu den Nitrilcarbonsäuren verseift. Der Ringschluß zu den 2.6-Dioxopiperidinen erfolgte mit Eisessig oder Acetanhydrid u. gegebenenfalls H_2SO_4 a) aus den rohen Nitrilcarbonsäuren u. b) aus den Dinitrilen unter den jeweils angegebenen Bedingungen; zur Aufarbeitung wurde auf Eis gegossen, mit Alkali auf p_H 8—9 eingestellt u. mit Essigester oder Chlf. extrahiert; die Jodmethylate wurden in üblicher Weise mit CH_3J dargestellt: *3-Phenyl-3-[β-dimethylaminoäthyl]-2.6-dioxopiperidin*, $C_{15}H_{20}O_2N_2$, F. 138—140° (Essigester–Ligroin), nach a) in CH_3COOH–Acetanhydrid (1 : 1) mit H_2SO_4 während 10 Min. bei 100°. *Hydrochlorid*, $C_{15}H_{21}O_2N_2Cl$, F. 220—225° (CH_3OH–Essigester). *Jodmethylat*, $C_{16}H_{23}O_2N_2J$, F. 217—220° (Methanol–Essigester). — *3-Phenyl-3-[β-diäthylaminoäthyl]-2.6-dioxopiperidin* (IV), $C_{17}H_{24}O_2N_2$, F. 118—120° (Essigester–Ligroin), nach a) in Acetanhydrid während 120 Min. unter Rückfluß. *Hydrochlorid*, $C_{17}H_{25}O_2N_2Cl$, F. 172—175° (CH_3OH–Essigester). *Jodmethylat*, $C_{18}H_{27}O_2N_2J$, F. 200 bis 202° (CH_3OH–Essigester). — *3-Phenyl-3-[γ-diäthylaminopropyl]-2.6-dioxopiperidin*, $Kp._{0,2}$ 198—205°, nach b) mit $CH_3COOH + H_2SO_4$ während 10 Min. bei 120—130°. *Hydrochlorid*, $C_{18}H_{27}O_2N_2Cl$, F. 187—190° (Aceton–Essigester). — *3-Phenyl-3-[β-methyl-β-dimethylaminoäthyl]-2.6-dioxopiperidin*, $C_{16}H_{22}O_2N_2$, F. 170—172° (Essigester–Ligroin); nach a) in CH_3COOH mit H_2SO_4 während 5 Min. bei 100°. *Hydrochlorid*, $C_{16}H_{23}O_2N_2Cl$, F. 245—249° (Aceton–Essigester). — *3-Phenyl-3-[γ-piperidinopropyl]-2.6-dioxopiperidin*, $C_{19}H_{26}O_2N_2$, $Kp._{0,2}$ 198—204°, nach a) in CH_3COOH + Acetanhydrid (1 : 1) mit H_2SO_4 während 10 Min. bei 110—120°. *Hydrochlorid*, F. 110—113° (CH_3OH–Essigester). — *3-Phenyl-3-[β-(N-methyl-N-cycloheptyl)-aminoäthyl]-2.6-dioxopiperidin*, $C_{21}H_{30}O_2N_2$, F. 97—98° (Aceton–Isopropyläther), nach a) mit Acetanhydrid während 360 Min. unter Rückfluß. *Hydrochlorid*, $C_{21}H_{31}O_2N_2Cl$, F. 231—237° (CH_3OH–Essigester). — *3-[m-Methoxyphenyl]-3-[β-dimethylaminoäthyl]-2.6-dioxopiperidin*, $C_{16}H_{22}O_3N_2$, F. 158—160° (Essigester), nach a) in CH_3COOH mit H_2SO_4 während 30 Min. bei 100°. *Hydrochlorid*, $C_{16}H_{23}O_3N_2Cl$, F. 212—214° (CH_3OH–Essigester). — *3-[m-Methoxyphenyl]-3-[β-diäthylaminoäthyl]-2.6-dioxopiperidin*, F. 118—120° (Essigester–Ligroin), $Kp._{0,1}$ 198—204°, nach a) in CH_3COOH mit H_2SO_4 während 10 Min. bei 100—110°. *Hydrochlorid*, $C_{18}H_{27}$·O_3N_2Cl, F. 188—190° (CH_3OH–Essigester). — *3-[p-Chlorphenyl]-3-[β-diäthylaminoäthyl]-2.6-dioxopiperidin*, $C_{17}H_{23}O_2N_2Cl$, F. 136—141° (Essigester–Ligroin), nach a) in CH_3COOH mit H_2SO_4 während 10 Min. bei 110—120°. *Hydrochlorid*, $C_{17}H_{24}O_2N_2Cl_2$, F. 187—189° (CH_3OH–Essigester). — *3-[α-Naphthyl]-3-[β-diäthylaminoäthyl]-2.6-dioxopiperidin*, $C_{21}H_{26}O_2N_2$, F. 164—164,5°, nach b) in CH_3COOH mit konz. HCl während 360 Min. unter Rückfluß. *Hydrochlorid*, $C_{21}H_{27}O_2N_2Cl$, F. 232—234° (CH_3OH–Essigester). — *3-[α-Thienyl]-3-[β-diäthylaminoäthyl]-2.6-dioxopiperidin*, $C_{15}H_{22}O_2N_2S$, F. 116 bis 123° (Aceton–Isopropyläther), $Kp._{0,1}$ 182—190°, nach a) mit Acetanhydrid während 720 Min. unter Rückfluß. *Hydrochlorid*, $C_{15}H_{23}O_2N_2ClS$, F. 149—151° (Aceton–Essigester). — *3-[Pyridyl-(3)]-3-[β-dimethylaminoäthyl]-2.6-dioxopiperidin*, $C_{14}H_{19}O_2N_3$, F. 105 bis 107° (Essigester), Kp.$_{0,1}$ 195—200°, nach b) in CH_3COOH mit H_2SO_4 während 10 Min. bei 125—130°. *Dihydrochlorid*, F. 150—156° (CH_3OH–Essigester). — *5-Phenyl-5-[β-diäthylaminoäthyl]-piperidon-(2)*, Kp.$_{0,3}$ 202—206°, durch Hydrierung von III in absol. A. in Ggw. von RANEY-Ni u. NH_3 bei 40—45° u. einem H_2-Anfangsdruck von 60 at während 15 Stunden. — *3-Phenyl-3-[β-diäthylaminoäthyl]-piperidin*, $C_{17}H_{28}N_2$, Kp.$_{0,3}$ 130—136°, a) durch Red. vorst. Verb. mit $LiAlH_4$ in Ae. (4 Std. Rückfluß); b) aus IV mit $LiAlH_4$ in Ae. in einer SOXHLET-App. (12 Std.). *Dipikrat*, $C_{17}H_{28}N_2 \cdot 2\,C_6H_3O_7N_3$, F. 184—188° (Aceton–Essigester). — *1-Methyl-3-phenyl-3-[β-diäthylaminoäthyl]-piperidin*, Kp.$_{0,18}$ 113 bis 118°, aus vorst. Verb. durch 3std. Erwärmen mit 98%ig. HCOOH u. 40%ig. HCHO. *Dihydrochlorid*, $C_{18}H_{30}N_2 \cdot 2\,HCl$, F. 218—222° ($CH_3OH$–Essigester). — *β.β*-Disubstituierte β-Cyanpropionsäureäthylester, aus den bas. substituierten Acetonitrilen in Toluol mit $NaNH_2$ (4—5 Std. Kochen) u. dann Zutropfen von Bromessigsäureäthylester bei —5 bis 0°, Rühren über Nacht bei Zimmertemp. u. während 1 Std. bei 110—120°, Zutropfen von W. nach dem Erkalten, Zugabe von Ae. u. Aufarbeitung der äther. Schicht: *β-Phenyl-β-[β'-diäthylaminoäthyl]-*, Kp.$_{0,08}$ 155—158°. — *β-Phenyl-β-[γ'-diäthylaminopropyl]-*, Kp.$_{0,08}$ 162—168°. — *β-Phenyl-β-[γ'-piperidinopropyl]-*, Kp.$_{0,06}$ 180—190°. — *β-[α'-Naphthyl]-β-[β'-diäthylaminoäthyl]-*, Kp.$_{0,2}$ 189 bis 195°. — *α-Phenyl-α-[β'-diäthylaminoäthyl]-adipinsäuredinitril*, Kp.$_{0,15}$ 190—205°, wie vorst. mit γ-Chlorbutyronitril. — Durch Cyclisierung vorst. Nitrilester bzw. des Dinitrils wurden erhalten: *3-Phenyl-3-[β-diäthylaminoäthyl]-2.5-dioxopyrrolidin*, $C_{16}H_{22} \cdot O_2N_2$, F. 89—90° (Essigester–PAe.), Kp.$_{0,3}$ 215—221°, in CH_3COOH mit H_2SO_4 während 15—20 Min. bei 110—120°. *Hydrochlorid*, hygroskop. Öl. — *3-Phenyl-3-[γ-diäthylaminopropyl]-2.5-dioxopyrrolidin*, $C_{17}H_{24}O_2N_2$, Kp.$_{0,05}$ 213—218°, in CH_3COOH mit H_2SO_4 während 15 Min. bei 100—120°. *Hydrochlorid*, hygroskop. Öl. — *3-Phenyl-3-[γ-piperidinopropyl]-2.5-dioxopyrrolidin*, $C_{18}H_{24}O_2N_2$, F. 131—132° (CH_3OH), Kp.$_{0,07}$ 233—237°, in CH_3COOH mit H_2SO_4 während 15 Min. bei 100—120°. *Hydrochlorid*, hygroskop. Öl. — *3-[α-Naphthyl]-3-[β-diäthylaminoäthyl]-2.5-dioxopyrrolidin*, F. 109—110° (Essigester), Kp.$_{0,09}$ 243—250°, in CH_3COOH mit H_2SO_4 während 15 Min. bei 110—120°. *Hydrochlorid*, $C_{20}H_{25}O_2N_2Cl$, F. 111—112° (Aceton–Ae.). — *3-Phenyl-3-[β-diäthylaminoäthyl]-2.7-dioxohexamethylenimin*, $C_{18}H_{26}O_2N_2$, F. 109—110° (Essigester), Kp.$_{0,1}$ 193 bis 195°, in CH_3COOH mit H_2SO_4 während 20—25 Min. bei 110—135°. *Hydrochlorid*, hygroskop. Öl. — Durch Umsetzung der 2.5-Dioxopyrrolidine bzw. 2.6-Dioxopiperidine in Toluol mit $NaNH_2$ u. Chloralkyldialkylaminen unter N_2 bei 70—80° wurden nachst., am Ring-N substituierte Derivv. dargestellt: *3-Phenyl-1.3-bis-[β-diäthylaminoäthyl]-2.5-dioxopyrrolidin*, Kp.$_{0,06}$ 183—185°. *Dipikrat*, $C_{34}H_{41}O_{16}N_9$, F. 137—138° (Aceton–CH_3OH). — *3-Phenyl-1.3-bis-[γ-diäthylaminopropyl]-2.5-dioxopyrrolidin*, Kp.$_{0,06}$ 192 bis 198°. *Bis-brommethylat*, $C_{26}H_{45}O_2N_3Br_2 \cdot H_2O$, F. 169—170° ($CH_3OH$–Essigester). — *3-Phenyl-1.3-bis-[γ-piperidinopropyl]-2.5-dioxopyrrolidin*, $C_{26}H_{39}O_2N_3$, Kp.$_{0,03}$ 246 bis 250°. *Dihydrochlorid*, $C_{26}H_{41}O_2N_3Cl_2 \cdot \frac{1}{2}H_2O$, F. 236—237° ($CH_3OH$–Essigester). *Bis-jodmethylat*, $C_{28}H_{45}O_2N_3J_2$, F. 185—186° (CH_3OH). — *3-Phenyl-1.3-bis-[β-diäthylaminoäthyl]-2.6-dioxopiperidin*, $C_{23}H_{37}O_2N_3$, Kp.$_{0,05}$ 184—189°. — *3-Phenyl-1.3-bis-[γ-diäthylaminopropyl]-2.6-dioxopiperidin*, $C_{25}H_{41}O_2N_3$, Kp.$_{0,03}$ 218—227°. *Bis-jodäthylat*, F. 155—158° (CH_3OH–Essigester). — *3-Phenyl-1.3-bis-[β-(N-methyl-N-cycloheptyl)-aminoäthyl]-2.6-dioxopiperidin*, $C_{31}H_{49}O_2N_3$, Kp.$_{0,15}$ 252—262°. *Bis-jodmethylat*, $C_{33}H_{55} \cdot O_2N_3J_2$, F. 233—235° ($CH_3OH$–Essigester). (Helv. chim. Acta 35. 1235—49. 16/6. 1952. Basel, CIBA AG., Forschungslabors., Pharmazeut. Abt.) SPAETH. 3231

E. Tagmann, E. Sury und **K. Hoffmann**, *Über Alkylenimin-Derivate*. 2. Mitt. (1. vgl. vorst. Ref.) In gleicher Weise, wie im vorst. Ref. beschrieben, werden *3.3-disubstituierte Dioxopyrrolidine, -piperidine* u. *-hexamethylenimine* dargestellt mit dem Unterschied, daß an Stelle eines bas. Substituenten in 3-Stellung ein Alkyl-, Aryl- oder heterocycl. Rest eingeführt wird. Zu diesem Zweck wurden α-substituierte Benzylcyanide mit Acrylsäurenitril, Acrylsäuremethylester, γ-Chlorbuttersäurenitril bzw. Bromessigester in Ggw. von $NaNH_2$ kondensiert u. die Kondensationsprodd. direkt oder nach Verseifung zu den Nitrilcarbonsäuremethylestern mit H_2SO_4 in Eisessig cyclisiert; die Cyclisierung von α-Phenyl-α-äthyladipinsäuredinitril geschah nach Verseifung zur Nitrilcarbonsäure durch Erhitzen des NH_4-Salzes. Von den *3-Phenyl-3-alkyl-2.6-dioxopiperidinen* (*α-Phenyl-α-alkylglutarsäureimiden*) zeigt bes. die *3-Äthylverb.* bei niederer Toxizität gute anticonvulsive Eigenschaften. — Die Alkylierung einiger der dargestellten 2.6-Dioxopiperidine am Ring-N geschah in der im vorst. Ref. beschriebenen Weise.

Versuche: *β-Cyan-β-phenyl-β-[pyridyl-(2)]-propionsäure*, F. 97—108° (Zers.). *Äthylester*, F. 87—88°, Kp.$_{0,1}$ 180—183°. — *γ-Cyan-γ-phenylcapronsäure*, F. 72—76° Essigester–Ligroin). *Methylester*, Kp.$_{14}$ 180—186°. — *γ-Cyan-γ-phenyl-δ-methylcapron-*

säure, F. 80—82° (Essigester–Ligroin). *Methylester*, $Kp._{12}$ 174—185°. — *γ-Cyan-γ-phenyl-ε-methylönanthsäure*, F. 67—70°. *Methylester*, $Kp._{0,08}$ 144—153°. — *γ-Cyan-γ-phenylpelargonsäure*, ölig. *Methylester*, $Kp._{0,1}$ 145—160°. — *γ-Cyan-γ-phenyl-ζ-methylcaprylsäure*, F. 65—71°. *Methylester*, $Kp._{0,1}$ 140—156°. — *γ-Cyan-γ-phenyl-γ-cyclohexylbuttersäure*, F. 174—176° (Aceton). *Methylester*, F. 76—79°, $Kp._{0,6}$ 151—160°. — *α-Phenyl-α-[cyclohexen-(1)-yl]-glutarsäuredinitril*, $Kp._{0,2}$ 173—177°. — *γ-Cyan-γ-phenyl-γ-[p-chlorphenyl]-buttersäure*, F. 124—126°. *Methylester*, $Kp._{0,7}$ 183—190°. — *γ-Cyan-γ-phenyl-γ-[pyridyl-(2)]-buttersäure*, F. 70°. *Methylester*, $Kp._{0,4}$ 187—190°. — *γ-Cyan-γ-[p-chlorphenyl]-γ-[pyridyl-(2)]-buttersäure*, ölig. *Methylester*, $Kp._{0,8}$ 187—192°. — *α-Phenyl-α-[thienyl-(2)]-glutarsäuredinitril*, $Kp._{0,2}$ 201°. — *α-Äthyl-α-phenyladipinsäuredinitril*, $Kp._{0,1}$ 165—170°. — *δ-Cyan-δ-phenylönanthsäure*, ölig. — *α.α-Diphenyladipinsäuredinitril*, $Kp._{0,05}$ 182—183°. — *δ-Cyan-δ.δ-diphenylvaleriansäure*, F. 182—183°. — *α-Phenyl-α-[pyridyl-(2)]-adipinsäuredinitril*, F. 40—42°, $Kp._{0,1}$ 220—225°. — *δ-Cyan-δ-phenyl-δ-[pyridyl-(2)]-valeriansäure*, F. 116—118°. — *3-Phenyl-3-[pyridyl-(2)]-2.5-dioxopyrrolidin*, $C_{15}H_{12}O_2N_2$, F. 128° (CH_3OH,) durch trockenes Erhitzen des Ammoniumsalzes der entsprechenden Nitrilcarbonsäure während 20 Min. auf 180—220°. *Methomethylsulfat*, $C_{17}H_{18}O_6N_2S$, F. 208—209° (CH_3OH–Essigester). — *3-Äthyl-3-phenyl-2.6-dioxopiperidin*, $C_{13}H_{15}O_2N$, F. 82—86° (Essigester–PAe.), durch Ringschluß in Eisessig mit H_2SO_4 während 10 Min. bei 100°. — *3-Isopropyl-3-phenyl-2.6-dioxopiperidin*, $C_{14}H_{17}O_2N$, F. 115—118° (Essigester–Ligroin), 10 Min. in Eisessig mit H_2SO_4 bei 100°. — *3-Isobutyl-3-phenyl-2.6-dioxopiperidin*, $C_{15}H_{19}O_2N$, F. 78—81° (Essigester–Ligroin), 10 Min. in Eisessig mit H_2SO_4 bei 95—100°. — *3-n-Amyl-3-phenyl-2.6-dioxopiperidin*, $C_{16}H_{21}O_2N$, F. 43—45° (Essigester–Ligroin), $Kp._{0,3}$ 181—186°, 10 Min. in Eisessig mit H_2SO_4 bei 95—100°. — *3-Isoamyl-3-phenyl-2.6-dioxopiperidin*, $C_{16}H_{21}O_2N$, F. 65—68° (Essigester–Ligroin), 10 Min. in Eisessig mit H_2SO_4 bei 100°. — *3-Phenyl-3-cyclohexyl-2.6-dioxopiperidin*, $C_{17}H_{21}O_2N$, F. 140—144° (Essigester-Ligroin), 10 Min. in Eisessig + Acetanhydrid mit $SnCl_4$ bei 100—110°. — *3-Phenyl-3-[cyclohexen-(1)-yl]-2.6-dioxopiperidin*, $C_{17}H_{19}O_2N$, F. 167—170° (Essigester–Ligroin), $Kp._{0,3}$ 215—225°, 10 Min. in Eisessig mit H_2SO_4 bei 100°. — *3-Phenyl-3-[p-chlorphenyl]-2.6-dioxopiperidin*, $C_{17}H_{14}\cdot O_2NCl$, F. 155—157° (Essigester–Ligroin), 10 Min. in Eisessig + Acetanhydrid mit $SnCl_4$ bei 100—110°. — *3-Phenyl-3-[pyridyl-(2)]-2.6-dioxopiperidin*, $C_{16}H_{14}O_2N_2$, F. 182 bis 184° (Aceton–Ligroin), $Kp._{0,35}$ 205—210°, 20 Min. in Eisessig + Acetanhydrid mit $SnCl_2$ unter Rückfluß. — *3-[p-Chlorphenyl]-3-[pyridyl-(2)]-2.6-dioxopiperidin*, $C_{16}H_{13}\cdot O_2N_2Cl$, F. 185—187° ($CH_3OH$), 20 Min. in Eisessig + Acetanhydrid mit $SnCl_4$ unter Rückfluß. — *3-Phenyl-3-[thienyl-(2)]-2.6-dioxopiperidin*, $C_{15}H_{13}O_2NS$, F. 185—190° (Essigester-Ligroin), beim Vers. der Verseifung des entsprechenden Dinitrils mit Glykol–KOH. — *3-Äthyl-3-phenyl-2.7-dioxohexamethylenimin*, $C_{14}H_{17}O_2N$, $Kp._{0,15}$ 198 bis 204°, durch trocknes Erhitzen des NH_4-Salzes der Nitrilcarbonsäure während 10 Min. auf 200—260°. — *3.3-Diphenyl-2.7-dioxohexamethylenimin*, $C_{18}H_{17}O_2N$, F. 184 bis 185° (A.), wie vorst. (15 Min. 200—240°). — *3-Phenyl-3-[pyridyl-(2)]-2.7-dioxohexamethylenimin*, $C_{17}H_{16}O_2N_2$, F. 146—147° (Aceton–PAe.). — *1-Methyl-3-äthyl-3-phenyl-2.6-dioxopiperidin*, $C_{14}H_{17}O_2N$, $Kp._{0,4}$ 138—142°, durch Alkylierung in Toluol während 6 Std. bei 120—130° im Rohr. — *1-n-Propyl-3-äthyl-3-phenyl-2.6-dioxopiperidin*, $C_{16}H_{21}O_2N$, $Kp._{0,05}$ 119—120°, analog. — *1-Benzyl-3-äthyl-3-phenyl-2.6-dioxopiperidin*, $C_{20}H_{21}O_2N$, F. 48—52°, $Kp._{0,07}$ 173—176°. — *1-[β-Diäthylaminoäthyl]-3-äthyl-3-phenyl-2.6-dioxopiperidin*, $C_{19}H_{28}O_2N_2$, $Kp._{0,1}$ 148—153°, während 4 Std. in Toluol bei 70—80°. (Helv. chim. Acta 35. 1541—48. 1/8. 1952.) SPAETH. 3231

William Bradley und **Edward Leete**, *Chemie des Indanthrens*. 1. Mitt. *Die Bildungsweise von Indanthren aus 2-Aminoanthrachinon und Kaliumhydroxyd*. Unter Widerlegung älterer Hypothesen nehmen Vff. an, daß die Bldg. von *Indanthren* (**I**; *Indanthron*) bei der Alkalischmelze von *2-Aminoanthrachinon* (**II**) durch Substitution des 1-H-Atoms in **II** durch ein Anthrachinonyl-(2)-amin-Anion unter Bldg. von *2-Amino-1.2'-dianthrachinonylamin* (**III**) u. dessen Ringschluß zu **I** zustande kommt. Ähnlich führen auch die *N-Methylderivv.* von **III** leicht zu den entsprechenden *N-Methylverbb.* von **I**. *N.N'-Dimethylindanthren* (**IV**) entsteht auch aus **I** durch Methylierung; hierbei bildet sich als Nebenprod. eine blaue Verb., der die Konst. **V** zugeschrieben wird. Bei Zugabe von konz. methanol. KOH (**VI**) zu den Lsgg. von **II** u. seinen Derivv. in Pyridin (**VII**) treten Farbumschläge auf, falls sich >NK-Salze bilden können. Es werden Verss. zur Einführung von OH- u. Anilinogruppen in die 1-Stellung von **II** u. N-Derivv. von **II** ausgeführt u. die Eigg. vieler Anthrachinone u. der N-Methylindanthrene beschrieben.

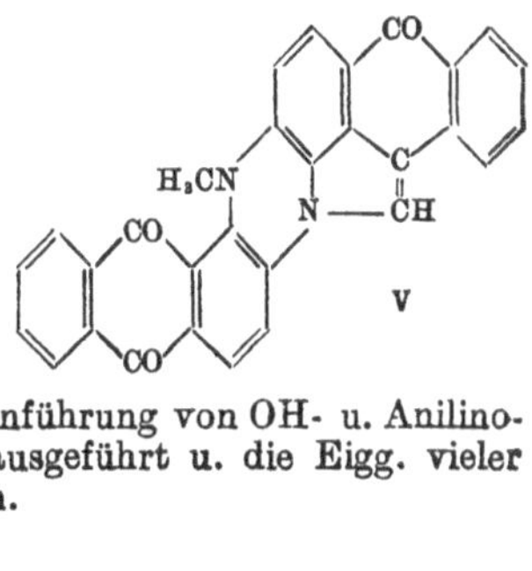

V

Versuche; *2-Aminoanthrachinon* (II), F. 306—307°, wurde als Sulfat aus H_2SO_4 umkrist., II durch Hydrolyse frei gemacht u. in Bzl. an Al_2O_3 chromatographiert; orangefarbene Zone eluiert; orangefarbene Nadeln aus Essigsäure (VIII). — *1.2'-Dianthrachinonylamin* (IX), F. 387—388°, aus 1-Chloranthrachinon u. II nach ECKERT u. STEINER (Mh. Chem. 35. [1914.] 1133); sublimierte schwierig bei 330° (Bad)/1 mm, rötlichbraune Nadeln aus $C_6H_5NO_2$; die orangefarbige Lsg. in Acetanhydrid wurde mit B_2O_3 violett; λ_{max} (in VII) 485 mμ (ε = 8400), + VI λ_{min} 525 (3400). *N-Benzoylverb.*, $C_{35}H_{19}O_5N$, F. 272—273°, durch 4std. Kochen von 0,5 g IX mit C_6H_5COCl u. Versetzen mit A., gelbe Prismen aus **VIII**; 0,4 g; wurde in **VII** durch **VI**, in konz. H_2SO_4 (Fällen mit W.) u. in W. schnell verseift. — *1.2'-Dianthrachinonyl-N-methylamin* (X), $C_{29}H_{17}O_4N$, F. 284—285°, durch 5std. Kochen von 2,1 g **IX**, p-$CH_3C_6H_4SO_3CH_3$ u. K_2CO_3 in $C_6H_3Cl_3$, Einengen der Filtrate u. Zugabe von PAe., rote Nadeln aus **VIII**; 1,3 g; blieb bei 1 std. Kochen mit C_6H_5COCl u. etwas H_2SO_4 unverändert. — *2.2'-Dianthrachinonylamin* (XI), $C_{28}H_{15}O_4N$, Zers. ohne F. > 500°, a) aus 4,4 g **II**, 4,8 g 2-Chloranthrachinon (**XII**) u. K_2CO_3 durch Anpasten mit $C_6H_5NO_2$, 6std. Erhitzen auf 270—290° u. Waschen mit A. (6,5 g), kupferfarbene Tafeln aus $C_6H_5NO_2$; 0,2 g; b) *N-Benzoyl-2.2'-dianthrylamin*, $C_{35}H_{23}ON$, F. 248—249°, aus 12,4 g 2.2'-Dianthrylamin u. C_6H_5COCl in **VII** durch 2std. Kochen u. Gießen in A., blaßgelbe Nadeln; 13,5 g; daraus *N-Benzoylverb.* von **XI**, $C_{35}H_{19}O_5N$, F. 267—268°, durch 10 Min. Kochen in **VIII** nach Eintragen von CrO_3 u. Gießen in W., gelbe Prismen aus **VIII**; 10,2 g; in **VII** blaßgelb, + **VI** sehr schnell tiefgrün (Hydrolyse); 8 g in konz. H_2SO_4 gelöst (gelborange), 1 Std. auf 100° erhitzt (tiefblau), gekühlt u. in W. gegossen; 6,5 g **XI**; orangerote, kupferglänzende Prismen aus $C_6H_5NO_2$; in **VII** orange, λ_{max} 470 mμ (ε = 11400), + **VI** tiefgrün, λ_{min} 510 mμ (ε = 2300); c) durch 5 Min. Kochen von 200 g techn. **II**, **VIII** u. Acetanhydrid; Auskochen des kalt filtrierten Nd. mit viel **VIII**; 0,4 g. — *2.2'-Dianthrachinonyl-N-methylamin*, $C_{29}H_{17}O_4N$, F. 332—333°, aus 1,05 g **XI** analog **X**; 8std. Kochen u. Einengen, Sublimieren bei 320° (Bad)/0,5 mm; aus $C_6H_5NO_2$ orangefarbene Prismen; 0,3 g roh. — *1-Chlor-2-nitroanthrachinon* (XIII), $C_{14}H_6O_4NCl$, F. 262—263°, durch Lösen von 30 g 2-Amino-1-chloranthrachinon [**XXVII**; in **VII** λ_{max} 440 mμ (ε = 4800), + **VI** 650 (1500) u. λ_{min} 530 (600)] in konz. H_2SO_4, Einrühren von $NaNO_2$ in 10 Min. bei 0°, 1 std. Rühren u. Gießen auf Eis; Waschen des Nd. mit Eiswasser bis zur schwach kongosauren Rk., Eintragen in die Suspension von $CuSO_3$ (aus 80 g $CuSO_4 \cdot 5\,H_2O$ u. 100 g Na_2SO_3 in W.) in der wss. Lsg. von 200 g $NaNO_2$; nach 2std. Rühren Nd. mit verd. HCl verrührt, filtriert u. mit o-$C_6H_4Cl_2$ ausgekocht (Kohle); 12 g Nd., gelbe Nadeln aus **VIII**. — *1-Diäthylamino-2-nitroanthrachinon*, $C_{18}H_{16}O_4N_2$, F. 145—146°, aus 0,5 g **XIII** durch $^1/_2$std. Kochen mit $(C_2H_5)_2NH$ in Ggw. von K_2CO_3 u. Zugabe von W., rötlichviolette Nadeln aus **VIII**; 0,55 g roh. — *2-Nitro-1.2'-dianthrachinonylamin* (XIV), F. 296—297°, aus 10,4 g **XIII** u. 8 g **II** durch 4std. Kochen in $C_6H_3Cl_3$, rote Nadeln aus o-$C_6H_4Cl_2$; 12,2 g; in **VII** orangerot, + **VI** tiefgrün, bei Zugabe von viel W. beständig. — *1-Oxy-2-nitroanthrachinon*, $C_{14}H_7O_5N$, F. 197—198°, durch 3std. Kochen von 2,9 g **XIII**, 2,25 g **II** u. CH_3COOK in $C_6H_5NO_2$; 1,8 g violettbraunes Prod.; aus wss. Lsg. mit HCl gefällt, gelbe Tafeln aus **VIII**; entstand auch in Ggw. von Cu u. CH_3COONa. — *N-Methyl-2-nitro-1.2'-dianthrachinonylamin* (XV), $C_{29}H_{16}O_6N_2$, F. 264—265°, aus 10 g **XIV**, p-$CH_3C_6H_4SO_3CH_3$ u. K_2CO_3 in o-$C_6H_4Cl_2$ durch 8std. Kochen, Einengen der Filtrate u. Zusatz von Ae.; Chromatographie (Chr.) in C_6H_5Cl an Al_2O_3; aus orangerotem Band mit Essigester orangefarbige Prismen; 6,1 g; die tiefblaue Lsg. in konz. H_2SO_4 wurde mit W. gefällt u. der Nd. aus C_6H_5Cl umkrist.: dunkelrote Prismen der *Mol.-Verb.* $[C_{29}H_{16}O_6N_2]_2C_6H_5Cl$, F. 169—170°; wurde durch Ae. oder Essigester zerlegt; **XV** krist. aus Bzl. in orangefarbenen, aus o-$C_6H_4Cl_2$ in dunkelroten Kristallen, F. 160—180°, u. aus Toluol als dunkelrotes, undeutlich krist. Prod., F. 152—168°; in **VII** u. + **VI** orange. — *2-Amino-1.2'-dianthrachinonyl-N-methylamin* (XVI), $C_{29}H_{18}O_4N_2$, F. 306°, a) durch Red. von 2 g **XV** mit sd. Lsg. von $SnCl_2$ in **VIII**; nach 10 Min. mit W. verd.; Chr. des Nd. in C_6H_5Cl an Al_2O_3 u. Elution der roten Schicht mit Essigester; durch Eindampfen hellrote Nadeln; 0,45 g; b) durch 1std. Rühren bei 95° von 4 g **XV** (durch Lösen in H_2SO_4, Fällen mit W. u. Neutralwaschen fein verteilt) in wss. Lsg. von krist. Na_2S u. KOH (1 : 1); Chr. wie bei a); 1,4 g. Aus dem oberen blauen Band löste Chinolin einen blauen, mit $Na_2S_2O_4$ u. NaOH verküpbaren Baumwollfarbstoff (vgl. 4. Mitt.); blieb unverändert bei 5std. Sieden mit p-$CH_3C_6H_4SO_3CH_3$ in **VII**. — *2-Benzamido-1.2'-dianthrachinonyl-N-methylamin*, $C_{36}H_{22}O_5N_2$, F. 314—315°, aus 1,2 g **XVI** durch 5 Min. Kochen in $C_6H_5 \cdot COCl$ u. 1 Tropfen konz. H_2SO_4 u. Mischen mit A.; orangegelbe Nadeln aus **VIII**; 1,33 g; in **VII** orangegelb, + **VI** tief violett, mit viel W. gelb. — *N-Methyl-2-[N-methylbenzamido]-1.2'-dianthrachinonylamin*, $C_{37}H_{24}O_5N_2$, F. 195—196°, aus 1 g vorst. Verb. analog **XV** (3std. Kochen), Mischen des Filtrats mit Bzl. u. Chr. an Al_2O_3; Elution des orangefarbenen Bandes mit Aceton, Konz. u. Zugabe von Ae.; orangefarbene Prismen;

0,2 g; in VII u. +VI gelb. — *N-Methyl-2-[N-methylamino]-1.2'-dianthrachinonylamin* (XVII), $C_{30}H_{20}O_4N_2$, F. 338—340°, aus 0,1 g vorst. Verb. in konz. H_2SO_4 bei 100°; Farbwechsel von Blau zu Violett; in W. gegossen; 0,06 g. — *Indanthren* (I), $C_{28}H_{14}O_4N_2$, durch Umlösen des Sulfats aus H_2SO_4 u. Hydrolyse mit W.; λ_{max} in konz. H_2SO_4 465 mμ (E 240), λ_{min} 615 (61); in wss. NaOH + $Na_2S_2O_4$ (braunes Tetrahydroderiv.) λ_{min} 480 (305), λ_{max} 515 (330), (blaues Dihydroderiv.) λ_{max} 680 (450). — *N.N'-Dimethylindanthren* (IV); 5 g I analog X durch 48std. Kochen methyliert u. Filtrate auf 40 cm³ eingeengt: 1,64 g, violettblaue Prismen mit Cu-Glanz; Chr. des blauen Filtrats mit 300 cm³ Bzl. an Al_2O_3 u. Entw. mit Bzl. erzeugte folgende Zonen mit zunehmender Beweglichkeit: Schwarz, Blaßrot, Blau, Violett, Blau I, Grün, Blau II u. Blaßbraun; Blau I mit Chinolin bei 150° ausgezogen; daraus nach 48std. Stehen noch 0,05 g; krist. im Gegensatz zu I nach 200std. Kochen mit K_2CO_3 in $C_6H_3Cl_3$ unverändert aus u. war beständig gegen verd. HNO_3; lösl. in o-$C_6H_4Cl_2$ bei 20° 0,018 g/100 cm³; λ_{max} in konz. H_2SO_4 472 mμ (E 217), λ_{min} 610 (57); λ_{max} in VII 655 (480). Durch Ausziehen von Blau II mit Aceton 0,19 g Prod. V, blauviolette Prismen mit Cu-Glanz; Verh. gegen K_2CO_3 wie IV (150std. Kochen); beständig gegen verd. HNO_3; λ_{max} in konz. H_2SO_4 475 mμ (E 150), λ_{min} 610 (44); λ_{max} in VII 600 (210). IV wurde in konz. H_2SO_4 gelöst, bei 0° 3 Std. mit KNO_3 verrührt u. in W. gegossen: blauer Nd. (I bei gleicher Behandlung gelber Nd.); mit alkal. $Na_2S_2O_4$ bei 50° braune Küpe, mit Luft blaue Fällung. 0,5 g IV, 5 Min. bei 0° mit 5 cm³ HNO_3 verrührt: orangerote Nadeln von *Indanthrenazinmethonitrat* (XVIII); nach 1 Std. filtriert u. mit VIII gewaschen: orangebraun; wurde mit NH_3 sofort blauschwarz; bei Chr. der NaOH–$Na_2S_2O_4$-Küpe an Cellulose blauer Ring; aus NaOH–$Na_2S_2O_4$-Eluat desselben mit Luft blauer Nd. von *N-Methylindanthren* (XIX) (zu IV methyliert). — IV, aus 0,03 g XVII in 30 cm³ VII u. 0,5 cm³ 30%ig. VI durch Schütteln beim Kp.; schließlich grünlichblaue Lsg.; durch 12std. Stehen an der Luft u. Zugabe von CH_3OH 0,03 g blauer Nd.; Wasch-CH_3OH farblos, also XVII ganz verbraucht; nicht ganz einheitlich, da Lsg. in VII blau, aber +VI grün; Chr. ergab I (vgl. 2. Mitt.). — XIX, $C_{29}H_{16}O_4N_2$; der Ringschluß von XVI gelang nicht durch Kochen mit VIII [8 (Std.)], VII (16), Anthracen (12) u. $C_6H_5NO_2$ (6); bei 4std. Kochen mit Acetanhydrid entstand ein orangefarbenes Prod., F. 190—200°, wohl die N-Acetylverb.; a) aus je 0,2 g XVI u. NaOH in VII; nach 10 Tagen bei Zimmertemp. grün u. an der Oberfläche blau; mit CH_3OH blauer Nd.; 0,15 g; b) mit 0,2 g KOH 0,17 g; aus beiden Verss. zusammen violette Nadeln aus Chinolin; 0,17 g; in VII tiefblau, +VI sofort grün; lösl. in o-$C_6H_4Cl_2$ 0,00076 g/100 cm³; λ_{max} in konz. H_2SO_4 470 mμ (E 235), λ_{min} 610 (62); λ_{min} in wss. NaOH + $Na_2S_2O_4$ (braun) 470 (220), λ_{max} 490 (240); λ_{max} in VII 670 (390). 0,05 g gingen mit HNO_3 (D. 1,4) bei 0° in 0,02 g XVIII über; aus dessen NaOH–$Na_2S_2O_4$-Küpe mit Luft Bldg. von XIX. 20 mg XIX wurden wie bei XV mit folgender Chr. zu 12 mg IV methyliert. — XVI wurde in VII-Lsg. mit LiOH bei allmählicher Zugabe von CH_3OH nach 10 Tagen unverändert zurückgewonnen. — *2-[N-Methylacetamido]-anthrachinon*, $C_{17}H_{13}O_3N$, F. 159—160°, durch 1std. Kochen von 1 g 2-Methylaminoanthrachinon (XX) mit VIII–Acetanhydrid (1 : 1) u. Gießen in W., blaßgelbe Nadeln aus A.; 0,6 g. — *2-Benzamidoanthrachinon* (XXI)-*K-Salz*, $C_{21}H_{12}O_3NK$, F. 246—250° (bei 160° Dunkelung), aus 0,5 g XXI u. 0,2 g KOH in CH_3OH u. Gießen in Bzl., bläulichrote Flocken; 0,45 g; wurde an der Luft gelb unter Bldg. von K_2CO_3. XXI, λ_{max} in VII + VI 527 mμ (ε = 10200). — *2-[N-Methylbenzamido]-anthrachinon*, $C_{22}H_{15}O_3N$, F. 172—173°, a) durch ½std. Erhitzen von 1 g XX mit C_6H_5COCl in VII, hellorangefarbene Nadeln aus wss. VIII; 0,45 g; b) aus 1 g XXI analog XV durch 5std. Kochen, Einengen der Filtrate u. Mischen mit Ae.; Chr. der blaßgelben Kristalle (0,47 g) in Bzl. an Al_2O_3, Elution der schwächer adsorbierten gelben Zone mit Aceton; in VII u. +VI gelb. — *2-[p-Nitrobenzamido]-anthrachinon*, $C_{21}H_{12}O_5N_2$, F. 303—304°, aus 2 g II u. p-$NO_2C_6H_4COCl$ in VII durch ½std. Kochen u. Zusatz von A., blaßgelbe Nadeln aus $C_6H_5NO_2$; 1,7 g; in VII blaßgelb, +VI tief rotviolett [λ_{max} 506 mμ (ε = 10800)], + viel CH_3OH blaßorange. *K-Salz*, $C_{21}H_{11}O_5N_2K$, wie bei XXI; rotes Pulver; in VII rot, gegen Hydrolyse beständiger als K-Salz von XXI. — *2-[N-Methyl-p-nitrobenzamido]-anthrachinon*, $C_{22}H_{14}O_5N_2$, F. 233°, aus 1 g XX ähnlich vorst. Verb. durch 1std. Kochen, blaßgelbe Nadeln aus VIII; 0,55 g; in VII u. +VI blaßgelb. — *2-[N-Methylacetamido]-1-nitroanthrachinon*, $C_{17}H_{12}O_5N_2$, F. 260—261°, durch Erwärmen von 10 g 2-Acetamido-1-nitroanthrachinon in 5%ig. NaOH auf 60—70° u. ½std. Verrühren des Filtrats mit $(CH_3)_2SO_4$; blaßgelbe Tafeln aus VIII; 3,3 g; in VII u. +VI blaßgelb. — *2-Methylamino-1-nitroanthrachinon*, $C_{15}H_{10}O_4N_2$, F. 246°, aus 1 g vorst. Verb. durch 1std. Erhitzen in konz. H_2SO_4 auf 100° u. Gießen in W.; orangefarbene Nadeln aus A.; 0,2 g; in VII orange, +VI blaßgrün. — *2-Benzamido-1-nitroanthrachinon*, $C_{21}H_{12}O_5N_2$, F. 246—247°, durch Zugabe von 2 bis 3 Tropfen konz. H_2SO_4 zur Lsg. von 3 g 2-Amino-1-nitroanthrachinon [λ_{min} in VII + VI 515 mμ (ε = 1600), λ_{max} 650 (4700)] in C_6H_5COCl bei 100°, 1std. Rühren u. Mischen mit A., blaßgelbe Nadeln aus **VIII**; 3,4 g. *K-Salz*, in Morpholin λ_{max} 485 mμ (ε = 8150), in Aceton 505 (9100), in A. 470 (5700), in **VII** 520 (9200), in W. weder λ_{max} noch λ_{min} beobachtet. — *2-[N-Methylbenzamido]-1-nitroanthrachinon*, $C_{22}H_{14}O_5N_2$, F. 231—232°, aus 2 g vorst. Verb. durch Lösen in 5%ig. NaOH bei 80°, 2std. Verrühren des Filtrats mit $(CH_3)_2SO_4$ u. Ausziehen des Nd. mit verd. NaOH, bis Filtrat farblos; blaßgelbe Nadeln aus **VIII**; 0,6 g. — *2-Dimethylaminoanthrachinon* (**XXII**), $C_{16}H_{13}O_2N$, F. 185 bis 186°, durch 2std. Erhitzen auf 200° von 4 g **XII**, CH_3COOK, Cu-Bronze, $(CH_3COO)_2Cu$ u. 33%ig. wss. $(CH_3)_2NH$; orangerote Nadeln aus **VIII**; 3,5 g; in **VII** u. +**VI** gelb. — *2-Anilinoanthrachinon* (**XXIII**), F. 238—239°, aus **XII** u. Anilin wie **XXII**, goldorangefarbene Tafeln; λ_{max} in **VII** 475 mμ (ε = 6400), in **VII** + NaOH in CH_3OH λ_{min} 540 (1300), λ_{max} 710 (6000). *Na-Salz* (**XXIIIa**), durch Zugabe der Lsg. von Anthracen-Na in Ae. zur Ätherlsg. von **XXIII** unter N_2: grüner Nd., an der Luft braun werdend. — *Verb. $C_{28}H_{16}O_2N_2$*, F. 236—237°, durch Erhitzen von $NaNH_2$ u. Anilin auf 150°, Evakuieren des NH_3, Zugabe der Anilinslsg. von 5 g **XII**, ½std. Vakuumerhitzen auf 150°, Kühlen, Zugabe von W. u. Dampfdest.; Chr. der Benzollsg. des grünen Rückstandes an Al_2O_3, Elution der blauen Zone mit Aceton; blaue Nadeln mit Cu-Glanz aus **VIII**; 0,45 g. — *2-Acetanilidoanthrachinon*, $C_{22}H_{15}O_3N$, F. 131°, aus 0,5 g **XXIII** u. CH_3COOK in CH_3COCl durch 3std. Kochen, Zugabe von CH_3OH, Neutralisation (Kongorot) mit CH_3COOK, Einengen bis fast zur Trockne u. Verdünnen mit W.; blaßgelbe Nadeln aus CH_3OH; 0,1 g; in **VII** gelb, +**VI** durch Hydrolyse schnell grün. — *2-Benzanilidoanthrachinon*, $C_{27}H_{17}O_3N$, F. 159—160°, durch 1std. Kochen von 0,5 g **XXIII** u. C_6H_5COCl in **VII** u. Zugabe von A., silbergraue Nadeln aus A.; 0,2 g. — *2-[N-Methylanilino]-anthrachinon* (**XXIV**), $C_{21}H_{15}O_2N$, F. 163—164°, aus 10 g **XXIII** analog **XV** (5 Std.); Filtrate auf 30 cm³ eingeengt u. mit Ligroin vermischt; orangefarbene Nadeln aus A.; 7,5 g; in **VII** u. +**VI** orange; entstand nicht aus **XXIIIa** u. CH_3J. — *2-[Toluol-p-sulfonamido]-anthrachinon* (**XXV**)-*K-Salz* (**XXVa**), $C_{21}H_{14}O_4NSK$, aus 38 g **XXV** u. 2%ig. KOH durch Filtrieren in der Hitze; aus 95%ig. A. bläulichrote Rhomben; 35 g roh. **XXV**, λ_{max} in **VII** + **VI** 500 mμ (ε = 7000). — *2-[N-Äthyltoluol-p-sulfonamido]-anthrachinon*, $C_{23}H_{19}O_4NS$, F. 139 bis 140°, durch 24std. Erhitzen von 9 g **XXVa** mit C_2H_5J auf 110°, blaßgelbe Nadeln aus A.; 5,4 g. Daraus (6 g) *2-Äthylaminoanthrachinon*, $C_{16}H_{13}O_2N$, F. 198—199°, durch ½std. Erhitzen in konz. H_2SO_4 auf 100° u. Gießen in W., orangefarbene Nadeln aus **VIII**; 3,5 g; in **VII** u. +**VI** gelb. — *2-[N-n-Butyltoluol-p-sulfonamido]-anthrachinon*, $C_{25}H_{23}O_4NS$, F. 147°, durch 48std. Erhitzen von 5 g **XXVa** u. n-C_4H_9Br auf 110° (keine Rk.) u. 24 Std. auf 150° u. Ausziehen mit verd. NaOH; gelbe Prismen aus **VIII**; 2,3 g; in **VII** u. +**VI** gelb. — *1-Chlor-2-[toluol-p-sulfonamido]-anthrachinon* (**XXVI**), $C_{21}H_{14}O_4 \cdot NClS$, F. 208—209°, durch 4std. Kochen von 100 g **XXVII** u. 80 g p-$CH_3C_6H_4SO_3CH_3$ in 500 cm³ **VII**, Abdest. von 250 cm³ u. Zugabe von A.; gelbe Nädelchen aus **VIII**; 131 g. *K-Salz* (**XXVIa**), $C_{21}H_{13}O_4NClSK$, F. >300°, aus 8,2 g u. sd. 1,7%ig. KOH, rötlichorangefarbene Prismen aus A.; 7,5 g. — *1-Chlor-2-[N-methyltoluol-p-sulfonamido]-anthrachinon*, $C_{22}H_{16}O_4NClS$, F. 209°, aus 15 g **XXVIa** u. CH_3J durch 24std. Erhitzen auf 100—110° u. Ausziehen mit heißer NaOH; gelbe Nadeln aus **VIII**; 11,2 g. — *1-Chlor-2-methylaminoanthrachinon*, $C_{15}H_{10}O_2NCl$, F. 240°, aus 10 g vorst. Verb. durch 1std. Erhitzen in konz. H_2SO_4 auf 95° u. Gießen in W.; orangefarbene Nadeln aus **VIII**; 6,3 g; in **VII** orange, +**VI** schwach grün. — *1-Chlor-2-[N-methylacetamido]-anthrachinon*, $C_{17}H_{12}O_3NCl$, F. 204—205°, aus 0,5 g vorst. Verb., CH_3COOK u. CH_3COCl durch Kochen bis zur blaßgelben Lsg. u. Gießen in W.; blaßgelbe Nadeln aus A.; 0,2 g; in **VII** u. +**VI** gelb. — *1-Chlor-2-bis-[(toluol-p-sulfonyl)-amido]-anthrachinon*, $C_{28}H_{20}O_6 \cdot NClS_2$, F. 297—298°, aus 7 g **XXVII** analog **XXVI**, Mischen mit A. u. Ausziehen des Nd. mit 4 g KOH in A.-W. (100 : 200 cm³), blaßgelbe Nadeln aus $C_6H_5NO_2$; 5,9 g; in **VII** u. +**VI** gelb. — *2-Benzamido-1-chloranthrachinon*, $C_{21}H_{12}O_3NCl$, F. 219—220°, aus 5 g **XXVII** u. C_6H_5COCl in sd. **VII** (10 Min.); Mischen mit A.; blaßgelbe Nadeln aus **VIII**; 3,1 g. — *2-Chlor-1-nitroanthrachinon*, $C_{14}H_6O_4NCl$, F. 280—281° (o-$C_6H_4Cl_2$, dann **VIII**), durch Zugabe von HNO_3 (D. 1,35) zur Lsg. von 25 g **XII** in konz. H_2SO_4 <10° u. Filtrieren nach 5 Std.; 3,5 g. — *1-Anilino-2-chloranthrachinon*, $C_{20}H_{12}O_2NCl$, F. 204 bis 205°, aus 1 g vorst. Verb. wie **XXII** (6std. Kochen), Dampfdest., Chr. des Rückstandes in Bzl. an Al_2O_3 u. Elution des violetten Bandes mit Bzl.; violette Nadeln aus **VIII**; 0,52 g; in **VII** u. +**VI** violett. — *2-Nitroanthrachinon*, $C_{14}H_7O_4N$, F. 183—184°, durch Einrühren (1 Std.) der eiskalten Lsg. von 10 g **II** in konz. H_2SO_4 in wss. $(NH_4)_2 \cdot S_2O_8$ <5°, 1std. Weiterrühren bei 5° u. 2 Std. bei 90°; Nd. mit **VIII** ausgezogen (0,5 g Rückstand **A**); hellgelbe Tafeln aus **VIII**; 1,3 g; gab bei der Kalischmelze (180°) 0,6 g Alizarin (**XXVIII**), F. 289—290°; **A** war *2.2'-Azoxyanthrachinon*, $C_{28}H_{14}O_5N_2$, F. 335 bis 340° (Zers.), undeutliche Kristalle. — *Kalischmelze* von **XXIII**: a) 10 g **XXIII**, 5 g CH_3COOK u. 1,2 g KNO_3 wurden vermischt, in 10 Min. bei 180° in 30 g KOH u. 4 cm³ W. eingetragen (Ni-Tiegel, Metallbad) u. 30 Min. bei 180—190° gerührt; in Eiswasser eingetragen u. mit 8 cm^3 konz. H_2SO_4 in W. versetzt; bei 100° 2 Std. CO_2 in die noch alkal. Lsg. geleitet: 5,9 g violetter Rückstand (**B**); Filtrat gab beim Ansäuern 3,8 g **XXVIII**, F. 287—288°, aus **VIII**. *2-Anilino-1-oxyanthrachinon* (?) (**XXIX**), $C_{20}H_{13}O_3N$, F. 225—226°, aus **B** mit 1%ig. wss. KOH u. Ansäuern, violette Prismen aus **VIII**; 1,1 g. *K-Salz*, violett, Hauptbestandteil von **B**. Unverändertes **XXIII** wurde nicht gefunden. b) Wie bei a), aber 40 Min. bei 200—210°: 6 g rohes **XXVIII** u. 2,2 g **XXIX**, F. 223—224°. c) 10 g **XXIII**, 34 g KOH + 6 g W. u. 6 g Phenol; von 180° in 45 Min. auf 200° gebracht; einige Std. CO_2 in die wss. Lsg. eingeleitet; aus Filtrat + HCl 4,5 g **XXVIII**, F. 289°; aus Rückstand mit Bzl. 3 g **XXIII** (F. 233—235°) herausgelöst; aus Unlöslichem 0,2 g **XXIX**, F. 222°. — **XXIX** blieb bei der Kalischmelze (1/4 Std., 200, dann 240—250°) fast unverändert. — Bei der ähnlich wie bei **XXIII** nach a) ausgeführten Kalischmelze von **XXIV** keine sichtbare Rk.; es wurden isoliert: *1-Oxy-2-[N-methylanilino]-anthrachinon*, $C_{21}H_{15}O_3N$, F. 200—205°, rotbraune Nadeln aus **VIII**; in **VII** rot, + **VI** violettblau, gegen W. beständig; ferner **XXIV**, F. 163°, u. **XXIII**, F. 235°. — *2-[p-Nitroanilino]-anthrachinon*, $C_{20}H_{12}O_4N_2$, F. 357°, a) aus **II** u. $C_6H_5NO_2$, gelbe, kupferglänzende Nadeln aus $C_6H_5NO_2$; b) durch 3std. Kochen von 9,6 g **XII**, p-O_2N·$C_6H_4NH_2$, K_2CO_3, $(CH_3COO)_2Cu$ u. Cu-Bronze in $C_6H_5NO_2$; Nd. aus Heißfiltrat mit **VIII** extrahiert; Rückstand aus $C_6H_5NO_2$ umgelöst; 1,1 g. — *2-Acetamidoanthrachinon*, in **VII** + **VI** λ_{max} 515 mμ (ε = 6900). — *2-Benzamidofluorenon* in **VII** kein λ_{max} + **VI** λ_{max} 525 mμ (ε = 1650). — *2-Acetamidofluorenon* in **VII** kein deutliches λ_{max}, + **VI** λ_{max} 525 mμ (ε = 670). (J. chem. Soc. [London] 1951. 2129—46. Aug. Leeds, Univ., Clothworkers Res. Labor.) LEHMSTEDT. 3272

William Bradley und **Edward Leete**, *Chemie des Indanthrens.* 2. Mitt. *Die Bildung von Dianthrachinonyl-N-methylaminen.* (1. vgl. vorst. Ref.). Bei der Selbstkondensation von *2-Brom-1-methylaminoanthrachinon* (I) entsteht statt N.N'-Dimethylindanthren (II) das *N-Methylindanthren* (III). I u. II werden durch Erhitzen in Nitrobenzol (IV) mit Cu oder Cu-Salzen u. einem Alkali unter Bldg. von HCHO entmethyliert. *1-Chlor-2-methylaminoanthrachinon* (V) gibt *2-Methylaminoanthrachinon* (VI), *2-Aminoanthrachinon* (VII) u. das *Cu(I)-Deriv.* (VIIIc) von *N.N'-Bis-[anthrachinonyl-(2)]-formamidin* (VIII). Es finden also Enthalogenierung, Entmethylierung u. weitere Kondensation statt. VIIIc bildet sich auch neben III beim Erhitzen von V mit VII in Ggw. von Cu oder Cu-Salzen. VIIIc wird mit Säuren zu VIII u. weiter zu VII u. *2-Formamidoanthrachinon* hydrolysiert. VIII wird auch aus VII u. $HC(OC_2H_5)_3$ gewonnen. Beim Erhitzen mit Cu oder Cu-Salzen geht es in VIIIc über, das auch aus *Bis-[anthrachinonyl-(2)-amino]-methan* (X) (aus VII u. HCHO) mit IV u. Cu oder Cu-Salzen entsteht. Ferner wird das Verh. von 2-Dimethylaminoanthrachinon (XI), VI u. anderen Derivv. von VII u. entsprechenden, in 1-Stellung substituierten Anthrachinonen untersucht u. der Ablauf der Rkk. besprochen.

Versuche [Chromatographie (Chr.) in Bzl. an Al_2O_3]: 4,8 g 1-Chloranthrachinon, 4,7 g **VI**, 3 g CH_3COOK u. 0,4 g Cu-Bronze wurden 18 Std. in **IV** gekocht u. heiß filtriert: 0,55 g *1.2'-Dianthrachinonylamin* (**XIII**), $C_{28}H_{15}O_4N$, F. >300°, rötlichbraune Prismen; in konz. H_2SO_4 λ_{min} 480 mμ (E 23), λ_{max} 650 (148); in Pyridin (**XIV**) orange, + 30%ig. methanol. KOH (**XV**) grün. Aus Rückstand durch Ausziehen mit CH_3COOH oder konz. NH_4OH u. NH_4Cl bis zum Verschwinden der Cu-Färbung: 2,3 g *Cu(I)-Deriv.* (**VIIIc**) von *N.N'-Bis-[anthrachinonyl-(2)]-formamidin* (**VIII**), $(C_{29}H_{15}O_4N_2Cu)n$, haarartige rote Nadeln. Die Umwandlung von **VI** in **VIIIc** durch Erhitzen mit Cu-Bronze, CuCl oder $(CH_3COO)_2Cu$ in Ggw. von CH_3COOK oder K_2CO_3 in **IV**, o-$C_6H_4Cl_2$ oder Naphthalin wurde eingehend untersucht (Tabellen s. Original); die beste Ausbeute (84%) wurde erzielt durch 24std. Kochen in **IV** mit $(CH_3COO)_2Cu$ u. K_2CO_3; sie wurde durch Zugabe von **VII** zu **VI** (1 : 1 Mol) wesentlich erhöht; in $C_6H_5NH_2$, $C_6H_5N(CH_3)_2$, Chinolin oder Amylalkohol keine Bldg. von **VIIIc**. **VIIIc** ist unlösl. in organ. Fll. u. bleibt in Acetanhydrid unverändert; Lsg. in **XIV** u. + **XV** blau. — **VIII**, $C_{29}H_{16}O_4N_2$, F. 385—390° (Zers.), a) durch ½std. Kochen von 1 g **VIIIc** in konz. HCl: grauer Nd., heiß filtriert, mit W., dann mit verd. NH_4OH gewaschen; orangefarbene Nädelchen aus **IV**; 0,7 g roh; aus Filtrat mit NH_3 0,15 g rohes **VII**, daraus *2-Acetamidoanthrachinon* (**XVI**), F. 266—267°, gelbe Prismen; b) aus 1 g **VIIIc** durch 10 Min. Kochen in 50 cm^3 **XIV** u. 3 cm^3 **XV** u. Gießen in CH_3OH; 0,6 g roh; in konz. H_2SO_4 orangebraun lösl.; in **XIV** gelb, + **XV** tiefblau, bei Zugabe von CH_3OH violett u. schließlich gelb; in **XIV** + **XV** λ_{min} 480 mμ (E 145), λ_{max} 605 (630); ging in **IV**, o-$C_6H_4Cl_2$ oder **XIV** mit Cu oder Cu-Salzen in **VIIIc** über (Tabelle s. Original), z. B. 100%ig. durch 10 Min. Kochen mit $(CH_3COO)_2Cu$ in **IV**; 1 g **VIII**, ½ Std. mit Acetanhydrid gekocht, Filtrat mit W. verd. → 0,5 g rohes **XVI**, F. 266—267° (CH_3COOH). 1 g **VIII**, mit C_6H_5COCl ½ Std. gekocht: gelbe Lsg., daraus 0,1 g u. aus Filtrat mit A. 0,2 g *2-Benzamidoanthrachinon*, F. 233—234°, gelbe Nadeln aus **IV**; 1 g **VIII**, bei Zimmertemp. in 200 cm^3 konz. H_2SO_4

gelöst u. nach 4 Tagen in W. gegossen: 0,8 g gelber Nd.; daraus durch Chr. VII. — *2-Formamidoanthrachinon*, $C_{15}H_9O_3N$, F. 291—292⁰, a) aus 0,5 g VIII c in 300 cm³ sd. IV durch Zugabe einiger Tropfen konz. H_2SO_4 in IV, 5 Min. Kochen u. Konz. auf $^1/_2$ Vol., blaßgelbe Nadeln aus o-$C_6H_4Cl_2$; b) durch 5std. Erhitzen von 5 g VII u. 98%ig. HCOOH auf 170⁰; 4,1 g. — 0,3 g VIII, bei 70⁰ mit $Na_2S_2O_4$ in 2%ig. NaOH gelöst u. 10 Min. gekocht; aus Filtrat durch CO_2 0,2 g Nd.; bei 280⁰/0,1 mm sublimiert → VII, F. 290—300⁰; durch Acetylierung XVI, F. 266⁰. — *Bis-[anthrachinonyl-(2)-amino]-methan* (X), $C_{29}H_{18}O_4N_2$, F. 332—334⁰ (Zers.), durch 12std. Erhitzen der Paste aus 5 g VII u. 40%ig. HCHO auf 100⁰, Waschen mit W. u. Ausziehen mit CH_3COOH, orangefarbene, prismat. Nadeln aus IV; 0,8 g; beständig in sd. konz. HCl oder Acetanhydrid. — Durch Zugabe der Lsg. von 5 g VII in konz. H_2SO_4 zur Lsg. von $(HCHO)_x$ in konz. H_2SO_4 bei 0⁰ u. Gießen in W. nach 2 Std. bei 0⁰ u. 12 Std. bei Zimmertemp.: Nd., mit verd. NH_4OH gewaschen, 4,5 g rote Nadeln aus IV; Chr. von 0,5 g gab aus oberer Schicht 0,03 g VII, F. 306⁰, u. aus unterer mit CH_3OH 0,25 g VI, F. 232⁰ (vgl. A. P. 2 091 235). — VIII, a) aus 0,8 g X durch 1std. Kochen mit je 0,4 g Cu-Bronce u. K_2CO_3 in IV: 1,1 g rote Nadeln, nach Kochen mit konz. HCl orangegelbe Nadeln aus IV; b) aus VII u. $HC(OC_2H_5)_3$ nach D. R. P. 248 656; lösl. in IV ca. 0,16%; c) durch 1½std. Kochen von 2 g VII, 0,5 g $(HCHO)_x$, 1 g K_2CO_3 u. 0,5 g Cu-Bronce in IV, Heißfiltrieren u. Ausziehen des Rückstandes mit CH_3COOH: 2 g VIII c; ohne K_2CO_3 nach 6 Std. nur 11% VIII c. — *N.N'-Bis-[anthrachinonyl-(2)]-N-methylformamidin* (XVII), $C_{30}H_{18}O_4N_2$, F. 316 bis 317⁰, durch 5std. Kochen von 1 g VIII, p-$CH_3C_6H_4SO_3CH_3$ u. K_2CO_3 in $C_6H_3Cl_3$, orangefarbene Nadeln; 0,65 g; in XIV u. + XV gelb; wurde hydrolysiert durch Erhitzen in konz. H_2SO_4 auf 100⁰, Kühlen, Gießen in W. am folgenden Tage; weißer Nd., beim Neutralisieren mit NH_3 orange; Chr.; mit Aceton aus oberer Zone VII, F. 290—300⁰, aus unterer VI, F. 230⁰. — Durch 5std. Kochen von 10 g VI mit K_2CO_3 u. Cu-Bronce in IV im Luftstrom u. Leiten der flüchtigen Dämpfe durch eine Lsg. von 2.4-Dinitrophenylhydrazin in 2n HCl fiel gelbes *Formaldehyd-2.4-dinitrophenylhydrazon* aus, F. 165 bis 166⁰; aus der IV-Suspension 4 g VIII c; Chr. des Rückstandes (5,2 g) der Wasserdampfdest. gab VI neben stark adsorbiertem schwarzem Produkt. Bei Ersatz des Cu durch CuCl u. 24std. Rk. 1,76 g VIII c; aus Filtrat 4 g VI; durch Ausziehen des IV mit 10%ig. HCl, Diazotieren u. Kuppeln mit β-Naphthol in verd. NaOH rötlichbrauner Nd., durch Chr. in Toluol u. Elution mit CH_3OH *1-Phenylazonaphthol-(2)*, F. 130⁰. — Durch 24std. Kochen von 2,5 g XI in IV mit K_2CO_3 u. Cu-Bronce 0,39 g VIII c; Dampfdest. des Filtrats → 2,2 g dunkelbrauner Rückstand; Chr. von 0,5 g gab neben schwarzer Zone durch Elution mit Aceton 0,05 g VI u. 0,35 g XI. — 2 g 2-Äthylaminoanthrachinon, durch 24std. Kochen in IV mit K_2CO_3 u. Cu-Bronce entalkyliert, gab dunklen Nd., daraus nach Chr. durch Elution mit A. 0,15 g Ausgangsprod., mit Aceton 0,02 g VII, F. 302⁰ (XVI, F. 266—267⁰). — 0,05 g XVII, wie vorst. 3 Std. gekocht u. heiß filtriert, lieferte VIII c als Rückstand; bei Fehlen von K_2CO_3 0,04 g XVII zurückgewonnen, keine Entmethylierung. — *N.N'-Bis-[anthrachinonyl-(2)]-benzamidin* (XVIII), $C_{35}H_{20}O_4N_2$, F. 327⁰, nach D. R. P. 248 656, gelbe prismat. Nadeln aus o-$C_6H_4Cl_2$; in konz. H_2SO_4 rötlichbraun lösl., mit W. Nd. des hellbraunen Sulfats; in heißem XIV gelb, + XV grünlichblau, bei Verdünnen mit A. violett, dann gelb; in XIV + XV λ_{min} 475 mμ (E 120), λ_{max} 615 (210); wurde durch einige Min. Erhitzen in konz. H_2SO_4 auf 200⁰, Kühlen u. Gießen in W. verseift; Nd. mit verd. NH_4OH ausgezogen; mit HCl C_6H_5COOH, F. 120⁰; Rückstand mit Acetanhydrid gekocht: XVI, F. 264—265⁰. — *Cu(I)-Verb.* von XVIII, $(C_{35}H_{19}O_4N_2Cu)_n$, durch 6std. Kochen von 0,5 g XVIII in IV mit Cu-Bronce u. Heißfiltration; Rückstand 24 Std. mit konz. NH_3 u. NH_4Cl verrührt; dunkelolivgrüne prismat. Nadeln, im durchscheinenden Lichte rot; 0,11 g; beim Erhitzen mit XIV oder CH_3COOH Zers. unter Lsg. von XVIII. — 1 g 2-[N-Methylanilino]-anthrachinon wurde mit K_2CO_3 u. $(CH_3COO)_2Cu$ in XIV 10 Std. im Luftstrom gekocht; beim Durchleiten durch Dimedonlsg. nach 1 Std. Rk. auf *HCHO*; 2,5%ig. Entmethylierung; durch Chr. des Rückstandes der Dampfdest. u. Elution mit Aceton 0,1 g, F. 170—215⁰ (mit XIV orange, + XV tiefgrün), u. 0,65 g Ausgangsprodukt. — 1.2'-Dianthrachinonyl-N-methylamin blieb bei 30std. Kochen mit Cu-Bronce oder $(CH_3COO)_2Cu$ u. K_2CO_3 in IV unverändert. — Bei 8std. Kochen von 5 g 1-Methylaminoanthrachinon (XIX) in IV mit K_2CO_3 u. Cu-Bronce im Luftstrom fast sofort Bldg. von *HCHO* (als *Dimedonverb.*; 5%ig. Entmethylierung); aus Heißfiltrat 0,8 g brauner Nd., aus IV u. aus CH_3COOH umkrist.; Chr. in Toluol: *1-Aminoanthrachinon* (XX), F. 252,5⁰, rote Nadeln aus Aceton, u. *1-Formamidoanthrachinon* (XXI), F. 223—224⁰, orangefarbige Nadeln; in XIV gelb, + XV rötlichorange. — XXI, $C_{15}H_9O_3N$, F. 222—223⁰, durch Anpasten von 5 g XX mit 98%ig. HCOOH u. 6std. Erhitzen auf 170—180⁰, orangefarbene Nadeln aus CH_3COOH; 5,2 g roh; in XIV gelb, + XV rot. 5 g XX u. 11 cm³ $HC(OC_2H_5)_3$ in IV 4 Std. auf 140⁰ erhitzt → 3,1 g, aus CH_3COOH orangefarbige Nadeln, F. 177—178⁰; daraus durch 1std.

Erhitzen in konz. H_2SO_4 auf 100° XX, F. 252°. — 4,7 g XIX, 4,8 g 2-Chloranthrachinon, 5 g CH_3COOK u. 0,5 g CuCl in IV 40 Std. unter Luftdurchleiten gekocht; nach 16 Std. *HCHO* in vorgelegter Dimedonlsg.; am Schluß 0,029 g Nd.; aus Heißfiltrat 2,5 g XIII (*N-Benzoylverb.*, F. 272—273°); aus Mutterlauge 1,9 g rohes *1.2'-Dianthrachinonyl-N-methylamin*, aus IV, F. 280—281°; in XIV u. + XV orange; in konz. H_2SO_4 λ_{min} 500 mμ (E 5), λ_{max} 610 (11). — 2,7 g V, 2,25 g VII, 1,5 g CH_3COOK u. 0,2 g CuCl 3 Std. in IV gekocht u. heiß filtriert; Rückstand 0,8 g VIII c, $[C_{29}H_{15}O_4N_2Cu]_n$; aus Filtrat 1,7 g Nd.; Chr. in C_6H_5Cl; aus blauer Zone mit o-$C_6H_4Cl_2$ 0,02 g *N-Methylindanthren* (III), blaue Nadeln aus Chinolin; in XIV λ_{max} 670 mμ (E 390), in XIV + XV λ_{min} 525 (19), 690 (84), λ_{max} 635 (96). — *2-Brom-1-methylaminoanthrachinon* (I), $C_{15}H_{10}O_2NBr$, F. 170—171°, nach D. R. P. 288 825, rote prismat. Nadeln aus CH_3COOH. — *2-Brom-1-[N-methylbenzamido]-anthrachinon*, $C_{22}H_{14}O_3NBr$, F. 176—177°, aus 1 g I u. C_6H_5COCl in sd. XIV mit 1 Tropfen konz. H_2SO_4; nach 5 Min. in A. gegossen; gelbe Tafeln aus CH_3COOH; 0,62 g. — Unter langsamem Luftdurchleiten wurden gekocht: 1. 5 g I, 0,25 g CuCl, 3 g CH_3COOK u. 50 cm³ IV, 1 Std.; 2. (2 g I, 0,2 g $[CH_3COO]_2Cu$, 1 g CH_3COONa u. 40 cm³ IV, 2 Std.); 3. [1,9 g I, 1,8 g 1-Amino-2-bromanthrachinon (XII), 0,2 g CuCl, 2,4 g CH_3COOK u. 50 cm³ IV, 2 Std.]; HCHO in Dimedonlsg. absorbiert, IV kalt filtriert, Rückstand (R) (hauptsächlich III) mit A. + W. gewaschen u. mit NH_4OH + NH_4Cl ausgezogen; dest. wss. Auszug mit HNO_3 angesäuert u. mit $AgNO_3$ gefällt; Ausbeuten in %: 20, (6), [64] R; 0, (48), [11] *HCHO*; 36, (Spur), [64] *AgBr*; weitere 4 Verss. vgl. Original; Dampfdest. des IV-Filtrats des R von 2. u. Chr. des Rückstandes gab I u. XII, F. 177—178° (Bzl.); R von 1. hatte Zus. u. Eigg. von III, $C_{29}H_{16}O_4N_2$, violette Nadeln aus Chinolin; gab *Indanthren* (IX) durch 1std. Rühren seiner Lsg. in konz. H_2SO_4 mit $NaNO_3$ in konz. H_2SO_4 bei 0°, Zugabe von CH_3COOH u. 16std. Stehen; Lösen des Nd. in NaOH + $Na_2S_2O_4$, Einleiten von Luft u. Umlösen aus Chinolin; Chr. von R in o-$C_6H_4Cl_2$ bei 140—150° u. Entw. mit 20% Chinolin in o-$C_6H_4Cl_2$ bei 140—150° gab unteres Band von III u. oberes von IX; R blieb in sd. Chinolin oder o-$C_6H_4Cl_2$ (150 Std.) unverändert, gab aber IX durch 5std. Kochen in o-$C_6H_4Cl_2$ in Ggw. von Al_2O_3; durch Chr. von R-Küpe (NaOH + $Na_2S_2O_4$) an Cellulose aus unterer Zone III, aus oberer IX; ebenso wurde R von 3. zerlegt. — 2 g V, 24 Std. mit 0,05 g $CuSO_4$ u. 1,25 g CH_3COOK in IV gekocht u. Filtrat dampfdest. → 1,9 g Rückstand; aus Probe davon mit Acetanhydrid XVI, F. 265°; Chr. des Restes u. Elution mit Aceton gab VI, F. 232—233° (*Acetylverb.*, F. 156°); mit 3 g CH_3COONa u. 0,25 g $CuCl_2$ in IV entstanden 0,9 g VIII c; die AgCl-Fällung (3,02 g) zeigte völlige Enthalogenierung von V an; VIII c bildete sich auch mit CH_3COONa u. $(CH_3COO)_2Cu$ in o-$C_6H_4Cl_2$. (J. chem. Soc. [London] 1951. 2147—58. Aug.) LEHMSTEDT. 3272

William Bradley, Edward Leete und **Douglas S. Stephens**, *Chemie des Indanthrens.* 3. Mitt. *Der Ringschluß von 2-Amino-1.2'-dianthrachinonylamin.* (2. vgl. vorst. Ref.) 2-Acetamido-1-chloranthrachinon (I) wird durch Erhitzen mit Cu, $(CH_3COO)_2Cu$ u. CH_3COOK in $C_6H_5NO_2$ entchlort. 2-Nitro-1.2'-dianthrachinonylamin (II) reagiert mit $SnCl_2$ in CH_3COOH unter Bldg. von *2-Amino-1.2'-dianthrachinonylamin* (III) u. *Indanthren* (IV). IV entsteht auch aus III durch Erhitzen in Luft, CO_2, CH_3COOH oder in Pyridin (V) bei Ggw. von KOH. In Ggw. von NaOH wird aus III in V ein graugrünes *Zwischenprod.* (**A**) gebildet, das in sd. Chinolin in IV übergeht. Wahrscheinlich lagert sich die 2-NH_2-Gruppe von III als Anion an die 1'-Stellung des benachbarten Ringes unter Bldg. der ***hydroaromat. Verb.*** **A** an, die sich durch prototrope Verschiebung in *Dihydroindanthren* umlagert u. durch folgende Dehydrierung IV ergibt. Mit $Na_2S_2O_4$ in NaOH wird II zu *2-Aminoanthrachinon* (VI) red. (Umkehr der Rk. III → A).

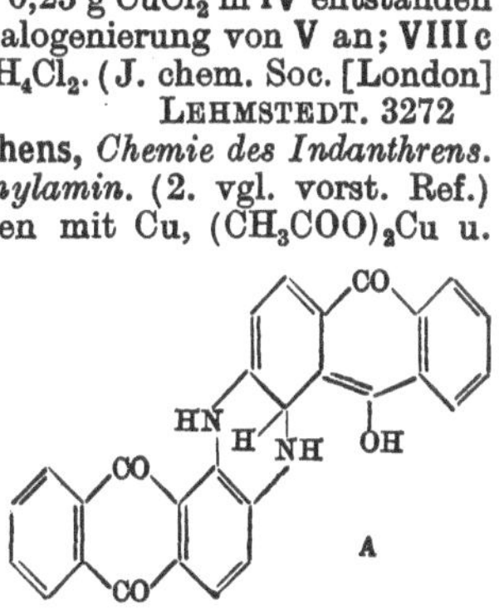

A

V e r s u c h e: *2-Acetamidoanthrachinon*, F. 264—265°, aus 3 g I durch 6std. Kochen mit 3 g CH_3COOK, 0,1 Cu-Bronce u. 0,1 g $(CH_3COO)_2Cu$ in $C_6H_5NO_2$; Dampfdest. u. Ausziehen des Rückstandes mit CH_3COOH; aus Extrakt Nd.; Sublimation bei 200° (Bad)/0,5 mm gab 0,3 g gelbe Nadeln. Daraus durch Erwärmen in konz. H_2SO_4 u. Gießen in W. *2-Aminoanthrachinon* (VI), F. 301—302°. Beim Erhitzen von I mit VI in Naphthalin oder Chinolin kein Anzeichen der Bldg. eines Deriv. von 1.2'-Dianthrachinonylamin. — *2-Amino-1.2'-dianthrachinonylamin* (III), $C_{28}H_{16}O_4N_2$, Zers. bei 290°, aus 2 g II u. sd. Lsg. von 4 g krist. $SnCl_2$ in 40 cm³ CH_3COOH; nach 5 Min. gekühlt: 1,9 g Nd.; Chromatographie u. Entw. mit C_6H_5Cl an Al_2O_3 gab 3 Zonen: aus oberster durch Chinolin *Indanthren* (IV), aus unterster mit Aceton 0,2 g II, aus mittlerer mit Essigester 0,9 g III, rotes Pulver; mit NaOH + $Na_2S_2O_4$ braune Küpe. — VI, F. 302°, aus mit A. verriebenem II u. verd. NaOH + $Na_2S_2O_4$ bei 65° u. ½std. Kochen mit Bunsenventil, gelbe

Nadeln aus CH_3COOH. — *Ringschluß* von III: a) die rote Lsg. von 0,05 g III in 5 cm³ CH_3COOH wurde nach 3std. Sieden fast farblos; Nd. von IV; b) analog in Paraffin (320°); c) unverändert nach 10 Std. in sd. V; d) 0,2 g III in 5 cm³ V mit LiOH-Pulver 10 Tage bei Zimmertemp. öfter umgeschüttelt: Spur IV, sonst unverändert; e) wie d), aber mit 0,2 g KOH-Pulver: sofort Grünfärbung; nach 10 Tagen mit CH_3OH verd.: 0,195 g bläulichgrüner Nd.; in verd. NaOH + $Na_2S_2O_4$ an Cellulose chromatographiert; durch Verküpen u. Luftoxydation der Zonen IV u. ca. 0,005 g III; f) wie e) mit 0,2 g NaOH-Pulver: 0,16 g blaßgrüne *Verb.* A, $C_{28}H_{16}O_4N_2$; beim Kochen von 0,05 g A mit Chinolin nach 5 Min. Umschlag von braun zu grünlichblau: 0,045 g IV, gebogene Nadeln; g) nach ¹/₄std. Erhitzen von III auf 300° unter CO_2 war IV, aber kein NaOH-lösl. Prod. entstanden; h) 6 Verss.: 0,4 g III wurden mit 20 cm³ V (mit 3 Vol.-% W.) u. 2 g KOH (bei den 2 letzten Verss. 30 bzw. 40 cm³ u. 4 bzw. 6 g KOH) in Fläschchen bis zum Sieden evakuiert u. dann geschlossen; Öffnung nach Rk. unter warmem ausgekochtem W.; Nd. mit 100 cm³ sd. V ausgezogen; red. (Anthrachinol)-Formen von IV nicht vorhanden; es entstanden (Zahl hinter Std. = IV in g, V-lösl. Rest vorwiegend III neben wenig IV): bei 16°/8 Std., 0,3; 25°/6 Std., 0,3; 35°/4, 0,35; 45°/3, 0,38; 70°/1, 0,4; 80°/0,5 0,4. (J. chem. Soc. [London] 1951. 2158—62. Aug.) LEHMSTEDT. 3272

—, *Radioaktiver Zucker.* Übersicht über die Herst. von mit ^{14}C markiertem Zucker u. Zuckerderivv. im U. S. National Bureau of Standards für Forschungszwecke auf biol., bakteriol., chem. u. medizin. Gebiet. (Atomics 3. 181—84. Juli 1952.) G. SCHMIDT. 3400

G. P. Ellis und **John Honeyman**, *N-substituierte Glykosylamine.* 2. Mitt. *Der Einfluß von Wasser auf die Herstellung von N-Arylglykosylaminen.* (1. vgl. C. 1951. II. 1585.) Bei der Rk. von *D-Ribose* mit *Anilin* entsteht, je nachdem, ob unter Wasserausschluß oder mit wasserhaltigem Lösungsm. gearbeitet wird, *N-Phenyl-D-ribofuranosylamin* (I-A) oder *N-Phenyl-D-ribopyranosylamin* (I-B). Es wird damit im Gegensatz zu den Angaben von BERGER u. LEE (C. 1946. I. 737) festgestellt, daß die Bldg. von I-A bzw. I-B nicht von der Temp. abhängt, denn I-B entsteht in wss. A. sowohl bei n. als auch bei Siedetemp., I-A wird nur in absol. A. erhalten; I-A gibt in wss. A. bei jeder Temp. I-B. Die Isomeren zeigen in CH_3OH Mutarotation in derselben Richtung bis zu etwa demselben Endpunkt. In Pyridin wurde, auch unter Zugabe von etwas W., im Gegensatz zu den Angaben von BERGER u. LEE (l. c.), HOWARD u. Mitarbeitern (J. chem. Soc. [London] 1946. 855) u. BUTLER u. Mitarbeitern (C. 1951. I. 3491), keine Mutarotation beobachtet. Auch mit *p-Toluidin* u. *o-Nitranilin* werden unter den entsprechenden Bedingungen Isomere in A- bzw. B-Form erhalten. — Aus *Glucose* u. *Galaktose* werden mit *p-Toluidin* unter Wasserausschluß neue rechtsdrehende Isomere hergestellt, mit *Anilin* werden auch rechtsdrehende Isomere erhalten, doch ist die spezif. Drehung weniger übereinstimmend. — Aus *Xylose* werden mit oder ohne Ggw von W. dieselben Verbb. erhalten. — Tabelle über die UV-Lichtabsorption der N-p-Tolylribosylamine (II-A u. II-B) u. von *N-Phenyl-D-mannosylamin* vgl. Original. Es werden keine Absorptionsänderungen während der Mutarotation beobachtet. — Eine allg. Meth. zur Herst. von *N-p-Tolylglykosylaminen* bei Raumtemp. wurde ausgearbeitet, die zur Charakterisierung von Zuckern dienen kann, da gute Ausbeuten u. Reinheit ohne Umkristallisation erzielt wurden. Die Meth. ist vorteilhafter als die von WEYGAND (C. 1939. II. 3576) angegebene, da Ausbeute u. Reinheit besser sind. Da die Amine nicht sehr lange haltbar sind, ist es zweckmäßig, ihre Acetylverbb. herzustellen. Ketosen (D-Fructose u. D-Sorbose wurden untersucht) reagieren unter den angegebenen Bedingungen nicht, so daß die Meth. zur Abtrennung von Aldosen aus Gemischen mit Ketosen herangezogen werden kann.

Versuche: *N-Phenyl-D-ribosylamin A* (I-A), F. 133—134°, aus trockener D-Ribose durch 2std. Erhitzen mit Anilin unter Ausschluß von W.; $[\alpha]_D^{20}$ +176,4° (c = 0,8, Pyridin); $[\alpha]_D^{20}$ +134,9 → +14,1° (12 Tage) (c = 0,4, CH_3OH); $[\alpha]_D^{16}$ +172,1° → +37,2° (c = 0,2, A.); 67% (Ausbeute). — *N-Phenyl-D-ribosylamin B* (I-B), F. 112 bis 114°, nach BERGER u. LEE (l. c.); nadelförmige Kristalle; $[\alpha]_D^{20}$ +60,2° (c = 1,0, Pyridin); $[\alpha]_D^{14}$ +23,8° → +8,3° (c = 0,4, CH_3OH); 93%. I-B, auch aus methanol. Lsg. von I-A an der Luft. I-B, außerdem aus I-A durch Lösen in wss. A. u. 10 Min. Erhitzen. I-A, auch aus I-B durch Lösen in trockenem A. u. 1std. Erhitzen unter Ausschluß von W.; bei Zugabe eines Tropfens W. Rückbldg. von I-B. — *N-p-Tolyl-D-ribosylamin A* (II-A), $C_{12}H_{17}O_4N$, F. 130°, aus D-Ribose in absol. A. u. p-Toluidin durch 2std. Erhitzen unter Ausschluß von W.; $[\alpha]_D^{20}$ +136,2° → +12,5° (c = 0,3, CH_3OH) $[\alpha]_D^{17}$ +178,2° → +76,0° (c = 0,3, Pyridin). — *N-p-Tolyl-D-ribosylamin B* (II-B) $C_{12}H_{17}O_4N \cdot \frac{1}{2}H_2O$, F. 123°, aus D-Ribose in 0,001nH$_2SO_4$ mit p-Toluidin in A. nach 20 Std. bei Raumtemp. u. 5 Std. bei 0° Nadeln; $[\alpha]_D^{18}$ +58,6° (c = 1,0, Pyridin); $[\alpha]_D^{18}$ +22,1° → +11,7° (c = 0,4, CH_3OH); 94%. — II-B, auch aus II-A in absol. A. durch 5 Min. Erhitzen mit 2 Tropfen W.; II-A, auch aus II-B durch 1 std. Erhitzen in trockenem A. unter Wasserausschluß. — *N-o-Nitrophenyl-D-ribosylamin A* (III-A), $C_{11}H_{14}O_6N_2$, F. 167—168°, aus D-Ribose, NH_4Cl u. o-Nitranilin in absol. A. unter Ausschluß von W.; orangegelbe Kristalle; $[\alpha]_D^{20}$ —122,5° (c = 0,2, Pyridin); 94%. — *N-o-Nitrophenyl-D-ribosylamin B* (III-B), F. 193—194°, aus D-Ribose in 0,001n H_2SO_4 mit o-Nitroanilin in A. bei Raumtemp.; gelbe Kristalle; $[\alpha]_D^{20}$ —109,1° (c = 0,3, Pyridin); 89%. Umwandlung von III-A in III-B bzw. III-B in III-A wie vorst. bei I u. II. — *N-Phenyl-D-xylosylamin*, F. 144—145°, aus D-Xylose u. Anilin in absol. A. durch 1½ std. Erhitzen unter Wasserausschluß, auch bei Zugabe von 2 Tropfen W.; $[\alpha]_D^{21}$ —82,2° → —21,6° (c = 0,6, CH_3OH). — *N-p-Tolyl-D-xylosylamin*, F. 124—125°, aus D-Xylose u. p-Toluidin unter Wasserausschluß, aber auch in wss. Lsg.; $[\alpha]_D^{24}$ —72,2° → —20,4° (c = 0,6, CH_3OH); $[\alpha]_D^{14}$ —59,0° (c = 0,5, Pyridin); 38%. — *N-p-Tolyl-D-glucosylamin*, $C_{13}H_{19}O_5N$, F. 135—136°, aus in trockenem CH_3OH suspendierter D-Glucose mit p-Toluidin durch 3 std. Erhitzen unter Wasserausschluß; $[\alpha]_D^{18}$ + 208,9° → —44,5° (67 Std.) (c = 0,7, CH_3OH); Umkristallisation ergibt trotz sorgfältigem Wasserausschluß *N-p-Tolylglucosylamin*, F. 113°; $[\alpha]_D^{18}$ —97,5° → —42,7° (c = 1,0, CH_3OH). *N-Phenyl-D-glucosylamin*, F. 134—135°, aus D-Glucose mit Anilin wie vorst.; $[\alpha]_D^{17}$ + 53° → —20,6° (c = 0,7, CH_3OH). — *N-Phenyl-D-galaktosylamin*, aus D-Galaktose in 0,001n H_2SO_4 mit Anilin in A. bei Raumtemp.; F. 157—158°; $[\alpha]_D^{18}$ —92° → —43,5° (c = 0,5, CH_3OH); 57%. Beim Arbeiten unter Wasserausschluß wie bei Glucose F. 141 bis 143°; $[\alpha]_D^{19}$ —22,1° →— 40,3° (c = 0,4, CH_3OH). — *N-p-Tolyl-D-galaktosylamin*, unter Wasserausschluß wie vorst.; $[\alpha]_D^{18}$ —33,0° → —14,1° (c = 0,2, CH_3OH). Bei Ggw. von W.: F. 161—162°; $[\alpha]_D^{19}$ —80° → 8,8° (c = 0,2, CH_3OH). — *N-Phenyl-D mannosylamin*, aus D-Mannose in 0,001n H_2SO_4 mit Anilin bei Raumtemp., F. 181°; $[\alpha]_D^{18}$ —179,3° (c = 0,3, Pyridin); $[\alpha]_D^{17}$ —101,4° → —45,0° (70 Std.) (c = 0,2, CH_3OH). —Allg. Meth. zur Herst. von N-p-Tolylglykosylaminen: Rk. des Zuckers in 0,001n H_2SO_4 mit p-Toluidin in absol. A. bei Raumtemp. bis zur Kristallisation, dann 2 Std. bei 0°; Kristalle absaugen u. mit A. u. Ae. waschen. (J. chem. Soc. [London] 1952. 1490—96. April. London, Univ., King's Coll.) ROSSOW. 3400

M. N. Wattiez, *Beitrag zum Studium der afrikanischen Strophanthusarten. Strophanthus intermedius Pax. — Glykosid und Aglykon.* 1. Mitt. Der wss. Rückstand der A.-Extraktion der entfetteten Samen von *Strophanthus intermedius Pax* gab nach Klärung mit Pb-Acetat im Ae.-Auszug eine nicht näher untersuchte krist. Substanz. Im Chloroformauszug fand sich ein krist. Glykosid (1,656% der Samen), das *Stromedosid* (I), $C_{30}H_{44}O_{10}$, F. 202—203° (FF. auf KOFLER-Block), genannt wird u. mit Garverosid u. der Substanz No. 761 von BUZAS, EUW u. REICHSTEIN (C. 1950. II. 2435) isomer ist; aus CH_3OH/Ae. längliche spitze Prismen; $[\alpha]_D$ + 36,4° (CH_3OH). Das UV-Spektr. glich dem der Substanz Nr. 761. I enthält eine Methoxygruppe. Die Toxizität betrug 17 mg pro kg. Es gab kein krist. Acetyl-, Benzoyl- oder Dinitrobenzoylderiv., mit Hydroxylamin entstand kein Oxim. Durch Hydrolyse mit n/20 wss.-methanol. H_2SO_4 wurde das *Aglykon* $C_{23}H_{32}O_7$, F. 218—220°, freigemacht; $[\alpha]_D$ + 52,4° (CH_3OH); gab keine krist. Acylderivate. Als Zuckerkomponente von I kommt wahrscheinlich Cymarose in Frage. (Bull. Acad. roy. Méd. Belgique (6.) 16. 194—211. 1951.) NEZEL. 3450

G. R. Clemo und **Bhola Nath**, *Synthese des Dibenzo-[c.k]-sparteins.* Die Synth. erfolgt analog der des Sparteins (C. 1936. II. 2140 u. 1950. I. 550). — *[Chinolyl-(2)]-essigsäureäthylester* (I), $C_{13}H_{13}O_2N$, Kp.$_{0,4-0,6}$ 140—145°; *Pikrat*, $C_{13}H_{13}O_2N \cdot C_6H_3O_7N_3$, F. 152—153° (Zers.); a) aus Chinaldin durch Erhitzen mit $NaNH_2$ u. anschließend mit Äthylcarbonat; 34% (Ausbeute); b) nach der Meth. von WOODWARD u. KORNFELD (Org. Syntheses 29. [1949.] 44); 20%, wobei als Nebenprod. *2-Methyl-2-phenyl-1.2-dihydrochinolin*, F. 90—92° (*Pikrat*, F. 194—196°; vgl. LEONARD u. BOYER (C. 1951. II. 3021) entsteht. — *6-Oxo-7-[chinolyl-(2)]-3.4-benzopyridocolincarbonsäureäthylester-(9)* (III), $C_{25}H_{18}O_3N_2$, hellgelb, F. 161 bis 162°; *Pikrat*, $C_{25}H_{18}O_3N_2 \cdot C_6H_3O_7N_3$, F. 178—179° (Zers.); aus I durch Kochen mit Orthoameisensäureäthylester u. Acetanhydrid. — *α.α'-Bis-[chinolyl-(2)]-glutarsäurediäthylester* (II), $C_{27}H_{26}O_4N_2$, Kp.$_{0,4-0,6}$ 190—197°; *Dipikrat*, $C_{27}H_{26}O_4N_2 \cdot 2C_6H_3O_7N_3$, F. 198—201°; a) aus I u. Paraformaldehyd + Spur Piperidin bei 140°; b) aus I durch Erhitzen mit K in Bzl. u. nachfolgend mit CH_2J_2. — *6.13-Dioxodibenzo-[c.k]-spartein* (IV), $C_{23}H_{22}O_2N_2$, hellgelb, Kp.$_{0,5}$ 115—122°, aus III oder II durch Hydrierung mit Cu-Chromit in Dioxan

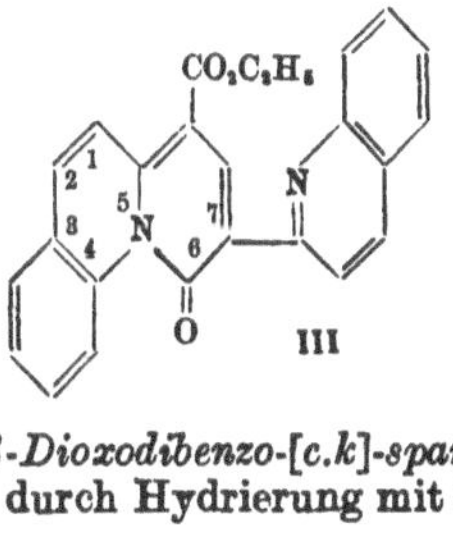

III

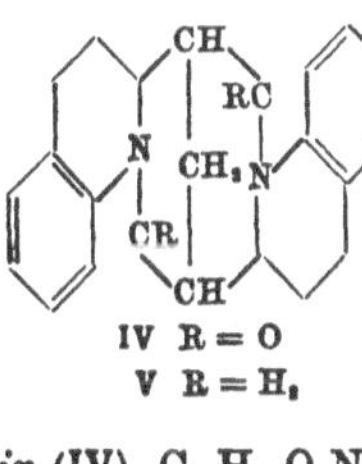

IV R = O
V R = H2

bei 200—220° u. 200—230 at. — *Dibenzo-(c.k]-spartein* (V), $C_{23}H_{26}N_2$, $Kp._{0,5-0,6}$ 130 bis 135°; *Dipikrat*, $C_{23}H_{26}N_2 \cdot 2C_6H/O_7N_3$, F. 156—158°; aus IV durch Red. mit $LiAlH_4$ in Äther. (J. chem. Soc. [London] **1952**. 2196—98. Juni. Newcastle-upon-Tyne, Univ. of Durham, King's Coll.) BOIT. 3500

F. Faltis und **E. Adler**, *Konfigurativer Zusammenhang zwischen Laudanosin und Glaucin, sowie einigen Basen vom Typus des Glaucins. Gewinnung von Tetraäthoxynorglaucin.* (—)-Laudanosin läßt sich über die Nitro- u. Aminoverb. (II) durch Phenanthrenringschluß in (—)-Glaucin überführen, wodurch bewiesen wird, daß (+)-Glaucin aus Corydalis cava konfigurativ dem natürlichen (+)-Laudanosin (*l*-(+)-Laudanosin nach LEITHE, Ber. dtsch. chem. Ges. **64**. [1931.] 2827) entspricht. Das gleiche gilt für Laurotetanin, Boldin u. wahrscheinlich auch Dicentrin u. Domesticin, die ster. dem (+)-Glaucin zugeordnet werden können.

Versuche: *Nitroperparin*, $C_{24}H_{28}O_6N_2$, F. 161—162°, aus Perparin u. konz. HNO_3 bei —5°. — *Nitroperparinchlormethylat*, $C_{25}H_{31}O_6N_2Cl$, F. 199—201° (Zers.), aus vorst. Verb. über das *Methylsulfatmethylat* (F. 204—206°, Zers.). — *dl-Tetraäthoxynoraminolaudanosin* (I), amorph, aus vorst. Verb. durch Red. mit Sn + konz. HCl in A. — *dl-Tetraäthoxynorglaucin*, $C_{25}H_{33}O_4N$, F. 103—105,5°, aus vorst. Verb. durch Diazotierung in $2n\,H_2SO_4$ + CH_3OH mit oder ohne Red. (Zn + HCl). — *Perparinjodmethylat*, $C_{25}H_{32}O_4NJ$, F. 210—213°. — *dl-Tetraäthoxynorlaudanosin*, $C_{25}H_{35}O_4N$, F. 59—61°, aus vorst. Verb. durch Red. mit amalgam. Zn + H_2SO_4. — *dl-Tetraäthoxynornitrolaudanosin*, $C_{25}H_{34}O_6N_2$, F. 108,5—110°, hellgelb, aus vorst. Verb. u. konz. HNO_3 in Eisessig bei 5°; liefert bei der Red. mit $SnCl_2$ in konz. HCl + Eisessig I. — *dl-Laudanosin*, F. 114—115,5°, aus Papaverinjodmethylat durch Red. mit amalgam. Zn + H_2SO_4. — *dl-Nitrolaudanosin*, $C_{21}H_{26}O_6N_2$, F. 130—131,5°, aus vorst. Verb. wie oben. — *dl-Aminolaudanosin*, F. 143—144,5°, aus vorst. Verb. wie oben, oder aus Nitropapaverinchlormethylat nach GADAMER (Arch. Pharmaz. Ber. dtsch. pharmaz. Ges. **249**. [1911.] 687); liefert beim Phenanthren-Ringschluß *dl-Glaucin* (F. 137—138,5°; *Hydrobromid*, F. 234°). — (—)-*Aminolaudanosin* (II), F. 129—131°, $[\alpha]_D^{18}$ —35° (Chlf.), aus dem Racemat durch Spaltung mit 2 Mol d-Weinsäure [Kristallisation des *Tartrats* (F. 150—152°; 1 Mol. Base auf 2 Mol. Säure enthaltend) aus Bzl.-Chlf. + A. u. Zerlegung mit Alkali]; aus der Mutterlauge die (+)-*Base*, F. 129—131°. — (—)-*Laudanosin*, F. 87—88°, $[\alpha]_D$ —105,5° (A.), aus dem Racemat durch Spaltung mit Chinasäure nach PICTET u. ATHANASESCU [1900] über das *l-Chiniat* (F. 128—131°, $[\alpha]_D$ —82,80° (A.). — (+)-*Nitrolaudanosin*, $C_{21}H_{26}O_6N_2$, F. 121—122,5°, $[\alpha]_D$ +43,15° (A.), aus vorst. Verb. wie oben; liefert bei der Red. II, F. 129—130°, $[\alpha]_D$ —47,07° (A.). — (—)-*Glaucin*, F. 116 bis 117,5°, $[\alpha]_D$ —110° (A.), aus II durch Diazotieren u. Erwärmen mit CH_3OH; Isolierung über das *dl-Tartrat* (F. 208—209°). (Arch. Pharmaz. Ber. dtsch. pharmaz. Ges. **284**/**56**. 281—92. 24/9. 1951. Wien, Univ., Pharmazeut.-Chem. Inst.) BOIT. 3500

William Boyd Cook und **O. A. Beath**, *Die Alkaloide von Delphinium Barbeyi H.* Aus Delphinium Barbeyi, einer im Gebiet der Rocky Mountains verbreiteten Rittersspornart, die häufig Viehvergiftungen verursacht, werden durch Extraktion mit 80%ig. A. 0,15% Alkaloide (bezogen auf getrocknetes Pflanzenmaterial) isoliert u. durch fraktionierte Kristallisation sowie Chromatographie in *Lycoctonin* (I) (62% der krist. Alkaloide) u. *Anthranoyllycoctonin* (II) (38%) aufgeteilt. — I, $C_{24}H_{41}O_7N + H_2O$ (aus 50%ig. A.), F. 134,5—135,5° (Capillare) bzw. 96—97° (FISHER-JOHNS-App.), $[\alpha]_D^{23}$ +50,9° (Chlf.), $[\alpha]_D^{22,5}$ +53,6° (absol. A.), $[\alpha]_D^{25}$ +53,2° (CH_3OH), pK 9,3, enthält 1 (N)CH_3- u. 4 OCH_3-Gruppen sowie 2 akt. H-Atome u. ist ident. mit dem Alkamin des Ajacins (vgl. HUNTER, Quart. J. Pharmac. Pharmacol **17**. [1944.] 302); *Hydrobromid*, $C_{24}H_{41}O_7N \cdot HBr + CH_3OH$, F. 171,5—172°; *Jodmethylat*, $C_{24}H_{41}O_7N \cdot CH_3J$, F. 185,5—186° (Zers.); *Chloroplatinat*, $C_{24}H_{41}O_7N \cdot H_2PtCl_6$, orange, amorph; *Chloroaurat*, $C_{24}H_{41}O_7N \cdot AuCl_3$, gelb, F. 110—115° (Zers.); *Perchlorat*, F. 174° (Zers.); *Pikrat*, gelb, F. 160—160,5°; *Hydrochlorid*, F. 152°; *Hydrojodid*, F. 180° (Zers.). — II, $C_{31}H_{46}O_8N_2$ (aus CH_3OH-haltigem Bzl.), F. 165—165,5° (Capillare) bzw. 132—135° (FISHER-JOHNS-App.). $[\alpha]_D^{20,5}$ +50,6° (Chlf.), $[\alpha]_D^{27}$ +51,2° (absol. A.), $[\alpha]_D^{26}$ +30,4° (0,2n HCl), enthält 1 OH- u. 4 OCH_3-Gruppen (vgl. MARION u. MANSKE, Canad. J. Res., Sect. B **24**. [1946.] 1); *Hydrobromid*, $C_{31}H_{46}O_8N_2 \cdot HBr + CH_3OH$, F. 185° (Zers.); *Jodmethylat*, $C_{31}H_{46}O_8N_2 \cdot CH_3J$, F. 177° (Zers.); *Chloroplatinat*, orangebraun, ohne F.; *Chloroaurat*, $C_{31}H_{46}O_8N_2 \cdot AuCl_3$, braun, Zers. bei 159°; *Perchlorat*, F. 202,5—203°; *Pikrat*, F. 159—160° (Zers.); *Hydrochlorid*, Zers. bei 182°; *Hydrojodid*, Zers. bei 183°. — *Acetyl*-II (*Ajacin*), $C_{33}H_{48}O_9N_2 + 1,5H_2O$, F. 140—142°; *Pikrat*, F. 165—167°. (J. Amer. chem. Soc. **74**. 1411—15. 20/3. 1952. Laramie, Wyo., Univ. of Wyoming, Dep. of Chem., u. Res. Chem. Dep.) BOIT. 3500

G. Tschudi und **H. Schinz**, *Synthese der Allocyclogeraniumsäure.* Ausgehend von der 1.1-Dimethylcyclohexanon-(4)-essigsäure-(3) (II), deren Synth. früher (C. **1951.** I. 3032) beschrieben wurde, wird *Allocyclogeraniumsäure* (I) dargestellt u. damit die Konst. von I gesichert. II-Methylester (**IIa**) gab durch Hydrierung in Eisessig mit Pt bzw. in CH_3OH mit RANEY-Ni die beiden *cis-trans-isomeren Oxyester* **IIIa** bzw. **IIIb**, von denen auf Grund des chem. Verh. der Ester **IIIa** die *trans-* u. **IIIb** die *cis*-Konfiguration haben dürfte, denn **IIIa** liefert bei der alkal. Verseifung die zugehörige *Oxysäure*, die sich mit CH_2N_2 in **IIIa** zurückverwandeln läßt; **IIIb** ist dagegen unbeständig, lagert sich leicht in **IIIa** um u. gibt bei der Verseifung nicht die freie Säure, sondern das zugehörige Lacton, u. zwar bei der alkal. Verseifung das *cis-Lacton* **IVb**, bei der sauren das *trans-Lacton* **IVa**, das auch durch saure Verseifung von **IIIa** erhältlich ist. Eine Zuordnung der Konfiguration von **IIIa** u. **IIIb** nach der AUWERS-SKITA-Regel war nicht möglich, da das bei der sauren Hydrierung erhaltene **IIIa** geringere Werte für D. u. n_D aufwies als das in neutraler Lsg. erhaltene **IIIb**. Aus **IVb** ließ sich I-*Methylester* (**Ia**) durch Erwärmen mit $SOCl_2$, Versetzen des Reaktionsprod. mit methanol. HCl u. HCl-Abspaltung aus dem *γ-Chlorester* mit Kollidin erhalten, während die Überführung von **IVb** mit alkoh. HBr in den γ-Bromester nicht gelang. Durch rasches Erhitzen von **IIIb** mit $KHSO_4$ war ebenfalls **Ia** — neben **IVb** — erhältlich, während Einw. von PBr_3 + Pyridin auf **IIIb** ein Gemisch von **IIIb** mit **IVb** ergab.

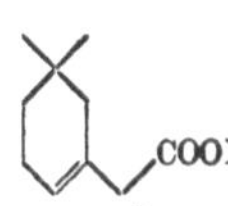

I

Versuche (FF. korr.): *1.1-Dimethylcyclohexanon-(4)-essigsäure-(3)-methylester* (**IIa**), $C_{11}H_{18}O_3$, Kp.$_{0,16}$ 98—99°, durch Überführung des δ.δ-Dimethyl-β-carbomethoxyadipinsäuredimethylesters in der früher (l. c., dort VIII) beschriebenen Weise in rohe II u. Veresterung mit CH_2N_2; D.$^{20}_4$ 1,0356, n_D^{20} 1,4619, Mol.-Refr. 52,62; 82% (Ausbeute). — *cis-1.1-Dimethylcyclohexanol-(4)-essigsäure-(3)-methylester* (**IIIb**), $C_{11}H_{20}O_3$, Kp.$_{0,11}$ 91—92°, durch Hydrierung von **IIa** in CH_3OH in Ggw. von RANEY-Ni; D.$^{20}_4$ 1,0290, n_D^{20} 1,4671, Mol.-Refr. 54,02. *Allophanat*, $C_{13}H_{22}O_5N_2$, F. 146,5—147° (CH_3OH–W.). — *trans-1.1-Dimethylcyclohexanol-(4)-essigsäure-(3)-methylester* (**IIIa**), Kp.$_{13}$ 142—143°, durch Hydrierung von 2 g **IIa** in Eisessig in Ggw. von PtO_2; Kp.$_{0,03}$ 85°, D.$^{20}_4$ 1,0206, n_D^{20} 1,4618, Mol.-Refr. 53,91; 1,76 g; oder durch Dest. von rohem **IIIb**. *Allophanat*, F. 165—165,5°. — *trans-1.1-Dimethylcyclohexanol-(4)-essigsäure-(3)*, $C_{10}H_{18}O_3$, F. 123—123,5°, a) durch Verseifung von **IIIb** mit 10%ig. NaOH während 45 Min. auf dem Wasserbad, Verdünnen mit W., Ausschütteln mit Ae. u. Ansäuern der alkal. Lsg. mit HCl als Nebenprod. neben **IVb**; 9%. b) Ebenso aus 700 mg **IIIa**; 645 mg. Die Säure gab mit CH_2N_2 wieder **IIIa**. *Hydrazid*, $C_{10}H_{20}O_2N_2$, F. 160,5—161° (Chlf.–Cyclohexan), aus **IIIa** oder **IIIb** mit Hydrazinhydrat. — *cis-1.1-Dimethylcyclohexanol-(4)-essigsäure-(3)-lacton* (**IVb**), $C_{10}H_{16}O_2$, Kp.$_{0,3}$ 85—86°, als Hauptprod. bei der alkal. Hydrolyse von **IIIb**; D.$^{20}_4$ 1,0354, n_D^{20} 1,4736, Mol.-Refr. 45,63; 83%. — *cis-1.1-Dimethylcyclohexanol-(4)-essigsäure-(3)-hydrazid*, F. 133,5—134°, aus **IVb** bei Raumtemperatur. — *trans-1.1-Dimethylcyclohexanol-(4)-essigsäure-(3)-lacton* (**IVa**), Kp.$_{13}$ 137—139°, a) durch 1½ std. Erwärmen von **IIIb** mit 10%ig. HCl auf dem Wasserbad u. Ae.-Extraktion; n_D^{20} 1,4685; 81%; b) ebenso aus **IIIa**; D.$^{20}_4$ 1,0246, n_D^{20} 1,4684, Mol.-Refr. 45,67; 68%. — *Allocyclogeraniumsäure* (I), *Methylester* (**Ia**), Kp.$_{15}$ 102°, a) durch Erhitzen von **IIIb** mit $KHSO_4$ auf 170—180° (10 Min.) u. Abdest. des Reaktionsprod. unter vermindertem Druck; n_D^{20} 1,4592; 20% neben **IVb**; b) durch 2½ std. Kochen von **IVb** mit $SOCl_2$, Eingießen in methanol. HCl, 1 std. Kochen des Filtrationsrückstandes mit Kollidin u. fraktionierte Dest.; Kp.$_{11}$ 96—98°, n_D^{20} 1,4600; 20% neben **IVa**. **I**, Kp.$_{11}$ 142—145°, durch Verseifung von **Ia** mit 10%ig. wss. NaOH (3 Std. Kochen); n_D^{20} 1,4720; 63%. *Benzylthiuroniumsalz*, $C_{18}H_{26}O_2N_2S$, F. 147,5° (A.–W.). (Helv. chim. Acta **35.** 1230—35. 16/6. 1952. Zürich, ETH, Organ.-chem. Labor.) SPAETH. 3600

D. H. R. Barton und **W. J. Rosenfelder**, *Anwendung der Methode der Molekularrotationsdifferenzen auf Steroide.* 17. Mitt. *Einwirkung von Quecksilberacetat auf Isodehydrocholesteryl-p-nitrobenzoat* (16. vgl. C. **1951.** II. 230.) Die Behandlung von *Isodehydrocholesteryl-p-nitrobenzoat* (I) mit Hg-Acetat in Chlf.–Essigsäure u. anschließende Hydrolyse mit Alkali führte zu einem Gemisch zweier Diole, *$\Delta^{7.9(11)}$-Cholestadien-3β.6α-diol* (III) u. *$\Delta^{7.9(11)}$-Cholestadien-3β.6β-diol* (II). Damit bestätigten die Vff. das schon von WINDAUS (Liebigs Ann. Chem. **552.** [1942.] 135, 142) erhaltene Ergebnis, das sie ursprünglich, wegen der nach ihrer Meinung zu hohen negativen Drehung u. der Lage des Absorptionsmaximums, angezweifelt hatten. Durch eine Anzahl Rkk. wird die Konst. dieser Stoffe gefestigt. III ist ident. mit einem von WINDAUS (l. c.) unvollständig charakterisierten Diol, das er aus I mit Bleitetraacetat erhielt. — Der Mechanismus der Rk. von Hg-Acetat mit I wird besprochen sowie die Bldg. der *Verb.* $C_{34}H_{43}O_5N$ von WINDAUS (l. c.) bei dieser Rk. bestätigt.

Versuche (Drehungen in Chlf. bei 15—25°; „in der üblichen Weise" heißt Verdünnen mit W., Aufnehmen in Ae., Waschen mit wss. KOH, wss. HCl u. W. u. Eindampfen der äther. Lsg. im Vakuum. Alkal. Verseifung wurde durch 30—60 Min. Kochen mit KOH in Methanol oder Methanol–Dioxan, je nach Löslichkeitsverhältnissen, durchgeführt. Absorptionsspektren in A.): *Verb.* $C_{34}H_{43}O_5N$, F. 209—210°, aus I u. Hg-Acetat nach WINDAUS u. Mitarbeitern (l. c.) u. Behandeln des Rohprod. mit Aceton, blaßgelbe Nadeln aus Essigester; $[\alpha]_D$ —121° (c = 2,11); λ_{max} 258 u. 312 mμ (ε = 16000 u. 13500). Die Verb. läßt sich weder acetylieren oder benzoylieren, noch unter milden Bedingungen oxydieren. $\Delta^{7.9(11)}$-*Cholestadien-3β.6β-diol* (II), F. 203—204° (bei langsamem Erhitzen; Zers.) bzw. F. 226—227° (bei 220° Badtemp.; Zers.), durch alkal. Hydrolyse vorst. Rohprod. nach WINDAUS (l. c.), $[\alpha]_D$ —41° (c = 2,12, Pyridin), instabil, zers. sich in Chlf. bei Zimmertemperatur. *Diacetat*, $C_{31}H_{48}O_4$ (IV), aus Methanol, F. 131—132°; $[\alpha]_D$ —115° (c = 2,21); λ_{max} 245 mμ (ε = 18300). *Dibenzoat*, $C_{41}H_{52}O_4$, aus Essigester–Methanol, F. 149—150°; $[\alpha]_D$ —132° (c = 2,22). Verseifung der Ester gibt II. Red. von IV in Essigsäure + Pt ergab Reaktionsprod. vom F. 95—96°; $[\alpha]_D$ + 12°, das mit einem Gemisch ($[\alpha]_D$ + 13°) aus 3 Teilen Cholestanylacetat u. 1 Teil α-Cholestenylacetat keine Misch.-F.-Depression zeigt. Behandlung des Hydrierungsprod. von IV mit Acetanhydrid + konz. H_2SO_4 nach ANDERSON u. NABENHAUER (J. Amer. chem. Soc. **46**. [1924.] 1957) ergab *Cholestanylacetat*, F. 103—104°. — $\Delta^{7.9(11)}$-*Cholestadien-3β.6α-dioldibenzoat*, $C_{41}H_{52}O_4$ (V), F. 184—185°, aus der äther. Mutterlauge der II-Darst. nach Einengen u. Benzoylieren u. üblicher Aufarbeitung, Kristalle aus Chlf.–Methanol; $[\alpha]_D$ + 144° (c = 2,58). — $\Delta^{7.9(11)}$-*Cholestadien-3β.6α-diol* (III), F. 194—195° (Zers.), durch alkal. Verseifung von V, Kristalle aus Methanol; $[\alpha]_D$ + 94° (c = 0,55). *Diacetat* (VI), $C_{31}H_{48}O_4$, F. 126—127° (Methanol); $[\alpha]_D$ + 126° (c = 1,15); λ_{max} 242 mμ (ε = 19500). — $\Delta^{8(14)}$-*Cholesten-3β.6α-dioldiacetat* (VII), $C_{31}H_{50}O_4$, F. 141—142° (Methanol), durch Hydrieren von V in Essigsäure + Pt, Verseifen, Acetylieren u. Chromatographieren an Al_2O_3 (Eluierung mit 5% Bzl.–PAe.); $[\alpha]_D$ + 28° (c = 1,44); λ_{max} 205 mμ (ε_{max} 8200, ε_{215} 4500); Gelbfärbung mit Tetranitromethan. VII entsteht auch durch Hydrierung von VI. — $\Delta^{8(14)}$-*Cholesten-3β.6α-diol*, $C_{27}H_{46}O_2 \cdot 5H_2O$, F. 179—180° (PAe.), durch alkal. Verseifung von VII; $[\alpha]_D$ + 24° (c = 1,43). *Dibenzoat*, $C_{41}H_{54}O_4$, F. 181—182° (Essigester–Methanol); $[\alpha]_D$ + 51° (c = 2,80). — *Cholestanylacetat*, F. 105—107°, durch Hydrieren von VII in Essigsäure + HCl in Ggw. von Pt; $[\alpha]_D$ + 16° (c = 0,68, l = 0,5 dm). — *Cholestan-3β.6α-dioldiacetat* (VIII), $C_{31}H_{52}O_4$, aus VII in Chlf. u. trockenem HCl-Strom bei Zimmertemp. (30 Min.), Abdampfen des Lösungsm. im Vakuum, Hydrieren des Rückstandes in Essigsäure u. Aufarbeiten wie üblich. Das gesätt. Prod. wurde mit CrO_3 in Essigsäure auf dem Wasserbad behandelt, wie üblich aufgearbeitet u. über Al_2O_2 chromatographiert (Eluieren mit Bzl.–PAe.), F. 55—56° (Methanol); $[\alpha]_D$ + 37° (c = 1,02). Keine Farb-Rk. mit Tetranitromethan. F. weicht stark ab von dem von PLATTNER u. LANG (C. **1945**. II. 1337) angegebenen F. 107—108°; ($[\alpha]_D$ + 39°). Das erhaltene VIII scheint eine tiefer schm. Form zu sein. VIII (aus *Cholestan-6-on-3β-ylacetat* u. aus *Cholestan-3.6-dion* durch Red. mit Na u. n-Propanol u. anschließende Acetylierung dargestellt) hatte in jedem Fall F. 54—55°, $[\alpha]_D$ + 39° (c = 2,45), u. keine Misch-F.-Depression. Verseifung von VIII ergab *Cholestan-3β.6α-diol*, aus Methanol, F. 203—204° (keine Misch-F.-Depression). — *Red. von Diphenylquecksilber mit* $LiAlH_4$. Red. man Diphenylquecksilber in Ae. mit $LiAlH_4$ im Überschuß, so erhält man unter Ausscheidung von Hg Benzol. (J. chem. Soc. [London] **1951**. 2381—85. Sept. London, Birkbeck Coll.) K. H. MENZEL. 3700

A. J. Birch, J. A. K. Quartey und **Herchel Smith**, *Hydroaromatische Steroidhormone.* 3. Mitt. *Einige angular methylierte Zwischenprodukte.* (2. vgl. C. **1952**. 2006.) Verss. zur Einführung einer angularen Methylgruppe in 1.2.3.4.5.6-Hexahydro-3-keto-10-methoxy-4-N-methylanilinomethylenchrysen (I) führten nur zu *1.2-Dihydro-3.10-dimethoxy-4-N-methylanilinomethylchrysen* (II), während bei der direkten Methylierung von 1.2.3.4.5.8-Hexahydro-1-keto-6-methoxynaphthalin (III) in der Hauptsache über *1.2.3.4.8.9-Hexahydro-1-keto-6-methoxy-9-methylnaphthalin* (IV) das *1.2.3.4-6.7.8.9-Oktahydro-1.6-diketo-9-methylnaphthalin* (V) neben *1.2.3.4-Tetrahydro-6-oxy-1-keto-5-methylnaphthalin* entstand. IV, das als wichtiges Zwischenprod. zur Synth. von Steroiden gelten kann, konnte in *1.2.3.4.6.7.8.9-Oktahydro-1-oxy-6-keto-9-methylnaphthalin* umgewandelt werden. *5-Methoxyindanon-(1)* (VIII) ließ sich nach Red. zu *4.7-Dihydro-1-oxy-5-methoxyindan* (VI) u. Oxydation zu *4.7-Dihydro-5-methoxyindanon-(1)* (VII) in *5.6.7.8-Tetrahydro-8-methylindandion-(1.5)* verwandeln; die vergleichend zu I durchgeführte Methylierung von *3.4-Dihydro-3'-keto-6-methoxy-4'-N-methylanilinomethylencyclopenteno-[1'.2' : 1.2]-naphthalin* verlief ohne Erfolg.

Versuche: *1.2.3.4.5.6-Hexahydro-3-keto-10-methoxy-4-N-methylanilinomethylenchrysen* (I), $C_{27}H_{25}O_2N$, F. 183°, aus 1,06 g 1.2.3.4.5.6-Hexahydro-3-keto-10-methoxychrysen (Ia) mit Äthylformiat u. Na-Methylat bei Zimmertemp. unter N_2 u. Behandeln der rohen *Formylverb.* in Bzl. mit Methylanilin bei Ggw. von wasserfreiem Na_2SO_4 am Rückfluß; 0,75 g gelbe Nadeln aus Tetrahydrofuran–A. (1 : 1). — *1.2-Dihydro-3.10-dimethoxy-4-N-methylanilinomethylchrysen* (II), $C_{28}H_{27}O_2N$, F. 144—145°, aus 0,75 g I mit K-tert.-Butylat u. Methyljodid in Tetrahydrofuran unter N_2 bei Siedetemp.; 0,52 g Nadeln aus Bzl.–Methanol (1 : 1). Ia wurde bei Methylierung unter den gleichen Bedingungen zum größten Teil unverändert zurückerhalten. — *3.4-Dihydro-3'-keto-6-methoxycyclopenteno-[1'.2' : 1.2]-naphthalin* (IX), $C_{14}H_{14}O_2$, F. 96—97°, aus 1.2.3.4-Tetrahydro-1-keto-6-methoxynaphthalin u. Methylsuccinat mit K-tert.-Butylat unter N_2 durch 90 Min. Kochen, Behandeln des nach Aufarbeiten gewonnenen Öls mit geschmolzenem $ZnCl_2$ in Essigsäureanhydrid u. Essigsäure unter N_2 bei Siedetemp., Zugabe von konz. HCl in der Hitze u. Behandeln des gewonnenen Rohprod. mit 5%ig. KOH; gelbe Nadeln aus Bzl.–PAe. (1 : 1); λ_{max} 329 mμ (ε = 23960), 238 mμ (ε = 12270); 57% (Ausbeute). *2.4-Dinitrophenylhydrazon,* F. 275°, dunkelrote Nadeln aus Essigester. — *3.4-Dihydro-3'-keto-6-methoxy-4'-N-methylanilinomethylencyclopenteno-[1'.2' : 1.2]-naphthalin,* $C_{22}H_{21}O_2N$, F. 139—140°, aus 1,5 g IX analog I; 1,0 g orangegelbe Nadeln aus Essigester. Verss., die Verb. analog der Darst. von II umzuwandeln, blieben ergebnislos. — *1.2.3.4-Tetrahydro-1-keto-6-methoxynaphthalin,* F. 78° (Bzl.), aus 54 g Tetrahydromethoxynaphthalin nach STORK (C. **1948.** II. 489), mit einigen Abwandlungen in der Aufarbeitung; Kp.$_{18}$ 165—170°; 36 g. — *1.2.3.4.5.8-Hexahydro-1-oxy-6-methoxynaphthalin,* F. 76—77°, aus 17,6 g vorst. Verb. mit Na in Ammoniak u. A. bei Zimmertemp.; 10 g Prismen aus PAe. mit wenig Äther. — *1.2.3.4.5.8-Hexahydro-1-keto-6-methoxynaphthalin* (III), $C_{11}H_{14}O_2$, F. 46—48°, aus 8 g vorst. Verb. in Toluol u. Aceton mit 1,5 g Al-Isopropylat durch 4½ Std. Erhitzen unter N_2; 6 g Nadeln aus PAe. in N_2; λ_{max} 238 mμ (ε = 9320). Bei Verwenden von ca. 5 g Al-Isopropylat wurde ein nicht krist. Prod. erhalten, Kp.$_{1,5}$ 130°, das wie die krist. Verb. nachst. Dioxim gab. — *1.2.3.4.5.6.7.8-Oktahydro-1.6-diketonaphthalindioxim,* $C_{10}H_{14}O_2N_2$, F. 185° (Zers.; wss. A.), aus III mit wss. Hydroxylaminhydrochlorid bei 70° u. Zugabe von Na-Acetat. — *1.2.3.4.8.9-Hexahydro-1-keto-6-methoxy-9-methylnaphthalin* (IV), $C_{12}H_{16}O_2$, Kp.$_{0,4}$ 115°, aus 6 g III in Ae. mit Methyljodid u. K-Amid in fl. NH_3; 5,7 g; λ_{max} 274 mμ (ε = 5200), Inflexion 241 mμ (ε = 4450). — *1.2.3.4.6.7.8.9-Oktahydro-1.6-diketo-9-methylnaphthalin* (V), $C_{11}H_{14}O_2$, F. 49°, Kp.$_{10^{-3}}$ 106—108°, aus 2,5 g IV durch 10 Min. Erhitzen mit 0,5nHCl unter N_2; 0,95 g Prismen aus PAe., λ_{max} 243—244 mμ (ε = 10390), 342 mμ (ε = 490), λ_{min} 327 mμ (ε = 460), Infrarotbanden im Original. *Bis-2.4-dinitrophenylhydrazon,* $C_{22}H_{22}O_8N_8$, F. 247—248°, hellrotes Kristallpulver aus Tetrahydrofuran. *Dioxim,* F. 204°, aus Essigester–PAe. Nadeln. — *1.2.3.4-Tetrahydro-6-oxy-1-keto-5-methylnaphthalin,* F. 198—200°, neben V aus IV; cremefarbene Prismen aus wss. Aceton. — *1.2.3.4.6.7.8.9-Oktahydro-1-oxy-6-keto-9-methylnaphthalin, Monohydrat,* $C_{11}H_{18}O_3$, F. 59—60°, aus 3 g IV durch Red. mit $LiAlH_4$ in Ae.; 860 mg längliche Prismen aus wss. Ae., λ_{max} 240 mμ (ε = 14700); die wasserfreie Verb. krist. nicht. Daneben mit BRADYs Reagens *2.3.4.6.7.8-Hexahydro-2-keto-1-methylnaphthalin-2.4-dinitrophenylhydrazon,* $C_{17}H_{18}O_4N_4$, F. 192°, dunkelrote flache Prismen, λ_{max} 404 mμ (ε = 62400). — *5-Methoxyindanon-(1)* (VIII), F. 108°, aus 10 g β-m-Methoxyphenylpropionsäure mit P_2O_5 in H_3PO_4 bei 130°; 5,8 g cremefarbene Nadeln aus Essigester. — *4.7-Dihydro-1-oxy-5-methoxyindan* (VI), $C_{10}H_{14}O_2$, F. 50°, Kp.$_1$ 120°, durch Red. von 3 g VIII mit Na + A. in Ammoniak; 1,7 g längliche Prismen aus PAe.; durch Behandeln mit BRADYs Reagens *2.4.5.6-Tetrahydro-6-ketoinden-2.4-dinitrophenylhydrazon,* $C_{15}H_{14}O_4N_4$, F. 178°, tiefrot, λ_{max} 397 mμ (ε = 32900 in Chlf.), λ_{min} 332 mμ (ε = 7180). — *4.7-Dihydro-5-methoxyindanon-(1)* (VII), $C_{10}H_{12}O_2$, F. 82—83°, aus 3,7 g VI durch Oxydation mit Al-Isopropylat u. Aceton analog der Darst. von III; 2,7 g Nadeln aus wenig PAe., instabil an der Luft; durch Behandeln mit heißem Hydroxylaminhydrochlorid u. Na-Acetat *5.6.7.8-Tetrahydroindandion-(1.5)-dioxim,* $C_9H_{12}O_2N_2$, F. 190° (Zers.). — *5.6.7.8-Tetrahydro-8-methylindandion-(1.5),* $C_{10}H_{12}O_2$, F. 71 bis 72°, aus 2,7 g VII mit Methyljodid u. K-Amid in NH_3, Verseifen mit 0,5nHCl; 70 mg Prismen aus PAe., λ_{max} 236 mμ (ε = 10200), 290 mμ (ε = 375), λ_{min} 278 mμ (ε = 330); daneben noch zwei Verbb. mit F. 180° u. F. 240° (Zers.), augenscheinlich Phenolketone, die nicht weiter untersucht wurden. (J. chem. Soc. [London] **1952.** 1768—74. Mai.) B. KASPER. 3750

J. Baddiley und **E. M. Thain,** *Coenzym A.* 5. Mitt. *Eine neue und bequeme Synthese von Pantethein (Lactobacillus bulgaricus-Faktor).* (4. vgl. C. **1953.** 225.) *Pantethein* (I, *Lactobacillus bulgaricus-Faktor*), $HO\cdot CH_2\cdot C(CH_3)_2\cdot CH(OH)\cdot CO\cdot NH\cdot (CH_2)_2\cdot CO\cdot NH(CH_2)_2\cdot SH$, wurde in guter Ausbeute nach der Peptidsynth. von BERGMANN dargestellt. Kupplung von *Carbobenzyloxy-β-alaninazid* (II) mit *2-[Benzylmercapto]-äthylamin* (III, aus dem sich durch Entfernung der Benzylgruppe bequem *2-Mercapto-*

äthylamin darstellen läßt) ergibt *2-[Benzylmercapto]-N-[carbobenzyloxy-β-alanyl]-äthylamin* (IV), aus dem durch Abspaltung der Benzyl- u. Carbobenzyloxygruppen mit Na in fl. NH_3 *N-β-Alanyl-2-mercaptoäthylamin* (V) erhalten wird, das beim Erhitzen mit *D-Pantolacton* unter Bldg. von I reagiert. Das synthet. I zeigte als Wachstumsstimulans für *L. bulgaricus* eine Wirksamkeit von 26000 Einheiten/mg.

Versuche: *2-Benzylmercaptoäthylamin* (III)-*Hydrochlorid*, $C_9H_{14}NClS$, durch 1½ Std. Erhitzen von 2-Bromäthylaminhydrobromid u. Toluol-ω-thiol in A. in Ggw. von C_2H_5ONa unter N_2, Ansäuern des Filtrats mit HCl, Prismen aus n-Butylalkohol, F. 119—120°. *Benzoylderiv.*, F. 78°. — *2-Mercaptoäthylaminhydrochlorid*, aus III-Hydrochlorid mit Na in fl. NH_3, krist. nach Eindampfen des Isopropylalkoholextrakts, F. ca. 40°; 97% (Ausbeute). *Freie Base*, F. u. Misch-F. 98—99°. — *2-[Benzylmercapto]-N-[carbobenzyloxy-β-alanyl]-äthylamin* (IV), $C_{20}H_{24}O_3N_2S$, aus III (freie Base) u. II (aus dem Hydrazid nach SIFFORD u. DU VIGNEAUD, J. biol. Chemistry **108**. [1935.] 753) in Chloroformlsg. (20 Std. bei Raumtemp.), Platten aus wss. A., F. 122—123°; 91%. — *N-β-Alanyl-2-mercaptoäthylamin* (V)-*Hydrochlorid*, $C_5H_{13}ON_2ClS$, aus IV in fl. NH_3 u. Zugabe von Na, Entfernung des überschüssigen Na mit NH_4Cl u. des NH_3, Ansäuern des Rückstands mit HCl u. Extraktion mit Isopropylalkohol, aus 95%ig. A., F. 214—217°. *Freie Base* (V), $C_5H_{12}ON_2S$, aus dem Hydrochlorid mit CH_3ONa in CH_3OH, $Kp._{10^{-5}}$ 140°, F. 93—95°. — *S.N-Diacetyl-β-alanyl-2-mercaptoäthylamin*, aus V mit Acetanhydrid (1 Std. Wasserbad), aus Essigester, F. u. Misch-F. 139—140°. — *Pantethein* (I), $C_{11}H_{22}O_4N_2S$, durch 2½ Std. Erhitzen von V u. D-(—)-*Pantolacton* auf 100° unter N_2, Reinigung durch Gegenstromverteilung in n-Butylalkohol–W.–Essigsäure (4 : 5 : 1), Harz, $[\alpha]_D^{20}$ +12,9° (c = 4,5 in W.); ist chromatograph. rein u. hat volle biol. Wirksamkeit. — R_F-Werte mit n-Butanol–W., Amylalkohol–W. u. n-Butanol–W.–Essigsäure (4 : 5 : 1) auf WHATMAN-Papier Nr. 1.: I (nicht gereinigt) 0,7; 0,55; 0,75. I (gereinigt) —; —; 0,75. V: 0—0,4; 0—0,15; 0,1. *2-Mercaptoäthylamin*: 0—0,4; 0—0,3; 0,1. (J. chem. Soc. [London] **1952**. 800—03. März. London, Lister Inst. of Preventive Med.) K. F. MÜLLER. 3850

Hans Brockmann und **Rütger Neeff**, *Die Umwandlung von Penicilliopsin in Hypericin.* Das von OXFORD u. RAISTRICK (Biochem. J. **34**. [1940.] 790) aus *Penicilliopsis clavariaeformis* isolierte gelbe *Penicilliopsin* (I) gibt durch Luftoxydation in piperidinhaltigem Pyridin oder besser durch Oxydation durch Erwärmen mit Pyridiniumchlorid als methanollösl. Anteil *Oxypenicilliopsin* (II), das durch Bestrahlung eine dunkelviolette Fraktion (nach Chromatographie aus Tetrahydrofuran an Gips) liefert, die sich in allen untersuchten Eigg. (Absorptionsmaxima, Fluorescenz) als ident. mit *Hypericin* (III) erweist; durch reduzierende Acetylierung u. anschließende Dehydrierung entsteht daraus *Heptaacetoxy-2.2'-dimethylnaphthodianthren.* OXFORD u. RAISTRICK (l. c.) hatten die Identität des Bestrahlungsprod. von II mit III wegen der beobachteten Unterschiede zwischen beiden Präpp. in bezug auf Farbe u. Beständigkeit in Lauge, NH_4OH u. alkoh. Methylaminlsg. abgelehnt; Vff. führen die erwähnten Unterschiede auf eine Beimengung von anderen, bei der Oxydation von I u. der Photodehydrierung von II entstandenen Prodd. zurück. Aus der Identität des Bestrahlungsprod. von II mit III ergibt sich für I die Zus. $C_{30}H_{22}O_8$ [u. nicht $C_{30}H_{24}O_8$, wie von OXFORD u. RAISTRICK (l. c.) angegeben] u. die nachst. Konst.; es entsteht in der Zelle wahrscheinlich durch oxydative Verknüpfung von 2 Moll. Frangulaemodinanthron. — Bei der Oxydation von I ist wegen der Verdrehbarkeit der Ringsysteme auch die Bldg. des Dianthrons IV

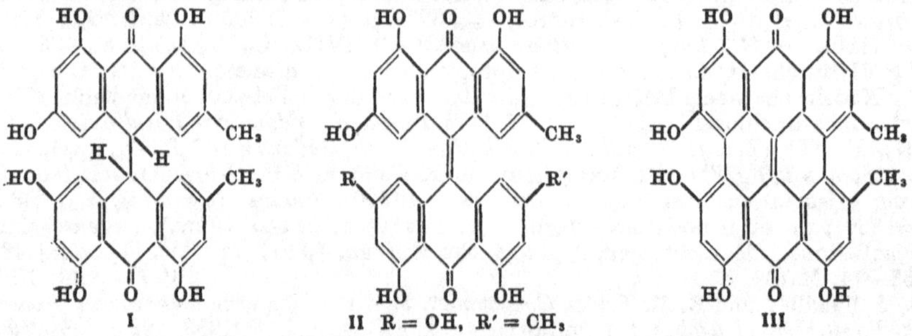

I II R = OH, R' = CH_3 III
IV R = CH_3, R' = OH

zu erwarten, das bei der Photodehydrierung ein Isohypericin bilden müßte, für dessen Vorhandensein sich jedoch bisher keine Anhaltspunkte ergeben haben. Möglicherweise stellen sich die beiden Ringsysteme in I infolge Ausbldg. einer Wasserstoffbrücke zwischen den beiden OH-Gruppen bevorzugt in der in der Formel wiedergegebenen Art zueinander ein. (Naturwissenschaften **38**. 47. Jan. 1951. Göttingen, Univ., Organ.-chem. Inst.) SPAETH. 3900

B. V. Chandler und **J. F. Kefford**, *Die Chemie der Bitterstoffe im Orangensaft.* 2. Mitt. *Die Ketogruppe in Limonin und das Produkt seiner Reduktion, Limonol.* (1. vgl. C. **1952**. 4619.) *Limonin* (I) bildet ein *2.4-Dinitrophenylhydrazon* ($C_{32}H_{34}O_{11}N_4$, Zers. bei 305°, orangefarbene Nadeln aus Butanol) u. ein *Ketoxim* ($C_{26}H_{31}O_8N$, F. 262°), womit das Vorhandensein einer freien Ketogruppe in I bewiesen sein dürfte, wie auch die UV-Absorption bei 290 mμ u. eine starke Bande im Infrarot bei 1710—1715 cm^{-1} für das Vorhandensein einer freien Ketogruppe sprechen. Die Red. der Ketogruppe in I mit Al-Isopropylat gibt 80% *Limonol* [II; $C_{26}H_{32}O_8$, F. 318—320°, $[\alpha]_D^{25}$ —45° (Aceton, c = 0,4), Nadeln aus 50%ig. A.]. Verseifung von II u. Ansäuern gab eine Verb. vom F. 242°, die aus wss. A. in glänzenden Nadeln kristallisierte. II ließ sich nicht unzers. acetylieren. Das Infrarotspektr. von II zeigt eine starke Bande bei 3460 cm^{-1}, die CO-Bande fehlt. WOLFF-KISHNER-Red. führte zur Zers., während CLEMMENSEN-Red. in verd. Essigsäure/HCl eine noch nicht identifizierte Verb. gab. (Austral. J. Sci. **14**. 24—25. Aug. 1951. Homebush, N. S. W., Food Preservat. Res. Labor., C. S. I. R. O.) ROSDORFF. 3950

J. F. Kefford, **B. V. Chandler** und **J. B. Willis**, *Die Chemie der Bitterstoffe im Orangensaft.* 3. Mitt. *Infrarotspektren von Limonin und einigen seiner Derivate.* (2. vgl. vorst. Ref.) Es wird das Infrarot-Absorptionsspektr. von *Limonin* (I) diskutiert u. die Bande bei 1710—1715 cm^{-1} (in Nujol, 1720 cm^{-1} in Chlf.) der CO-Gruppe (unkonjugiert in einem nicht gespannten Ring) u. die bei 1750 cm^{-1} dem CO der Lactongruppe zugeordnet; letztere ist wahrscheinlich eine $\alpha.\beta$-ungesätt. γ-Lactongruppe, obgleich ROSENFELD u. Mitarbeiter (C. **1952**. 6700) diese Möglichkeit wegen des Fehlens eines UV-Maximums bei 220 mμ ablehnen. Red. von I zu *Limonol* gibt sich im Auftreten der OH-Bande bei 3460 cm^{-1}, die I nicht zeigt, unter gleichzeitiger Verschiebung der Lacton-CO-Bande nach 1736 cm^{-1} zu erkennen, wobei die CO-Bande bei 1710 cm^{-1} verschwindet. I zeigt außer den CH-Schwingungen bei 2900 cm^{-1} keine Banden höherer Frequenz u. auch keine Bande bei 1600—1700 cm^{-1}, obgleich es eine Doppelbindung enthält. Im Spektr. der *Substanz X* wird die Bande bei 1756 cm^{-1} der Lacton-CO-Gruppe (ebenfalls vielleicht $\alpha.\beta$-ungesätt. γ-Lacton) u. die bei 1730 cm^{-1} gleichzeitig der Carboxyl- u. der Keton-CO-Gruppe zugeordnet, das Vorhandensein einer OH-Gruppe (breite Bande bei 3265 cm^{-1}) konnte auf chem. Wege noch nicht bestätigt werden. (Austral. J. Sci. **14**. 55—56. Okt. 1951. Homebush, N. S. W., C. S. I. R. O., Food Preservat. Res. Labor., u. Melbourne, Victoria, C. S. I. R. O., Div. of Ind. Chem.) ROSDORFF. 3950

D_3. Makromolekulare Chemie.

Bengt O. A. Hedström, *Strömungseigenschaften von Kunststoffen in Rohren.* Eingehende theoret. Unterss. über das Verh. von dicken Kunststoffsuspensionen beim Hindurchfließen durch lange, gerade, glatte zylindr. Rohre bei isothermen Bedingungen unter Verwendung von in der Literatur berichteten Versuchsergebnissen zeigen, daß im Falle turbulenter Strömung die übliche FANNING-Reibungsfaktorkurve für die den NEWTONschen Gesetzen gehorchenden Fll. zumindest angenähert auch auf Kunststoffe anwendbar ist. Hierbei wird vorausgesetzt, daß die REYNOLD-Zahl dem mathemat. Ausdruck D V p/μ p entspricht (D = Rohrdurchmesser, V = durchschnittliche lineare Strömungsgeschwindigkeit, p = Dichtigkeit [ml^{-3}] u. μ p = Viscosität des Kunststoffes). (Ind. Engng. Chem. **44**. 651—56. März 1952. Stockholm, Royal Inst. of Technol.) OPPERMANN. 4000

Eugene E. Magat, Burt F. Faris, John E. Reith und **L. Frank Salisbury**, *Säurekatalysierte Reaktionen von Nitrilen.* 1. Mitt. *Die Reaktion von Nitrilen mit Formaldehyd.* Nitrile reagieren mit Formaldehyd (Trioxymethylen) u. mindestens 1 Mol 65—100%ig. H_2SO_4 in Chlf., Cyclohexan, Eisessig oder auch überschüssiger H_2SO_4 als Lösungsm. bei Zimmertemp. (30°) unter Bldg. von Methylen-bis-amiden (vgl. auch HEPP [1877]). Die Rk. ist in 1 Std. beendet; die Ausbeuten betragen bis zu 90%. Diese Umsetzung ist auch auf andere Aldehyde, wie Acetaldehyd, Butyraldehyd u. Chloral anwendbar, doch sind die Ausbeuten wesentlich geringer. Für die Bldg. der Methylen-bis-amide, die aus der schwefelsauren Lsg. mit W. gefällt werden können, wird folgender Mechanismus angenommen: **(A)** $CH_2O + H^+ \rightleftharpoons HOCH_2^+$. **(B)** $HOCH_2^+ + R—C{\equiv}N \rightleftharpoons R—\overset{+}{C}{=}N—CH_2OH$. **(C)** $R—\overset{+}{C}{=}N—CH_2OH \rightleftharpoons R—C(OH){=}N—CH_2^+$. **(D)** $R—C(OH){=}N—CH_2^+ + R—C{\equiv}N \rightleftharpoons R—C(OH){=}N—CH_2—N{=}\overset{+}{C}—R$. **(E)** $R—C(OH){=}N—CH_2—N{=}\overset{+}{C}—R + H_2O \rightleftharpoons R—CO—NH—CH_2—NH—CO—R$. Bei der Umsetzung von Benzonitril mit Formaldehyd unter diesen Bedingungen wurde als Nebenprod. eine S-haltige Verb. isoliert, deren Konst. nicht ermittelt werden konnte. Die Umkehrbarkeit der Rkk. D u. E ergab sich aus der Beobachtung, daß in Methylen-bis benzamid in einer Mischung von Ameisensäure u. H_2SO_4 ein Amidrest mit Hilfe von p-Chlorbenzonitril gegen den p-Chlorbenzamidrest ausgetauscht wird; ein ähnlicher Austausch konnte auch mit Chloracetonitril erreicht werden. Die Bldg. einer Methylolverb. wurde auch bei Verwendung eines großen Formaldehydüberschusses nicht beobachtet. — Die Methyl-bis-amide sind stabile Verbb., schmelzen ohne Zers. u. werden erst in sd. 45%ig. Phosphorsäure (benutzt zur Best. des Formaldehyds) oder mit Alkalien in sd. Äthylenglykol hydrolysiert.

Versuche: *Methylen-bis-p-toluamid*, $C_{17}H_{18}O_2N_2$, F. 209—210°, aus Trioxymethylen, p-Tolunitril in 85%ig. H_2SO_4 bei 30° (3 Std.) u. Fällen mit W., aus A. Kristalle; 83% (Ausbeute). In Cyclohexan als Lösungsm. entstanden nur 32%. — *p-Tolylsäure*, F. 177°, aus dem Vorst. mit KOH in sd. Äthylenglykol. — *Methylen-bis-benzamid*, $C_{15}H_{14}O_2N_2$, F. 216—217°, analog aus Benzonitril in 85%ig. H_2SO_4 oder Cyclohexan; 90% bzw. 60%. In Eisessig + 100%ig. H_2SO_4 bei 30° (1 Std.) wurde eine *Verb.* der Zus. $C_{15}H_{14}O_3N_2S_2$, vom F. 208—212° erhalten. — *Methylen-bis-[phenylacetamid]*, $C_{17}H_{18}O_2N_2$, F. 209—211°, aus Benzylcyanid in Cyclohexan (75 Min.); 30%. — *Methylen-bis-[p-chlormethylbenzamid]*, $C_{17}H_{16}O_2N_2Cl_2$, F. 208—210°, aus p-Chlormethylbenzonitril in Chlf. (75 Min.); 75%. — *Methylen-bis-p-carbomethoxybenzamid*, $C_{19}H_{18}O_6N_2$, F. 256—258°, aus p-Carbomethoxybenzonitril in Chlf. (2 Std.); 50%. — *Methylen-bis-[phthalimid]*, $C_{17}H_{10}O_4N_2$, F. 221—223°, aus Phthalodinitril in Chlf. (75 Min.); 20%. — *Methylen-bis-[carbäthoxyacetamid]*, $C_{11}H_{18}O_6N_2$, F. 135—137,5°; 5%. — *Methylen-bis-[acrylamid]*, $C_7H_{10}O_2N_2$, F. 185°, aus Acrylnitril mit einer Mischung aus konz. H_2SO_4 u. Formalin bei 40—45°, Zers. mit Eis u. $CaCO_3$, Eindampfen des sulfatfreien Filtrats bei 65°/15 mm u. Kristallisieren des Verdampfungsrückstandes aus 75%ig. Aceton; 67,5%. — *Methylen-bis-[vinylacetamid]*, $C_9H_{14}O_2N_2$, in 75%ig. H_2SO_4 (2 Std.); 18%. — *Methylen-bis-[äthylidenpropionamid]*, $C_{11}H_{18}O_2N_2$, F. 201—204°, in 90%ig. H_2SO_4 (2 Std.); 9%. — *Methylen-bis-[butyramid]*, $C_9H_{18}O_2N_2$, F. 183—186°, aus Butyronitril in 85%ig. H_2SO_4 (20 Min.); 40%. — *Butyliden-bis-[butyramid]*, $C_{12}H_{24}O_2N_2$, F. 132—133°, aus Butyronitril u. Butyraldehyd in 96%ig. H_2SO_4 bei 0° (100 Min.), aus n-Heptan; 19%. — *Trichloräthyliden-bis-[butyramid]*, $C_{10}H_{17}O_2N_2Cl_3$, F. 217—218°, analog mit Chloral (210 Min.); 67%. — *Trichloräthyliden-bis-[acrylamid]*, $C_8H_9O_2N_2Cl_3$, aus Acrylnitril u. Chloral in 75%ig. H_2SO_4 (2 Std.) 18%. (J. Amer. chem. Soc. **73**. 1028—31. März 1951. Wilmington, Del., E. I. du Pont de Nemours & Co., Inc., Carothers Res. Labor., Rayon Techn. Div.) Gold. 4010

Eugene E. Magat, Leonard B. Chandler, Burt F. Faris, John E. Reith und **L. Frank Salisbury**, *Säurekatalysierte Reaktionen von Nitrilen.* 2. Mitt. *Polyamide aus Formaldehyd und Dinitrilen.* (1. vgl. vorst. Ref.) Bifunktionelle Nitrile reagieren mit Formaldehyd unter den in der vorst. Mitt. beschriebenen Bedingungen unter Bldg. von Polyamiden aus den entsprechenden Säuren mit Methylendiamin der allg. Formel NC·R·CO—[NH·CH_2·NH·CO·R·CO]$_n$—NH·CH_2·NH·CO·R·CN; die Ausbeuten betragen bis zu 90% (vgl. auch Mowry u. Ringwald, J. Amer. chem. Soc. **72**. [1950.] 4439). Dieses Verf. der Gewinnung von Polyamiden unterscheidet sich von den üblichen Verff. der Herst. (bei 200—300°), daß die Amidbldg. bei Zimmertemp. exotherm erfolgt; als Lösungsm. kann H_2SO_4 u. Ameisensäure oder eine Mischung beider verwendet werden. Das wichtigste Prod. dieser Reihe ist das Polymerisationsprod. $(C_7H_{12}O_2N_2)_n$ aus *Adipinsäuredinitril* (I) u. Formaldehyd (16-Polyamid nach der Nylonnomenklatur). Seine Darst. erfolgt aus I mit der äquimol. Menge Trioxymethylen in 90%ig. Ameisensäure + 96%ig. H_2SO_4 (ca. 8:3) bei 30±2° unter Kühlen mit Eis (20 Min.) u. Fällen mit W.; 30—95% eines Pulvers. Die Beschaffenheit der Prodd. ist von der Säure, von der Temp. u. der Reaktionsdauer abhängig. Die Polyamidstruktur ergab sich aus der Ähnlichkeit des Infrarotspektr. mit dem von Nylon 66 (charakterist. Banden für —CO—NH— bei 3,03, 3,25 u. 3,42 μ). Gute Lösungsmittel sind Phenol, m-Kresol, Ameisensäure, α-Cyanhydrine, Methanol + $CaCl_2$ u. H_2SO_4. Das Mol.-Gew. von 10000 bis 20000 wurde viscosimetr. in m-Kresol (85°) bestimmt. Obwohl die Infrarotbestimmungen der CN-Endgruppen auf Verzweigungen schließen ließen, war die Anzahl der NH_2-Endgruppen in dem hydrierten Polymeren unverhältnismäßig gering. Das Polyamid ist ungewöhnlich empfindlich gegen Säuren u. wird durch diese schnell abgebaut. Die in Ameisensäure bei 25° erhaltenen Abbauprodd. enthalten keine COOH-Gruppen. Die I-Formaldehydpolymerisate schm. zwischen 300 u. 325° unter Zers., können aber bei 280° zu klaren, biegsamen Filmen verpreßt werden, die in m-Kresol nicht mehr lösl. sind. Im Gegensatz zu den Methylolamiden entsteht bei der therm. Zers. kein Formaldehyd. — Ferner folgende I-Aldehydpolymere: I + *Butyraldehyd*, F. 210°, in konz. H_2SO_4 bei 2—4° (27 Std.), [η] = 0,36 (in m-Kresol); 40%. I + *Chloral*, F. 200 bis 228°, analog bei 0—5° (4 Std.), [η] = 0,10; 50%. I + *Acetaldehyd*, $(C_8H_{14}O_2N_2)_n$, F. 237—239°, [η] = 0,14; 13%. I + *Propionaldehyd*, F. 237—244°, [η] = 0,14; 27%. I + *Valeraldehyd*, F. 200—205°, [η] = 0,08. I + *Hexahydrobenzaldehyd*, F. 205—220°, bei —3 bis 0° (3 Min.), [η] = 0,08. *Terephthalonitril* + *Butyraldehyd*, F. 259—267°, analog bei 0° (3 Std.), [η] = 0,21. — Ferner Polyamide aus Formaldehyd u. folgenden Dinitrilen: *Sebacinsäuredinitril* → $(C_{11}H_{20}O_2N_2)_n$, Formtemp. 200°, in Ameisensäure + H_2SO_4 (65 Min.), [η] = 1,01 (in m-Kresol); 75%. *Pimelinsäuredinitril* (II) → $(C_8H_{14}O_2N_2)_n$, Formtemp. 200°, analog, in m-Kresol unlösl.; 65%. I + II (50:50) → $(C_{7,5}H_{13}O_2N_2)_n$, Formtemp. 280°, analog (45 Min.), [η] = 0,86; 65%. *9.9-Bis-[β-cyanäthyl]-fluoren* → $(C_{20}H_{20}O_2N_2)_n$, Formtemp. 140°, analog (30 Min.), [η] = 1,63, in Aceton teilweise unlösl.; 24%. *α-Methyladipinsäuredinitril* → $(C_8H_{14}O_2N_2)_n$, Formtemp. 190°, analog (80 Min.), [η] = 0,28; 13%. *p-Xylylencyanid* → $(C_{11}H_{12}O_2N_2)_n$, Formtemp. 280°, in 80 bis 85%ig. H_2SO_4 (27 Min.), in m-Kresol unlösl.; 80%. *β.β'-Dicyandiäthyläther* → $(C_7H_{12}\cdot O_3N_2)_n$, Formtemp. 165°, analog (90 Min.); [η] = 0,23; 27%. — Die FF. der Formaldehyd–Nitril-Polymeren nehmen mit zunehmender C-Atomkettenlänge ab. (J. Amer. chem. Soc. 73. 1031—35. März 1951.) GOLD. 4010

Eugene E. Magat und **L. Frank Salisbury**, *Säurekatalysierte Reaktionen von Nitrilen.* 3. Mitt. *Die Reaktion von Nitrilen mit N-Methylolamiden.* (2. vgl. vorst. Ref.) N-Methylolamide reagieren in H_2SO_4 mit Nitrilen unter Bldg. von Methylen-bis-amiden: R—CO—NH—CH_2OH + NC—R' → R—CO—NH—CH_2—NH—CO—R' (vgl. auch BUC, C. **1948**. I. 673). Diese Rk. kann für die Darst. von Polyamiden aus N.N'-Dimethylolamiden u. Dinitrilen erweitert werden (vgl. vorst. Ref.). Sie verläuft in 80—100%ig. H_2SO_4 exotherm bis zu 90% Ausbeute, gleichzeitig kann eine Selbstkondensation des Methylolamids erfolgen: 2R—CO—NH—CH_2OH → R—CO—NH—CH_2—NH—CO—R, die bei Dimethylolamiden gleichfalls zu Methylen-bis-amiden führt. Für den Mechanismus wird die intermediäre Bldg. des Ions I angenommen: R—CO—NH—CH_2OH + H^+ → R—CO—NH—CH_2^+ (I) + H_2O; R—CO—NH—CH_2^+ + NC—R' → R—CO—NH—CH_2—N=$\overset{+}{C}$—R' → R—CO—NH—CH_2—NH—CO—R' (vgl. vorvorst. Ref., Rkk. **D** u. **E**). Eine Reihe von Acrylamiden konnte nach diesem Verf. hergestellt werden. Aus vergleichenden Umsetzungen von Nitrilen mit Formaldehyd u. Methylolamiden konnte geschlossen werden, daß die Nitrile leichter mit Methylolamiden reagieren, ein Befund, der eine Stütze für den in der 1. Mitt. (l. c.) gegebenen Mechanismus darstellt. — Die aus N.N'-Dimethylolamiden u. Dinitrilen erhältlichen Polyamide unterscheiden sich von den aus Dinitrilen u. Formaldehyd erhaltenen dadurch, daß sie N-Methylol (—NH·CH_2OH)-Gruppen u. CN-Gruppen enthalten: HO·CH_2·NH—[CO·R·CO·NH·CH_2·NH·CO·R'·CO·NH·CH_2·NH]$_n$—CO·R·CO·NH·CH_2·NH·CO·R'·CN. Das 16-Polyamid (vgl. vorst. Ref.) konnte auf 2 verschied. Wegen erhalten werden: 1. aus *N.N'-Dimethyloladipinsäurediamid* (II) u. *Adipinsäuredinitril* (III); 2. aus *N-Methylol-5-cyanvaleriansäureamid* (IV) in wss. Lsg. mit HCOOH + H_2SO_4. Es zeigt die gleiche Unbeständigkeit gegen 90%ig. Ameisensäure, wie das aus III u. Formaldehyd erhaltene. Die Disproportionierungs-Rk. von II zu einem Polyamid: nHO·CH_2·NH·CO·R·CO·NH·CH_2·OH → [CO·R·CO·NH·CH_2·NH]$_n$ + nCH_2O + nH_2O in H_2SO_4 verläuft unter gleichzeitigem schnellen Abbau des Polyamids. Die Umsetzung von Methylolamiden mit NH-Gruppen der Polyamide verläuft nur sehr langsam u. unvollständig.

Versuche: *N-[Benzamidomethyl]-acrylamid*, $C_{11}H_{12}O_2N_2$, aus N-Methylolbenzamid u. Acrylnitril in 96%ig. H_2SO_4 unter Rühren bei 30°, aus W. Kristalle; 60%. Polymerisiert bei 150°. — *Polymonomethylenadipinsäureamid*, aus II u. III in 96%ig. H_2SO_4 + 90%ig. Ameisensäure bei 30° (1 Std.), [η] = 0,6; 69%. Aus IV (erhalten aus 5-Cyanvaleriansäureamid u. Formalin mit K_2CO_3 bei 70°) mit Ameisensäure u. 96%ig. H_2SO_4 bei 30°, [η] = 0,49; 65%. Aus II in 96%ig. H_2SO_4 bei 30° (6 Std.) unter CO_2, [η] = 0,15. (J. Amer. chem. Soc. 73. 1035—37. März 1951.) GOLD. 4010

S. K. Chanda, **E. L. Hirst**, **E. G. V. Percival** und **A. G. Ross**, *Die Struktur der Alginsäure.* 2. Mitt. (1. vgl. HIRST, C. **1940**. I. 1845.) Alginsäure aus *Laminaria digitata* wurde unter N_2 mit Methylsulfat u. wss. KOH bei Zimmertemp. methyliert, das methylierte K-Alginat {$[\alpha]_D^{15}$ —118° (c = 1 in W.); *methylierter Alginsäuremethylester*, $[\alpha]_D^{15}$ —87° (c = 8 in Chlf.), —126° (c = 0,9 in m-Kresol), η^{20}_{sp}/c = 3,9 (c = 0,9 in m-Kresol)} mit 95%ig. Ameisensäure hydrolysiert u. das Gemisch mit methanol. HCl erhitzt u. mit äther. Diazomethan neutralisiert. Das Gemisch der entstandenen methylierten Methylmannuronoside wurde nach LYTHGOE u. TRIPPETT (J. chem. Soc. [London] **1950**. 1983) mit $LiAlH_4$ zu den entsprechenden Mannosidderivv. red., die nach wss. Hydrolyse chromatograph. als Methylmannosen getrennt wurden. Die Unvollständigkeit der Hydrolyse wurde durch die Anwesenheit geringer Mengen von Methylmannosiden in den einzelnen Fraktionen erkannt. Die Analyse der 7 erhaltenen Fraktionen ergab folgende Zus. des Hydrolysates: 1% *2.3.4-Trimethylmannose*, 6% *Dimethylglucose*, 88% *2.3-Dimethylmannose* (gibt durch Perjodoxydation u. Veresterung mit methanol. HCl *Mesodimethoxybernsteinsäuredimethylester*, $C_8H_{14}O_6$, F. 65—66°), 4,5% *Monomethylmannose*. Aus diesen Ergebnissen u. aus den hohen Ausbeuten, die bei den einzelnen Stufen erhalten wurden, schließen Vff., daß die Alginsäure fast ausschließlich aus β-D-Mannuronsäureersten zusammengesetzt ist, die an $C_{(1)}$ u. $C_{(4)}$ miteinander verknüpft sind. Die Herkunft der Dimethylglucose in dem Hydrolysat ist noch nicht geklärt. Die Menge der Trimethylmannuronsäure in dem Hydrolysat läßt schließen, daß auf alle 100 Mannuronsäurereste eine Endgruppe kommt u. somit die hier verwendete Alginsäure eine Kettenlänge von ca. 100 besitzt. (J. chem. Soc. [London] **1952**. 1833—37. Mai. Edinburgh, Univ., King's Buildings, u. Inveresk, Midlothian, Inst. of Seaweed Res.) FALENSKI. 4050

E. D. Goddard und **B. A. Pethica**, *Über Protein–Netzmittel-Wechselwirkungen*. Die bei der Wechselwrkg. zwischen *Natriumdodecylsulfat* u. *Rinderserumalbumin* auftretenden Wärmemengen werden im Calorimeter gemessen. Sowohl bei p_H 6,8 als auch bei p_H 4,3 zeigen Leitfähigkeitsmessungen die Bldg. stöchiometr. Komplexe. an (0,23 u. 0,45 für das Verhältnis Salz/Protein), die bei p_H 4,3 schwieriger zu definieren sind als oberhalb des isoelektr. Punktes. Die Wärmewerte werden mit theoret. Berechnungen der Bindungswärmen verglichen. (J. chem. Soc. [London] **1951**. **2659**—63. Okt. Cambridge, Dep. of Colloid Sci., u. Birmingham, Hospitals Centre, Med. School, Dep. of Pharmacol.) W. KAUFMANN. 4070

Walter Hückel, Theoretische Grundlagen der organischen Chemie. Bd 1. 7. Aufl. Leipzig: Akademische Verl.-Ges. 1952 (XII + 735 S. m. 31 Abb.) gr. 8°. DM 21,80.

E. Biologische Chemie. Physiologie. Medizin.

E_1. Allgemeine Biologie und Biochemie.

E. Quagliozzi und **A. Rescigno**, *Über die Verwendung radioaktiver Isotope in der Biologie*. Überblick. — 22 Literaturhinweise. (Chim. e Ind. [Milano] **34**. 347—52. Juni 1952. Busto Arsizio, Centro Tumori.) WINIKER. 4100

Josef Deufel, *Auslösung von Chromosomenmutationen durch Äthylurethan in Abhängigkeit von der Konzentration*. Die mutagene Wrkg. von *Äthylurethan* (I) in verschied. Konzz. wurde an der Mitose von Vicia faba untersucht. Nach Vorkeimung wurden die Bohnen 2 Std. in verschieden starke Lsgg. von I ($^1/_{10}$—$^1/_{10000}$ mol.) gebracht, dann fixiert u. gefärbt. Die Zahl der Aberrationen u. Translokationen u. Brüche insgesamt steigt mit der Konz. bis $^1/_{50}$ mol. u. fällt dann wieder ab. Translokationen wurden bei $^1/_2$ u. $^1/_{50}$ mol. am meisten gefunden. Am SAT-Chromosom liegt die Bruchhäufigkeit an der Insertion oder den benachbarten Zonen; die kleinen Chromosomen brechen meist in den mittleren Zonen. Die Hälfte aller Translokationen sind Halbchromatidtranslokationen, häufig auch Chromatidtranslokationen, wahrscheinlich auch Viertelchromatidtranslokationen. Chromosomale Rekombinationen sind seltener u. kommen meist zwischen den Teilen vor, die dem Ruhekern benachbart liegen. Vf. fand, daß eine schwache I-Konz. eine hydrierende Wrkg. ausübt u. die Auslösung der Chromosomenmutationen begünstigt. Die Änderung der Konz. bedingt nur quantitative, keine qualitativen Unterschiede der Translokationen. Bei der Bruchverteilung über Genom u. Chromosomen sind die SAT-Chromosomen bevorzugt. Vf. erklärt dies damit, daß die SAT-Zone nucleinsäurefrei ist u. daher von I u. anderen Agentien leichter angreifbar ist oder von hier eine Hemmung des Nucleinsäurestoffwechsels induziert. Ebenso ist die Insertion nucleinsäurefrei. Vf. glaubt ferner, daß an den Nahtstellen von Eu- u. Heterochromatin die chem. Aktivität durch I gestört werden kann u. so zum Bruch führt. (Chromosoma **4**. 611—20. 1950/1952. Karlsruhe, TH, Botan. Inst.) H. SCHEURLEN. 4130

Christiane Lecomte und **André de Smul**, *Wirkung proteinarmer Diät auf den Desoxyribonucleinsäuregehalt der Leberzellkerne bei der jungen Ratte*. 7 Wochen alte Ratten (60—65 g) wurden 28 Tage mit Diäten gefüttert, die 3,2, 20,0 bzw. 19,0% Protein enthielten. Bei den proteinarm (3,2 u. 10,0%) ernährten Tieren war die Zahl der kleinen Leberzellkerne auf Kosten der großen, an *Desoxyribonucleinsäure* (I) reicheren, vermehrt. Im Bereich der mittelgroßen Leberzellkerne war der Geh. an I bei den Ratten mit dem geringsten Futterprotein deutlich erhöht. (C. R. hebd. Séances Acad. Sci. **234**. 1400. 24/3. 1952.) ITZEROTT. 4150

Holger Hyden, *Chemische Veränderungen in der Nervenzelle in Beziehung zu deren Funktion und Alter.* Hauptbestandteil der Nervenzelle ist ein Lipoprotein, das reich an Nucleinsäure ist. Bei starker Beanspruchung der motor. Nerven nimmt die *Pentosenucleinsäure* (I) des Plasmas vorübergehend sehr stark ab, wird aber innerhalb von 48 Std. wieder restauriert. Reizung des sensor. Nervus octavus vom Ohrlabyrinth aus bedingt eine Zunahme von I, die auch in dem nachgeschalteten Zentrum des DEITERSschen Kerns zu beobachten ist. Reizt man andererseits durch hohe Töne, so nimmt I ab u. wird nur langsam wieder auf den n. Bestand zurückgebracht. Nervenzellen des Kleinkindes sind noch reich an I, während beim Vierzigjährigen die I deutlich geringer ist u. sich hier hauptsächlich ein gelbes Pigment findet, das Pterin enthält. Riboflavin ließ sich in diesem Alter nicht feststellen. Die *Streptomycin*-Schädigungen am Nervus octavus sind, nach Untersuchungen am Hund, darauf zurückzuführen, daß die Produktion von I gehemmt wird, jedenfalls konnte eine deutliche Abnahme von I im 1. wie im 2. Neuron gefunden werden. Auch bei Tollwutinfektion der Tiere nimmt I ab im gleichen Maße, wie die klin. Symptome manifest werden. Bei Infektionen mit Viren kleinerer Dimensionen kann man eine Zunahme von I beobachten. (Minerva med. [Torino] **43.** I. 729—30. 9/4. 1952. Göteborg, Med. Högskolan, Histolog. Inst.)
P. G. SCHEURLEN. 4150

G. Domagk, *Neue Wege der Krebsforschung.* Nach kurzer histor. Betrachtung der Entw. der Krebsforschung (chem. u. physikal. Krebsnoxen, Ort des Angriffs der Noxen [Gene, Mitochondrien, Mitosegifte]) werden die Möglichkeiten einer künstlichen Resistenzsteigerung sowie die der Rückführung einer Krebszelle in eine n. Zelle diskutiert. (Dtsch. tierärztl. Wschr. **59.** 183—86. 15/6. 1952.) REISS. 4160

G. Adolph Ackerman, Ralph A. Knouff und **Herman A. Hoster,** *Cytochemie und Morphologie von in vitro gewachsenen menschlichen Lymphknotenzellen.* Vff. untersuchen die morpholog. u. cytochem. Veränderungen von menschlichen Lymphknoten nach in vitro-Kultivierung bei verschied. Krankheiten. In vitro-Wachstum hat eine Zunahme der sauren u. alkal. Phosphatase zur Folge. Unterss. über den Geh. an Neutralfetten, Lipoiden u. PAS-positiven Granula. Bei Lymphogranulomatose, Reticulum-Zellsarkom u. Lymphadenitis weisen die Zellen eine große Zahl von Fetteinlagerungen auf. (J. nat. Cancer Inst. **12.** 1267—77. Juni 1952. Columbus, O., Univ., Dep. of Anatomy and Med.) REISS. 4160

Thomas S. Argyris, *Glykogen in der Epidermis von mit Methylcholanthren gepinselten Mäusen.* Einmalige Pinselung von C57-Mäusen mit *20-Methylcholanthren* (I) in Benzol. Leichte Hypertrophie der epidermalen Zellen u. zahlenmäßiges Ansteigen der keratohyalinen Granula nach I-Applikation bei Haut mit wachsenden Haarfollikeln; kein Glykogen (II) in den epidermalen Zellen. In der Haut mit ruhenden Haarfollikeln verschwanden nach 4 Tagen die Haare u. Talgdrüsen, die epidermalen u. Haarfollikel-Zellen hypertrophierten u. enthielten II (histochem. nachweisbar). Abnahme der Zahl der keratohyalinen Granula. Unbehandelte u. mit Bzl. allein gepinselte Tiere zeigten keine Veränderungen der Epidermis bzw. der Talgdrüsen. (J. nat. Cancer Inst. **12.** 1159—66. Juni 1952. Providence, R. I., Brown Univ., Dep. of Biol.) REISS. 4160

Mario Fiore, *Verhalten des Lysozyms beim Krebs.* 1. Mitt. *Lysozymaktivität im Blut Krebskranker.* Auf Grund der gelegentlichen klin. Beobachtung, daß Krebskranke infektionsanfälliger sind u. die Resistenz nach Radiumbestrahlung gebessert ist, wurde bei 181 Patienten mit verschied. Formen von neoplast. Prozessen die Aktivität des *Lysozyms* (I) bestimmt. Vom Ernährungszustand u. der Größe der malignen Prozesse war die Höhe des I-Spiegels nicht abhängig. I war etwas erhöht bei Lympho- u. Reticulosarkom, erniedrigt bei Carcinomen, lymphat. Leukämie u. M. Hodgkin. Epitheliale Gewächse zeigten im allg. einen niederen Spiegel. Sehr starke individuelle Schwankungen u. merkliche Unterschiede innerhalb der einzelnen Neoplasieformen. (Tumori **38.** 47—56. 1952. Roma, Ist. Regina Elena per lo Studio e la Cura dei Tumori.)
P. G. SCHEURLEN. 4160

Denis Kertesz und **Giuseppe Cardinali,** *Wirkung des Polyphenoloxydase-Brenzcatechin-Systems auf Kulturen von Rous-Sarkom in vitro.* Weder *Brenzcatechin* noch *Polyphenoloxydase* allein vermögen Wachstum oder Übertragbarkeit des ROUSschen Sarkoms zu beeinflussen. Beide zusammen hemmen bzw. verhindern die Übertragbarkeit des Sarkoms, während die Wachstumskraft in keiner Weise beeinflußt wird. Die Kulturen werden auch nach dreimaliger Überpflanzung nicht infektiös. Wahrscheinlich läßt sich dieser Effekt so erklären, daß auf Grund der oxydierenden Eigg. des Syst. die intracellulär gelegenen Viren angegriffen u. vernichtet werden, während die n. u. sarkomatösen Zellen weitgehend unbeeinflußt bleiben. (Tumori **38.** 13—20. 1952. Roma, Ist. Regina Elena per lo Studio e la Cura dei Tumori.) P. G. SCHEURLEN. 4160

M. G. Kelly, J. Leiter, O. Ghosh und **P. K. Smith,** *Die Rolle der Nebennieren bei der hämatopoetischen und thymicolymphatischen Wirkung gegen Podophyllotoxin bei der Ratte.* Unterss. der Leukocytenzahl, des Knochenmarks, des Thymus, der Milz u. der Lymphknoten bei insgesamt 450 n. u. adrenalektomierten Ratten nach einmaliger intraperitonealer Injektion von 1 bzw. 10 mg *Podophyllotoxin* (I) pro kg (Suspension in einer 0,5%ig. Methylcelluloselsg.). In beiden Tiergruppen entwickelt sich nach 1 mg I/kg eine Leukopenie, die bei den n. Ratten in eine Leukocytose übergeht, während bei den adrenalektomierten Tieren eine Normalisierung der Leukocytenzahl eintritt. 10 mg I/kg bewirken innerhalb einer Std. einen Abfall der Zahl der Leukocyten, der neutrophilen u. eosinophilen Granulocyten. Bei den n. Tieren hält dieser Abfall 72 Std. lang an. 1 mg I/kg bewirkt bei beiden Gruppen eine Gewichtsabnahme der Milz. Abnahme der osmiophilen Granula in der Nebennierenrinde nach I. Anregung der lymphat. Elemente in den Wachstumszentren der Milz u. der Lymphknoten in n. Ratten nach 1 mg I/kg, 10 mg I/kg bewirkt dagegen Degeneration dieser Zentren. (J. nat. Cancer Inst. **12.** 1177—1201. Juni 1952. Bethesda, Md., National Cancer Inst., u. Washington, D. C., G. W. Univ., School of Med.) REISS. 4160

William H. Beierwaltes, *Indikationen und Gegenindikationen für die Behandlung des Schilddrüsencarcinoms mit radioaktivem Jod.* Nach Ansicht des Vf. sollte eine Behandlung mit ^{131}J erst nach Totalentfernung der Schilddrüse u. nach Nachbestrahlung bei inoperablen Metastasen angewandt werden. Günstige Beeinflussung der Tumoren ist dann zu erwarten, wenn das Schilddrüsengewebe ^{131}J gut zu speichern vermag, wenn während 48—96 Std. nach Applikation im Urin nur 30% ^{131}J ausgeschieden wird, oder wenn der Blutspiegel nach einer Probegabe niedrig bleibt. Günstige Wrkg. kann durch Verstärkung des auf die Metastasen gerichteten Effekts des *thyreotropen Hormons* (I) durch Thyreoidektomie, Thiouracilmedikation u. durch Gaben von I bewirkt werden. Vorübergehende Gegenindikationen stellen Myxödem, Gaben von getrockneter Schilddrüse oder von Jodiden u. Hypoplasie des Knochenmarks dar. (Ann. intern. Med. **37.** 23—30. Juli 1952. Michigan, Univ. of Michigan, Med. School, Dep. of Internal Med.) WOLFGANG ALBRECHT. 4160

E₂. Enzymologie. Gärung.

Rudolf Tschesche, *Der Wirkungsmechanismus von Chemotherapeutica und Antibiotica.* Die meisten Fermente sind zusammengesetzt aus einem Eiweißträger = Apoferment (I) u. einer niedermol. Gruppe = Coferment (II). Chemotherapeut. akt. Substanzen, die in erster Linie II beeinflussen, reagieren im Sinne eines Verdrängungsmechanismus, wobei aber auch der Fermentaufbau durch Mangel an II gestört werden kann (Wrkg. der Sulfonamide). Viele Antibiotica sowie Chemotherapeutica (As- u. Sb-Oxydderivv.), reagieren aber mit I, während eine 3. Gruppe von Verbb. die Hülle der Parasiten angreift (z. B. Lysozym, Invertseifen, gewisse oberflächenakt. Stoffe). Zur Unters. des Wirkungsmechanismus dienen folgende Methoden: 1. Wuchs- u. Hemmstoffanalyse; 2. Mutations- u. 3. Fermentforschung. (Zbl. Bakteriol., Parasitenkunde, Infektionskrankh. Hyg., Abt. I, Orig. **158.** 217—18. 30/6. 1952. Hamburg-Volksdorf.) R. KÖNIG. 4200

H. Graf, *Über Physostigmin–Acetylcholin und Muskeltätigkeit der überlebenden Pansenwand des Rindes.* Im Hinblick auf chem. Unterss. über das Vorhandensein von *Cholinesterase* (I) teilt Vf. mit, daß die überlebende Pansenwand des Rindes, nach Behandlung mit an sich nicht wirksamen *Physostigmin* (II)-Konzz. u. nachfolgender Behandlung mit ebenfalls unterschwelliger Acetylcholin-Lsg., eine Tonussteigerung oder eine Automatie zeigt. Ob II als Hemmstoff für I angesehen werden kann, oder ob die Befunde auf I-Verluste bei der Präparation des überlebenden Gewebes zurückzuführen sind, sollen weitere Unterss. zeigen. (Tierärztl. Umschau **7.** 301—03. Sept. 1952. Zürich, Univ., Veterinär-Pharmakolog. Inst.) REICHLE. 4210

A. Desjobert, C. Anagnostopoulos und **A. Recoules,** *Verwendung eines neuen Substrates, des Morpholinäthanolphosphats, für die Messung der sauren Phosphataseaktivität im Serum. Mögliches klinisches Interesse.* Best. der *sauren Phosphatase* im Serum von 170 Patienten mit verschied. Krankheiten. Als Substrate finden *Morpholinäthanolphosphat* (I) u. *β-Glycerophosphat* (II) Verwendung. Der Quotient aus frei werdendem P in mg bei Verwendung von I u. mg P bei Verwendung von II in 100 ml Serum beträgt bei Prostatacarcinom 0,75—1,25. Bei anderen Erkrankungen liegen die Werte niedriger. (Bull. Acad. nat. Méd. **136.** [3] **116.** 254—57. April 1952. Paris, Fac. de Pharmacie, Labor. de Chim. biol., u. Centre nat. de la Recherche sci., u. Centre hosp. de Moulins.) REISS. 4210

L. Ss. Fomina, Ss. Ja. Michlin und **G. K. Schlygin,** *Methodik der Bestimmung der Darmphosphatase.* Das bekannte Verf. zur Best. von Phosphatase (I) durch Colorimetrieren der intensiv roten Lsg. nach Zugabe von Phenolphthaleinphosphat wird so modifiziert, daß in einer Reihe der Versuchslsgg. mit je einer um $^1/_3$ geringeren Verdünnung als die vorhergehende Probe die Verdünnung festgestellt wird, die nach bestimmtem Zeitraum eine bestimmte Farbintensität des freigesetzten Phenolphthaleins bewirkt. Durch vergleichende Bestimmungen mit 70 Darmsäften, Duodenuminhalten u. Kotproben wurde festgestellt, daß die bei dem beschriebenen Verf. angewandte Einheit für I ca. $^1/_{40}$ der Einheit von BODANSKY (J. biol. Chemistry **101.** [1933.] 93) entspricht. Optimal für die I-Best. sind p_H 10,37^0 u. 0,001 mol. Mg^{2+}. (Биохимия [Biochemie] **17.** 134—38. März/April 1952. Moskau, Ernährungsinst. der Akad. der Med. Wiss. der UdSSR, Labor. für Verdauungsfragen.) LEBTAG. 4210

E. Racker und **I. Krimsky**, *Der Wirkungsmechanismus der Glycerinaldehyd-3-phosphatdehydrogenase.* Vff. sehen einen anderen Weg für den Wirkungsmechanismus der *Glycerinaldehyd-3-phosphatdehydrogenase* (I) (vgl. Mechanismus der Glyoxalase) bei der Oxydation des Glycerinaldehyd-3-phosphats zu 1.3-Diphosphoglycerinsäure als WARBURG u. CHRISTIAN (vgl. Biochemic. J. **303.** [1939.] 40: Spaltung der Bindung zwischen dem Diphosphopyridinnucleotid (II) u. dem Schwefel am Enzym durch die Aldehydgruppe des Substrates (Aldehydolyse). Der H_2 wird auf II, die Acylgruppe auf den Schwefel übertragen; dadurch Red. des II. Die Acylgruppe wird auf die andere Seite des Enzyms übertragen, dort Bldg. von Acylphosphat. Die Acylgruppe am Enzym ist übertragbar entweder auf zugefügtes Glutathion, Phosphat oder auf SH-Gruppen am Enzym. (Nature [London] **169.** 1043—44. 21/6. 1952. New York, Univ., Coll. of Med., Dep. of Microbiol.) BRATFISCH. 4210

N. Raphael Shulman, *Untersuchungen über die Hemmung von proteolytischen Fermenten durch Serum.* 1. Mitt. *Der Mechanismus der Hemmung von Trypsin, Plasmin und Chymotrypsin durch Serum unter Verwendung von mit ^{131}J beladenem Fibrin als Substrat.* Die vom Vf. angewendete empfindliche Meth. zur Best. fibrinolyt. Vorgänge (Messung der Radioaktivität der durch Proteolyse lösl. gewordenen Prodd. von mit ^{131}J behandeltem unlösl. *Fibrin*; vgl. SHULMAN u. TAGNON, C. **1951.** I. 2169) ermöglicht die Unters. der Hemmung von *Trypsin* (I), *Plasmin* (II) u. *Chymotrypsin* (III) durch Serum (IV) bereits in sehr geringen Konzentrationen. Im Gegensatz zu früheren Autoren wurde gefunden, daß die Hemmung von I sowie auch die von II u. III durch den in IV vorhandenen Inhibitor eine irreversible Rk. ist. Diese Hemmungs-Rk. ist stöchiometr., da die inaktivierte Fermentmenge der Inhibitormenge proportional war. Ggw. von Substrat war bei I u. III ohne Einfl. auf die Hemmung, während dies bei II noch unklar blieb. (J. exp. Medicine **95.** 571—91. 1/6. 1952. New York, Sloan-Kettering Inst. for Cancer Res., u. Memorial Hosp.) v. PECHMANN. 4210

N. Raphael Shulman, *Untersuchungen über die Hemmung von proteolytischen Fermenten durch Serum.* 2. Mitt. *Nachweis, daß getrennte proteolytische Inhibitoren im Serum vorhanden sind; ihre unterschiedlichen Eigenschaften und ihre Wirkungsspezifität.* (1. vgl. vorst. Ref.) Die Verss. lassen erkennen, daß mindestens zwei verschied. Hemmkörper für proteolyt. Fermente im *Serum* (I) vorhanden sind. Die Intensität der Hemmung durch I war bei *Trypsin* (II) u. *Chymotrypsin* (III) einerseits u. *Plasmin* (IV) andererseits verschieden. So war die Aktivität von I von Patienten mit Carcinom, Tuberkulose oder anderen akuten Erkrankungen entweder gegenüber II u. III oder gegenüber IV bes. erhöht. 30 Min. langes Erhitzen von I auf 60^0 zerstörte die Hemmwrkg. für II bis auf 10%, während die Wrkg. gegen IV noch zu 90% erhalten blieb. Der IV-Inhibitor in I wurde bereits durch eine geringere Konz. an Ammoniumsulfat (V) gefällt als der Inhibitor für I u. II. Der nach Zusatz von 2 Mol V ausfallende Nd. enthielt 67% des IV-Inhibitors u. nur 11% des I–II-Hemmkörpers. Diese Verss. ließen erkennen, daß III von einem anderen Inhibitor gehemmt wird als I u. II; diese beiden Fermente scheinen von der gleichen Substanz inaktiviert zu werden. (J. exp. Medicine **95.** 593—603. 1/6. 1952.) v. PECHMANN. 4210

N. Raphael Shulman, *Untersuchungen über die Hemmung von proteolytischen Fermenten durch Serum.* 3. Mitt. *Physiologische Aspekte der Änderung von proteolytischer Hemmung. Die Übereinstimmung der Änderungen der Fibrinogenkonzentration mit Änderungen der Trypsinhemmung.* (2. vgl. vorst. Ref.) Bei 65 n. Personen u. 117 Patienten wurde der *Trypsininhibitor* (I)-Spiegel des *Serums* (II) bestimmt. Bes. bei Erkrankungen mit Gewebszerstörungen (Carcinom, Myocardialer Infarkt, Strahlenschäden usw.) war der I-Geh. von II deutlich erhöht. Dieser Beobachtung dürfte jedoch nur geringer diagnost. Wert zukommen, da die Zunahme zu unspezif. ist. In jedem Fall war die verstärkte Hemmwrkg. von II gegenüber *Trypsin* u. *Chymotrypsin* verbunden mit einer Steigerung der *Fibrinogen* (III)-Konz. in II. Eine enge Beziehung bestand auch zwischen Geh. an I u. der *Blutsenkungsgeschwindigkeit.* Intravenöse Injektionen von *Typhus-*

vaccine bewirkten nach einem initialen Abfall einen etwa parallelen Anstieg der I- u. III-Konzz. in II. Nach 9—16 Tagen waren die Ausgangskonzz. wieder erreicht. Die Hemmwrkg. gegenüber *Plasmin* wurde durch diese Injektionen nicht erhöht. (J. exp. Medicine **95**. 605—18. 1/6. 1952.) v. Pechmann. 4210

H. Wrege, *Bemerkungen zur Bestimmung des Cytochroms c im menschlichen Muskel.* Es wird die Meth. zur Best. von *Cytochrom c* (I) nach Prader u. Gonella beschrieben u. auf Grund der bei 123 Analysen gewonnenen Erfahrungen darauf hingewiesen, daß bei Aufbewahrung des zu untersuchenden Gewebes bei Raumtemp. Verluste an I eintreten, die bei Kühlschrankaufbewahrung vermieden werden. Es ist nicht gleichgültig, aus welchem Muskelteil das Untersuchungsmaterial stammt, da z. B. der I-Geh. in der Mitte des M. glutaeus maximus um 0,80 mg-% höher liegt als an den Enden. Vf. gibt als Mittelwerte für den Skelettmuskel 2,56 mg-% u. für den Herzmuskel 9,83 mg-% I an. (Z. ges. inn. Med. Grenzgebiete **7**. 478—79. 15/5. 1952. Berlin, Charité, I. Med. Univ.-Klinik.) Krusen. 4210

E_3. Mikrobiologie. Bakteriologie. Immunologie.

A. Portella, *Über den Ersatz des Glycerins durch Glykole in den Nährmedien für den Koch-Bacillus.* Es wurde bestätigt, daß Glykole nicht als Ersatz für Glycerin in den Nährmedien für den Koch-Bacillus dienen können. Auch ein teilweiser Ersatz des Glycerins durch Propylenglykol ist unmöglich. (Riv. Ist. sieroterap. ital. **27**. 68—72. Jan./Febr. 1952. Neapel, Univ., Tuberkulose-Inst.) Wiedemann. 4310

Y. Matsushima und **Y. Shimazu,** *Die Bildung von 2.3-Butylenglykol bei der bakteriellen Gärung von d-Glucosamin.* Die Aufarbeitung einer Kulturlsg. von *Aerobacter cloaceae* (Jordan) Bergey nach 10tägiger Kultur bei 37° auf angegebenem Medium mit d-Glucosamin als einziger C- u. N-Quelle ergab die Bldg. von *2.3-Butylenglykol* zu ca. 20% aus der gegebenen d-Glucosaminmenge. Außerdem wurden *Bernsteinsäure* (3%), *Essigsäure, Milchsäure* u. *Oxalsäure* in geringen Mengen bei der Gärung gebildet. (Science [Washington] **115**. 499. 2/5. 1952. Osaka, Japan, Univ., Chem. Inst., Dep. of Sci.) Itzerott. 4320

J.-G. Marchal und **M. Pouteau-Thouvenot,** *Wirkung des Eisens auf Bakterien. Sein Einfluß auf die Atmung von B. roseus fluorescens in Abwesenheit oder Gegenwart von Dihydrostreptomycin.* Werden Bakterien der Art *B. roseus fluorescens Typ Ra,* die auf *Fe*-haltigem Medium kultiviert wurden, in *Dihydrostreptomycin*-(I)-haltiges Milieu gebracht, so verringert sich die Atmung. Dabei spielt es keine Rolle, ob Fe zur I-haltigen Kultur zugesetzt wird oder nicht. Mit in Fe-freien Medien gezüchteten Bakterien zeigt sich bei Übertragung in I u. Fe-haltiges Medium eine beträchtliche Abnahme der Atmung. Fe verstärkt jetzt also die I-Wirkung. 3 Hypothesen zur Erklärung der Tatsachen werden gegeben, die durch weitere Verss. bestätigt werden sollen. (Bull. Assoc. Diplômés Microbiol. Fac. Pharmac. Nancy **47**. 21—32. April 1952.) Ittzerott. 4325

Berkley H. Johnson, Hoyo Migaki und **E. C. McCulloch,** *Weitere Untersuchungen über antibakterielle Eigenschaften von kationischen und anionischen Detergentien. Vergleich einer in vitro- und einer in vivo-Bestimmungsmethode.* Mit einem hochvirulenten Stamm von *Salmonella typhimurium* angestellte vergleichende in vitro- (Plattentest) u. in vivo- (Mäusemortalität) Unterss. ergaben übereinstimmend antibakterielle Eigg. von *Hyamin* (*p-Diisobutylphenoxyäthoxyäthyldimethylbenzylammoniumchlorid*) u. von *Tide* nach halbstd. Einw. dieser Detergentien auf die Bakterien. (Amer. J. publ. Health Nation's Health **42**. 801—05. Juli 1952. Portland, Oreg., Univ. of Oregon, Med. School, u. Walla Walla, Wash., Bacteriologist.) Krusen. 4330

K. H. Wallhäußer, *Vitalfärbung von Bakterien. Wirkungsmechanismus der Antibiotica-Zellteilungsvorgänge* (*Vitalfärbung*). Zur Vitalfärbung wurde *Triphenyltetrazoliumchlorid* (I), das in oxydierter Form farblos ist u. bei der Red. in das rote *Formazan* (II) übergeht, verwendet. In der lebenden Zelle findet bei der Einw. von I infolge ständiger Reduktions- u. Oxydationsvorgänge eine Bldg. von II statt. Diese bleibt aus, wenn die Zelle mit Antibioticis behandelt wurde, was auf eine Schädigung der Dehydrasen zurückgeführt wird. Da viele Antibiotica durch Sulfhydrylgruppen inaktiviert werden, liegt der Schluß nahe, daß es unter Austausch dieser Gruppen zur Inaktivierung von Antibioticum u. Ferment kommt. Die Vorgänge der Sporenkeimung bis zur Zellteilung wurden an Bac. mycoides mit Hilfe des Zeitraffers im Film aufgenommen. Im Frühstadium wurden zahlreiche Reduktionszentren (Fermentzentren) beobachtet, die sich dann nach 12—16 Std. zu größeren, weniger zahlreichen Zentren zusammenlagern. Die Bewegung der Fermentzentren verschwindet unter dem Einfl. von Antibioticis. Die mit α-Naphthol u. Dimethyl-p-phenylendiaminchlorhydrat durchgeführte Färbung zeigte, daß die Oxydationsorte mit den Reduktionszentren lagemäßig übereinstimmen („Redoxorte"). (Zbl. Bakteriol., Parasitenkunde, Infektionskrankh. Hyg., I. Abt., Orig. **158.** 358—62. 30/6. 1952. Frankfurt/M.-Höchst, Farbwerke, Mikrobiol. Labor.) R. KÖNIG. 4340

J.-G. Marchal, *Die Verwendung von Galleria mellonella zum Versuch mit antituberkulösen Substanzen (Technik von Cattaneo-Morellini).* Die nach der CATTANEO-Technik mit $^1/_{100000}$ mg Tuberkelbacillen infizierten Larven von *Galleria mellonella* zeigen bei 5 Injektionen von 0,001 mg *Streptomycin* (I) eine verlängerte Latenzzeit des Bacillus, bei 0,5 mg I völlige Sterilität — 5 Injektionen von 0,25 mg *p-Aminosalicylsäure* rufen ebenfalls Wachstumshemmungen des Tuberkelbacillus hervor. (Bull. Assoc. Diplômés Microbiol. Fac. Pharmac. Nancy **47.** 33—34. April 1952.) ITZEROTT. 4340

G. Stakemann und **Knud N. Rasmussen,** *Verfahren zur Resistenzprüfung von Tuberkelbacillen.* 1. Mitt. Für die Erstunters. ist ein festes Medium einem fl. vorzuziehen, vor allem das LÖWENSTEIN JENSEN-Medium. $^2/_3$—$^3/_4$ des *Streptomycins* gehen offenbar durch Erhitzen beim Bereiten des Nährbodens verloren. Weitere Einzelheiten zur Ausführung der Verss. werden angegeben. (Nordisk Med. **47.** 813—15. 13/6. 1952. Kopenhagen, Statens Seruminst.) FRÜHWALD. 4340

Knud N. Rasmussen, *Verfahren zur Resistenzprüfung von Tuberkelbacillen.* 2. Mitt. (1. vgl. vorst. Ref.) Es wird die Resistenzverteilung unter 289 Proben gezeigt. Hinsichtlich einer vorhergehenden chemotherapeut. Behandlung u. des Resistenzgrades läßt sich keine Beziehung aufstellen. In 12 Fällen dürfte sich die *Streptomycin* (I)-Resistenz trotz zusätzlicher *PAS* (II)-Medikation entwickelt haben. Während I + II-Behandlung wächst die Menge der gegen 1 E. I/cm³ Medium resistenten Bacillen. Wenn die Theorie der stufenweisen Mutation richtig ist, muß ein solcher Stamm viel bessere Möglichkeiten zur Entw. höherer Resistenz haben. — Neben der bakteriostat. entfaltet das I vielleicht auch eine baktericide Wirkung. (Nordisk Med. **47.** 815—17. 13/6. 1952. Kopenhagen, Statens Seruminst.) FRÜHWALD. 4340

G. Stakemann, *Wie entstehen resistente Bakterien?* Zur Frage der Möglichkeit einer Spontanmutation bei der Entstehung resistenter Bakterien wurde eine Reihe von Fluktuationstests mit menschlichen Tuberkelbacillen in *Streptomycin*-haltigem Medium unternommen. Die Ergebnisse deuten auf Spontanmutation. (Nordisk Med. **47.** 812—13. 13/6. 1952. Kopenhagen, Statens Seruminst.) FRÜHWALD. 4340

S. Stanley Schneierson, *Wandlungen in der bakteriellen Aureomycin- und Chloramphenicolempfindlichkeit im Laufe der letzten drei Jahre.* Unterss. nach der Verdünnungsmeth. an einer Reihe von Bakterien. Resistenzentw. wurde mit *Aureomycin* (I) bei Escherichia coli, Proteus, Staph. aureus u. albus, sowie Str. faecalis, mit *Chloromycetin* (II) bei E. coli, Ps. aeruginosa u. Proteus gefunden. Die Änderung ist erkennbar durch fortschreitende Verkleinerung des Verhältnisses der empfindlichen Stämme zu den resistenten Stämmen jeder Art. Die Ergebnisse sind für I bzgl. E. coli, Proteus, Staph. aureus u. Str. faecalis statist. gesichert. Aus den Tabellen ist zu entnehmen, daß im 1. Jahr alle Staphylokokkenstämme I- u. II-empfindlich sind, aber im 2. u. 3. Jahr nahm der Prozentsatz der resistenten Formen laufend zu. Diskussion der Möglichkeit weiterer Resistenzzunahme. Bei den Versuchspersonen wurden große Unterschiede in der I- u. II-Empfindlichkeit festgestellt, weswegen Empfindlichkeitsteste zwecks Auswahl des günstigsten Mittels als notwendig erachtet werden. (J. Lab. clin. Med. **40.** 48—57. Juli 1952. New York, N. Y., Mount Sinai Hosp.) DOSSMANN. 4340

Einar Espersen, *„Streptomycinase".* Es wurde geprüft, ob die bei vielen Tuberkelbakterienstämmen auftretende *Streptomycin* (I)-Resistenz möglicherweise auf Bldg. einer I-inaktivierenden Substanz, einer *Streptomycinase*, zurückzuführen ist. Die Unters. (Verdünnungsmeth. u. Zylindertest) eines gegen 2000 E. I resistenten Stammes (T_{1236R}) in DUBOS-Medium zeigte, daß bei der Entw. der Keime keine nachweisbare Inaktivierung von I stattfindet. (Acta pathol. microbiol. scand. **29.** 277—82. 1951. Kopenhagen, Univ., Inst. of General Pathol.) K. MAIER. 4340

C. B. Nelson, B. S. Pomeroy, Katherine Schrall, W. E. Park und **R. J. Lindeman,** *Ein Ausbruch von Conjunktivitis infolge Newcastledisease-Virus bei „poultry workers".* Unter ca. 90 Arbeitern, die mit dem Ausnehmen von Geflügel beschäftigt waren, wurden 40 Fälle von Conjunktivitis beobachtet. In 4 von 10 geprüften Fällen konnte durch Test beim Hühnerembryo das Virus der atyp. Geflügelpest (Newcastle disease) als Ursache nachgewiesen werden. Für serolog. Unterss. wurden 4 Personengruppen gebildet: I. akute Conjunktivitisfälle; II. Personen, die früher Conjunktivitis hatten; III. Geflügelarbeiter ohne Conjunktivitis; IV. Personen ohne Kontakt mit Geflügel. Bei der Gruppe IV war der Serumneutralisationsindex stets negativ, bei der Gruppe III in 64% hoch, bei den Gruppen I u. II nur in 25%. Dies ist ein Hinweis, daß ein hoher

Serumneutralisationsindex mit Resistenz gegen Newcastle disease verbunden ist, u. daß durch das Ausnehmen von Geflügel zirkulierende Antikörper hervorgerufen werden können. (Amer. J. publ. Health Nation's Health **42**. 672—78. Juni 1952. Minnesota, Dep. of Health.) WIEDEMANN. 4374

R. C. Lindner, H. C. Kirkpatrick und **T. E. Weeks**, *Ultraviolett-Absorptionsspektren als Hilfsmittel zur Diagnostik von Pflanzen-Viruskrankheiten.* In Blattgeweben, deren Viruskonz. hoch genug sind, um eine vom gesunden Blattgewebe abweichende Absorptionskurve zu ergeben, lassen sich an HCl–A.-Extrakten nach Entfernung der alkohollösl. Komponenten sowohl an frischem als auch Herbarmaterial deutliche Absorptionsunterschiede im Bereich von 230—300 mμ erkennen, die für bestimmte Viruskrankheiten charakterist. sind. Über die Art der Absorptionsgipfel (von einem oder mehreren Viren herrührend) kann nur etwas gesagt werden, wenn bereits gereinigtes Virus vorliegt. Mit dieser Meth. kann die Virusinfektion z. B. für Kürbiskotyledonen 48 Std. nach der Infektion (sichtbare Symptome 4—5 Tage danach) aufgezeigt werden. (Science [Washington] **115**. 496—99. 2/5. 1952. Wenatchee, State Coll. of Washington, Tree Fruit Exp. Stat., Div. of Plant Pathol., u. U. S. Dep. of Agricult., Bur. of Plant Ind., Soils and Agric. Engng. ITZEROTT. 4374

George H. Mirick, J. MacLean Smith, Charles I. Leftwich jr. und **William B. Leftwich**, *Die verstärkende Wirkung des Urethans auf die Schwere der Infektion mit dem Pneumonievirus der Maus (PVM).* Durch parenterale oder orale (0,1—0,5% im Trinkwasser) Gaben von *Urethan* (I) an Mäuse wurde die Schwere einer Infektion mit dem Mäuse-Pneumonie-Virus (PVM) verstärkt. Die Läsionen in den Lungen waren ausgedehnter, zur Infektion genügten niedrigere Dosen u. die Vermehrung des Virus in der Lunge war gesteigert. Die Bldg. von Antikörpern war jedoch nicht beeinflußt. Durch höhere Gaben von I allein wird die Flüssigkeitsaufnahme u. der Gewinn an Körpergewicht bei den Mäusen verringert, weiter wird eine Atrophie von Milz u. Thymus bewirkt u. die Entw. von Ödemen in der Lunge begünstigt. Eine Beziehung zwischen der PVM-Infektion u. der Bldg. von Adenomen in den Lungen konnte nicht festgestellt werden. Chem. verwandte Substanzen, *Uracil* u. *Pentosenucleotide*, hatten keinen Einfl. auf die PVM-Infektion. Die Wirkungsweise des I wird diskutiert. (J. exp. Medicine **95**. 147—60. 1/2. 1952. Baltimore, Johns Hopkins Univ., School of Med., Dep. of Med.) WIEDEMANN. 4374

E₄. Pflanzenchemie. Pflanzenphysiologie. Pflanzenpathologie.

A. G. Winter und **E. Sievers**, *Untersuchungen über die Beeinflussung der Samenkeimung durch Kaltwasserextrakte aus der Blattstreu verschiedener Gramineen.* Sowohl die Auffassung EVENARIS (Bot. Rev. **15**. [1949.] 153) als auch die Unterss. von GRAY u. BONNER (Amer. J. Bot. **35**. [1948.] 52) über keimungshemmende Substanzen aus höheren Pflanzen scheinen in ihrem ökolog. Wert ungesichert. Nur die Unters. der Blattspreu selbst kann einen Aufschluß über Vork. u. Verbreitung derartiger keimungshemmender Stoffe geben. Vff. geben eine Arbeitsvorschrift zur Herst. eines entsprechenden Extraktes an (1 g Graminee-Blattstreupulver u. 4 g kaltes W. werden miteinander vermengt, nach 12 Std. abgepreßt). Mit diesem Extrakt (1 : 4) wurde die Keimungsbeeinflussung bei Weizen (I), Hafer (II), Luzerne, Mohn (III) u. Kresse beobachtet. Während Preßsäfte grüner Pflanzen generell starke Keimungshemmung hervorriefen, treten diese Eigg. in weit geringerem Maße beim obengenannten Extrakt auf. Bei II fehlt jede Wrkg., bei I lösten 9 Auszüge eine schwache Hemmung aus, während bei III durch 8—11 Extrakte eine starke Hemmung eintrat. Beim Verdünnen der Extrakte (1 : 8 bzw. 1 : 16) beobachtete man eine deutliche Keimungsstimulation. Da in der Natur mit verd. Extrakten gerechnet werden kann, ist nur in Ausnahmen eine Hemmung zu erwarten. Vff. schlagen vor, den Begriff der keimungshemmenden bzw. -fördernden Substanzen durch „keimungsaktiv" zu ersetzen. (Naturwissenschaften **39**. 191—92. April 1952. Bonn, Univ.) WOLFGRAMM. 4455

B. Ss. Moschkow, *Charakter der Ausnutzung der Strahlungsenergie durch Tomatenpflanzen in Abhängigkeit von der Mächtigkeit des Strahlungsstromes und der Dauer der täglichen Belichtung.* Im Vers. mit Tomatenpflanzen wird gezeigt, daß zwischen der einer Pflanze zugeführten Lichtmenge u. der gebildeten Pflanzensubstanz keine direkte Beziehung besteht. Der schlechteste Ausnutzungskoeff. wurde für die Strahlungsenergie (0,74%) bei der kürzesten Belichtung (10 Std. täglich) mit 900 Watt-Lampen erzielt. Bei 10std. Belichtung mit 1800 Watt betrug der Ausnutzungskoeff. 0,83%, bei 20std. Belichtung mit 900 Watt 1,17%. Im letzteren Falle wurden je 1 Wattstd. 2,5 mg Trockensubstanz erzeugt, an absol. Substanzmenge jedoch weniger als bei 20std. Belichtung von 200 Watt/m². (Доклады Академии Наук СССР [Ber. Akad.

Wiss. UdSSR] [N. S.] **84.** 369—72. 11/5. 1952. Leningrad, Agrophysik. Inst. der Allunions Akad. für landw. Wiss.) LEBTAG. 4460

Je. W. Arzichowskaja und **W. Je. Ssokolowa,** *Über die Bildung von Äthylalkohol und Acetaldehyd in den Geweben von Äpfeln.* Durch Unters. des Geh. an *A.* u. *Acetaldehyd* (I) im Apfel während der Entw. u. Aufbewahrung in Abhängigkeit von der Temp. u. der O_2-Konz. wird nachgewiesen, daß der Geh. an A. u. I eine verschied. Abhängigkeit vom O_2-Geh. der Umgebung aufweist. Ein verminderter O_2-Geh. ist prakt. ohne Einfl. auf die A.-Konz., wahrscheinlich dadurch bedingt, daß die Bldg. von A. im Apfel unabhängig vom Belüftungsgrad erfolgt. Der A. ist als Prod. eines n. anaeroben Prozesses anzusehen, der auch aerob erfolgt. In allen Fällen ist der A.-Geh. in der Schale viel höher als im Fruchtmark. Der I-Geh. nimmt mit sinkendem O_2-Geh. zu, im Fruchtmark erst bei 1% O_2. Bei diesem O_2-Geh. beträgt die I-Zunahme im Mark 16%, in der Schale 81%. Mit steigender Temp. wird die Bldg. von A. weniger intensiviert als die von I. Während die Intensivierung der Bldg. von A. in den verschied. Temperaturintervallen annähernd gleich bleibt, ist sie für I bei 10—20° höher als bei 20—30°. Die Versuchsergebnisse werden dahin gedeutet, daß I im Stoffwechsel der Pflanze als Zwischenprod. bei der Bldg. von A. u. anderen Verbb. auftritt, daß die Intensität der I-Anreicherung von dessen Verwendung für einen Prozeß abhängt, dessen Intensität von den aeroben Bedingungen abhängig ist. (Доклады Академии Наук СССР [Ber. Akad. Wiss. UdSSR] [N. S.] **84.** 765—68. 1/6. 1952. Bach-Inst. für Biochem. der Akad. der Wiss. der UdSSR.) LEBTAG. 4460

A. M. Kusin und **W. I. Merenowa,** *Die Biosynthese von Glutamin, Kohlenhydraten und Eiweißstoffen, die durch radioaktiven Kohlenstoff markiert sind.* Zur Einführung von ^{14}C wird die Photosynth. in grünen Zuckerrübenblättern verwendet. In einer abgeschlossenen Kammer werden die Blätter, deren Stiele in W. tauchen, von 2 Seiten bestrahlt. Zugleich wird durch eingeführtes $Ba^{14}CO_3$ u. Milchsäure $^{14}CO_2$ frei, das in den Blättern radioakt. Glutamin, radioakt. Glucose, Fructose, Eiweißstoffe u. Hemicellulose bildet. Aktivität u. Gewichtsmengen der gebildeten Stoffe wurden bestimmt. (Доклады Академии Наук СССР [Ber. Akad. Wiss. UdSSR] [N. S.] **85.** 181—83. 1/7. 1952. Abteilung für biol. Wiss. der Akad. der Wiss. der UdSSR, Labor. für Biophys., Isotope u. Strahlungen.) G. REICHARDT. 4460

Pierre Delaveau, *Beitrag zur Untersuchung der physiologischen Rolle des Sinigrins des schwarzen Senf (Brassica nigra Koch, Cruciferen).* Zur Best. des Geh. an *Sinigrin* (I) in schwarzem Senf wurden vorher durch sd. A. nach BOURQUELOT (vgl. J. Pharm. Chim. [6] **14.** [1900.] 510) stabilisierte grüne Organe zerrieben u. der A. zur Erzielung eines unter 15° liegenden Endtiters evaporiert u. verdünnt. Vergärung erfolgte durch Zusetzen von pulverisierten weißen Senfkörnern (Myrosin). Die Best. des Geh. an Allylsenföl (II) erfolgte mittels der $AgNO_3$-Meth. nach DIETRICH-GADAMER. Die Identität von II wurde durch Darst. von Thiosinamin u. F.-Best. (70—71°) nachgewiesen. — Der II-Geh. nimmt während der Keimung u. ersten Entw. allmählich ab; er beträgt nach 20 Tagen nur noch ca. 28% der ursprünglich vorhandenen II-Menge (22 γ/Korn). Auf Freilandkulturen enthalten grüne Organe bei Beginn der Blüte merkliche II-Mengen (0,11—0,15 g/100 g Trockenmasse). Während der Schoten- u. Samenbldg. nimmt der II-Geh. in Blättern u. Stielen proportional ab u. in den sich bildenden Körnern zu. — Die Anhäufung von I in den Körnern u. das spätere Verschwinden von I während der Keimung lassen auf Teilnahme am Stoffwechsel schließen. (C. R. hebd. Séances Acad. Sci. **234.** 460—62. 21/1. 1952.) RANG. 4460

G. I. Laschuk, *Zusammenhang des Stoffwechsels der Pflanzen mit dem physiologischen Zustand des Blütenstaubes.* Auf Grund von Verss. mit verschied. Cistus-Arten kommt Vf. zum Schluß, daß der Blütenstaub einer bestimmten Pflanze in seinem Zustand Änderungen erfährt, falls er von einem von der Mutterpflanze abgetrennten Zweig genommen wird. Es liegen hier die gleichen Verhältnisse vor wie z. B. bei einem Blatt, das nach Unterbrechung seines Stoffwechsels mit der Mutterpflanze als selbständiger Organismus auftritt, bei gleichzeitiger Änderung der in ihm ablaufenden Prozesse. (Доклады Академии Наук СССР [Ber. Akad. Wiss. UdSSR] [N. S.] **83.** 931—32. 21/4. 1952. Nikita, Staatl. Botan. Molotow-Garten.) ULMANN. 4460

D. M. Michlin, *Biochemische Grundlagen der Pflanzenatmung.* Übersichtsarbeit unter besonderer Berücksichtigung von Glykolyse, Zwischenkatalysatoren, terminalen Fermenten, Ascorbinoxydase, Tyrosinase, Fermenten ohne Schwermetallgeh. u. Peroxydtheorien der Atmung. Es wird als wahrscheinlich angesehen, daß es in der Natur eine selbständige oder an die Polyphenoloxydase gebundene *Tyrosinase* gibt. Der Hinweis auf die Toxizität der Chinone als Beweis gegen die Existenz des Polyphenoloxydationssyst. wird als unbegründet zurückgewiesen. (Успехи Современной Биологии [Fortschr. gegenwärt. Biol.] **33.** 1—13. Jan./Febr. 1952.) LEBTAG. 4462

N. A. Krassilnikow, *Die Rolle der Mikroorganismen bei der zusätzlichen Ernährung der Pflanzen.* An eigenen u. fremden Verss. zeigt Vf., daß in avitaminösen Böden nach Einbringung von Pflanzenresten oder Zucker durch die Mikrobentätigkeit *Vitamine* (I) angereichert werden. I u. andere biot. Stoffe des Bodens fördern das Pflanzenwachstum. Die antibiot. Stoffe werden von der Wurzel aufgenommen u. wandern von hier in die oberird. Teile. Sie schützen die Pflanze vor Krankheiten u. haben eine heilende Wrkg. bei Befall durch Bakterien u. Pilze. Streptomycin, Penicillin, Aureomycin u. andere antibiot. Stoffe dringen aus dem Boden durch die Wurzel in die oberird. Teile. Es ist deshalb anzunehmen, daß auch I, Auxine u. ähnliche Stoffe von der Wurzel aufgenommen werden. (Успехи Современной Биологии [Fortschr. gegenwärt. Biol.] **33.** 321—37. Mai/Juni 1952.) LEBTAG. 4470

P. P. Gladki, *Über den Einfluß von Heteroauxin auf die wirtschaftlich wertvollen Merkmale des Flachses im Zusammenhang mit den Feuchtigkeitsverhältnissen.* Durch Vegetationsverss. mit verschied. Hanfsorten wird gezeigt, daß das Spritzen mit *Heteroauxin* (I) in einigen Fällen zur Erhöhung, in anderen Fällen zur Senkung des Samenertrages führt. I stimuliert die Entw. der Rispe. Die Länge des wirtschaftlich verwerteten Teiles des Hanfes wird durch I-Spritzung nicht wesentlich erhöht. Am wirksamsten ist das I-Spritzen in den ersten Tagen nach Übergang vom Wassermangel zur ausreichenden Wasserversorgung. (Доклады Академии Наук СССР [Ber. Akad. Wiss. UdSSR] [N.S.] **84.** 817—20. 1/6. 1952. Krasnodar, Allunions Wiss. Forschungsinst. für Ölsaatkulturen.) LEBTAG. 4485

E_5. Tierchemie. Tierphysiologie. Tierpathologie.

Jacques Leloup, *Selektive Fixierung des Radiojods in der Chorda dorsalis des marinen Neunauges (Petromyzon marinus L.).* Die Chorda dorsalis des marinen Neunauges besitzt eine Jodaffinität, die sich in starkem Jodgeh. u. rascher Fixierung von ^{131}J äußert. Die anderen Halogene werden im Chordagewebe nicht gespeichert. (C. R. hebd. Séances Acad. Sci. **234.** 1315—17. 17/3. 1952.) ITZEROTT. 4500

Józef Jeske, *Die wichtigsten „Spurenelemente" und ihre Rolle im Organismus.* Übersicht über das Vork. von Halogenen u. Alkalien, Be, Ca, Ba, Sr, Mg, Cu, Mn, Co, Ni, Cr u. Zn im Organismus. (Farmacja polska **8.** 63—65. Febr. 1952.) R. K. MÜLLER. 4510

Dino Coppini und **Ezio Casini,** *Über die Gewinnung von l-Kynurenin. Kynurenin* (I), $o\text{-}H_2N\text{—}C_6H_4\text{—}CO\cdot CH_2\cdot CH(NH_2)\cdot COOH$, wird aus dem Harn von ausschließlich mit in W. angeteigtem Fibrin ohne Zugabe von Gemüse gefütterten Kaninchen gewonnen, die auf 40° erwärmte Lsgg. von 2,5 g Tryptophan, 1,2 g $NaHCO_3$ u. 20 cm³ W. Tryptophan subcutan injiziert erhalten. Nach Ansäuern mit 25%ig. H_2SO_4 wird nach Abtrennen von Kynuren- u. Xanthurensäure (im Mittel 0,78 g bzw. 0,61 g) mit $HgSO_4$ gefällt u. der Nd. wiederholt in 3%ig. H_2SO_4 suspendiert u. mit H_2S behandelt; aus den Filtraten wird nach Entfernen des H_2S, Eindampfen u. Zusatz von A. das krist. Sulfat von I erhalten. Die Ausbeute an I nimmt mit Erhöhung der Tryptophangaben bis zu einem Grenzwert zu u. steigt dann nicht weiter; beste Ausbeute 5,6 g I in 1200 cm³ Harn bei 3mal 2,5 g Tryptophan = 74,9% des Tryptophans. — Das erhaltene *Kynureninsulfat* schm. bei 190° (Zers.) nach Bräunung bei 170°, aus A., $[\alpha]_D$ +8,5°; mit $FeCl_3$ schwache Färbung, wahrscheinlich durch Spuren von 3-Oxykynurenin. (Sperimentale **1.** 257—61. 15/1. 1951. Modena, Univ., Ist. di Chim. Farmaceut.) v. DECHEND. 4520

Ahmed Hassan Mohammed, *Toxine der Ägyptischen Cobra (Naja tripudians).* Beobachtungen am Absorptionsspektr. des natürlichen Giftes (I) u. des krist. Toxins (II). I ist milchig trübe, lösl. in 0,9 % NaCl u. flockt beim Stehen aus, es zeigt ein Absorptionsmaximum bei 262,5 mμ. II zeigt ein Absorptionsmaximum bei 278 mμ, es ist in 0,1n HCl bei 0° 6 Tage beständig, wobei sich weder die opt. Daten noch die DL_M ändern, dagegen treten in 0,1n NaOH Veränderungen auf. In dest. W. bleibt II nur 24 Std. unverändert, nach 6 Tagen ist die Wirksamkeit auf den 10. Teil herabgesunken. Formalin (III) in Zusätzen von 0,5—5 % läßt DL_M von 0,03 auf 0,18 mg absinken, bei 55° sinkt sie bis auf 100 mg bei 0,5 % III, wobei auch das charakterist. Absorptionsband verändert wird. Bei der Anwendung von Acetaldehyd an Stelle von III sinkt ebenfalls DL_M ab. Daraus wird geschlossen, daß das Absorptionsspektr. mit II zusammenhängt. (Nature [London] **169.** 244—45. 9/2. 1952. Cairo, Ibrahim Univ., Abbassia Med. Fac., Physiol. Dep.) LÜPNITZ. 4520

Lennart Ploman, *Hautpermeabilität und Gravidität.* Bei 4 Wochen tragenden Kaninchen ist die Ausbreitung des Indicators (Hämoglobin) im Hautbindegewebe behindert, die Absorption (Fluorescein-Na) beschleunigt. Zusatz von *Hyaluronidase* zu den Indicatoren hat keinen Einfluß. Kaninchen mit fortgeschrittener Schwangerschaft zeigen nach Tötung Behinderung der Ausbreitung, Mäuse nicht; meßbare Absorption ist bei beiden nicht festzustellen. Der Einfl. von Östrogenen, Hydratation u. Stress wird diskutiert. (Nordisk Med. **47.** 626—28. 9/5. 1952. Upsala, Fysiol. Inst.) FRÜHWALD. 4550

E. J. Delorme, S. R. Mukherjee und **S. Rowlands,** *Untersuchungen über die Blutzirkulation im hämorrhagischen Schock mittels mit radioaktivem Phosphor markierter Erythrocyten.* Vff. stellten mittels mit ^{32}P markierter Erythrocyten fest, daß beim hämorrhag. Schock ein Konzentrationsabfall der markierten Zellen im zirkulierenden Blut eintritt. Dies wird auf die bekannte periphere Stase zurückgeführt. Bei einer Blutung stellte sich innerhalb von 2 Std. ebenfalls ein Konzentrationsabfall der markierten Zellen ein; dies wird mit der Ausschüttung von Zellen aus den Depots erklärt. Nach Reinfusion von Blut zeigte sich nicht die ursprüngliche Konz. der markierten Zellen. Die Verss. wurden an Hunden durchgeführt. (Quart. J. exp. Physiol. cognate med. Sci. **37.** 107—17. Mai 1952.) REICHLE. 4550

H. Hegglin, *Über die nächtliche Säureausscheidung bei Magengesunden und Magenkranken.* Unterss. der nächtlichen Magensekretion bei Gesunden (a), chron. Gastritis (b), Ulcus ventriculi (c) u. Ulcus duodeni (d) ergeben überwiegende Sekretion u. Säureproduktion vor Mitternacht. Nächtliche Dauersekretion wird bei a nur in 26%, b 63%, c 55% u. d in 83% aller Fälle beobachtet. Bei a zeigt sich ein Minimum an sekretor. Pausen u. anaciden Perioden, ferner Hypersekretion u. Hyperacidität; bei c Sekretionsverminderung sowie Neigung zu Hyp- u. Anacidität. Kausaler Zusammenhang zwischen b einerseits u. c bzw. d andrerseits erscheint auf Grund der Mittelstellung von b zwischen diesen nicht ausgeschlossen. Auftreten freier Säure nachts bei Fällen von b u. c, die nüchtern, nach Coffein- u. Histaminverabreichung dauernd anacid geblieben waren, führt wahrscheinlich durch ungepufferte Einw. auf entzündlich veränderte Magen- u. Duodenalwand zur Geschwürsbildung. Diskussion der pathogenet. Bedeutung der Leersekretion. Chron. Gastritis u. nächtliche Säure–Pepsin-Ausscheidung erscheinen als Faktoren bedeutungsvoll für die Entstehung von c u. d. (Schweiz. med. Wschr. **82.** 720—25. 12/7. 1952. Winterthur, Kantonspital.) C. VOGEL. 4555

—, *Die Sexualhormone. Ein Überblick.* Physiologie u. klin. Anwendung. (Amer. J. Pharmacy, Sci. support. publ. Health **124.** 125—33. April 1952.) KRUSEN. 4559

R. Spiegler, *Welche Bedeutung kommt dem Corpus luteum in der Schwangerschaft zu?* Vf. berichtet über 4 Fälle von Frühschwangerschaften, bei denen nach operativer Entfernung des Corpus luteum graviditatis keine *Progesteron*-Therapie vorgenommen wurde u. trotzdem die Schwangerschaft erhalten blieb. Nach Ansicht des Vf. wird die Bedeutung des *Corpus-luteum-Hormons* als Schwangerschaftshormon überschätzt, u. seine Wrkg. dürfte im wesentlichen auf die Uterusschleimhaut gerichtet sein. (Med. Klin. **47.** 771—72. 6/6. 1952. Ulm/Donau, Städt. Frauenklinik.) H. SCHEURLEN. 4559

Peter Danneberg und **Dietrich Schmähl,** *Über östrushemmende Substanzen.* Bei Prüfung der tox. Wirksamkeit von 4-Dimethylaminoazobenzol an Ratten wurde festgestellt, daß es unter der Einw. dieses Farbstoffes auch zum Ausbleiben der Brunstcyclen kam. Die Frage, ob es sich hierbei nur um ein unspezif. Begleitsymptom handelt, sollte durch systemat. Unters. von mehreren, teils homologen, teils andersartigen Verbb. geklärt werden. An Ratten mit kurzfristigem Cyclus konnte festgestellt werden, daß p-Aminoverbb. des Diphenyls, Fluorens, Azobenzols u. Stilbens stark wirksam waren. Durch Methylierung oder Acetylierung der Aminogruppe wurde die Wirksamkeit nicht abgeschwächt. Auch die Einführung von Methylgruppen in 4'- oder 3.2'-Stellung war ohne Einfluß. Dagegen waren die 4'-Methoxy- u. 4'-Nitroverbb. unwirksam. Bei Verlängerung des Azobenzols zum 4'-Disazobenzol ging die brunsthemmende Wrkg. verloren. Die Azobrücke ist zur Entfaltung einer brunsthemmenden Wrkg. nicht erforderlich — so sind 4-Aminostilben u. ω-[p-Dimethylaminophenyl]-propiophenon stark wirksam, während die Zwischenschaltung der Azomethinbrücke zu unwirksamen Verbb. führt. Ebenso sind monocycl. Verbb. unwirksam. Doch können auch aliphat. Diamine (Putrescin) östrushemmende Wrkg. besitzen. Durch Ersatz der endständigen Aminogruppen durch Hydroxyle erlangen die Verbb. östrogene Wirksamkeit. Alle untersuchten Verbb. sind gleichzeitig auch cancerogen, doch konnte durch eine genauere Analyse der Latenzzeit, der Summationswrkg. u. der Reversibilität nachgewiesen werden, daß die beiden pharmakol. Wirkungen einem verschied. Mechanismus unterworfen sind. In der nachst. Übersicht sind neben den zur Anwendung gelangten Tagesdosen in mg die östrushemmende u., soweit aufgeführt, an letzter Stelle die cancerogene Wirksamkeit vergleichsweise angegeben. *Azobenzole*: *p-Dimethylamino-* (5 mg; +++; +++); *p-Amino-* (10; +++; ++); *p-Acetylamino-* (5; +++); *p-Dimethylamino-*

p'-methyl- (10; +++; +); *p-Dimethylamino-p'-methoxy-* (10; —); *p-Dimethylamino-p'-nitro-* (10; —). — *p-Amino-o-azotoluol* (5; +++; +++). — *p-Dimethylamino-p'-disazobenzol* (10; —). — *α-[p-Dimethylaminobenzolazo]-* (20; —), *α-Benzolazo-* (10; —; —) u. *α-[o-Toluolazo]-β-naphthylamin* (10; —; —). — *N-[p-Dimethylaminobenzal]-anilin* (10; —; —). *N-Benzal-p-dimethylaminoanilin* (10; —; —). — *p-Aminostilben* (1; +++; +++). — *ω-[p-Dimethylaminophenyl]-propiophenon* (7; +++). — *p-Amino-* (15; +++; +++) u. *p.p'-Diaminodiphenyl* (1; +; +). — *p-Dimethylaminotriphenylmethan* (20; —; —). — *N.N-Dimethyl-p-phenylendiamin* (15; —; —). — *N.N-Dimethyl-o-* (15; —; —), *-m-* (15; —; —) u. *-p-toluidin* (10; —; —). — *β-Naphthylamin* (7; +; +). — *9-Phenanthrylamin* (6; —). — *2-Acetylaminofluoren* (7; +++; +++). — *Putrescin* (5; ++). — *o-Anisolazo-β-naphthol* (10; —; —). — *2.4-Dioxyazobenzol* (10; —; —). *Urethan* (++; ++). (Z. Naturforsch. **7b**. 468—75. Aug. 1952. Freiburg/Br., Univ., Chirurg. Klinik.) HERR. 4559

H. G. Müller, *Klinische Anregungen für die Behandlung klimakterischer Beschwerden in der Praxis.* Vf. berichtet über gute Behandlungserfolge bei 100 Patientinnen mit klimakter. Beschwerden mit dem Ovarial-Totalextrakt *Ovibion* (H. KLINGE, CHEM.-PHARM. FABRIK, München), dessen Wrkg. auf katalyt. Förderung hormonaler Biosynthesen beruhen soll. 71 Fälle wurden gänzlich beschwerdefrei, 14 weitgehende Besserungen, 15 Versager. (Dtsch. med. Wschr. **77**. 909—10. 18/7. 1952. Gießen, Justus-Liebig-Hochsch., Frauenklinik.) DOSSMANN. 4559

Francisco J. Garcia-Conde Gomez, *Stoffwechselbedingter Rheumatismus.* Bei der akuten Gichtkrise haben sich neben dem *Colchicin* bes. *ACTH* u. *Cortison* bewährt. Dagegen kann ACTH bei der chron. Gicht einen akuten Anfall auslösen. (Med. Cirurg. Guerra **14**. 417—28. Juli/Aug. 1952. Valencia, Spanien.) GERBER. 4560

L. J. Numainville und **C. J. Scarpellino,** *Die Behandlung von rheumatischem Fieber bei gleichzeitig vorhandener subakuter bakterieller Endocarditis mit ACTH und Antibioticis.* Bericht über 1 Fall. Der Erreger der subakuten bakteriellen Endocarditis, ein nichthämolyt. *Staphylococcus aureus*, war resistent gegenüber *Aureomycin* u. *Sulfadiazin*, empfindlich auf 17,5 E. *Penicillin* (I) u. wurde durch eine Kombination von 8 γ *Chloromycetin* (II) u. *Streptomycin* (III) völlig gehemmt. Behandlung mit *ACTH*, II u. III. *ACTH*-Wrkg. erstreckt sich bes. auf das rheumat. Fieber u. Carditis, für die bakterielle Endocarditis stellt die *ACTH*-Therapie eine Zwischenmaßnahme bis zur Sicherstellung der sie verursachenden Organismen dar. An Nebenwirkungen traten verkalkte Lungenläsionen u. I-Empfindlichkeit auf, gek. durch allerg. Manifestationen, die aber offenbar durch die gleichzeitige *ACTH*-Therapie gemildert wurden. (Amer. Heart J. **43**. 468—73. März 1952. El Paso, Tex., William Beaumont Army Hosp.) DOSSMANN. 4560

Theodor Grüneberg, *Unsere Erfahrungen mit Rindenextrakt, ACTH und Nebennieren-„Reizbestrahlung" bei chronischem, mit Psoriasis kombiniertem Gelenkrheumatismus (Psoriasis arthropathica).* Gute bis ausgezeichnete Erfolge wurden bei der Behandlung der arthropath. Psoriasis mit Rindenextrakten bzw. ACTH erzielt. Gleichfalls wurde durch Reizbestrahlung der Nebennierenrinde wesentliche Besserung, auch bei chron. Gelenkrheumatismus, erzielt. Da die Erfolge zum Teil von Dauer waren, dürfte die Annahme einer symptomat. Wrkg. für Psoriasis arthropathica unzutreffend sein. (Med. Klin. **47**. 48—51. 11/1. 1952. Halle, Univ., Hautklinik.) HEINZE. 4561

M. Scherler, *Über drei mit Desoxycorticosteronacetat behandelte Fälle von Besnier-Boeck-Schaumannscher Krankheit.* Bericht über 3 Fälle, die durch 3mal wöchentlich 5 mg bis täglich 4 mg *DOCA* wesentlich gebessert wurden. Nach Absetzen der Behandlung traten bei 2 Patienten Rückfälle auf. (Schweiz. med. Wschr. **82**. 768—70. 26/7. 1952. Arosa, Sanat. Milit. Fédér.) KRUSEN. 4561

Salme Salomaa und **Helvi Swanljung,** *Klinische Erfahrungen mit ACTH und Cortison bei Augenerkrankungen.* 73 Patienten mit verschied. Erkrankungen des Auges wurden mit *ACTH* u. *Cortison* behandelt. Gute Erfolge wurden bei akuten Entzündungen im Bereich des vorderen Augensegmentes erzielt, dagegen zeigte sich bei den chron. Erkrankungen kein wesentlicher Erfolg dieser Behandlungsweise. (Acta ophthalmol. [Copenhagen] **30**. 53. 1952. Helsinki.) REICHLE. 4561

Hassa Abel, *Lokale Anwendung von Cortison bei Augenerkrankungen.* Bei 40 Patienten mit chron. Augenerkrankungen wurde *Cortison* lokal mit günstigen Ergebnissen angewandt. (Acta ophthalmol. [Copenhagen] **30**. 47—52. 1952. Oslo.) REICHLE. 4561

E. Meredith Alrich, John P. Carter und **Edwin P. Lehman,** *Untersuchungen über Cortison.* 2. Mitt. *Stoffwechsel bei Cortisonvergiftung. Wirkung von Cortison auf Fibroblastengewebskulturen.* (1. vgl. C. **1951**. II. 3190.) *Cortison* (I) in Dosen von 30—40 mg/kg verursachte bei der Ratte deutliche Änderungen des Cl^--, Na^+-, K^+- u. N-Gleichgewichts, außerdem Verminderung des Appetits u. Müdigkeit. Während sich diese Erscheinungen bes. im Hinblick auf den N-Haushalt wieder annähernd normalisierten, blieb die K^+-Ausscheidung sehr hoch. Daher wird der tox. Effekt von I in der fortschreitenden K^+-Ausscheidung gesehen, auf die wahrscheinlich auch der Tod der Tiere zurückgeführt werden muß. Die bei verlängerter I-Therapie mit hohen Dosen auftretenden schädlichen Wirkungen sind von einer Infektion begleitet oder rühren auch davon her. Der Erreger ist ein noch nicht identifizierter Pilz. I-Therapie bei vorliegender Infektion wird daher für kontraindiziert gehalten. Das Wachstum der Tiere u. der Charakter der Zellen in Fibroblastengewebskulturen werden durch I nicht beeinflußt. An Zellen der Nebenniere wurde Atrophie festgestellt. (Surgery **32.** 326—32. Aug. 1952. Charlottesville, Va., Univ. of Virginia, School of Surg., Dep. of Med.) DOSSMANN. 4561

Chr. J. Bjerkelund, *Herzinfarkt unter Thyroxinbehandlung von Myxödem.* Bericht über 2 Fälle (Frauen von 73 u. 79 Jahren) von Behandlung mit *l-Thyroxin-Na* (I), bei der ein Myocardinfarkt auftrat. Das zuweilen gleichzeitige Bestehen von Coronarsklerose u. Angina pectoris bei Myxödem erfordert Vorsicht u. kleine I-Dosen bei alten Leuten, bei denen mit Coronarsklerose gerechnet werden muß. (Nordisk Med. **47.** 827—28. 13/6. 1952. Oslo, Ulleval Sykehus.) FRÜHWALD. 4562

Heinrich Schur, *Zum Mechanismus der Inselwirkung und zur Pathogenese der diabetischen Symptome nebst einigen Bemerkungen über die Genese der Hormondrüsen.* Krit. Betrachtung u. Zusammenfassung älterer u. neuerer Ansichten über die Stellung des Inselorgans im intermediären Stoffwechsel. (Wiener klin. Wschr. **64.** [N. F. 7.] 466—67. 27/6. 1952.) REICHLE. 4564

Arthur A. Herold, *Beobachtungen über Diabetestherapie unter besonderer Berücksichtigung der Insulinallergie.* Allerg. Rk. auf *Insulin* kann auf Empfindlichkeit gegen Eiweiß des Tieres, von dem das Insulin gewonnen wurde, oder gegen Insulin selbst beruhen. Bei allerg. Erscheinungen erweist sich *Adrenalin* als Hilfe. Desensibilisierung ist sogar bei starker Allergie möglich. (Southern med. J. **45.** 360—64. April 1952. Shreveport, La.) SCHWEIGER. 4564

Philip Eggleton und **George Fegler,** *Über die Oxydation von Oxyhämoglobin bei verschiedenen Tieren.* Hämoglobinlsgg. von Ochse, Pferd u. Hund wurden mit Ferricyanid- u. Jodlsgg. einer bestimmten Konz. versetzt u. die entstehende Methämoglobinbldg. spektrophotometr. beobachtet. Es zeigte sich, daß bei der unvollständigen Oxydation von Oxyhämoglobinlsgg. mit Jod bei p_H 5,8 auch andere Mol.-Bestandteile als das Häm oxydiert wurden. Wenn genügend Jod zugesetzt wurde, um die Hälfte des Häms zu oxydieren, dann red. das Pferdeglobin 2, das Ochsenglobin 4,5 u. das Hundeglobin 6,5 Äquivalente. (Quart. J. exp. Physiol. cognate med. Sci. **37.** 85—89. Mai 1952. Edinburgh, Univ., Dep. of Physiol.) REICHLE. 4572

H. Druckrey, P. Danneberg, K. Kaiser, I. Fromme und **H. Schneider,** *Zur Methodik der Hämoglobinbestimmung.* Folgende Methoden zur *Hämoglobin* (I)-Best. wurden geprüft u. die method. Fehler ermittelt (in Klammern): 1. Manometr. Messung des durch Ferricyanidüberschuß aus vollständig gesätt. Oxy-I ausgetriebenen O_2 im WARBURG-App. ($\pm$ 1,5%); 2. photometr. Titration des I mit Ferricyanid nach HAVEMANN, JUNG u. v. ISSEKUTZ ($\pm$ 1,5%); 3. als CO-I nach KIESE ($\pm$ 1,5%); 4. als red. I nach HEILMEYER u. v. MUTIUS im ZEISS-Stufenphotometer ($\pm$ 1,9%); 5. bis 7. als Oxy-I bei 541, 576 u. 415 mμ im BECKMANN-Spektrophotometer ($\pm$ 1,5%); 8. als CO-I bei 420 mμ am Stufenphotometer mit Filter S 42 ($\pm$ 2,5%); 9. als salzsaures Hämatin nach SAHLI ($\pm$ 4,2%). Durch vergleichende Bestimmungen mit der 3. Meth. werden für die anderen Verff. Umrechnungsfaktoren aufgestellt. Mit der 4. Meth. wurden I-Bestimmungen an je 200 Männern u. Frauen durchgeführt u. der I-Geh. für Männer zu 15,5 $\pm$ 1,3, für Frauen zu 13,7 $\pm$ 1,0 g/100 ml festgestellt. Es wird darauf hingewiesen, daß dabei keine Normalverteilung vorliegt, sondern vermutlich konstitutionelle Zwischenstufen auftreten. — 38 Literaturangaben. (Biochem. Z. **322.** 535—54. 1952. Freiburg/Br., Univ., Chirurg. Klinik.) KRUSEN. 4572

B. A. Pethica und **J. H. Schulman,** *Hämolytische und Oberflächenaktivität von Natriumtaurocholat.* Hämolyseteste wurden mit gewaschenen menschlichen Erythrocyten (AB, Rh +) durchgeführt. Bei einer Konz. von *Natriumtaurocholat* (I) bis zu 2 g/Liter bei 20° wurde keine Lysis festgestellt. Eine Lsg. von 11 g/Liter I zeigte eine Lysis innerhalb von 30 Std., bei 19,8 g/Liter I in 90 Minuten. Unterss. über die Oberflächenspannung wurden bei p_H 7,0 u. 9,5 u. 20° bzw. 37° durchgeführt. Der Micellenpunkt für I ist in diesem Medium 4,1 g/Liter u. die maximale Micellenoberflächenspannung beträgt 29,3 dyn. (Nature [London] **170.** 117—18. 19/7. 1952. Birmingham, Univ., Dep. of Pharmakol.) REICHLE. 4573

Dieter O. Schmid, *Zur Nomenklatur und Bedeutung der Blutgerinnungsfaktoren.* (Z. ges. inn. Med. Grenzgebiete 7. 440—41. 15/5. 1952.) KRUSEN. 4574

Donald A. Scholz und **Nelson W. Barker,** *Vorläufige Mitteilung über ein neues gerinnungshemmendes Präparat.* Vff. berichten über ihre Erfahrungen mit *Treburon,* einem neuen Antikoagulans, das ungefähr $^1/_3$ so wirksam wie Heparin ist. Gute Erfolge lassen sich mit einer i.v.-Verabreichung von 200 mg erzielen, wobei keine tox. Rkk. beobachtet wurden. (Proc. Staff Meetings Mayo Clin. 27. 332—35. 13/8. 1952. Minnesota, Univ., Mayo Foundat.) REICHLE. 4574

G. Obé, H. Lang und **Felipe Alcalá,** *Tromexan in der Thrombose- und Emboliebehandlung in der Urologie. Tromexan = Bis-[4-oxycumarinyl-(3)]-essigsäureäthylester* wurde an 262 Patienten nach urolog. Operationen angewandt. Bei einer Anfangsdosis von 900 mg, später 600 bzw. 300 mg täglich wurde unter Kontrolle der Prothrombinzeit nie eine Thrombose oder Embolie beobachtet. Hämorrhagien traten nicht auf. (Med. españ. [15] 27. 178—84. März 1952. Homburg/Saar, Univ., Urolog. Klinik.) GERBER. 4574

H. E. Grewe und **Karl Kremer,** *Thromboseprophylaxe mit Inhaltsstoffen der Roßkastanie.* Die Inhaltsstoffe der Roßkastanie eignen sich zur Thromboseprophylaxe, wobei der Vorteil darin zu liegen scheint, daß dieses Antikoagulans keine plötzlichen Prothrombinstürze verursacht u. keine dauernde Überwachung erfordert. Das Präp. (*Venogal*) wird in Suppositorien oder Tabletten angewandt. Es wurde bei 100 Patienten mit größeren u. kleineren Eingriffen, mit Ausnahme von 3 Fällen, mit gutem Erfolg angewandt, wobei eine dauernde Kontrolle der Prothrombinzeit erfolgte. Günstig scheint das Präp. auch bei isolierten Thrombophlebitiden zu wirken, die Verwendung bei Bestehen einer Blutkrankheit hat mit Vorsicht zu geschehen. (Therap. d. Gegenwart 91. 207—09. 1952. Berlin, Städt. Krankenhaus Moabit.) REICHLE. 4574

W. D. Brown, *Reversible Wirkung eines Antikoagulans und Protamins auf die alimentäre Lipämie.* Bei Ratten, die mit Olivenöl gefüttert wurden, nimmt die sichtbare Lipämie nach Injektion von *Protamin* (I) zu; die Fettsäuren des Serums verändern sich. Dagegen nimmt die sichtbare Lipämie nach Injektion von *Heparin* (II) ab, die Fettsäuren des Serums zeigen ebenfalls eine Abnahme u. eine Veränderung. Die gegen die alimentäre Lipämie gerichtete Wrkg. des II wird auf die negativ geladenen Sulfatgruppen zurückgeführt. Aus den Versuchsergebnissen wird geschlossen, daß I u. II bzgl. der alimentären Lipämie eine gegensätzliche Wrkg. haben. Bei fastenden Ratten zeigt sich nach Injektion von I oder II keine Veränderung der Serumfettsäuren. (Quart. J. exp. Physiol. cognate med. Sci. 37. 75—83. Mai 1952. Birmingham, Univ., Dep. of Pharmacol.) REICHLE. 4574

H. Wildegans, *Kristalloide und kolloidale Blutersatzlösungen.* Bei der Anwendung physiol. NaCl-Lsg. zu Infusionszwecken besteht Ödemgefahr (Indikation bei Chloridmangel). Lsgg. von Salzgemischen (*Normosal, Tutofusin, Isotonal, Sterofundin*) haben nur geringe Wirkungsdauer, u. bei starkem Blutverlust besteht die Notwendigkeit einer späteren Bluttransfusion. *Subsidon* (rutinhaltiges Salzgemisch) wirkt capillarabdichtend durch Hemmung des permeabilitätssteigernden Fermentes u. der Hyaluronidase. Glucoselsgg. haben den Nachteil, infolge von Glykogenbldg. hypoton. zu werden u. wie Salz-Zucker-Lsgg. (*Tyrode*) nur flüchtig hämodynam. zu wirken. Glucose u. Eiweißhydrolysate bzw. Aminosäuren enthaltende Lsgg. schränken den Abbau von Körpereiweiß ein. 15%ig. Invertzucker dient als starker Energielieferant. *Periston* (*Polyvinylpyrrolidon*-Lsg.) u. *Dextran*-Lsgg. (*Macrodex, Onkotin*) entsprechen im Gegensatz zum Akaziengummi den Anforderungen an koll. Infusionsmittel. Künstliche Aminosäurengemische dienen zur Aufrechterhaltung des N-Gleichgewichtes (*Aminovit* pro infusione, *Elamine*). Die Herst. brauchbarer infundierbarer Fettemulsionen ist noch im Versuchsstadium. Menschliches Blutplasma bzw. Serum (dazu gehört auch *Homoseran* aus Retroplacentarblutserum) ist Aminosäuren in der Eiweißausnutzung durch den Körper überlegen u. wird auch gefroren oder getrocknet geliefert. Tierplasma (*Adaequan Resorba*) läßt sich antigenfrei herstellen, ist aber noch nicht genügend erprobt. (Med. Klin. 47. 35. 1134—37. 29/8. 1952. Berlin, Central-Diakonissenkrankenhaus Bethanien, Chirurg. Abt.) WILLENBERG. 4576

H. L. Chang, Joseph S. Chen, C. H. Chiang, M. L. Chen und **J. C. Yue,** *Dextraninfusion bei normalen Chinesen.* Bericht über Infusionen von je 500 ml 6 %ig. *Dextran*-Lsg. an 90 Chinesen mit Beschreibung einzelner Nebenerscheinungen. (U. S. Armed Forces med. J. 3. 341—52. März 1952. Taipeh, Taiwan, Nat. Defense Med. Center.) KRUSEN. 4576

Violet E. Hawkinson und **C. J. Watson,** *Die Trennung von Porphobilinogen und einer Ehrlich-negativen Vorstufe von Uroporphyrin.* Zur Trennung von *Porphobilinogen* (I)

u. einer Vorstufe des Uroporphyrins bei an Porphyrie erkrankten Patienten wird der Harn durch eine Al_2O_3-Säule gegeben u. das adsorbierte I mit Essigsäure (1%ig) eluiert. Etwa vorhandene Uroporphyrinvorstufen werden bei p_H 6,0 durch UV-Bestrahlung in Porphyrin umgewandelt, das dann in alkal. Lsg. mit $CaCl_2$ + Na_2HPO_4 gefällt wird. I kann nicht als Vorstufe von Uroporphyrin aufgefaßt werden. Elektrophoret. Unterss. können zur Trennung der beiden Chromogene wegen Bldg. einer einzigen homogenen Zone nicht angewendet werden. (Science [Washington] **115**. 496. 2/5. 1952. Minneapolis, Univ. of Minnesota, Hosp., Dep. of Med.) ITZEROTT. 4577

E. Otero Aenille und **S. García Fernández**, *Über einige physikalisch-chemische Konstanten der menschlichen Galle. 1. Mitt. Dichte, Viscosität, Oberflächenspannung, Leitfähigkeit und p_H-Wert.* Diese Konstanten sind wesentlich für die Frage der Lösungsart der Gallensalze. Bestimmungen wurden ausgeführt an A-, B- u. C-Galle bei einem Gallenkranken. (An. Real Soc. españ. Física Quím., Ser. B **48**. 321—32. April 1952. Santiago, Spanien, Inst. de Química-Física.) GERBER. 4578

E. Otero Aenille und **S. García Fernández**, *Über einige physikalisch-chemische Konstanten der menschlichen Galle. 2. Mitt. Schaumindex und Schaumzeit.* (1. vgl. vorst. Ref.) Formeln u. Technik zur Best. von Schaumindex u. Schaumbeständigkeit werden angegeben u. die Werte für verschied. Verdünnungen von A-, B- u. C-Galle angegeben. (An. Real Soc. españ. Física Quím., Ser. B **48**. 333. April 1952. Santiago, Spanien, Inst. de Químico-Física.) GERBER. 4578

Luz Heller, *Die Eiweißtherapie der Spättoxikosen und ihre physiologischen Grundlagen.* Unterss. über Eiweißstoffwechsel in n. u. tox. Schwangerschaft. Bei Toxikosen liegt echtes Eiweißdefizit durch Hypoalbuminämie u. Verlust der Eiweißreserve vor; *Cystin*-Mangel u. *Methionin*-Retention im Plasmaeiweiß sowie relative *Tryptophan*-Vermehrung im Bluteiweiß. Klin. Folgen sind Leberinsuffizienz, interstitielle Ödeme, möglicherweise Hochdruck u. Capillarschädigung. Diskussion der therapeut. Behandlung mit *Albuminkonzentraten* oder *Aminosäuren*, wobei die Qualität des verwendeten Eiweißes oder dessen Bausteine entscheidender als die Menge sind. (Geburtshilfe u. Frauenheilkunde **12**. 207—17. März 1952. Frankfurt/M., Univ., Frauenklinik.) C. VOGEL. 4583

J. F. Hentges jr., R. H. Grummer, P. H. Phillips und **G. Bohstedt**, *Der Mindestbedarf von jungen Schweinen an gereinigtem Carotin.* Den Schweinen wurden zunächst in einer Vorperiode ihre *Vitamin-A*-Reserven entzogen u. dann steigende Mengen an gereinigtem Carotin (80—85% *β-Carotin*), in Baumwollsaatöl gelöst, verabreicht. Als Maßstab für die Wrkg. wurden der Geh. an Vitamin A im Blutplasma u. in der Leber, der Druck in der Cerebrospinal-Fl., das Auftreten von Nachtblindheit u. die Gewichtszunahmen genommen. 10 γ Carotin je kg Körpergewicht waren ausreichend, um Mangelerscheinungen zu vermeiden u. gute Durchschnittszunahmen zu erzielen. 17,8 γ reichten aus, um den ursprünglichen Geh. an Vitamin A im Blutplasma wiederherzustellen, erlaubten aber keine Speicherung in der Leber. Um das zu erreichen, waren mindestens 25 γ/kg notwendig. (J. Animal Sci. **11**. 266—72. Mai 1952. Madison, Univ. of Wisconsin, Dep. of Animal Husbandry and Biochem.) NEHRING. 4587

R. W. Swick, R. H. Grummer und **C. A. Baumann**, *Die Wirkung von thyreoidem Material auf den Carotinstoffwechsel bei Schweinen.* Saugende Schweine wurden an *Vitamin A* verarmt u. dann hyperthyreoid durch Verfütterung von jodiertem Casein oder hypothyreoid durch Zugabe von Thiouracil (I) gehalten. An diese Tiere wurde *Carotin* während 16—21 Tagen verabreicht. Die Zufütterung von Thyreoprotein setzte die Zunahmen wesentlich herab. Bei Zufuhr von I waren die Ergebnisse wechselnd. Der Geh. an Vitamin A in der Leber u. anderen Organen bzw. Organ-Fll. wurde durch den verschied. thyreoiden Zustand der Tiere nicht wesentlich beeinflußt. Die Ergebnisse begünstigen die Annahme, daß das Carotin in den Darmwänden in Vitamin A umgewandelt wird. Der Geh. an Vitamin A wurde hier durch die Verfütterung von Carotin von 0,08 γ auf 0,25 γ/g erhöht. (J. Animal Sci. **11**. 273—81. Mai 1952. Madison, Univ. of Wisconsin, Dep. of Biochem. and Animal Husbandry.) NEHRING. 4587

W. P. Lehrer jr. und **A. C. Wiese**, *Riboflavinmangel bei Ferkeln.* Zwei Tage alte Ferkel erhielten eine synthet. Milch, in der kein *Riboflavin* (I) vorhanden war. Es traten bereits nach 1—2 Wochen I-Mangelerscheinungen, wie geringes Wachstum, rauhes Haarkleid, Lichtempfindlichkeit sowie verschied. innerliche Komplikationen ein. Die Zufuhr von 1—1,5 mg I für 16 Tage beseitigte die äußeren Symptome. Aber die Änderungen in den inneren Geweben wurden nicht beeinflußt. Es erscheint nicht klar, ob die zugeführte Menge I unzureichend oder die Zeit zu kurz war. (J. Animal Sci. **11**. 244—50. Mai 1952. Idaho, Univ., Dep. of Animal Husbandry and Agricult. Chem.) NEHRING. 4587

R. W. Luecke, J. A. Hoefer und **F. Thorp jr.**, *Die Beziehungen des Proteins zur Pantothensäure und zum Vitamin B_{12} bei wachsenden Schweinen.* Es gelang, bei Schweinen bei einer Futterration mit 15% Protein, die aus Mais, Sojabohnenmehl, „fish solubles“ u. Mineralstoffen bestand, Symptome von *Pantothensäure* (I)-Mangel zu erzeugen. Die Zufuhr von 4 mg I je lb. Futter wirkte sich in einer deutlichen Erhöhung des Wachstums aus. Bei einer Proteingabe von 17% war die Wrkg. von I wesentlich geringer. Hohe Proteingaben scheinen somit eine sparende Wrkg. auf den I-Bedarf auszuüben. Die Zufuhr von Vitamin B_{12} zum Grundfutter übte nur eine geringe Wrkg. aus. (J. Animal Sci. **11**. 238—43. Mai 1952. Michigan Agricult. Exp. Stat.) NEHRING. 4587

C. E. Barnhart, *Protein- und Vitaminergänzung bei Verfütterung von Ladinoklee und Luzerne bei Mastschweinen.* Es wurde die Wrkg. einer Zufütterung von 6% Fleischmehl, 6% getrocknetem Destillationsrückstand von Korn bzw. 0,25 oder 0,5%ig.-*Vitamin-B_{12}–Aureomycin*-Ergänzung zu einer Futterration bestehend aus gelbem Mais, Sojabohnenkuchenmehl, gedämpftem Knochenmehl bei Schweinen untersucht, die auf einer Weide von Ladinoklee bzw. Luzerne gehalten wurden. Es ließen sich keine besonderen Auswirkungen der Beifütterung feststellen. (J. Animal Sci. **11**. 233—37. Mai 1952. Kentucky Agricult. Exp. Stat.) NEHRING. 4587

J. Dahlmann und **K. Hausmann**, *Zur oralen Vitamin-B_{12}-Therapie des Strahlenkaters.* Zur Beeinflussung des Strahlenkaters nach therapeut. Röntgenbestrahlungen wurden den Patienten orale Einzeldosen von 15 oder 30 γ *Vitamin B_{12}* (*Pernipuron*) in physiol. Kochsalzlsg. mit Geschmackskorrigens verabfolgt. Innerhalb der ersten Std. nach der Bestrahlung gegeben, wirkt das Präp. optimal. Von 20 Patienten mit Tumoren konnten 13 vollkommen, 4 teilweise von den Beschwerden befreit werden. Zwei Fälle zeigten nach anfänglicher Besserung später wieder Verschlechterung des Zustandes. Rektale Gaben von Vitamin B_{12} blieben wirkungslos. Hämatopoiet. inakt. Vitamin-B_{12}-Peptidkonjugate wirkten ebenso wie freies Vitamin B_{12}. Während des Strahlenkaters ist die Resorption des Vitamins also nicht gestört. Angriffspunkt der Wrkg. ist die Leber. (Fortschr. Gebiete Röntgenstrahlen verein. Röntgenpraxis **77**. 108—16. Juli 1952. Hamburg, Krankenhaus St. Georg, Strahleninst.) REUSSE. 4587

Theodor Fr. Hellbrügge, Lotte Scheid-Seydel und **Hubert Martin**, *Die Wirkung von ultravioletten Strahlen auf die Eiweißkörper des Milchserums.* Vff. haben frische Kuhmilch ultrazentrifugiert u. das so gewonnene Serum mit einer JESIONEK-UV-Lampe (Brenner S 700) bestrahlt. Das Serum wurde dabei gekühlt u. in einer Schichtdicke von 1 mm der Strahlung ausgesetzt. Die weitere Unters. des Serums erfolgte in einer Elektrophoreseapp. nach TISELIUS. Dabei zeigten sich gewisse Veränderungen an den Proteinen als Bestrahlungsfolge, die jedoch erst nach einer Bestrahlungszeit von mehr als 20 Sek. nachzuweisen waren (bei kurzer Bestrahlung Abflachung der α- u. *β-Globulin*-Fraktion, bei langdauernder Bestrahlung auch der *Albumin*-Fraktion). Das *γ-Globulin* war auch nach 60 Min. Bestrahlung unverändert. Mit Hilfe des Koagulationsbandes nach WELTMANN konnte nach 40 Sek. eine Beeinträchtigung der Stabilität der Milchserumproteine festgestellt werden. Die in der Praxis durchgeführte Bestrahlung zur Rachitisprophylaxe (0,5 Sek. Dauer) hat danach keinen Einfl. auf die Milchserumeiweißkörper. (Z. Kinderheilkunde **70**. 1—9. 1951. München, Univ., Kinderpoliklinik.) REUSSE. 4587

Henrik Dam, Inge Prange und **Erbe Søndergaard**, *Muskeldegeneration (weiße Streifung der Muskel) von Küken, die mit Vitamin-E-Mangeldiäten niedrigen Fettgehaltes aufgezogen wurden.* Werden Küken mit einer Vitamin-E-Mangeldiät, die außerdem fast fettfrei ist, aufgezogen, so zeigt sich eine charakterist. weiße Streifung der Brust-, Bein- u. supracoracoiden Muskulatur. Zugaben von *Vitamin E* u. Cystin verhindern diesen Effekt; es wird über weniger oder gar nicht wirksame Substanzen, die in anderen Fällen Vitamin-E-Mangelsymptome verhindern, berichtet, desgl. über chem. u. histolog. Merkmale der Muskeldegeneration. (Acta pathol. microbiol. scand. **31**. 172—84. 1952. Kopenhagen, Polytechn. Inst., Dep. of Biochem. and Nutrit.) SPITALER. 4587

Charlotte M. Anderson, A. C. Frazer, J. M. French, J. W. Gerrard, H. G. Sammons und **J. M. Smellie**, *Unterleibsleiden: Gastrointestinal-Untersuchungen und die diätetische Wirkung von Weizenmehl.* An 10 Kindern mit Ernährungsstörungen tritt eine vermehrte Fettausscheidung im Kot ein. Wird der Kost Weizen- u. Roggenmehl entzogen, so tritt rasche Besserung sowohl in klin. als auch in biochem. Hinsicht ein. Bei Wiedereinführung von Weizen oder Weizenkleber zur Kost tritt sofort eine Verschlechterung ein, die jedoch bei Gaben von Weizenstärke ausbleibt. Die genaue Wrkg. des Weizenklebers auf die Gastrointestinalfunktionen bei Unterleibserkrankungen soll untersucht werden. (Lancet **262**. 836—42. 26/4. 1952. Univ. of Birmingham, Dep. of Pharm., u. Dep. of Pediatr. and Child Health.) NEHRING. 4589

D. V. Catron, A. H. Jensen, P. G. Homeyer, H. M. Maddock und **G. C. Ashton,** *Die Beurteilung des Proteinbedarfs der Mastschweine unter dem Einfluß der Beifütterung von Antibiotica.* In einer umfangreichen Versuchsreihe mit 128 Duroc-Schweinen wurde der Einfl. einer Beifütterung von *Aureomycin* (I) (10 mg) auf die Wrkg. einer verschieden hohen Proteingabe bei einer Mais–Sojabohnenkuchenmehl-Ration bis zum Gewicht der Tiere von 200 lbs. untersucht. Die Höhe der Proteingabe betrug im ersten Wachstumsabschnitt 20, 18, 16 u. 14%, um dann bei fortschreitendem Wachstum schließlich bis auf 14, 12, 10 u. 8% herabgesetzt zu werden. In Abwesenheit von I zeigten sich bei verschieden hohen Proteingaben gewisse Unterschiede. Die höchsten Zunahmen u. die beste Verwertung wurden bei der Proteingabe von 16 (10) % beobachtet. Bei Zufütterung von I waren keine gesicherten Unterschiede festzustellen. Die Tiere mit I-Beifütterung zeigten etwas erhöhten Zuwachs (1,67 gegen 1,55 lb.) u. bessere Verwertung (je 100 lbs. Zunahme ein Futterbedarf von 357 gegen 380 lbs. ohne Zufuhr von I). Die Ausschlachtung der Tiere aus den verschied. Gruppen ließ keinen Einfl. der Protein- oder der I-Gaben erkennen. (J. Animal Sci. **11.** 221—32. Mai 1952. Iowa Agricult. Exp. Stat.) NEHRING. 4589

A. F. Schürch, E. W. Crampton, S. R. Haskell und **L. E. Lloyd,** *Die Anwendung von Chromoxyd bei Verdaulichkeitsuntersuchungen mit Schweinen bei Stallfütterung ad libitum.* Vergleichende Unterss. über die Möglichkeit der Durchführung von Ausnutzungsverss. haben gezeigt, daß die Chromoxydmeth. ähnliche Ergebnisse zeitigt wie die n. Best. der Verdaulichkeit im Stoffwechselkäfig. Eine Methodik zur Durchführung dieser Verss. bei einer ad libitum-Fütterung im Stall wird beschrieben. (J. Animal Sci. **11.** 261—65. Mai 1952. Quebeck, McGill Univ., Macdonald Coll.) NEHRING. 4589

S. van Creveld, *Glykogenkrankheit.* Überblick über Diagnose, Differentialdiagnose u. verschied. Erscheinungsformen der Glykogenkrankheit. Ätiolog. wird das Fehlen der *Phosphatase* der *Glucose-6-phosphorsäure* diskutiert. Über die wirksamste Therapie ist nichts bekannt; es werden diätet. Maßnahmen (kohlenhydratreiche, fettarme Kost mit Proteinzugaben) empfohlen. Klin. Bericht über zwei mehr als 20 Jahre beobachtete Fälle. (Arch. Disease Childhood **27.** 113—20. April 1952. Amsterdam, Municipal Univ., Pediatr. Clin.) P. G. SCHEURLEN. 4596

Karl Hutter, *Zur Entstehung des Fettgewebes und seine Bedeutung in der Urologie.* Vf. diskutiert ausführlich die Entstehung u. das Verschwinden von Fettgewebe. Es wird entweder nervös oder, im spezif. Gewebe, hormonal gesteuert, wofür Beispiele angegeben werden. Bei der eingebildeten Schwangerschaft sind die Verhältnisse noch nicht geklärt. (Wiener med. Wschr. **102.** 11—14. 5/1. 1952. Wien.) H. SCHEURLEN. 4596

John L. Baskin, Haddow M. Keith und **Belding H. Scribner,** *Wasser-Stoffwechsel bei Wasserintoxikation.* Zusammenfassende pathophysiol. Betrachtungen an Hand von 39 Literaturzitaten. Übermäßige Wasseraufnahme verd. die intravasculare u. interstitielle Fl.; infolge Osmoseerhöhung dringt W. im Überfluß in die Zellen u. ruft die typ. Symptome einer Wasserintoxikation hervor: Übelkeit, Erbrechen, Muskelkrampf, Koma, im äußersten Falle Tod. (A. M. A. Amer. J. Diseases Children **83.** 618—27. Mai 1952. Rochester, Minn., Univ. of Minnesota.) C. VOGEL. 4596

Karl-Axel Vannfält, *Über die Leberfunktion bei Personen mit Bandwurm (Taenia oder Diphyllobothrium).* Es wird über Leberfunktionsprüfungen (MEULENGRACHT-Ikterusindex, Urobilin im Urin, Bilirubin im Blutserum, TAKATA-Test, VAN DER BERGH-Test, Bromsulphalein usw.) an 48 Personen mit Taenia bzw. Diphyllobothrium berichtet. Bei einigen Fällen deuten die Ergebnisse darauf hin, daß eine Schädigung des Leberparenchyms stattgefunden hat. (Acta Soc. med. Upsaliensis **57.** 127—37. 20/6. 1952. Västerås, Schweden, Centrallasarettet, Med. Serv.) R. KÖNIG. 4597

William D. Zoethout and W. W. Tuttle, Textbook of physiology. St. Louis: C. V. Mosby. 1952. (692 S. m. Abb.) $ 4,75.

E₆. Pharmakologie. Therapie. Toxikologie. Hygiene.

R. K. Appleyard, *Das Verhalten von Hämoglobin bei Bestrahlung.* Früher bereits berichtete Verss. am *Carboxyhämoglobin* von Hunden (C. **1952.** 3521) wurden fortgesetzt. Die Beziehung zwischen dem Wirkungsquerschnitt u. der Ionendichte bei Beschießung mit schnellen geladenen Teilchen wurde untersucht, ferner die Aufspaltung des *Hämoglobins* infolge der Bestrahlung (Sitzungsbericht). (Physic. Rev. [2] **83.** 231. 1/7.; Bull. Amer. physic. Soc. **26.** Nr. 3. 40. 26/4. 1951. Yale Univ.) REUSSE. 4601

I. M. Tarlov und **M. Rosenberg,** *Cerebrale Angiographie mit Jodopyracet-Injektionen (Diodrast U. S. P.). Ihre Gefahren, besonders bei Kindern mit Hydrocephalus.* Nach eingehender Diskussion der cerebralen Angiographie mit Jodkontrastmitteln berichten Vff. über 3 Fälle von Schädigungen, die bei 2 Kindern u. 1 Erwachsenen beobachtet wurden. Diese erhielten Injektionen von *Jodopyracet* (*Diodrast*), u. zwar 20—32 cm^3 einer 35%ig. Lösung. Sämtliche Patienten kamen ad exitum. Als Schäden wurden Schwellung u. Hyperplasie des vasculären Endotheliums ermittelt, sowie perivasculäre Hämorrhagien u. örtliche Schäden am Nervengewebe. Ein weiterer Patient zeigte homolaterale Blindheit. Zur Vermeidung solcher Schäden werden Maßnahmen vorgeschlagen, die eine Verletzung der Blutgefäße durch die Punktion verhindern sollen. — Literatur. (A. M. A. Arch. Neurol. Psychiatry **67**. 496—509. April 1952. New York.) REUSSE. 4601

Ch. Wilberg, *Anwendung der radioaktiven Isotope, besonders der natürlichen Radiumisotope Thorium X in Klinik und Praxis.* Vf. berichtet über 20jährige therapeut. Erfahrungen mit der Strahlung des *ThX* u. seiner Folgeprodd. (*ThB*, *ThC*, *ThC'* u. *ThC''*) mit einer Halbwertszeit von 10,6 Stunden. Die Verss. wurden mit einer Dosis von 400 bis 600 e. s. E. vorgenommen. Bei Tierverss. an Katzen hatte sich gezeigt, daß 1200 bis 1500fache Überdosierung glatt vertragen wurde. Das Präp. wurde, an Erdalkali gebunden,peroral gegeben. Vf. berichtet über gute klin. Erfahrungen bei Tumorbehandlungen, bei Morbus BECHTEREW u. chron. Arthritiden. Das Präp. *Auer-Thoros* wird als bes. geeignet für die ThX-Therapie gewürdigt. (Strahlentherapie **87**. 430—38. 1952. Berlin, Univ., Städt. Krankenhaus Moabit.) REUSSE. 4601

Wilhelm Koch und **Werner Reske,** *Die Ergebnisse der intravenösen Thorium X-Behandlung bei der Spondylarthritis ankylopoetica* (*M. Bechterew*). Die Bedeutung der gezielten Therapie mit *ThX* wird an Hand der bisher bekanntgewordenen Ergebnisse eingehend diskutiert. Über eigene Erfolge bei der *Spondylarthritis ankylopoetica* (Morbus BECHTEREW) wird berichtet u. die Überlegenheit der *ThX*-Therapie gegenüber der Röntgen- u. Ultraschalltherapie herausgestellt. Es kommt schnell zu einer wirksamen Schmerzstillung. Die intravenös angewandte Dosis beträgt 200 e. s. E. je Woche u. nicht mehr als 10—12 Injektionen insgesamt. Die günstige Wrkg. dieser gezielten Therapie wird mit der Affinität zu den frisch verkalkenden u. verknöchernden Prozessen erklärt, es kommt zu einer Unterbrechung der patholog. enchondromalen Ossifikation sowie zu einer Kalksalzverarmung. — Literatur. (Strahlentherapie **87**. 439—57. 1952. Münster, Univ., Orthopäd. Klinik u. Poliklinik.) REUSSE. 4601

Joachim Baeumer und **Kurt Müller,** *Beitrag zur Dosierung der β-Strahlen des Radiums nach der biologischen Methode.* 1. Mitt. Zur Best. der biol. Dosis von Ra-β-Strahlen haben Vff. 1—3 Stunden alte *Drosophila*-Eier benutzt. Diese wurden mit der durch 0,2 mm Mor el vorgefilterten Strahlung des Ra bestrahlt u. die prozentuale Abtötung bei einem Fokusabstand von 1 cm bestimmt. Vergleichsmessungen wurden mit harter Röntgenstrahlung vorgenommen. Bestrahlungsdaten: 180 kV, 8 mA, Filter: 6 mm Al, HWS 0,5 mm Cu, Fokusabstand 21 cm, Dosisleistung 153 r/Minute. Durch Einschaltung einer 1 mm starken Pb-Platte in den Strahlenweg der Radiumstrahlung konnte außerdem die Wrkg. der γ-Strahlung isoliert gemessen werden. Die Ergebnisse beweisen erneut die Wellenlängenunabhängigkeit der Wrkg. auf die Drosophilaeier für Wellenlängen kleiner als 0,05 AE. Das Verhältnis der γ- zur β-Strahlung beträgt 1:8. (Strahlentherapie **87**. 310—14. 1952. Göttingen, Univ., Frauenklinik.) REUSSE. 4601

J. E. Roberts und **H. F. Cook,** *Mikrowellen in der medizinischen und biologischen Forschung.* Überblick über die Absorption von Wellen im Frequenzbereich 10^9 bis $3 \cdot 10^{10}$/sec in biol. Material. Messung der dielektr. Eigg. von W. u. Gewebe, Erwärmung von Gewebe durch Mikrowellen, Resonanzabsorption, biol. Effekte. — 37 Literaturangaben. (Brit. J. appl. Physics **3**. 33—40. Febr. 1952. London, Middlesex Hosp., Dep. of Phys. applied to Med.) WIEDEMANN. 4601

P. Holtz, W. S. Reichel, A. Engelhardt, V. Henke und **H. J. Schümann,** *Über den Mechanismus der Ultraschallwirkung.* Verss. mit Ultraschall (US)-Dosen innerhalb der therapeut. Grenzen, um nachzuweisen, daß chem. Wirkungen, bes. das Freiwerden pharmakol. wirksamer Substanzen, im beschallten Gewebe die biol. Effekte verursachen. Beschreibung der Methode. An frisch getöteten Meerschweinchen gelang der Nachw. mit ziemlicher Sicherheit, daß in der beschallten Lunge *Histamin* (I), im beschallten Darm *Acetylcholin* (II) frei wird. Beim beschallten Uterus waren die Erscheinungen weniger eindeutig. Am nicht graviden Uterus kam es nach US zu rhythm. Kontraktionen, die durch *Adrenalin* (III), aber nicht durch *Atropin* (IV) gehemmt wurden. Die am graviden Uterus auftretenden Kontraktionen waren weder durch IV, *Antihistaminica* oder *Sympathicolytica* zu verhindern, sie können daher nicht durch II, I, III oder *Arterenol* verursacht sein. Die US-Wrkg. wird mit der Wrkg. von kurzwelligem

UV verglichen, die Unterschiede bzgl. der Indikation werden hervorgehoben. (Naunyn-Schmiedebergs Arch. exp. Pathol. Pharmakol. **214.** 392—97. 1952. Rostock, Univ., Med. Klinik.) DOSSMANN. 4601

E. **Hiller**, *Experimentelle Untersuchungen zum Problem der Wirkungsweise gewisser Huminsäuren aus dem Moor bei der Behandlung rheumatischer Erkrankungen.* Nach lokaler Anwendung von salicylierten Huminsäuren bei 25 verschied., vorwiegend polyarthrit. Krankheitsfällen wurde 15mal Erhöhung der Gesamtcorticoidausscheidung u. allg. auch Erhöhung der 17-Ketosteroidausscheidung beobachtet. Ebenso zeigten sich auch Veränderungen im Elektrophoresebild der Serumproteine. Vf. betrachtet die Bäderwrkg. als Stress u. fordert sorgfältige Abstufung u. Beobachtung für die einzelnen Krankheitsfälle. (Med. Mschr. **6.** 302—06. Mai 1952. München, I. Med. Univ.-Klinik.) HEINZE. 4603

Kenneth P. McConnell und **Richard G. Martin**, *Ausscheidung von Selen durch die Galle beim Hund nach Gaben von Natriumselenat mit Radioselen.* Vff. untersuchten am Gallenfistelhund die Größe der *Selen*-Ausscheidung nach einmaliger subtox. intraperitonealer Injektion von Natriumselenat, das Radioselen enthielt, u. die Form, in welcher Se in der Galle erschien. Nach der Injektion werden in 48 Std. 2,56 %, bei einem anderen Vers. 1,7 % in 31 Std. von der eingegebenen Dosis ausgeschieden. In den ersten 4 Std. erfolgt die Ausscheidung schnell u. erreicht 62 bzw. 44 % des Gesamtselens der im Vers. bestimmten Gallenproben. Der Rest wird langsam ausgeschieden. Weitere Unterss. ergaben, daß 42—87 % des Se in organ. Bindung ausgeschieden werden. Auch die Gallenpigmente u. das Bilirubin enthalten Se. Die mögliche Bldg. von Se-Hämoglobin u. seine Umwandlung werden erörtert. (J. biol. Chemistry **194.** 183—90. Jan. 1952. Galveston, Tex., Univ., Dep. of Biochem., u. Dep. of Nutr. and Surg.) BÖHM. 4606

A. Müller, Th. Bersin und **H. Schwarz**, *Studien über Eisen (III)-saccharat. Eine neue Schnellmethode zum papierchromatographischen Zuckernachweis.* Im Harn einer Versuchsperson, d e 250 mg Fe als *Fe-Saccharat* (I), sowie von Mäusen, die 300 mg Fe/kg, u. von Kaninchen, die 20 mg Fe/kg als I per injectionem erhalten hatten, konnte weder mit FEHLINGscher Lsg. noch mit einer 20—35 Min. dauernden Mikro-Ringpapierchromatographie *Glucose*, sondern nur *Saccharose* nachgewiesen werden. Das I-Präp. *Ferrum-Hausmann* enthält keine Glucose u. nur anion. gebundenes Fe. Die chromatograph. Meth. wird beschrieben. (Schweiz. med. Wschr. **82.** 765—66. 26/7. 1952. St. Gallen, Hausmann A. G.) KRUSEN. 4607

H. Hammerschmidt, *Über vergleichende Therapie bei Fluor vaginalis.* Die vergleichende Therapie bei Fluor vaginalis zeigte keine absol. Überlegenheit des einen Präp. gegenüber einem anderen. Entsprechend der vielfältigen Ätiologie des Fluors ist im Einzelfall diesem oder jenem Präp. der Vorzug zu geben. Es wurden Reihenunterss. nach Therapie mit *Belvagan, Ichthostren, Thiosept, Oestrothiosept* u. einem Kombinationspräp. aus *Penicillin, Sulfanilamid, Sulfathiazol, Sulfadiazin, Milchsäure* u. *Milchzucker* durchgeführt. (Wiener klin. Wschr. **64.** [N. F. 7.] 461—66. 27/6. 1952. Wien, Univ., Frauenklinik.) REICHLE. 4610

Joseph H. Isenstaed, *Eine spezifische Behandlung der Virus-Hepatitis. Bericht über zwei Fälle.* Es wird über zwei Fälle von Virus-Hepatitis (homologe Serumhepatitis u. akute infektiöse Hepatitis) berichtet, die durch Injektionen von „*Pronor*", einem Gemisch von Extrakten aus Leber, Milz u. Pankreas, geheilt wurden. Das Verh. der Serumproteine, Albumin u. Globulin, sowie des Verhältnisses A/G, des Blutzuckers u. des Gelbsuchtindex, wurde registriert. (Int. Rec. Med. **165.** 273—77. Mai 1952. Canajonarie, N. Y.) WIEDEMANN. 4610

Lothar Illgner, *Erfahrungen mit einem neuen, lokal anwendbaren Sulfonamid-Präparat, dem Tonil.* Als lokal anzuwendendes Sulfonamid-Präp. erwies sich *Tonil* (*Sulfanilylcarbamid-Calcium*) als gut wirksam. Es wird als körnige, gut rieselfähige Substanz direkt auf die Wundfläche gebracht. Mit dem Wundsekret bildet es im Gegensatz zu den üblichen Sulfonamid-Pudern, einen Brei, wodurch ein guter Kontakt u. eine hohe Konz. gewährleistet wird. Der p_H-Wert ist mit ca. 8,0 als gewebsfreundlich zu bezeichnen. Experimentell erwies es sich als wirksam gegen Staphylokokken, Streptokokken u. Coli. An 1752 Fällen der kleinen u. mittleren Chirurgie zeigt Vf., daß mit *Tonil* eine deutliche Verkürzung der Behandlungszeit möglich ist. Auch in der Bauchchirurgie wurde es in der letzten Zeit ohne Nebenerscheinungen verwendet. (Dtsch. Gesundheitswes. **7.** 731—33. 5/6. 1952. Leipzig, Univ., Chir.-Poliklin. Inst.) BERGER. 4610

W. Wilde und **H. Fischer**, *Resorptionsverhältnisse in Lungenkavernen.* Nach Instillation von 150—1000 mg von *Amindan* (I) als leichtlösl. Sulfonamid bzw. *Ciba-*

zol (II) oder *Irgafen* (III) als schwerlösl. Verb. in Lungenkavernen wurden Blutspiegel u. Harnausscheidung geprüft. I u. III wurden schnell, II langsamer resorbiert, jedoch kann durch entsprechende Gelatinezugaben die Länge des Verbleibs der Chemotherapeutica in den Kavernen in gewünschter Weise reguliert werden. (Dtsch. med. Wschr. **75**. 976—77. 28/7. 1950. Lungenheilstätte der LVA Württemberg.) LOCH. 4610

Witthold Smolarek, *Zur Frage der Resorption von Chemotherapeutica bei intracavitärer Instillation.* Die von WILDE u. FISCHER (vgl. vorst. Ref.) mitgeteilten Ergebnisse wurden nachgeprüft, konnten aber weder rechner. noch experimentell bestätigt werden. Die Blutspiegelwerte nach Instillation von 1000 mg PAS in 20%ig. Lsg. intracavitär erreichten maximal 0,8 mg-%. PAS wurde nach RAGAZ durch Kondensation mit *Dimethylaminobenzaldehyd* unter Bldg. einer gelbgefärbten SCHIFFschen Base bestimmt. Verss. mit einer 20%ig. PAS-Kollidonlsg. mit ca. 30,0% *Kollidon* = Polyvinylpyrrolidon (BURGTHAL, Boppard/Rh.) ließen eine deutliche Depotwrkg. erkennen, so daß nur noch 2mal/Woche injiziert werden mußte. (Tuberkulosearzt, **6**. 406—11. Juli 1952. Braunschweig, Städt. Krankenanstalten.) R. KÖNIG. 4610

Wolfgang Wilde, *Schlußwort auf die Entgegnung von Smolarek.* Vf. nimmt zu der Arbeit von SMOLAREK (vgl. vorst. Ref.) Stellung u. betont, daß es sich bei der Kondensationsprobe nach RAGAZ nur um eine unspezif. Nachweismeth. handelt, die für Vergleichswerte, nicht aber für Absolutwerte ausreichend ist. (Tuberkulosearzt **6**. 412. Juli 1952., Wilhelmsheim, Heilstätte.) R. KÖNIG. 4610

N. Bergqvist und **O. de Marę,** *Hypothyreoidismus und cerebrale Ödeme nach kombinierter Tuberkulosebehandlung mit Conteben (Tb I/698) und p-Aminosalicylsäure.* Bei 54 Lungentuberkulösen trat in 4 Fällen bei der Behandlung mit *Dihydrostreptomycin* (I), *PAS* (II) u. *Conteben* (III) Vergrößerung der Schilddrüse auf, davon zeigten 2 Schilddrüsenunterfunktion. 1 Fall mit familiärem Hypothyreoidismus verlief tödlich mit zusätzlichen Anzeichen von geistiger Verwirrung u. Gehirnödem. Bei der Obduktion wurden Schilddrüsenveränderungen festgestellt, wie sie durch *Thiouracil* (IV)-Therapie bekannt geworden sind. Wegen der chem. Verwandtschaft von III mit IV wird für vorliegenden Fall III verantwortlich gemacht. Da neuerdings auch bei II ein antithyreoider Effekt festgestellt worden ist, dürfte eine synerget. II + III-Wrkg. nicht auszuschließen sein. Die Gehirnerscheinungen werden auch dem III zugeschrieben, bei II- u. I-Behandlung sind sie noch nicht beobachtet worden, dagegen bei alleiniger III-Therapie. — 54 Literaturangaben. (Acta med. scand. **143**. 323—35. 5/8. 1952. Östersund, Schweden, Centrallasarettet u. Cnetralsanatoriet Solliden.) DOSSMANN. 4610

K. J. Irskens, *Zur Chemotherapie der durch Diabetes mellitus komplizierten Lungentuberkulosen.* Bericht über 2 Fälle, bei denen im Verlauf einer *PAS*-Behandlung eine Glomerulosklerose auftrat. Bei gleichzeitigem Vorhandensein von Diabetes mellitus u. Tuberkulose sind sowohl der Chemotherapie als auch der antibiot. Therapie infolge erhöhter tox. Wrkg. Grenzen gesetzt. Eine möglichst frühzeitige Kollapstherapie wird vom Vf. als beste Behandlungsmeth. angesehen. (Dtsch. med. Wschr. **76**. 1150—51. 14/9. 1951. Bad Lippspringe, Heilstätte Auguste-Viktoria-Stift.) R. KÖNIG. 4610

K. J. Irskens, *Contebenbehandlung bei Diabetes mellitus?* (Vgl. vorst. Ref.) Besprochen wird die Einw. von *Conteben* (I) auf den Kohlenhydratstoffwechsel. Bei 1000 Fällen wurde 2mal ein passagerer Diabetes mellitus beobachtet, in einem Fall mit gleichzeitiger Blutdrucksteigerung. Die Fälle bestätigen, daß I die hormonal-neutrovegetativen Regulationen beeinflußt, weswegen I-Medikation bei tuberkulösen Diabetikern wegen des gestörten hormonalen Gleichgewichts kontraindiziert ist. Weiter wird ein mit I behandelter Tuberkulosefall besprochen, bei dem neben dem Diabetes eine Nephrose auftrat, die nicht als lokale Nierenerkrankung, sondern als eine übergeordnete Stoffwechselerkrankung gewertet wird. (Aerztl. Wschr. **7**. 583—85. 20/6. 1952. Bad Lippspringe, Heilstätte Auguste-Viktoria-Stift.) DOSSMANN. 4610

J. Gehrt, *Klinische Erfahrungen mit Neoteben.* Bericht über erste Erfahrungen mit *Neoteben* (I) an 45 Kindern mit verschied. tuberkulösen Erscheinungsformen nach $4^1/_2$ Monaten. Bisher wurden keine Schädigungen beobachtet. Beginnend mit 5 mg tägliche orale Dosis, Steigerung nach 2—3 Tagen auf täglich 10 mg/kg. Bei tuberkulöser Meningitis wurde I zusätzlich intralumbal 10—50 mg zuerst neben *Streptomycin* (II) gegeben; nachdem der Erfolg mit I klar zutage trat, wurde II abgesetzt; zur Zeit wird nur mit I behandelt. Zellen- u. Eiweißwerte im Liquor gingen schnell zurück. Der entscheidende Vorteil von I gegenüber II besteht darin, daß I die Blut–Liquor-Schranke passiert, auch wenn keine Entzündung der Meningen vorliegt. Nachw. an 76 Liquorproben; der Liquor von Kindern, die nur oral mit I behandelt worden waren, zeigte volle Hemmwrkg. gegenüber Tbc-Kulturen, auch dann, wenn keine Meningitis vorlag. Vf. schließt daraus, daß I-Behandlung wegen der Erzielung des hohen

I-Spiegels das Auftreten einer Meningitis bei Kindern verhütet; durch I-Medikation müßten Wachstum u. Ausbreitung der Tbc-Bacillen ausgeschlossen sein. Beobachtungen über Resistenz liegen noch nicht vor. (Dtsch. med. Wschr. **77.** 901—05. 18/7. 1952. Wuppertal, Städt. Kinderklinik.) DOSSMANN. 4610

José María Torres-Acero Fernández, *Die Hydrazinderivate der Isonicotinsäure. Neue Mittel gegen die Tuberkulose.* Ausführliche u. zusammenfassende Literaturübersicht über die bisherigen Beobachtungen betreffs der Chemie, Pharmakologie u. Therapie des *Isonicotinsäurehydrazids.* (Med. Cirug. Guerra **14.** 289—304. Mai 1952. Madrid, Fac. de Med.) P. G. SCHEURLEN. 4610

—, *Das neue Tuberkuloseheilmittel.* Es wird eine kurze Übersicht über die Anwendung des *Isonicotinsäurehydrazids* gegeben u. vor zu großem Optimismus gewarnt. (Calcutta med. J. **49.** 234—36. Juni 1952.) GERBER. 4610

C. Leemann, *Die Behandlung entzündlicher Affektionen im ORL-Gebiet mit Penisulfa.* Bericht über erfolgreiche Lokaltherapie bei Hals-, Nasen- u. Ohrenerkrankungen mit *Penisulfa,* einem wasserlösl. Präp. aus *Penicillin, Succinylsulfamid* u. *Harnstoff* mit großer Tiefenwirkung. Die wss. Lsg. ist 24 Std., die *ephedrin*-haltige Lsg. 20 Tage haltbar. (Schweiz. med. Wschr. **82.** 795—96. 2/8. 1952. Zürich.) DOSSMANN. 4611

G. P. Baker und **Thomas Pilkington,** *Benemid bei der Behandlung der durch Streptokokken verursachten Endocarditis.* Manche Fälle von subakuter Endocarditis, bei welchen in Blutproben als Erreger Streptococcus faecalis (Gruppe D) festgestellt wird, lassen sich auch durch große u. langdauernd verabreichte Dosen von Penicillin, Streptomycin, Aureomycin u. Chloramphenicol nur vorübergehend beeinflussen. Hohe Blutkonz. des Antibioticums bei Anwendung von *Penicillin* u. Heilung kann bei gleichzeitigen Gaben von *Caronamid* (I) erreicht werden. Da I unangenehme Nebenerscheinungen verursacht (Übelkeit u. Erbrechen), wurde bei einem Patienten ein Vers. mit Penicillin u. dem wie I die Harnausscheidung herabsetzenden *Benemid* (II) vorgenommen. Durch hohe Penicillingaben u. sechsstündliche Verabreichung von je 1 g II konnte nach 2monatiger Behandlung völliges Verschwinden der Krankheitserreger erreicht werden. (Lancet **263.** 17—18. 5/7. 1952. London, St. George's Hosp.) ZOPFF. 4611

W. Wiessner, *Die kombinierte Penicillin-Formolvaccine-Behandlung des Schweinerotlaufes.* An 215 Fällen von Schweinerotlauf wurden bei *Penicillin*-Therapie in Kombination mit Antiserum 95% Heilungen mit einer Genesungsdauer von 24 Std. gegenüber 79% Heilungen bei 3 Tage dauernder Genesung unter alleiniger Serumtherapie erzielt. — 32 Literaturangaben. (Wiener tierärztl. Mschr. **39.** 352—68. Juni 1952. Wien, Tierärztl. Hochschule, Inst. für Bakteriol. u. Tierhyg.) KRUSEN. 4611

Osvaldo A. Pardo und **V. Pardo Castello,** *Die Behandlung der Frühsyphilis mit Penicillin und Wismutsubsalicylat.* Nach den vorliegenden Verss. ist ein langdauernder *Penicillin*-Blutspiegel für eine wirksame Behandlung der Frühsyphilis nicht notwendig. Ferner sind absorptionsverzögernde Präpp. nicht wirksamer als einfache wss. Lösungen. Die Kombination der *Wismut*-Therapie mit der üblichen Penicillinbehandlung der Frühsyphilis erhöht deren therapeut. Wert. (Amer. J. Syphilis, Gonorrhea, vener. Diseases **36.** 342—45. Juli 1952. Habana, Univ., Hosp. „Calixto Garcia".) GOHR. 4611

H. Dennig, *Penicillinbehandlung bei Syphilis innerer Organe.* 6—10 Millionen E. *Penicillin,* während 10—14 Tagen gegeben, hatten bei Syphilis innerer Organe mindestens den gleichen Erfolg wie Hg-, Sb- oder Salvarsankuren. Die kürzere Behandlungszeit wie geringere Gefährlichkeit im Vgl. zu Schwermetallsalzkuren bei inneren Leiden sind vorteilhaft, wenn auch Endresultate über Jahre hinaus mit dieser Behandlung noch nicht vorliegen. (Dtsch. med. Wschr. **77.** 237—40. 22/2. 1952. Stuttgart, Karl-Olga-Krankenhaus.) ITZEROTT. 4611

Erich Hagendorff und **Otto Frhr. v. Vietinghoff-Scheel,** *Beitrag zur peroralen Penicillinbehandlung im Säuglingsalter. Blutspiegeluntersuchungen bei Anwendung verschiedener Penicillinsalze.* (Vgl. C. **1952.** 7372.) Nach eingehender Würdigung der einschlägigen Literatur berichten Vff. über eigene Verss. an Säuglingen im 1. Lebenshalbjahr, bei denen folgende Präpp. (CHEMIE GRÜNENTHAL) zur Anwendung kamen: 1. *Purocillin* (**I**; reines Penicillin G-Kaliumsalz); 2. *Oricillin alter Fertigung* (**II**; mit Na-Citrat gepuffertes I); 3. *Aluminium-Penicillinsalz* (**III**); 4. *Oricillin neuer Fertigung* (**IV**; mit Na-Citrat gepuffertes Procain–Penicillinsalz). Bei einer Dosierung von 50000 I.E./Tablette, morgens 1 Std. vor der Nahrungsaufnahme gegeben, erwies sich I am besten, da es über 8 Std. eine wirksame Penicillinkonz. im Blut sichert (Best. im nach ½, 1, 2, 4, 6 u. 8 Std. entnommenen Fersenblut nach dem Wasserblau-Test, einer Modifikation des Phenolrot Testes nach FLEMING u. KALWEIT). Ebenfalls günstig war **IV**, obgleich die Penicillin-Blut-Spiegel bereits nach 6 Std. die untere Grenze von 0,1 I.E./cm³ erreichten. Die Pufferung mit Na-Citrat ließ keine resorptionsfördernde Wrkg. beim Säugling erkennen. II ist nicht ungünstig, aber entbehrlich, während sich III als unbrauchbar erwiesen hat. Nach Ansicht der Vff. sind die perorale u. parenterale Applikationsweise von Penicillin im Säuglingsalter als gleichwertig anzusehen. (Mschr. Kinderheilkunde 100. 44—48. Febr. 1952. Köln, Univ., Kinderklinik u. Hygiene-Inst.) R. König. 4611

Paul Giraud, J. Espinas und **J. Coignet,** *Behandlung von kongenitaler Debilitas und Wachstumshemmungen des Neugeborenen mit Penicillin und Placentarfiltraten.* a) *Penicillin* (I) in Dosen von 5.10^4—1.10^5·E. pro Tag über 10—15 Tage übt auf die Gewichtskurve der Säuglinge in den ersten Lebenswochen einen günstigen Einfl. aus; 48 Fälle, dabei 37 günstige, 3 unsichere Ergebnisse, 8 Versager. Der Wirkungsmechanismus von I bei diesen Fällen ist noch nicht geklärt. b) 61 Fälle erhielten Placentarextrakte; Herstellungsmeth. wird beschrieben; 45 gute, 14 relativ befriedigende Ergebnisse, 2 Versager. Die b)-Meth. wird als wirksamer angesehen. I ist bes. dann indiziert, wenn gleichzeitig syphilit. Infektionen vorliegen. (Arch. franç. Pédiatrie 9. 698 bis 708. 1952. Marseille, Inst. de Pédiatrie et des Puericulture, u. Foyer des Pupilles de l'État.) Dossmann. 4611

H. Henckel und **G. Renz,** *Erkrankung durch Salmonella panama bei Säuglingen und Kindern.* Vff. empfehlen bei Salmonella panama-Erkrankung Therapie mit Antibioticis, bes. *Aureomycin,* in möglichst hoher Dosierung über längere Zeit, wobei mit den einzelnen Antibioticis abgewechselt werden soll. (Dtsch. med. Wschr. 77. 326—29. 14/3. 1952. Heidelberg, Univ., Kinderklinik.) Krusen. 4611

H. W. Ocklitz, *Aureomycinbehandlung der Lungenaktinomykose (Ak).* Nach Darst. der bisherigen Behandlung der Aktinomykose (Ak.) mit *Sulfonamiden* (I), *Penicillin* (II) u. *Streptomycin* wird eine prompte Heilung eines Patienten mit Ak. der Lunge mit *Aureomycin* (Gesamtdosierung 30 g) beschrieben. Die unbefriedigende Wrkg. von I u. II wird an einem anderen Fall dargestellt. (Therap. d. Gegenwart 91. 291—94. Aug. 1952. Rostock, Univ., Kinderklinik.) Wolfgang Albrecht. 4611

Charles K. Wolfe jr., Mark H. Lepper, Eston R. Caldwell jr., Harold W. Spies und **Harry F. Dowling,** *Behandlung nichttuberkulöser, bakterieller Infektionen des Pleuraraums mit Aureomycin: Ergebnisse der Behandlung bei neun Patienten. Konzentration von Aureomycin in Pleura- und Pericardflüssigkeit bei sieben Patienten.* Die Wrkg. von *Aureomycin* (I) bei Pleuraempyemen verschied. Erreger (Pneumokokken, Streptokokken, Staphylokokken, Haemophilus influenzae u. Paracolon-Bakterium) wird an 9 Fällen dargestellt. Bei gleichzeitiger Punktion bzw. sonstigem chirurg. Vorgehen wurden 2 Patienten geheilt, 5 durch I gebessert, bei 2 Kranken konnte keine Wrkg. von I festgestellt werden. Die I-Konz. im Serum betrug zwischen 0,5 u. 0,8 γ/cm³, in der Pleura-Fl. zwischen 0,02 u. 2,0 γ/cm³. (Ann. intern. Med. 37. 164—71. Juli 1952. Washington, D. C., Georgetown Univ., School of Med., Dep. of Med.; Chicago, Ill., Univ. of Illinois, School of Med., Dep. of Med. and Preventive Med.; Washington, D. C., Gallinger Munic. Hosp.) Wolfgang Albrecht. 4611

F. F. Niedner und **H. P. Lange,** *Über den Wert des neuen Antibioticums „Terramycin" bei der Behandlung chirurgischer Infektionen. Terramycin* allein, ohne Kombination mit anderen Mitteln, kann bei chirurg. Behandlung unterstützend, machmal sogar lebensrettend wirken, doch macht es die chirurg. Eingriffe nicht überflüssig. (Dtsch. med. Wschr. 77. 242—45. 22/2. 1952. Tübingen, Univ., Chirurg. Klinik u. Poliklinik.) Itzerott. 4611

Jean Puech, *Terramycin und experimentelle Toxoplasmose beim Kaninchen.* Verss. an 3 Kaninchen mit einem von einer Toxoplasmose beim Menschen isolierten Stamm, der durch Mäusepassage virulent gehalten wurde. *Terramycin* (I) wurde in Dosen von 12, 25 u. 100 mg/kg täglich intradermal injiziert. Die Tiere überlebten die Injektion 8, 9 u. 10 Tage, die Kontrollen starben 7—11 Tage nach Beimpfung. Nach den Verss. des Vf. hat die I-Verabreichung den Ausbruch einer generalisierten tödlichen Toxoplasmose nicht verhindern können. (Ann. Parasitol. humaine comparée 27. 419—20. 1952. Strasbourg, Fac. de Méd., Inst. de Parasitologie.) Dossmann. 4611

Carlo Grassi und **Erik Kåss,** *Das Versagen der Terramycinbehandlung bei der akuten experimentellen Toxoplasmose. Aureomycin* ist bekannt wegen seiner guten Wrkg. bei experimenteller Toxoplasmose. Wegen der engen Verwandtschaft des *Terramycins* mit ihm sollte man bei beiden die gleiche Wrkg. erwarten. Wie aus den Verss. der Vff. hervorgeht, ist das nicht der Fall. (Acta pathol. microbiol. scand. 30. 304—05. 1952. Oslo, Univ., Bakteriolog. Inst.) Berger. 4611

A. E. Murneek, *Thiolutin, ein möglicher Hemmungsfaktor für Erwinia amylovora. Thiolutin,* aus bestimmten Rassen von Streptomyces albus gewonnen, ist bei der

Bekämpfung von Erwinia amylovora offensichtlich geeigneter als Streptomycin. (Phytopathology **42**. 57. Jan. 1952. Columbia, Miss., Univ. of Missouri.) LIEBNER. 4611

Jörg Jensen und **Hermann Woratz**, *Immunitätsvorgänge im bebrüteten Hühnerei. Ein Beitrag zur Frage der Chloromycetinwirkung.* Der lebensverlängernde Einfl. von *Chloromycetin* (I) auf mit Paratyphus-B-Bakterien infizierte Hühnerembryonen ist nicht auf eine spezif. entgiftende I-Wrkg. zurückzuführen, sondern mit durch die Impfwrkg. hervorgerufenen Immunitätsvorgängen zu erklären, die auch durch Vorbehandlung mit abgetöteten Bakterien erzielt werden können. (Arch. Hyg. Bakteriol. **136**. 343—53. 1952. Göttingen, Univ., Hygieneinst.) KRUSEN. 4611

Tilden C. Everson, *Experimentelle Bewertung der Wirkung von Pankreatin auf die Herabsetzung der Stickstoff- und Fettverluste mit den Fäces nach totaler Gastrektomie.* Nach totaler Gastrektomie wurden bei 12 Hunden während 7 Tagen 10 g *Pankreatin* (I; *Viokase*, VIO BIN CORP., Monticelli, Ill., oder *Pankreatin*, WILSON LABORATORIES, Chicago, Ill.) verfüttert. In dieser Zeit betrug die N-Ausscheidung im Stuhl durchschnittlich 26,3% gegenüber 39,7% bzw. 49,2% an 7 Kontrolltagen vor bzw. nach dieser Periode. Bei 5 Hunden, die 30 g I erhielten, waren die entsprechenden Werte annähernd dieselben. Die Fettausscheidung war nach 10 g I 22,4% gegenüber 25,3% bzw. 31,4%, nach 30 g I ebenfalls fast gleich. (Ann. Surgery **135**. 406—10. März 1952. Chicago, Ill., Univ. of Illinois, Coll. of Med., Dep. of Surg.) BROSEMANN. 4614

Allan A. Bailey, E. Douglas Rooke und **E. A. Rodin**, *Erfahrungen mit einem bakteriellen Pyreticum als Therapeuticum bei neurologischen Störungen. Piromen*, welches Polysaccharide, aber kein Protein enthält, erzeugt bei intravenöser Anwendung eine Aktivierung des reticulo-endothelialen Syst., stimuliert die Nebennierenrinde u. erhöht die Körpertemperatur. Vff. wandten das Präp. bei Patienten mit verschied. neurolog. Erkrankungen an, können aber über keine wesentlichen, durch dieses Präp. bedingten Erfolge berichten. Die Unterss. sollen fortgesetzt werden. (Proc. Staff Meetings Mayo Clin. **27**. 340—43. 13/8. 1952. Minnesota, Univ., Mayo Foundation.) REICHLE. 4616

L. Lendle, *Kritisches zur modernen Novocaintherapie.* Nach einem histor. Überblick über die Entw. der Heilanästhesie u. Besprechung der damit verbundenen, zum Teil unklaren theoret. Vorstellungen werden die pharmakol. Eigg. des *Novocains* erörtert u. bes. auf die Gefahren der intravenösen Novocaintherapie bei der hier üblichen hohen Dosierung hingewiesen. Vf. warnt auch vor der kritiklosen weiten Indikationsstellung für dieses Heilverfahren. (Die Medizinische **1952**. 949—53. 26/7. Göttingen, Univ., Pharmakol. Inst.) DAUTZENBERG. 4621

Motohiro Yasuhara, *Untersuchungen über die Wirkungsweise von Analgeticis.* 1. Mitt. *Über die Wirkung von Anästheticis und Analgeticis auf die elektrophysiologischen Erscheinungen des Gehirns.* Reizung des Nervus ischiadicus oder des Nervus medianus erzeugt im Elektroencephalogramm (Ableitung von der senso-motor. Hirnrinde bzw. vom Hypothalamus mittels AgCl-Elektrode) nicht anästhesierter Kaninchen u. Katzen einen besonderen, großen Ausschlag (nach DERBYSHIRE). Dieser verschwindet unter Narkose mit *Ae.*, *Chloralhydrat*, *Urethan*, *Myanesin* u. *Morphin* sowie durch Spinalanästhesie mit *Procain*, *Cocain* u. *Percain.* Barbiturate (*Amytal*, *Dial*, *Luminal*, *Evipan* u. *Pentothalnatrium*) zeigen im Gegenteil den Ausschlag deutlicher, während das EEG im übrigen abgeflacht wird. Bei tiefer Barbituratnarkose, bei der die Grundlinie des EEG glatt wird, ist vor dem großen Ausschlag noch ein kleinerer zu beobachten. Die durch *Ae.* erfolgte Unterdrückung des Ausschlages ist nicht reversibel durch *Strychnin*, *Campher*, *Coffein* u. *Pervitin.* (Bull. Inst. chem. Res., Kyoto Univ. **28**. 83. März 1952. Ogiu Labor. [Orig.: engl.]) DAUTZENBERG. 4621

J. D. P. Graham, *Atmungsstimulantien.* Besprechung der Atmungsfunktionen u. der verschied. Möglichkeiten zur Behandlung von Atmungsstörungen. Es werden die Indikationen, Dosierungen u. Nebenerscheinungen besprochen von: O_2, CO_2, *Campher*, *Strychnin*, *Picrotoxin*, *Leptazol* (*Pentamethylentetrazol*), *Hexazol* (*Cyclohexyläthyltriazol*), *Nikethamid* (*Nicotinsäurediäthylamid*), *Coffein*, *Lobelin*, *Ephedrin*, *Amphetamin* u. *Methedrin* (*N-Methylamphetamin*). (Practitioner **169**. 185—92. Aug. 1952. Cardiff, Univ. of Wales, Welsh National School of Med.) KRUSEN. 4622

H. Mühlbauer, *Antistinerfolg und aplastische Anämie während einer Trichinoseepidemie.* Bericht über einen Fall von Trichinose, bei dem schwere intestinale Erscheinungen durch *Antistin* geheilt wurden. Bei einem weiteren Fall entwickelte sich eine aplast. Anämie mit Hypoproteinämie mit letalem Ausgang. (Münchener med. Wschr. **94**. 1065—69. 23/5. 1952. Landshut, Städt. Krankenhaus.) KRUSEN. 4625

G. Herlitz und **G. Lindberg**, *Hirnsymptome durch Überdosierung von Antihistaminsubstanzen.* Nach Gabe von 150 mg *Desentol* (*Benadryl*) traten bei einem 11 Monate alten Säugling Krämpfe u. Übererregbarkeit auf. Dieser Vorgang wiederholte sich dreimal, die Erscheinungen verschwanden jedoch wieder restlos. (Nordisk Med. **47.** 871—72. 20/6. 1952. Linköping u. Norrköping, Barnsjukhusen.) IPPEN. 4625

Rudolf Frey, *Vergleichende Untersuchung der muskelerschlaffenden Mittel.* Vgl. der verschied. Relaxantien hinsichtlich Angriffspunkt, wirksamer Dosis, Wirkungsverlauf u. Antagonisten. Vf. weist darauf hin, daß alle Mittel neben der peripheren auch zentrale Wirkungen haben (nach kurzer Erregung längere Depression). Ausführliche Darst. eigener Versuchsergebnisse zu dieser Frage im Druck. (Anaesthesist **1.** 10—13. April 1952. Heidelberg, Univ., Chirurg. Klinik u. Poliklinik.) DAUTZENBERG. 4628

B. L. Day, *Längere Atemlähmung nach Succinylcholin.* Bericht über einen Fall, der nach 50 mg *Succinylcholin* eine $7\frac{1}{2}$ Min. dauernde Atemlähmung zeigte. Nach 20 mg dauerte sie 3, nach 40 mg 6 Minuten. (Brit. med. J. **1952.** 162. 19/7. London, St. George's Hosp., Dep. of Anaesthet.) DAUTZENBERG. 4628

L. W. Hall, *Ein Bericht über die klinische Anwendung von Bis-[β-dimethylaminoäthyl]-succinat-bis-äthyljodid („Brevidil E", M. & B. 2210) während der Narkose beim Hund. Brevidil E* (*Bis-[β-dimethylaminoäthyl]-succinat-bis-äthyljodid,* F. 198°; leicht lösl. in W., physiol. Kochsalzlsg., verd. A. u. verd. Aceton) wurde bei orthopäd., Brust- u. Bauchoperationen an 24 Hunden zusammen mit Cyclopropannarkose verwendet. Die Einzeldosis von meist 0,25 mg/kg Körpergewicht bewirkt rasch eintretende Muskellähmung u. Atemstillstand von 15—20 Min. Dauer. Keine unangenehmen Nebenwirkungen. (Veterin. Rec. **64.** 491—93. 23/8. 1952. London, Royal Veter. Coll.) DAUTZENBERG. 4628

H. Hosemann, *Depot-Strychnin als Wehenmittel.* In 167 Fällen wurde zur Wehenkur statt des bisher üblichen *Chinins* das Depot-Strychninpräp. *Invocan forte* (5 mg *Strychnin* + 50 mg *Strychninoxyd* in 1 ml, beide als Lactate in wss. Lsg.) gegeben. Bei gleicher Erfolgssicherheit ist die Gefahr der intrauterinen Asphyxie geringer. (Geburtshilfe u. Frauenheilkunde **12.** 435—43. Mai 1952. Göttingen, Univ., Frauenklinik.) DAUTZENBERG. 4628

Hans Silwer, *Phenylacetylcarbamid zur Behandlung der Epilepsie.* In einer ausführlichen Literaturzusammenstellung berichtet Vf. über die Anwendung des *Phenylacetylcarbamids* (I) bei Epilepsie u. kann aus eigenen Beobachtungen die guten Erfahrungen anderer Autoren bestätigen. I zeigt jedoch sehr häufig Nebenwirkungen, die zum Tode führen können, so daß I nur dann anzuwenden ist, wenn andere Antiepileptica versagen. Weiterhin werden Maßnahmen zur Verhinderung von Nebenwirkungen beschrieben. — 33 Literaturangaben. (Nordisk Med. **47.** 860—63. 20/6. 1952. Kristianstad, Centrallasarettet.) IPPEN. 4628

Léon Michaux und **M. Saulnier,** *Zwei Beobachtungen beim Kind über Auftreten eines Erythems nach 9 Tagen durch Phenacetylharnstoff.* Wegen epilept. Manifestationen erhielt ein Kind 4 Tabletten zu je 0,3 g *Phenacetylharnstoff* (I) täglich; nach 9 Tagen Auftreten von Fieber mit scharlachartigem Ausschlag. Bei Absetzen von I verschwanden die Erscheinungen, sie traten nach 2 Monaten wieder auf, als erneut eine I-Kur versucht wurde. Dieselben Rkk. auch bei der halben Dosis. Ein anderes Kind erhielt I wegen Absentia, täglich 2 Tabletten; gleichfalls nach 9 Tagen Auftreten ausgedehnter Erytheme u. Fieber. Absetzen von I, 10 Tage später Wiederaufnahme der Kur mit denselben Erscheinungen. Vff. halten die Ursache für allerg. bedingt. (Arch. franç. Pédiatrie **9.** 738—40. 1952.) DOSSMANN. 4628

L. Hoffmann und **R. Siegel,** *Die Behandlung von Kreislaufstörungen mit Magnesiumverbindungen.* Bericht über Erfahrungen an 50 Fällen von Kreislaufstörungen mit *Cirtonal* (I) (*Mg-Nicotinat* + MgS_2O_3; ZYMA-BLAES, München). Bes. bei essentieller Hypertonie wurden gute Erfolge erzielt (Bericht über 12 Fälle). In postapoplekt. Zuständen, bei Coronarinsuffizienz u. -sklerose waren ebenfalls günstige Wirkungen festzustellen, dagegen nicht bei fixiertem Hochdruck infolge allg. Gefäßsklerose. I wurde zunächst intravenös, dann peroral verabfolgt; es ist frei von Nebenwirkungen. Der Cholesterinblutspiegel wird durch I nicht wesentlich beeinflußt. Das Verh. des Blut-Mg-Spiegels u. der urinalen Mg-Ausscheidung wird mitgeteilt. (Hippokrates **23.** 387—90. 1952. Schweinfurt, Städt. Krankenhaus.) KRUSEN. 4630

Caroline Bedell Thomas, *Wie ist die Wirkungsweise von Thiocyanatverbindungen beim essentiellen Hochdruck?* Nach Besprechung der blutdrucksenkenden Wrkg. von *Thiocyanatverbb.* (I) werden über Jahre gehende Beobachtungen an 19 mit I behandelten Patienten mitgeteilt. Der Hochdruck u. seine Begleitsymptome werden zunächst nach Erreichung des wirksamen Blutspiegels deutlich gebessert, die spätere I-Wrkg. ist verschieden. Nach einer Übersicht über die Wrkg. von I auf Schilddrüse u. Nebennieren wird die Hypothese eines indirekten humoralen Wirkungsmechanismus diskutiert

u. auf die klin. Brauchbarkeit des Mittels hingewiesen. (Ann. intern. Med. **37.** 106—22. Juli 1952. Baltimore, Dep. of Med., Johns Hopkins Univ., School of Med. and Hosp.) WOLFGANG ALBRECHT. 4630

J. D. Blainey, *Hexamethoniumverbindungen in der Behandlung der Hypertension.* An 34 Patienten mit Hypertension wurde nach 14tägiger Bettruhe, die eine deutliche Blutdrucksenkung (BDS) bewirkte, *Hexamethoniumbromid* oder *-bitartrat* verabreicht, u. zwar an 22 peroral 2—6 g täglich u. an 12 subcutan 150—400 mg täglich. Dadurch wurde eine nur geringe weitere BDS erreicht. Der später beobachtete Wiederanstieg des Blutdrucks war nicht von einer Verstärkung der unter der Therapie gebesserten Krankheitssymptome begleitet. Nebenerscheinungen waren Appetitlosigkeit, Übelkeit u. Sehstörungen. (Lancet **262.** 993—96. 17/5. 1952. Birmingham, Queen Elizabeth Hosp.) KRUSEN. 4630

M. Jack Frumin, S. H. Ngai und **E. M. Papper**, *Der Wirkungsmechanismus von Desoxyephedrin auf die Gefäßzone im Hundebein.* An 40 mit *Na-Pentobarbital* betäubten Hunden wurde die Wrkg. von *Desoxyephedrin* (I) = *N-Methyl-β-phenylisopropylamin*, *Epinephrin* (II) u. *Norepinephrin* (III) auf den Betrag des femoralen arteriellen Blutstromes untersucht; durch intraarterielle Injektionen hervorgerufene lokale Veränderungen ließen sich leichter analysieren als arterielle Druckänderungen durch intravenöse Verabreichung. Aufeinanderfolgende I-Dosen verursachen eine vermehrte vorübergehende Dilatation, aber die Fähigkeit der Hervorrufung weiterer Zusammenziehungen vermindert sich u. verschwindet schließlich. Diese Erscheinungen mit I stehen im Gegensatz zu der vorübergehenden Zusammenziehung, die regelmäßig nach II u. III gesehen wird. Vff. nehmen für I den gleichen Wirkungsmechanismus an, wie ihn GADDUM u. KWIATKOWSKI (J. Physiol. **94.** [1938.] 87) für *Ephedrin* beschreiben. (J. Lab. clin. Med. **40.** 131—35. Juli 1952. New York, N. Y., Columbia Univ., Coll. of Phys. and Surg., Dep. of Anaesthesiol., u. Presbyterian Hosp.) DOSSMANN. 4630

U. Knorr, *Über die intravenöse Procaintherapie (Causat) trophisch bedingter Funktionsstörungen nach Frakturen.* Sowohl bei akut traumat. Zirkulationsstörungen (20 Fälle) als auch bei posttraumat., troph. bedingten Funktionsstörungen (25 Fälle) wurde durch *Procain* intravenös (als *Causat*) offensichtlich Besserung erzielt. (Die Medizinische **1952.** 958—62. 26/7. Tübingen, Univ., Chirurg. Klinik.) DAUTZENBERG. 4630

E. Zeh, *Erste Erfahrungen mit Novocainamid in der Behandlung von Rhythmusstörungen des Herzens.* Versuchsweise Behandlung von supraventrikulären u. ventrikulären Extrasystolen mit *Novocainamid* zeigte ermutigende Erfolge, zum Teil bei chinidinresistenten Fällen. Günstig ist die perorale Wirksamkeit mit rasch einsetzender Wrkg. (Optimum nach 1—2 Std.). Nachteilig ist die kurze Wirkungsdauer u. die relativ hohe Dosierung mit der Gefahr tox. Nebeneffekte. (Die Medizinische **1952.** 953—56. 26/7. Tübingen, Univ., Med. Klinik u. Poliklinik.) DAUTZENBERG. 4630

Herbert Hamke, *Ergebnisse der Khellin-Behandlung des stenokardischen Symptomenkomplexes.* Auf Grund von Beobachtungen an 53 mit *Khellin* (aus Samen von *Ammi visnaga*) behandelten Kranken, von denen 38 gut, 7 mäßig gebessert wurden, empfiehlt Vf. das Mittel für alle Fälle echter Angina pectoris, auch für den frischen Coronarinfarkt. Bei der angegebenen Dosierung von maximal 100 mg täglich intravenös oder 250 mg täglich per os wurden keine Kumulationserscheinungen beobachtet. (Die Medizinische **1952.** 978—79. 26/7. Dortmund, Städt. Krankenanstalt, I. Med. Klinik.) DAUTZENBERG. 4630

S. Weiss, *Die Wirkung von Recosen auf die Stenokardie.* Die Verabreichung von 3mal wöchentlich 2—3 Ampullen *Recosen* (I) (eiweißfreier Herzmuskelextrakt von frisch geschlachteten Tieren) u. zusätzlich täglich 3 I-Dragées an 36 Patienten mit Stenokardie führte in 16 Fällen zu deutlicher Besserung u. zum Teil Verschwinden der stenokard. Beschwerden, in weiteren 11 Fällen zu leichter Besserung. Bericht über 7 typ. Fälle. (Schweiz. med. Wschr. **82.** 767—68. 26/7. 1952. Zürich, Univ., Med. Poliklinik.) KRUSEN. 4630

G. Vinci und **V. Sommariva**, *Über die Möglichkeit der Veränderung der Resorption der Pleuraflüssigkeit. Wirkung von lokal injiziertem Heparin.* Durch Verss. am Kaninchen wurde gefunden, daß lokal injiziertes *Heparin* die Resorption der Pleura-Fl. um ca. 30% steigert. Vff. diskutieren den Mechanismus u. die klin. Anwendungsmöglichkeiten der Methode. (Arch. Scienze med. **93.** (**77.**) 258—74. März 1952. Palermo, Univ., Ist. di Patol. Chirurgica e Proped. Clin.) H. SCHEURLEN. 4633

Max P. Rogers und **C. L. Gray**, *Ein neues Medikament in der Ulcustherapie: eine klinische und radiologische Auswertung.* 24 Patienten mit Ulcus pepticum erhielten 3 Wochen lang täglich 4mal 5—15 mg *Ba-5473* (**I**, *Brommethylat des p-Phenylcyclohexyloxyessigsäurediäthylaminoäthylesters*). In allen Fällen trat innerhalb 24—36 Std

Minderung der akuten Symptome ein. Nach 3 Wochen waren bei 19 Patienten die Ulci nach radiolog. Befund verheilt. In 3 weiteren Fällen wurde durch längere I-Medikation Heilung erzielt. Es wurden keine wesentlichen Nebenerscheinungen beobachtet. (Amer. J. Digest. Diseases **19**. 180—85. Juni 1952. High Point, N. C., Memorial Hosp., u. Burrus Clinic.) KRUSEN. 4645

Lawrence E. Carpenter und **Naro L. Larson**, *Dysenterie bei Schweinen: Behandlung mit 4-Nitro- und 3-Nitro-4-oxyphenylarsonsäure und Antibioticis.* Bei natürlich an Dysenterie erkrankten wie künstl. infizierten Schweinen wurde die Wrkg. der beiden Arsonsäuren bei Verabreichung im Trinkwasser untersucht. Diese wie auch die Zufuhr von *Aureomycin*, *Penicillin* oral verabreicht, hatten eine prophylakt. u. heilende Wrkg. auf die Krankheit u. brachten die äußeren Symptome zum Verschwinden. Eine Kombination von je einer der Säuren mit einem der Antibiotica hatte die günstigste Wirkung. (J. Animal Sci. **11**. 282—91. Mai 1952. Univ. of Minnesota.) NEHRING. 4645

E. Gratzl, *Zur Therapie der Koliken des Pferdes.* Vf. gibt eine Übersicht über die Ätiologie u. Pathogenese der Koliken des Pferdes. Zur Therapie werden krampferregende Injektionen abgelehnt u. an ihre Stelle peristaltik-regulierende Therapeutica, z. B. *Novalgin* oder *Coecolysin*, empfohlen. (Tierärztl. Umschau **7**. 303—10. Sept. 1952. Wien, Tierärztl. Hochschule, Med. Klinik.) REICHLE. 4645

Norbert Brock, **Albert Ehrhardt** und **Hilmar Wilmanns**, *Zur Behandlung der Oxyuriasis mit Atrimon (Carbinolbasen des Penta- und Hexamethyl-p-rosanilins). Atrimon*, ein Carbinolbasenpräp. des *Penta-* u. *Hexamethyl-p-rosanilins*, ist wegen seiner hohen Wirksamkeit für Oxyuren (Umlagerung der aufgenommenen Carbinolbase in das tox. Farbsalz im Wurm) u. Unschädlichkeit des Mittels für den Menschen in hohen Dosen anwendbar u. für längere Kur, die der Entw. der Oxyuren entspricht, geeignet. (Dtsch. med. Wschr. **77**. 240—42. 22/2. 1952. Brackwede/Westf., Asta Werke A. G.) ITZEROTT. 4649

Otto Ferstl, *Die Verwendung von Ondroly bei der Behandlung infizierter Extraktionswunden.* Hinweis auf günstige Ergebnisse bei der Behandlung infizierter Extraktionswunden mit *Ondroly* (enthält neben bekannten Antisepticis eine organ. *F*-Verb.; p_H 7,6). Zweimalige Applikation von je 2 Tropfen zeitigte in 75% der Fälle innerhalb 3 Tagen einen symptomlosen Heilungsverlauf. Gelegentlich trat als Nebenerscheinung eine leichte, nur kurze Zeit andauernde Ätzwrkg. auf. (Zahnärztl. Rdsch. **61**. 522—23. 5/9. 1952. München, Univ., Klinik für Zahn-, Mund- u. Kieferkrankheiten, Chirurg. Abt.) KLESSE. 4655

Bernard C. Tate, *Fungicide.* Bemerkungen zur Therapie von Monilia, Tinia versicolor, T. capitis, T. barbae, T. corporis, T. cruris u. T. pedis mit *$KMnO_4$*, *Salicylsäure*, *Fettsäuren* u. *Gentianaviolett.* (Practitioner **169**. 193—95. Aug. 1952. Birmingham, Univ., United Birmingham Hosp.) KRUSEN. 4661

G. F. Otto, **H. W. Brown**, **S. D. Bell jr.** und **N. D. Thetford**, *Arsenamide bei der Behandlung der Infektion mit Filaria Wucheria bancrofti.* Es wird über den Krankheitsverlauf bei insgesamt 18 ♂ Negern aus St. Croix, Virginia-Islands, berichtet, die mit Wucheria bancrofti infiziert waren u. mit Arsenamid behandelt wurden. Bei 18 Patienten mit Wucheria bancrofti wurde während der Behandlungszeit von 11—17 Monaten mit *Arsenamide* {*Arsphenamide, p-[Bis-(carboxymethylmercapto)-arsino]-benzamid*; PARKE, DAVIS & Co.} ein Rückgang der Mikrofilarienzahl teilweise bis zu 99% beobachtet. Nach den Untersuchungsbefunden ist es wahrscheinlich, daß die Würmer abgetötet wurden. — Das Präp. war in therapeut. Dosen wenig tox., u. geringe Beschwerden ließen sich leicht mit Phenobarbital oder Ascorbinsäure beheben. (Amer. J. trop. Med. **1**. 470—73. Mai 1952.) GOHR. 4665

J. Brugsch, **H. Möller** und **H. Obstoj**, *Erfahrungen mit der Glutaminsäure-Therapie bei der progressiven Muskeldystrophie.* Vff. empfehlen auf Grund ihrer Erfahrungen an 25 Fällen von Muskeldystrophie die Medikation von täglich 3—10 g *Glutaminsäure* (I) in Fällen von deutlicher klin. u. biochem. Krankheitsprogression vorzunehmen, um die Krankheit in eine stationäre Phase zu überführen. Bei ca. 50% der Fälle trat nach unterschiedlicher Zeit (einige Wochen bis Jahre) eine sogenannte Ermüdungsphase auf, die durch 4—7,5 mg *Prostigmin* täglich erfolgreich behandelt wurde. Vff. weisen bes. darauf hin, daß bei Absetzen der I-Zufuhr sehr schnelle Verschlechterung des Krankheitszustandes eintritt. Die Pentosurie ist ein zuverlässiges Maß für die Aktivität der Muskeldystrophie. Es wird eine Meth. zum Pentosenachw. im Harn angegeben. Mögliche Angriffspunkte von I werden diskutiert. (Z. ges. inn. Med. Grenzgebiete **7**. 441—46. 15/5. 1952. Berlin, Charité, I. Med. Univ.-Klinik.) KRUSEN. 4670

W. Leuterer und **A. Stolz**, *Erfahrungen über die Behandlung chronisch-rheumatischer Erkrankungen mit Stickstofflost.* 39 Patienten mit prim. chron. Polyarthritis u. Bechterew, sowie 1 Asthmafall zeigten auf Stickstofflost (I) in der Hälfte aller Fälle deutliche Besserung mit Blutsenkungserniedrigung, Histaminempfindlichkeit u. Capillarfragilität. Die Wrkg. des unspezif. Stress, den die I-Darreichung nach den Eosinophilen–Lymphocyten–Leukocytenwerten darstellt, äußert sich je nach der Ansprechbarkeit der Nebennierenrinde in mehr oder weniger günstigem Sinne. (Med. Mschr. **6.** 316—19. Mai 1952. Höxter, Weserbergland-Klinik.) HEINZE. 4670

F. Epstein, *Zur therapeutischen Anwendung des Chlorophylls und seiner Derivate.* Die Standardisierung der Chlorophyll-haltigen Präpp. ist insofern schwierig, als diese zu desodorierenden Zwecken verwandten Substanzen *Chlorophyll a* u. *b*, sowie *Chlorophyllin* u. *Isochlorophyllin* sich hinsichtlich ihrer Farbintensität u. auch im UV-Spektr. verschieden verhalten. Ein neuer Weg erscheint der, daß die genannten Verbb. sich in das Na-Salz des *Cu-Chlorophyllins* überführen lassen, das eine intensive, lichtechte blaugrüne Färbung abgibt. — Neben der desodorierenden Wrkg. schreiben verschied. Vff. dem Chlorophyll auch antisklerot. u. bakteriostat. Effekte zu, außerdem wurde es als Lichtschutzmittel verwandt. (Österr. Chemiker-Ztg. **53.** 82—84. April 1952. Wien.) P. G. SCHEURLEN. 4670

Heinz-Dieter Jung, *Arsensammelschaden in bezug auf Diencephalon und Mangelernährung (Melanose, Polyneuritis, Alopecie, Lebercirrhose und chronische Nephritis).* Ausführlicher Bericht über einen Fall von *Arsen*-Intoxikation nach Medikation von FOWLERscher Lsg., die sich als tox. Zwischenhirnschädigung u. eine der Mangelernährung ähnelnde Dysproteinämie äußerte. Die erhobenen Befunde (s. Überschrift) werden unter Vgl. mit den von anderen Autoren gemachten Beobachtungen diskutiert u. therapeut. Hinweise gegeben. — 47 Literaturangaben. (Z. ges. inn. Med. Grenzgebiete **7.** 469—77. 15/5. 1952. Greifswald, Univ., Hautklinik.) KRUSEN. 4675

E. W. Amyes und **Karl O. von Hagen,** *Die intravenöse Procain-Anwendung in der Anoxiebehandlung.* Von 23 CO-Vergifteten (infolge schlecht ventilierter Räume mit Naturgasheizung), die sich spontan nicht rasch erholten, wurden durch Infusion von 500 cm^3 0,1%ig. *Procain*-Lsg. in 1—2 Std., 17 wiederhergestellt. Bei Anwendung in den ersten Std. nach der Vergiftung scheint diese Behandlung bei mittelschweren Anoxien günstig zu wirken. (Die Medizinische **1952.** 956—58. 26/7. Los Angeles, Calif., County Hosp.; Coll. of Med. Evang., u. Univ. of South California, School of Med., Dep. of Neurol.) DAUTZENBERG. 4675

Roemmele, *Dulcin-(Süßstoff)vergiftung bei Schlachtschweinen.* Der Untersuchungsbefund von Schweinefleisch (feucht, blaßrot, Blutaustritt im Muskel), in dem *Dulcin* nachgewiesen werden konnte, wird wiedergegeben. (Dtsch. tierärztl. Wschr. **59.** Nr. 25/26. Sonderbeilage 3. 64—65. 1/7. 1952. Braunschweig, Staatl. Veterinäruntersuchungsamt.) WOLFGRAMM. 4675

J. F. Shronts, *Allergie und verwandte Probleme bei der Verarbeitung von Mehl und Getreide.* (Ind. Med. Surgery **21.** 399—401. Aug. 1952. Minneapolis, Minn.) BÖHM. 4681

F. Pharmazie. Desinfektion.

—, *Zum III. Polnischen Arzneibuch.* Gewinnungsvorschriften, Eigg., Dosierung, Best. usw. von Penicillin, Typhusvaccine, Nicotinamid, Gangränantitoxin, Tetanusanatoxin, Reagens nach SCHICK (aus Corynebacterium diphtheriae), Diphtherieanatoxin u. -vaccine, Tuberculinum pristinum (konz.) u. Pockenvaccine. (Farmacja polska **8.** 124—35. 29/3. 1952.) R. K. MÜLLER. 4750

L. Fuchs (unter Mitarbeit von: **W. Himmelbauer**), *Der Alkaloidgehalt natürlich vorkommenden Mutterkorns in Österreich.* Die meisten der 67 an verschied. Orten Österreichs 1946—1949 gesammelten Proben enthielten weniger als 100 mg-%, durchschnittlich 30—70 mg-% wasserunlösl. u. 10—30 mg-% wasserlösl. Alkaloide. Der größte Teil der Tiroler Proben war alkaloidfrei. Die Best. erfolgte nach FUCHS (C. **1952.** 4024). (Scientia pharmac. **20.** 1—5. 31/3. 1952. Wien, Univ., Pharmakogn. Inst.) HERRMANN. 4782

K. Münzel und **K. Akay,** *Die Herstellung der Magnesia citrica effervescens Ph. Hv.* Ein verbessertes Verf. zur Herst. von Magnesia citrica effervescens Ph. Helv. wird beschrieben. Zum Ansatz wird gleich die gesamte Menge Citronensäure verwendet unter Zusatz von 3 statt 2 Teilen Wasser. Getrocknet wird bei 70°. An Stelle von A. (90%ig.) wird absol. A. benutzt. (Schweiz. Apotheker-Ztg. **90.** 381. 24/5. 1952.) SCHMERSAHL. 4790

Horst Ritze, *Neue Werkstoffe zur Herstellung von Epithesen.* Als bes. geeignet zur prothet. bzw. epithet. Versorgung bei Gesichtsverletzungen usw., als Immediatprothesen u. als ständiger Ersatz werden *Epidon* (WEIKART) u. *Flexi-Derm* (ein Polyvinylchloracetat; NELSON CRAMER CORP., Royal Oak, Mich.) empfohlen, die in kosmet. Hinsicht (Hautähnlichkeit, Färbung usw.) allen Ansprüchen genügen. Zur Herst. der Abdrücke verwendet Vf. *Negocoll* (E. SCHWARZ, Zürich). — Beschreibung von 2 Fällen. (Zahnärztl. Welt 7. 310—12. 25/7. 1952. Hamburg, Univ., Klinik u. Poliklinik für Zahn-, Mund- u. Kiefernkrankheiten.) KLESSE. 4796

A. Schroeder, *Die direkte Unterfütterung oberer totaler Prothesen mit dem Autopolymerisat „Palavit"*. (Zahnärztl. Welt 7. 308—10. 25/7. 1952. Basel, Staatl. Volkszahnklinik.) KLESSE. 4798

H. F. Overdiek, *Palavit.* Bei Vergleichsprüfungen des zu Füllungszwecken bestimmten autopolymerisierenden Kunststoffes *Palavit* (I; KULZER & Co.) mit *Hesacryl* (II) wurde eine höhere Belastungsfähigkeit des I gefunden, obwohl I in ca. 4 Min., d. h. in $^1/_3$ der für II benötigten Zeit polymerisiert. Bzgl. Schlagzähigkeit, Biege- u. Spaltfestigkeit, Kugeldruckhärte u. Wasseraufnahme ergeben sich für I günstigere Werte als für II. Auch hinsichtlich Verfärbungen verhält sich I resistenter, jedoch kommen geringfügige Färbänderungen fertiger Füllungen (Aufhellungen) auch bei I vor. Nach sorgfältiger Applikation von Unterfüllungen konnten klin. keine Pulpareizungen nach I-Füllungen beobachtet werden. (Zahnärztl. Welt 7. 302—04. 25/7. 1952. Bonn, Univ., Klinik u. Poliklinik für Mund-, Zahn- u. Kieferkrankheiten.) KLESSE. 4798

E. Benk, *Zur Kenntnis des Chlorthymols.* Vf. berichtet über Darst., physikal. u. chem. Eigg., Identitäts-Rkk. u. pharmazeut. Verwendung von Chlorthymol. (Dtsch. Apotheker-Ztg. **92.** 576—77. 1/8. 1952. Stuttgart-Zuffenhausen.) GÜNZEL. 4806

A. Engelund, P. Terp und **C. Trolle-Lassen,** *Isonicotinsäurehydrazid; eine Übersicht.* Übersicht über Geschichte, chem. Zus., chem. u. physikal. Eigg., Nachw., Reinheitsprüfung, Giftigkeit, Pharmazie, Pharmakologie, Bakteriologie u. klin. Anwendung von Isonicotinsäurehydrazid. — 21 Literaturhinweise. (Arch. Pharmac. og Chem. **59.** (**109.**) 560—75. 28/6. 1952.) GEITZ. 4806

Jens Bjørneboe, *Neuer Fortschritt in der Pharmakotherapie.* Vf. berchreibt Eigg. Wrkg. u. Anwendung von *Aureomycin* (I) u. gibt die Zus. von I-Salbe u. -Augentropfen. (Norges Apotekerforen. Tidsskr. **60.** 153—55. Mai 1952.) GEITZ. 4810

H. Kliewe und **E. v. Wasielewski,** *Physikalische Eigenschaften von keimtötenden Aerosolen und künstlichen Keimnebeln.* Es werden die Verteilungstendenz, die Schwebedauer, sowie eine Meth. zur Teilchengrößenbest. künstlicher Aerosole (I) u. das Verh. von Keimnebeln unter verschied. Luftbedingungen (relative Luftfeuchtigkeit, Temp., elektr. Ladung) beschrieben. Soll bei Verwendung von I zu Luftdesinfektionszwecken Keimfreiheit der Luft erreicht werden, so ist die Verneblung mit einem geeigneten Desinfektionsmittel mindestens alle 2—3 Std. zu wiederholen. Keimarmut wird bei einer Wiederholung der Verneblung alle 4—5 Std. erreicht. (Z. Hyg. Infektionskrankh. **134.** 1—23. 1952. Mainz, Univ., Hygien. Inst.) RUTKOWSKI. 4834

Saul Kaye, Helen F. Irminger und **Charles R. Phillips,** *Die Sterilisierung von Penicillin und Streptomycin durch Äthylenoxyd. Penicillin* (I) kann sterilisiert werden entweder durch Bedampfen des trockenen I-Pulvers mit *Äthylenoxyd* (II), 475 mg/Liter, 6 Std. bei 25°, oder durch Zusetzen von II zur I-Lösung. Durch Verss. an Mäusen wurde festgestellt, daß durch diese Behandlung die I-Wrkg. nicht red. u. die Toxizität nicht gesteigert wird. Dagegen tritt bei *Streptomycin* als $CaCl_2$-Salz ein Wirkungsverlust von 35% nach Behandlung mit II-Dampf, aber keine Toxizitätssteigerung auf. (J. Lab. clin. Med. **40.** 67—72. Juli 1952. Camp. Detrick, Md., Chemical Corps, Biol. Labors.) DOSSMANN. 4836

Józef Jeske, *Laboratoriumsmethode zur Bewertung von Catgut.* Die Verschleißfestigkeit von Catgut in 0,1—0,5%ig. Pepsinlsg. bei p_H 3, 37° u. Belastung mit 25 g kann als Maß für die Haltbarkeit in Rattengewebe dienen. Catgutfäden, die unter diesen Bedingungen eine Festigkeit von 50—85 Std. zeigen, werden von der Ratte innerhalb 9—13 Tage resorbiert. Es wird empfohlen, als Mindestwert 50 Std. zu wählen. (Farmacja polska **8.** 141—45. 29/3. 1952. Warschau, Akad. Med., Zak. Farmakol. dośw.) R. K. MÜLLER. 4880

Anders Baerheim Svendsen, *Papierchromatographische Identitätsprüfung galenischer Präparate.* Es werden App. (Abb.) u. Technik einer papierchromatograph. Prüfung galen. Präpp. beschrieben. Das Verf. ist zum Identitätsnachw. morphinhaltiger Präpp. benutzt worden. (Dansk Tidsskr. Farmaci **26.** 125—33. Juli 1952.) GEITZ. 4880

L. Kofler, *Über neue Methoden zur schnellen Prüfung organischer Arzneimittel und ihrer Gemische.* (Pharmazie **6.** 101—03. März 1951. Innsbruck. — C. **1952.** 414.) SPITALER. 4880

S. N. Mitra, *Nachweis von Erdnußöl in Senföl.* Nachw. mittels des modifizierten BELLIER-Testes (Evers Norman, Analyst. **62.** [1937.] 96) durch Feststellung der Trübungstemp. der angesäuerten alkoh. Seifenlsg. bei Zugabe eines gewissen Überschusses von verd. Essigsäure. 1 cm^3 Öl verseifen mit 5 cm^3 1,5n alkoh. KOH, Zugabe von 2 Tropfen Phenolphthalein u. neutralisieren mit 1 : 1 Essigsäure, weiterer Zusatz von 0,2 cm^3 Essigsäure, Vermischen mit 25 cm^3 70%ig. Alkohol, Temp. auf 50° steigern u. unter beständigem Schütteln im Wasserbad von 15° abkühlen bis zum ersten Auftreten einer Trübung. Die Trübungstemp. von Senföl (21—23,5°) wird durch je 10% Erdnußöl um ca. 2° erhöht. Zugleich wird die VZ. entsprechend erhöht, u. die JZ. u. der Brechungsindex des Senföles werden erniedrigt. (Current Sci. **20.** 158—59. Juni 1951. Govt. of West Bengal, Public Health Labor.) SCHEIFELE. 4880

W. H. C. Shaw und **G. Wilkinson,** *Die colorimetrische Bestimmung von kleinen Mengen Proflavinhemisulfat.* Es wird eine Meth. zur colorimetr. Best. von Proflavinhemisulfat (*2.8-Diaminoacridinhemisulfat,* I) durch Umwandlung in die Chinonimidform des 2-Aminoacridyl-(8)-diazoniumchlorids beschrieben. Eine I-Lsg. wird mit einem begrenzten Überschuß (zur Vermeidung der Bldg. der Bisdiazoverb.) von HNO_2 unter Überwachung der p_H- u. Temperaturbedingungen behandelt u. der Überschuß an HNO_2 anschließend mit Sulfaminsäure beseitigt. Kuppelt man in saurer Lsg. mit N-(1-Naphthyl)-äthylendiamindihydrochlorid, so erhält man eine stabile Purpurfarbe, deren Durchlässigkeit photoelektr. gemessen wird. Diese Meth. ergibt eine geradlinige Beziehung zwischen opt. D. u. Konz. für I-Mengen bis zu 300 μg je 100 ml Endlsg. u. kann ohne Änderung zur Best. von Euflavin u. Acriflavin in gleichen Mengen benutzt werden. Abschließend gibt Vf. einige Einzelheiten zur Anwendung der Meth. für pharmazeut. Präparate. (Analyst **77.** 127—32. März 1952. Blackley, Manchester, Hexagon House, Imperial Chem. Ind. Ltd., Pharmac. Res. and Serv. Labors.) SCHLEGEL. 4880

Witold Mizgalski, *Bestimmung von Sulfamiden in pharmazeutischen Präparaten.* Vf. bestimmt alkalimetr. u. acidimetr. den Geh. an *Prontalbin* u. *Sulfathiazol* in Talk- u. Stärkepudern, Salben u. Zäpfchen u. zeigt, daß die Grundlagenstoffe bei der Best. nicht stören. (Farmacja polska **8.** 146—49. 29/3. 1952. Poznań, Akad. Med., Zak. Chem. farmac.) R. K. MÜLLER. 4880

R. Middeldorf und **W. Montigny,** *Die Untersuchung des Chinins auf Nebenalkaloide.* 1. u. 2. Mitt. Vff. geben eine Übersicht über die bisher in der pharmazeut. Praxis angewandten Untersuchungsmethoden, wobei sie vor allem auf die KERNER-WELLERsche Ammoniakprobe ausführlich eingehen. Weiter werden die Oxalatprobe von SCHÄFER, die Chromatprobe von DE VRIJ u. die Aussalzprobe von DEÉR krit. besprochen. — Einige Pharmakopoeen schreiben die Best. der opt. Drehung zur Reinheitsprüfung vor. Pharmacopoea Danica 48 hat zur Erkennung des Hydrochinins noch eine Hg-Acetat-Probe aufgenommen, die wie die opt. Verff. ausführlich beschrieben wird. Anschließend gehen Vff. auf eigene Verss. mit der Ammoniakprobe nach DAB 6 (1) der Chromatprobe nach Pharm. Helv. 5 (2), der Oxalatprobe nach Pharm. Suec. XI(3) u. der Aussalzprobe nach Pharm. Danica 48 (4) ein. Während 2 u. 3 ungünstig beurteilt werden, sind 1 u. 4 zu empfehlen. Für das DAB 7 wird eine Aussalzprobe vorgeschlagen, die sich weitgehend an 4 anlehnt. (Pharmazie **6.** 9—12. Jan. 94—98. März 1951. Mannheim, Fa. Boehringer u. Söhne.) HERRMANN. 4880

K. Jentzsch, *Die Prüfung des Gehaltes an Tropaalkaloiden von Tabletten und Dragees.* Nach Kritik der bisherigen Bestimmungsmethoden beschreibt Vf. ein Verf., das mit nur einer Tablette durchführbar ist. Die Alkaloide werden mit Weinsäurelsg. extrahiert u. nach NH_3-Zusatz in Chlf. gegeben. Nach Vertreiben des Lösungsm. wird p-Dimethylaminobenzaldehyd in 87—88%ig. H_2SO_4 zugesetzt, der gebildete Farbstoff in Essigsäureanhydrid gelöst u. im Photometer die Extinktion gemessen. Jeweils neue Vergleichskurve erforderlich. — 16 Literaturstellen. (Scientia pharmac. **20.** 6—16. 31/3. 1952. Wien, Univ., Pharmakogn. Inst.) HERRMANN. 4880

G. Stille, *Zur biologischen Auswertung von Nebennierenextrakten.* (Aerztl. Wschr. **7.** 604—07. 27/6. 1952. Uetersen/Holstein. Nordmark-Werke.) DOSSMANN. 4880

Dr. Robert Winzer, Chemisch-pharmazeutische Fabrik (Erfinder: **Robert Winzer**), Konstanz, *Herstellung von öligen Lösungen organischer Basen oder deren Salzen mit organischen Säuren,* dad. gek., daß als Lösungsm. oder Lösungsvermittler Ricinusöl oder Ricinolsäure, gegebenenfalls mit einem indifferenten Verdünnungmittel, angewandt wurden. — Beispiele für Atropin u. Äthylhydrocuprein als camphersaures Salz. Geeignet bes. für ölige Lsgg. von Alkaloiden mit protrahierter Wirkung. (**D. B. P. 849 169** Kl. 30h vom 1/11. 1950, ausg. 11/9. 1952.) SCHINDLER. 4787

Deutsche Hydrierwerke Akt.-Ges., Düsseldorf (Erfinder: **Stefan Morgenstern**), Berlin, *Lösungsmittel bzw. Lösungsvermittler für Salicylsäure.* Man verwendet in W. lösl. alkoh. Hydrierungsprodd. des Furfurols u. seiner Homologen bzw. seiner Ester oder Äther (*Tetrahydrofurfurylalkohol, 1.5-Pentamethylenglykol, Tetrahydrofurfurylacetat* u. a.) oder höhermol. aliphat. Alkohole bzw. deren Äther mit mehrwertigen Alkoholen, die noch eine freie OH-Gruppe aufweisen (*Oleinalkohol, Ricinusalkohol* u. a.). (**D. R. PP. 754 124** Kl. 12q vom 1/5. u. **762 726** Kl. 12q vom 2/5. 1942, beide ausg. 15/9. 1952.) FABEL. 4787

Medical Alginates Ltd., England, *Verbandstoff aus Alginaten.* Wasserlösl. u. wasserunlösl. Alginate, z. B. Na-Alginat u. Zn- oder Ca-Alginat, werden zu einer pastösen M., zweckmäßig unter Zufügen von antibiot. chemotherapeut. oder antisept. Stoffen verarbeitet. (**F. P. 985 218** vom 26/4. 1949, ausg. 16/7. 1951. E. Prior. 27/4. 1948.) WITTHOLZ. 4795

Farbenfabriken Bayer, Leverkusen, *Herstellung von O-Phenylderivaten der Oxybenzalthiosemicarbazone*, dad. gek., daß man die O-Phenylderivv. der Oxybenzaldehyde oder deren funktionelle Derivv. mit Thiosemicarbazid umsetzt, wobei gegebenenfalls der Benzolkern des O-Phenylrestes oder der Benzolkern des Oxybenzaldehyds oder beide Kerne Substituenten tragen können, welche die *therapeut.* Wrkg. begünstigen, z. B. Halogene, Oxy-, Alkoxy-, Aryloxy-, Acyloxy-, Amino-, Acylamino-, Alkylamino-, Alkylmercapto-, Alkylsulfon-, Carboxyl-, Carboxylalkyl-, Nitro- u. andere Gruppen. Für die Rk. geeignete funktionelle Derivv. von Aldehyden sind z. B. Acetale, Acetate, Oxime, Hydrazone, Semicarbazone. Die erhaltenen Reaktionsprodd. besitzen starke entzündungshemmende Wrkg. u. besitzen eine Wrkg. gegen *Tuberkulose* u. *Lepra.* — Thiosemicarbazid u. 4-(4'-Nitrophenoxy)-benzaldehyd werden in eine CO_2-Atmosphäre in wss.-alkoh. Lsg. unter Rückfluß gekocht. Es bildet sich das *4-(4'-Nitrophenoxy)-benzalthiosemicarbazon*, F. 214°. In analoger Weise lassen sich z. B. folgende Thiosemicarbazone herstellen: *4-(2'.4'-Dichlorphenoxy)-benzalthiosemicarbazon, 4-(2'-Nitrophenoxy)-benzalthiosemicarbazon*, F. 201°. — Aus 4-(4'-Acetaminophenoxy)-benzaldehyd u. Thiosemicarbazid entsteht das entsprechende *Thiosemicarbazon*, F. 220°. Diese Verb. kann auch durch nachträgliche Acetylierung des 4-(4'-Aminophenoxy)-benzalthiosemicarbazons gewonnen werden. — Aus 4-(4'-Methoxyphenoxy)-benzaldehyd u. Thiosemicarbazid wird ein Thiosemicarbazon vom F. 174° gebildet. — Ferner sind genannt *4-(4'-Chlorphenoxy)-benzalthiosemicarbazon*, F. 172°, *4-Phenoxybenzalthiosemicarbazon*, F. ca. 142°, farbloses Pulver; *3-(2'.4'-Dinitrophenoxy)-benzalthiosemicarbazon*, F. ca. 228°, gelbes Pulver; *Diphenylenoxyd-3-aldehydthiosemicarbazon*, F. ca. 226°, farbloses Pulver; *4-(3.'5'-Dimethylphenoxy)-benzalthiosemicarbazon*, F. 166°. (**Oe. P. 171 711** vom 7/2. 1951, ausg. 25/6. 1952. D. Prior. 27/3. 1950.) M. F. MÜLLER. 4807

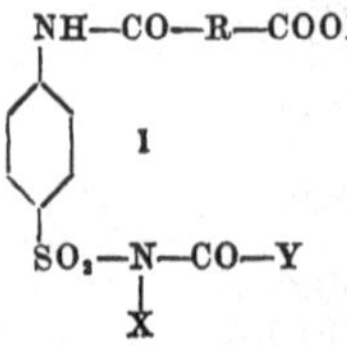

I

Schering Corp., übert. von: **Edward Henderson**, Bloomfield, N. J., V. St. A., *Herstellung von chemotherapeutischen Mitteln* aus N^1-Acyl-4^4-substit.-sulfanilamiden der allg. Formel I, worin R einen carbocycl. Rest, X ein Alkalimetall u. Y einen niedrigmol. aliphat. KW-stoffrest bedeuten. — Die Verbb. I werden mit Alkalihydroxyd behandelt. Danach wird z. B. das *Di-Na-Salz* des *N^1-Acetyl-N^4-phthalylsulfanilamids* hergestellt. (**Can. P. 479 139** vom 20/7. 1951, ausg. 4/12. 1951. A. Prior. 9/2. 1949.) M. F. MÜLLER. 4807

Spofa, Spojené Farmaceutické Závody, Národní Podnik (Erfinder: **Miroslav Protiva** und **Jiři Kolinsky**), Prag, Tschechoslowakei, *Herstellung von spasmolytisch und antihistaminös wirksamen basischen Aralkyläthern* aus Verbb. der allg. Formel I, worin Z = H oder eine Alkylgruppe ist, Y bedeutet einen heterocycl. Rest, z. B. α-, β- oder γ-Pyridyl oder 2-Thienyl u. A Halogen. I wird umgesetzt mit Stoffen vom Typus B—CH_2—CH_2—NR_2, worin R_2 eine Alkylgruppe bedeutet bzw. die ganze NR_2-Gruppe den Rest eines sek. heterocycl. Amines darstellt. B ist die Alkoholatgruppe —OM, wobei M ein monovalentes, bes. Alkalimetall vorstellt. Das Reaktionsprod. wird durch Dest. im Hochvakuum isoliert u. gegebenenfalls in krist. Salze übergeführt. Die Kondensation wird zweckmäßig zuerst bei n., später bei erhöhter Temp. in einem inerten Lösungsm. durchgeführt, z. B. in Bzl., Toluol, Xylol, Ae. oder Dioxan. — 3-Pyridylphenylmethylcarbinol wird in Bzl. gelöst u. mit Na-Amid 1 Std. gekocht. Es bildet sich dabei das Alkoholat. In dieses Reaktionsgemisch wird β-Diäthylaminoäthylchlorid eingetropft u. danach 6 Std. unter Rückfluß gekocht. Es entsteht *1-(β-Diäthylaminoäthoxy)-1-phenyl-1-(3-pyridyl)-äthan*, welches als Dipikrat isoliert wird, *Dipikrat*: $C_{19}H_{26}ON_2$ 2 $C_6H_3O_7N_3$, F. 135—137°. — In weiteren Beispielen ist die Herst. von *1-(β-Piperidinoäthoxy)-1-phenyl-1-(3-pyridyl)-äthan* (*Dipikrat*: F. 152—154°), ferner von *1-(β-Morpholinoäthoxy)-1-phenyl-1-(3-pyridyl)-äthan* (*Dipikrat*: F. 173—174°) u. von *1-(β-Dimethylaminoäthoxy)-1-phenyl-1-(3-pyridyl)-propan* (*Dipikrat*: F. 148—150°) beschrieben. — 2-Furylphenylcarbinol mit Na-Amid u. danach mit β-Dimethylaminoäthylchlorid um-

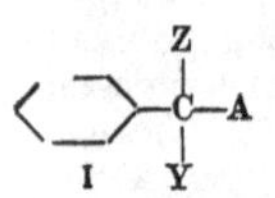

I

gesetzt unter Bldg. von *β-Dimethylaminoäthoxy-(2-furyl)-phenylmethan* (Jodmethylat: 155,5—157,5°). (**Oe. P. 171 694** vom 16/8. 1949, ausg. 25/6. 1952. Tschech. Prior. 19/8. 1948.) M. F. MÜLLER. 4807

Aktieselskabet „Ferrosan“, übert. von: **Kai Arne Jensen,** Kopenhagen, Dänemark, *4-Aryl-4-acyloxypiperidine.* 1-Methylpiperidon-(4) läßt sich nach GRIGNARD mittels C_6H_5MgBr in *1-Methyl-4-phenyl-4-oxypiperidin,* F. 115°, überführen, das mit CH_3COCl unter Bldg. von *1-Methyl-4-phenyl-4-acetoxypiperidinhydrochlorid,* F. 231°, reagiert. Analog lassen sich *1-Äthyl-4-phenyl-4-oxypiperidin,* F. 86°, u. *1-Äthyl-4-phenyl-4-butyroxypiperidinhydrochlorid,* F. 206°, darstellen. Weitere Beispiele betreffen die Herst. der *Hydrochloride* von *1-Methyl-4-phenyl-4-propionoxypiperidin,* F. 184°, sowie von I-*4-butyroxy-* (F. 196°), I-*4-valeroxy-* (F. 206°), I-*4-isovaleroxy-* (F. 204°), I-*4-capronoxy-* (F. 199°), I-*4-benzoxypiperidin,* F. 220°, wobei I „1-Methyl-4-phenyl-“ bedeutet; *1-Propyl-4-phenyl-4-propionoxypiperidinhydrochlorid,* F. 216°. — *Spasmolytica.* (**A. P. 2 589 943** vom 27/2. 1948, ausg. 18/3. 1952. Dän. Prior. 1/10. 1941.) BRÖSAMLE. 4807

Cilag Akt.-Ges., Schaffhausen (Erfinder: **Hans Suter,** Dörflingen), Schweiz, *Herstellung von neuen Phosphonsäurederivaten,* dad. gek., daß man eine das Nicotinsäureradikal enthaltende Verb., z. B. Nicotinsäure, ihr Anhydrid, Halogenid oder einen Ester der Nicotinsäure, auf eine Verb. der allg. Formel I einwirken läßt, in welcher R ein H-Atom oder ein Alkyl-, Aryl- oder Aralkylrest ist. R_2 u. R_3 sind H oder solche Reste, die leicht in ein H-Atom übergeführt werden können.

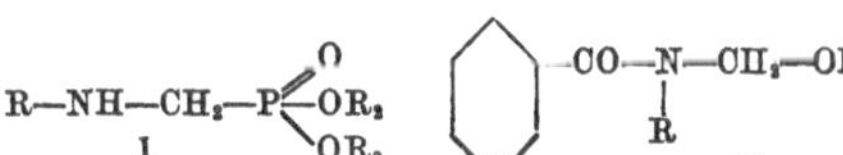

I II

— Man kann auch auf eine Verb. der allg. Formel II, worin R = H oder ein Alkyl-, Aryl- oder Aralkylrest ist, ein Phosphortrihalogenid einwirken lassen. Das dabei entstehende Halogenid wird mit H_2O umgesetzt. — Die erhaltenen Verbb. sind befähigt, mit den biol. wichtigen Spurenelementen oxydationsstabile u. leicht resorbierbare Salze zu bilden. Es sind z. B. die Fe-, Mn-, Co- u. Cu-Salze sehr geeignet, um entsprechende Mangelzustände zu beheben. Alle diese Körper u. deren Salze besitzen eine gute Verträglichkeit bei ihrer Verwendung als wirkungsvolle *Roborantien* u. *Tonica.* Man kann die Verbb. u. ihre Schwermetallsalze peroral, aber auch als Salze des Na u. Ca parenteral verabreichen. — Aus Nicotinsäure u. Aminomethylphosphonsäure entsteht *Nicotinylaminomethylphosphonsäure,* F. 232—233°. — Analog kann hergestellt werden aus Nicotinsäure-N-methyl-N-oxymethylamid u. PCl_3 mit nachfolgender Zers. durch W. die *N-Nicotinyl-N-methylaminomethylphosphonsäure,* sowie die entsprechende *-N-äthyl-*, *-N-propyl-* oder *-N-phenyl-*Verbindung. (**Oe. P. 171 706** vom 9/10. 1950, ausg. 25/6. 1952. Schwz. Prior. 5/11. 1949.) M. F. MÜLLER. 4807

Ciba Akt.-Ges., Basel, Schweiz, *Herstellung neuer 5.6.7.8-Dipyridochinoxaline,* dad. gek., daß man ein 4.7- bzw. 1.7-Phenanthrolin, das in 5- u. 6-Stellung je einen durch eine Aminogruppe ersetzbaren Substituenten aufweist, mit einem diprim. aliphat. Diamin, dessen Aminogruppen an benachbarten C-Atomen stehen, umsetzt. Als Ausgangsmaterial verwendet man 5.6-Dioxy-4.7- oder -1.7-phenanthrolin, 4.7- oder 1.7-Phenanthrolin-5.6-chinon einerseits u. Äthylen-1.2-diamin (I) andererseits. — Aus dem 4.7-Phenanthrolin-5.6-chinon u. I entsteht *5.6.7.8-Dipyrido-(5′.6′.2″.3″)-dihydrochinoxalin* u. *5.6.7.8-Dipyrido-(5′.6′.2″.3″)-1.2.3.4-tetrahydrochinoxalin* (II), F. 187°. Die Verb. II entsteht auch aus 5.6-Dioxy-4.7-phenanthrolin u. I. — Aus 1.7-Phenanthrolin-5.6-chinon u. I entsteht *5.6.7.8-Dipyrido-(5′.6′.5″.6″)-1.2.3.4-tetrahydrochinoxalin,* F. 171°. Die neuen Verbb. besitzen *therapeut.* Eigg., bes. *carcinolyt.* u. *antiparasitäre* Wirkungen. (**Oe. P. 171 719** vom 4/5. 1951, ausg. 25/6. 1952. Schwz. Priorr. 10/4. 1951 u. 5/5. 1950.) M. F. MÜLLER. 4807

Imperial Chemical Industries Ltd., übert. von: **Walter Hepworth,** Blackley, Manchester, England, *Diquaternäre Salze von Pyrimidylaminochinolinen. 4-Amino-6-(6′-chlor-2′-aminopyrimidyl-4′-amino)-chinaldin-1.1′-dimethyljodid,* F. 269° (Zers.), erhält man durch Rk. von 4-Amino-6-(6′-chlor-2′-aminopyrimidyl-4′-amino)-chinaldin mit Methyl-p-toluolsulfonat u. Behandlung des so erhaltenen quaternären Salzes mit NaJ. — Analog: *4-Amino-6-(6′-chlor-2′-aminopyrimidyl-4′-amino)-chinolin-1.1′-dimethylchlorid,* F. >360°; *4-Amino-6-(4′-chlor-6′-methylaminopyrimidyl-2′-amino)-chinaldin-1.3′-di-(methyltoluol-p-sulfonat),* F. 277° (Zers.); *4-Methylamino-6-(6′-chlor-2′-methylaminopyrimidyl-4′-amino)-chinaldin-1.1′-di-(methyl-p-toluolsulfonat),* F. 340° (Zers.). — *Trypanocide* Wirksamkeit. (**A. P. 2 591 545** vom 12/2. 1951, ausg. 1/4. 1952. **D. B. P. 852 855** Kl. 12p vom 3/3. 1951, ausg. 20/10. 1952. Beide E. Prior. 2/3. 1950.) BRÖSAMLE. 4807

G. D. Searle & Co., übert. von: **John W. Cusic,** Skokie, Ill., V. St. A., *Aminoalkanoylphenothiazine.* Durch Rk. von Phenothiazin mit *β*-Chlorpropionylchlorid in Bzl. erhält man *10-(β-Chlorpropionyl)-phenothiazin* (I), F. 136°. Erhitzt man dieses in

Toluol mit Piperidin, so entsteht *10-(β-Piperidinopropionyl)-phenothiazin*, Kp.$_3$ 220 bis 230°; *Hydrochlorid*, F. 204°. Läßt man I mit $(CH_3)_2NH$ reagieren, so erhält man *10-(β-Dimethylaminopropionyl)-phenothiazin*, F. 87°. Dieses geht bei Behandlung mit CH_3Cl in ein *quaternäres Salz* vom F. 208° über. Ferner werden analog dargestellt: *10-(β-Dimethylaminobutyryl)-phenothiazin*, F. 91°; *Hydrochlorid*, F. 137°; *quaternäres Salz* mit CH_3Cl, F. 211°. — *10-(β-Diäthylaminopropionyl)-phenothiazin*, Kp.$_2$ 210 bis 212°; *Hydrochlorid*, F. 163—164°. — Verwendung als *Antiseptica, Diuretica, Antihistaminica* u. *antispasmod.* Mittel. (**A. P. 2 591 679** vom 21/4. 1948, ausg. 8/4. 1952.) BRÖSAMLE. 4807

Soc. An. Vitamex, Frankreich, *Extraktion von an Provitaminen und fettlöslichen vitaminenreichen Stoffen tierischen oder pflanzlichen Ursprungs.* Die Stoffe, z. B. Fischleber, werden zu Brei zerrieben u. mit konz. wss. Alkalilauge bei einer 70° nicht überschreitenden Temp. schonend behandelt. Nach genauer Neutralisierung mit reiner HCl wird die M. mit einer konz. Lsg. eines Erdalkali-, Mg- oder Al-Salzes [bes. $CaCl_2$, $BaCl_2$, $Al_2(SO_4)_3$] bei ca. 40° versetzt, wodurch die Proteine u. die Alkaliseifen gefällt u. die vitaminhaltigen Stoffe (Alkohole u. Sterine) mitgerissen werden. Der Nd., der die gesamten Vitamine enthält, wird abfiltriert u. sofort mit einem organ., mit W. mischbaren Lösungsm., das die Vitamine löst, die übrigen Stoffe aber ungelöst läßt, mehrfach extrahiert. Solche Lösungsmittel sind: aliphat. niedere Alkohole, Ketone u. Ester. Die vereinigten Extrakte, welche die Vitamine nebst kleinen Mengen lösl. Begleitstoffe enthalten, werden durch Zusatz von wasserfreien neutralen u. sauren Alkalicarbonaten entwässert u. bei red. Druck konzentriert. Das Konzentrat wird mit PAe. ausgeschüttelt. Der nach Verdampfung des PAe. hinterbleibende fl. u. klare Extrakt von orangegelber Färbung ist sehr reich an Vitaminen u. kann z. B. bis zu 10^6 (I.E.) von Vitamin A u. $7 \cdot 10^5$ von Vitamin D_3 pro g enthalten. Sämtliche Operationen werden in einer besonderen App. ausgeführt, die gestattet, diese unter Ausschluß von Luft u. in einer inerten Atmosphäre (N_2 oder CO_2) vorzunehmen. — Zeichnung. (**F. P. 972 744** vom 8/4. 1941, ausg. 2/2. 1951.) HEYNE. 4809

Ohio State University Research Foundation, übert. von: **Melvin S. Newman,** Columbus, O., V. St. A., *Zwischenprodukte für die Vitamin-A-Synthese* sind die Alkoxymethylhexindiole der allg. Formel $Y—CH_2—C≡C—C(CH_3)(OH)—CH_2—CH_2OR$, wobei R = niedrigmol. Alkylgruppen u. Y = OH oder eine Estergruppe; man erhält sie aus Propargylalkohol (I) durch Rk. mit einem GRIGNARD-Reagens zu der Propargylmetallverb.; diese Verb. mit einer Alkoxybutanonverb. behandelt, ergibt eine Metallkomplexverb., die bei der Hydrolyse Alkoxymethylhexindiol liefert. Mit organ. Säuren, Säurehalogeniden oder Säureanhydriden erhält man die entsprechenden Säureverbindungen. Die Hydrolyse wird vorteilhaft mit W., dem geringe Mengen einer Säure (HCl, Essigsäure) oder anorgan. Salze, bes. NH_4-Salze, zugesetzt sind, ausgeführt. — I wird in Ae. gelöst, mit Butylmagnesiumchlorid, in Ae. gelöst, u. nach einiger Zeit bei n. Temp. innerhalb 2 Std. mit ca. 2,2 Mol. 4-Methoxybutanon-(2) versetzt u. nach Stehen über Nacht mittels gesätt. NH_4Cl-Lsg. die entstandene Verbb. hydrolysiert. Man erhält *6-Methoxy-4-methylhexin-2-diol-(1.4)*, gelbliches Öl, Kp.$_{1-2}$ 122—125°, n_D^{20} 1,4744. Mit Essigsäureanhydrid erhält man daraus *1-Acetoxy-6-methoxy-4-methylhexin-2-ol-(4)*, Kp.$_1$ 110—112°, n_D^{20} 1,4590. (**A. P. 2 555 601** vom 10/5. 1947, ausg. 5/6. 1951.) G. KÖNIG. 4809

Ohio State University Research Foundation, übert. von: **Melvin S. Newman,** Columbus, O., V. St. A., *Zwischenprodukte für die Synthese von Äthern des Vitamin A und von ähnlichen Verbindungen.* Zunächst wird Propargylalkohol mit Butyl-MgCl zur Rk. gebracht, die GRIGNARD-Verb. mit 4-Methoxybutanon-2 umgesetzt, das Prod. zu 6-Methoxy-4-methylhexin-2-diol-1.4 (II) hydrolysiert u. in Pyridin mit Essigsäureanhydrid in 1-Acetoxy-4-oxy-6-methoxy-4-methylhexin-2 (I) übergeführt. Aus I u. $KHSO_4$ durch Dest. bei red. Druck u. Fraktionieren: *1-Acetoxy-6-methoxy-4-methylhexen-4-in-2*, $C_{10}H_{14}O_3$, Kp.$_4$ 100—106°, n_D^{20} 1,4773; aus diesem durch 2std. Rückflußdest. mit methylalkol. CH_3ONa: *1-Oxy-6-methoxy-4-methylhexen-4-in-2* (II), $C_8H_{12}O_2$, gelbliches Öl, Kp.$_{0,3-1}$ 76—78°, n_D^{26} 1,4903; hieraus durch Lösen in trockenem Pyridin u. Zusatz von $SOCl_2$ in der Kälte: *1-Chlor-6-methoxy-4-methylhexen-4-in-2*, $C_8H_{11}OCl$, farbloses Öl, Kp.$_{0,5}$ 51°, n_D^{26} 1,4952; durch Behandeln mit NaJ in Aceton, zuletzt unter Rückfluß, die entsprechende *1-Jod*-Verb., $C_8H_{11}OJ$, orangefarbiges Öl, Kp.$_2$ 85—87°, n_D^{20} 1,5647; auf analoge Weise mit NaBr in CH_3OH die *1-Brom*-Verb., $C_8H_{11}OBr$, orangefarbiges Öl, Kp.$_{0,5}$ 58,5—61°, n_D^{20} 1,5088. — 3. Patentschrift: Durch Red. von II in Ggw. von Pd auf Holzkohle in A. absol. unter geringem H_2-Druck: 6-Methoxy-4-methylhexen-2-diol-1.4; daraus mit Essigsäureanhydrid u. Dest.: 1-Acetoxy-4-oxy-6-methoxy-4-methylhexen-2; mit $KHSO_4$ nach Vakuumdest. in inerter Atmosphäre u. Fraktionieren: *1-Acetoxy-6-methoxy-4-methylhexadien-2.4*, $C_{10}H_{16}O_3$, viscoses gelbes Öl,

Kp.$_{1,0}$ 77,8—81°, n_D^{20} 1,4711; durch Behandeln mit CH_3ONa in absol. CH_3OH die entsprechende *1-Oxy*-Verb. (III), $C_8H_{14}O_2$, Kp.$_{1,0}$ 72—76°, n_D^{20} 1,4942; sie bildet mit p-Nitrophenylurethan im Verhältnis 1 : 1 Mol ein festes *Deriv.* $C_{15}H_{18}O_5N_2$ vom F. 116 bis 118°; in der Kälte mit $SOCl_2$ in trockenem Pyridin: *1-Chlor-6-methoxy-4-methylhexadien-2.4*, $C_8H_{13}OCl$, nach Fraktionieren Kp.$_{1,5}$ 61,5—66°, n_D^{20} 1,4980; mit PBr_3 in Pyridin in der Kälte die entsprechende *1-Brom*-Verb., Kp. 80—90°. Zu III gelangt man auch durch Red. von IV mit Pd auf Holzkohle in absol. A. unter geringem H_2-Druck (**A. PP. 2 581 282, 2 581 283** u. **2 581 284** vom 10/5. 1947, ausg. 1/1. 1952.) GANZLIN. 4809

United States of America, übert. von: **Thomas G. Pridham,** Peoria, Ill., V. St. A., *Riboflavinherstellung auf gärtechnischem Wege* durch Züchtung von *Ashbya gossypii* in einer Nährlsg., die 0,5—10 (%) vergärbaren Zucker, z. B. Glucose, 0,25—5 teilweise abgebautes Eiweiß u. Nährsalze enthält. Das Anfangs-p_H von 4,5 steigt auf 7,5—8. Während des Intervalles von 5,3—6,4 werden nochmals 0,45—5% Zucker zugesetzt. Ausbeute ca. 1000 μg je cm^3 Nährlösung. (**A. P. 2 578 738** vom 4/11. 1949, ausg. 18/12. 1951.) SCHINDLER. 4809

Vico Products Co., übert. von: **Ben L. Maizel** und **Irving Gerson,** Chicago, Ill., V. St. A., *Wasserlösliche Riboflavinderivate* erhält man durch Kondensation von Riboflavin (I) mit Milchsäure, die in mehrfacher Gewichtsmenge des I angewandt wird, bei 140—190° u. Abwesenheit von Wasser. (**A. P. 2 578 710** vom 22/7. 1947, ausg. 18/12. 1951.) BRÖSAMLE. 4809

American Cyanamid Co., New York, N. Y., V. St. A., *Folsäure* erhält man durch Rk. von 2-Amino-6-oxy-8-methylolpteridin mit p-Aminobenzoylglutaminsäure bei >100°, bes. 150—190°, vorteilhaft in Äthylenglykol. — *Therapeut. Verwendung.* (**E. P. 656 403** vom 24/11. 1947, ausg. 22/8. 1951. A. Prior. 10/12. 1946.) BRÖSAMLE. 4809

Paul Lappe, Chemisch-Pharmazeutische Fabrik, Bensberg bei Köln, *Herstellung von Folsäure,* dad. gek., daß man ein symm. Pyrimidin, z. B. ein 5.5-Dihalogenbarbitursäureimid-2 oder das 2-Imino-4.5.6-trioxohexahydropyrimidin, mit einem Diaminopropan geeigneter Konst., z. B. p-($\beta.\gamma$-Diaminopropyl)-aminobenzoylglutaminsäure, in W. oder mit W. mischbaren Lösungsmitteln in Ggw. schwacher Basen zur Dihydrofolsäure umsetzt u. diese in Folsäure (I) überführt. Die Lsg. von I besitzt eine starke Aktivität gegen Streptococcus faecalis R. (**Oe. P. 171 733** vom 24/11. 1950, ausg. 25/6. 1952.) M. F. MÜLLER. 4809

Hoffmann-La Roche, Inc., Nutley, N. J., V. St. A., übert. von: **Aaron Cohen,** Welwyn Garden City, England, *Vitamin B_6* (I) erhält man durch Red. von 2-Methyl-3-oxy-4.5-dicarbäthoxypyridin in äther. Lsg. mit $LiAlH_4$, F. 207° (Zers.). Analog läßt sich 2-Methyl-3-benzyloxy-4.5-dicarbäthoxypyridin zu *2-Methyl-3-benzyloxy-4.5-bis-(oxymethyl)-pyridin,* F. 118—120°, reduzieren, das bei der Behandlung mit H_2 in I übergeht, ebenso wie *2-Methyl-3-methoxy-4.5-bis-(oxymethyl)-pyridin,* F. 102°, das durch Red. von 2-Methyl-3-methoxy-4,5-dicarbäthoxypyridin erhalten wird. (**A. P. 2 590 841** vom 1/10. 1948, ausg. 1/4. 1952. E. Prior. 9/10. 1947.) BRÖSAMLE. 4809

United States of America, übert. von: **John A. Garibaldi,** San Francisco, **Kosuke Ijicht,** Berkeley, und **James C. Lewis,** Oakland, Calif., und **James McGinnis,** Pullman, Wash., V. St. A., *Gärtechnische Gewinnung von Vitamin B_{12}.* Durch Züchtung von *Bacillus megatherium* in zucker-, nährsalz- u. diammoniumphosphathaltiger Nährlsg. bei p_H 5,5—7,5, submers u. belüftet, bei 25—40°. — Kulturbeispiele. (**A. P. 2 576 932** vom 1/2. 1950, ausg. 4/12. 1951.) SCHINDLER. 4809

United States of America, übert. von: **Gordon Alderton,** Albany, und **Harry L. Fevold,** Berkeley, Calif., V. St. A., *Gewinnung von kristallisiertem Lysozym aus Eiklar.* Es wird NaCl in Eiklar bis zu einer Konz. von ca. 5% gelöst, das p_H durch Zusatz einer Base auf ca. 9—11 gebracht, die Lsg. unterhalb Zimmertemp. (ca. 0—5°) stehen gelassen u. das auskrist. Lysozym (I) abfiltriert. I (ein im Gewebe von verschied. Tierarten vorkommendes Enzym) wird als *Therapeuticum* verwendet. (**A. P. 2 579 455** vom 9/5. 1947, ausg. 25/12. 1951.) KETTNER. 4809

G. Analyse. Laboratorium.

M. P. Malkow und **A. B. Fradkow,** *Wasserstoffverflüssigungsanlage für wissenschaftliche Forschungsinstitute.* In T–S-Diagrammen u. techn. Skizzen wird eine neugebaute H_2-Verflüssigungsanlage beschrieben. Der H_2 wird auf 150 at komprimiert, in einem N_2-Gegenstromkühler, einem N_2-Verdampfer u. einem H_2-Gegenstromkühler vorgekühlt u. durch THOMPSON-JOULE-Effekt verflüssigt. Die Anlage dient zur Belieferung von Laboratorien. (Журнал Технической Физики [J. techn. Physik] **22.** 436—45. März 1952. Wawilow-Inst. für physikal. Probleme der Akad. der Wiss. der UdSSR.) ADOLPHI. 5006

Patrick P. Coppola und **Ray C. Hughes,** *Polyäthylen-Destillierapparat zur Herstellung von reiner Fluorwasserstoffsäure.* Reinste HF wird hergestellt, indem 48%ig. HF p. A. in einen Behälter aus Polyäthylen (I) gebracht wird, dessen unterer Teil sich in einem Thermostaten bei 70—85° befindet. Die bei dieser Temp. langsam verdampfende HF kondensiert sich an der Decke des Behälters u. wird in einen tieferstehenden I-Behälter geleitet. Aus einem 500 ml-Behälter werden so in 1 Std. 10 ml überdestilliert. Die Spektren von HF p. A. u. der so dest. Säure werden verglichen. (Analytic. Chem. **24.** 768. April 1952. Irvington on Hudson, N. Y., Philips Labor. Inc.) Moslé. 5010

Hiroo Kumagai, Hideo Sibata und **Yutaka Tuzi,** *Über Geschwindigkeitsmessungen bei rotierenden Vakuumpumpen.* Vff. diskutieren die Pumpgeschwindigkeit von rotierenden Pumpen in Abhängigkeit von dem Volumenverhältnis zwischen Rezipient u. Pumpe. (Rev. sci. Instruments **23.** 56—57. Jan. 1952. Tokyo, Japan, Univ.) Pistor. 5026

Arthur Rose, *Destillation.* (Vgl. C. **1951.** II. 2359.) Literaturübersicht bes. aus dem Jahre 1951 über die analyt. Anwendung von Destillationsverfahren. Apparatives, Testmischungen u. spezielle Anwendungen, bes. auf den Gebieten der Kjeldahl-Analyse, der A.-Best. u. der Brennstoffindustrie. — 151 Zitate. (Analytic. Chem. **24.** 60—64. Jan. 1952. State College, Pa.) Gerhard Günther. 5038

E. D. Lacy, *Ein abgeänderter thermostatischer Regler.* Die Schwankungen der durch Thermoelement, Kontaktgalvanometer u. Relais regulierten Temp. (780°) in einem elektr. Ofen wurden durch einen veränderten Rhythmus der Kontaktgebung (Niederdrücken des Galvanometerzeigers) auf unter 2° verringert. (J. sci. Instruments **29.** 96. März 1952. Birmingham, Univ., Dep. of Geol.) Blumrich. 5046

Samuel E. Q. Ashley, *Elektroanalyse.* Literaturübersicht 1949—1951. Theorien, App., Verff. u. Bestimmungen einzelner Metalle. Neben den Verff. der elektrolyt. Bldg. von Metall-Ndd. haben auch Verff. zur Metallanalyse durch elektrolyt. Auflösung einer einzelnen Komponente Bedeutung erlangt. — 162 Zitate. (Analytic. Chem. **24.** 91—95. Jan. 1952. Pittsfield, Mass., General Electric Co.) Gerhard Günther. 5054

J. Worst, *Mikroelektrode für elektrophysiologisches Arbeiten.* Beschreibung der neu konstruierten Mikroelektrode. (Nature [London] **168.** 749. 27/10. 1951. Arnhem.) Gottfried. 5054

M. G. Mellon, *Absorptionsspektrometrie im Gebiet des sichtbaren Lichtes.* Literaturübersicht 1950—1951. Chemie, Methodik, Physik, Instrumentation u. Anwendung. — 291 Zitate. (Analytic. Chem. **24.** 2—8. Jan. 1952. Lafayette, Ind., Purdue Univ.) Gerhard Günther. 5063

William F. Meggers, *Emissionsspektroskopie.* (Vgl. C. **1951.** II. 1028.) Literaturübersicht 1950—1951. Theorie, Analysentechnik u. Anwendungsgebiete. — 139 Zitate. (Analytic. Chem. **24.** 23—27. Jan. 1952. Washington, D. C., Nat. Bur. of Standards.) Gerhard Günther. 5063

E. J. Rosenbaum, *Ultraviolettabsorptionsspektroskopie.* (Vgl. C. **1951.** II. 2225.) Literaturübersicht 1950—1951. Apparatives, biol. u. pharmazeut. Anwendungen, anorgan. u. organ. Analyse. — 61 Zitate. (Analytic. Chem. **24.** 14—16. Jan. 1952. Norwood, Pa., Sun Oil Co.) Gerhard Günther. 5063

T. King McCubbin jr. und **William M. Sinton,** *Ein Zwölf Inch-Gitterspektrometer für langwelliges Infrarot.* Beschreibung eines Gitterspektrometers, das im Gebiet von 100—700 μ noch 1—2 Wellenzahlen auflöst. Für 100—300 μ wurde ein 12 inch-Gitter mit $66^2/_3$ Strichen, für 300—700 μ eines mit 25 Strichen pro inch benutzt. Zur Ausschaltung überlappender Ordnungen kurzer Wellenlängen dienten Quarzkristallfilter, die Quarzkristallsammellinse u. Rußüberzüge auf Linse, Gitter u. der als Infrarotempfänger benutzten Golay-Zelle. Quarz-Hg-Bögen erwiesen sich als die besten Lichtquellen für langwelliges Infrarot. (J. opt. Soc. America **42.** 113—15. Febr. 1952. Baltimore, Md., Univ., Dep. of Phys.) Lindberg. 5063

Willard L. Derksen und **Thomas I. Monahan,** *Ein Reflektometer zur Messung der diffusen Reflexion im sichtbaren und infraroten Gebiet.* (Vgl. C. **1952.** 3056.) Das beschriebene Gerät wird in Verbindung mit dem Monochromator eines Perkin Elmer Mod. 12 B-Spektrometers benutzt u. besteht aus einer verspiegelten Hohlkugel von 14,5 cm Durchmesser, in welcher auf konjugierten Punkten nahe dem Krümmungsmittelpunkt die Probe u. eine PbS-Zelle als Empfänger angeordnet sind. Mit einer Niedervoltlampe als Lichtquelle ist der nutzbare Bereich 0,4—2,8 μ. Wiedergabe des spektralen Reflexionsvermögens von Pb-Folie, Holz, Textilien u. menschlicher Haut. (J. opt. Soc. America **42.** 263—65. April 1952. Brooklyn, N. Y., Naval Material Labor., New York, Naval Shipyard.) Eichhoff. 5063

H. J. V. Tyrrell und **G. K. T. Conn,** *Die optischen Eigenschaften eines zusammengesetzten Flüssigkeitsprismas, das zur Untersuchung des Raman-Effektes geeignet ist.* Die

Gleichungen für Dispersion, Auflösungsvermögen u. Krümmung des Spaltbildes für aus Glas u. Fll. kombinierte Prismensysteme (ZENGER- u. WERNICKE-Prismen, bestehend aus Fl. u. Glas bzw. aus Glas–Fl.–Glas) werden abgeleitet. Verschied. Fll. werden auf Brechungsindex, Dispersion u. Temperaturkoeff. des Brechungsindex untersucht. Der Bau eines ZENGER-Prismas in LITTROW-Montierung wird beschrieben, bei dem eine Lsg. von $HgBr_2$ in wss. $BaBr_2$-Lsg. als Fl. gewählt wurde. Ohne besondere thermostat. Regelung wurden befriedigende Fe-Spektren erzielt. Bei der benutzten Spaltbreite von 0,125 mm betrug das Auflösungsvermögen im Wellenlängenbereich von 4200—5000 Å 1500, die Dispersion bei 4400 Å $4 \cdot 10^5$. Bei einer Spalthöhe von 2,5 cm trat keine wesentliche Krümmung des Spaltbildes auf. Absorption u. Reflexionsverluste sind niedriger als bei den üblichen Prismen. Besondere Eignung zur Unters. von RAMAN-Spektren. (J. opt. Soc. America **42.** 106—13. Febr. 1952. Sheffield, Univ., Dep. of Chem. and Phys.) LINDBERG. 5063

A. H. Jarrett, *Erzielung eines hohen Auflösungsvermögens durch Vielschichten-Filme.* Durch abwechselnde $\lambda/4$-Schichten von *Kryolith* u. *ZnS*, die unter Kontrolle mit einer Genauigkeit von $\pm 4\%$ im Vakuum aufgedampft wurden, ließen sich Platten für ein FABRY-PEROT-Etalon herstellen, welche bei der Unters. der Hg-Linie 5461 Å mit 0,75 cm Etalondicke ein Auflösungsvermögen von $1 \cdot 10^6$ ergaben. Für einen Film aus 4 $\lambda/4$-Schichten von ZnS u. 3 $\lambda/4$-Schichten von Kryolith betrug die Reflexion 94%, die Absorption 1% u. die Durchlässigkeit 5% bei Messung mit λ 5461 Å. (Nature [London] **169.** 790. 10/5. 1952. St. Andrews Univ., Observ.) EICHHOFF. 5063

H. von Klüber, *Erzielung eines hohen Auflösungsvermögens durch Vielschichten-Filme.* Unterss. mit den JARRETTschen Interferometerplatten (vgl. vorst. Ref.) u. Wiedergabe von damit hergestellten Feinstrukturaufnahmen von Emissions- u. Absorptionslinien. (Nature [London] **169.** 790—91. 10/5. 1952. Cambridge, Univ., Observ.) EICHHOFF. 5063

Hermann Janeschitz-Kriegl, *Apparat zur raschen Umzeichnung von Photometerkurven in Schwärzungskurven.* Beschreibung einer mit einfachen Mitteln herstellbaren Konstruktion u. Wirkungsweise der mechan. Apparatur. (Chemie-Ing.-Techn. **24.** 158—59. März 1952. Graz, Univ., Inst. für theoret. u. physikal. Chemie.) EICHHOFF. 5064

C. O. Willits, *Methoden zur Bestimmung von Feuchtigkeit. Ofentrocknung.* Vf. diskutiert die Best. des Feuchtigkeitsgeh. (bes. von organ. Substanzen) mittels Ofentrocknung u. die dabei möglichen Fehlerquellen. Als Idealbedingungen für diese therm. Trocknung werden angegeben: die Anwendung von Unterdruck, um die Diffusionszeit des in Zellen, Vakuolen oder Capillaren befindlichen W. möglichst herabzusetzen; die Verwendung von sorgfältig getrockneter Luft zum Ausspülen des H_2O-Dampfes aus dem Trockenraum; die Erhitzung der Substanz auf eine Temp., die möglichst dicht an derjenigen liegt, bei welcher die therm. Zers. merkbar wird. Diese Bedingungen stellen eine Maximaldifferenz zwischen dem Dampfdruck des W. in oder auf der zu trocknenden Substanz u. dem des W. in der Luft des Trockenraumes sicher. Die Größe dieser Differenz bestimmt im wesentlichen die mit therm. Methoden erzielbare Trocknungsgeschwindigkeit sowie den damit erreichbaren Trocknungsgrad. (Analytic. Chem. **23.** 1058—62. Aug. 1951. Philadelphia, Pa., Eastern Regional Res. Labor.) GEDSCHOLD. 5074

Al Steyermark, Michael J. McNally, William A. Wiseman, Richard Nivens und **Frank P. Biava,** *Ofen zur Mikrobestimmung von Sauerstoff in organischen Verbindungen.* Vff. entwickeln eine vollautomat. Heizvorr. zur Erreichung einer konstanten Temp. von ca. 1120° für die O_2-Mikrobest. nach der UNTERZAUCHER-Methode. Als Heizung dienen $^3/_8$ in. Rohre aus *Inconel,* die mit 1—2 V u. 500—600 A betrieben werden. Ausführliche Einzelheiten mit Maßzeichnungen. (Analytic. Chem. **24.** 589—90. März 1952. Nutley, N. J., Hoffmann-La Roche, Inc.) WEITBRECHT. 5080

a) Elemente und anorganische Verbindungen.

Z. Szabó, *Permanganatometrische Ausführung der Winklerschen Sauerstoffbestimmung.* Anstatt das vom (im W. gelösten) O_2 gebildete $Mn(OH)_3$ jodometr. zu bestimmen, löst Vf. den Nd. in H_2SO_4, spült die Lsg. zu einer Oxalsäurelsg. u. mißt deren Überschuß mit $KMnO_4$. (Magyar Kémiai Folyóirat [Ung. Z. Chem.] **57.** 148—50. 1951. Szeged, Ungarn, Univ., Inst. für anorgan. u. analyt. Chemie.) PLANK. G 239

I. M. Korenman und **F. R. Schejanowa,** *Neue Gruppe von Reagentien auf Borsäure.* Als Reagentien auf H_3BO_3 kommen solche organ. Verbb. in Frage, die mit B 5gliedrige innerkomplexe Ringe geben. Somit ist von den Vff. zum erstenmal bewiesen, daß die Eliminierung eines C-Atoms aus dem 6gliedrigen Ring die analyt. Eigg. der Verbb.

nicht wesentlich verändert. Es wurde festgestellt, daß einige Azofarbstoffe, Derivv. des Brenzcatechins u. ebenso Hämatoxylin empfindliche Farb-Rkk. auf H_3BO_3 geben. Nach einer Reihe von Verss. wenden Vff. folgende Meth. an: 1—2 Tropfen einer H_3BO_3-Lsg. werden in einen kleinen Tiegel gebracht. Man gibt 2 Tropfen konz. NH_4OH zur Neutralisation etwa anwesender starker Mineralsäuren hinzu, säuert mit 1—2 Tropfen HCl (1:1) an u. dampft auf dem Sandbade bis zur Trockne ein. Zum trocknen heißen Rückstand fügt man 1 Tropfen einer gesätt. alkoh. Lsg. des Reagenses hinzu u. dampft bis zur Trockne ein. Die Ggw. der H_3BO_3 wird durch eine charakterist. Färbung des Rückstandes angezeigt, die sich von der Kontrollprobe ohne H_3BO_3 deutlich unterscheidet. (Журнал Аналитической Химии [J. analyt. Chem.] 7. 128—30. März/April 1952. Gorki, Univ.) Steinberg. G 258

J. Robert Martin und **John R. Hayes**, *Die Anwendung von Ionenaustausch zur Bestimmung von Bor.* Borsäure kann von den die B-Best. störenden Kationen statt durch Dest. auch durch ein Ionenaustauschverf. abgetrennt werden. Bei der vorgeschlagenen Meth. wird die neutrale oder schwach saure Lsg. nach Durchfluß durch die mit Dowex 50 oder Amberlite IR-100 gefüllte Austauschsäule CO_2-frei gekocht, ihr p_H mittels 0,2nNaOH-Lsg. genau auf 6,90 eingestellt, Invertzucker zugegeben u. die B-haltige komplexe Säure danach mit Standard-NaOH-Lsg. auf p_H 6,90 zurücktitriert. Die B-Best. kann danach titrimetr. oder, wenn nur äußerst geringe Mengen B vorliegen, colorimetr. erfolgen. Die etwas abgeänderte titrimetr. Meth. erlaubt die Best. in Ggw. mäßiger Mengen Silicat-, Arsenat-, Molybdat- u. Phosphatanionen. Die mit dieser Meth. an Proben mit B-Gehh. von 0,03—20% (es werden synthet. Proben verwendet, die in ihrer Zus. verschied. Stählen, Gußlegierungen oder Nickelplattierungsbädern entsprechen) erzielte Genauigkeit ist gleich oder besser als die bei den üblichen B-Bestimmungsmethoden erhaltene. (Analytic. Chem. **24**. 182—85. Jan. 1952. State College, Pa., Pennsylvania State Coll.) Gedschold. G 258

J. Fischer und **G. Kraft**, *Studien zur analytischen Chemie der Säuren des fünfwertigen Phosphors.* 1. Mitt. *Die alkalimetrische Bestimmung der Orthophosphorsäure.* Vff. berichten über ihre Erfahrungen bei der potentiometr. Titration der H_3PO_4 mit NaOH. Der Einfl. des CO_3^{2-}-Geh. der NaOH auf die Genauigkeit der Titration der 1. u. 2. Stufe wurde untersucht u. diskutiert. Durch langsames Titrieren u. kleine Titrationsvoll. kann der CO_3^{2-}-Fehler auf 0,5 Val% herabgedrückt werden. Der Einfl. des Luft-CO_2 kann durch Überschichten der Lsg. mit PAe. ausgeschaltet werden. Die optimale Konz. der H_3PO_4 wird diskutiert, u. aus Verss. geht hervor, daß die Endpunktserkennung am deutlichsten ist, wenn der H_3PO_4-Geh. in ca. 60 cm³ einem Verbrauch von 5—10 ml NaOH entspricht, gleichgültig, ob 0,5 oder 0,1n-Lauge verwendet wird. Die nach Hahn berechnete Zunahme des p_H bei extremer Verdünnung ergab gute Übereinstimmung mit den experimentellen Werten. Der Fehler dieser Best. beträgt unter genauer Berücksichtigung der gegebenen Vorschriften ca. ± 0,5%. (Z. analyt. Chem. **135**. 321—32. 1952. Frankfurt/M., Univ., Anorgan.-chem. Inst., u. Metallges. AG., Analyt. Labor.) Moslé. G 264

F. Huditz und **H. Flaschka** (unter Mitarbeit von **Ingrid Petzold**), *Die Fällung des Phosphat-Ions mit Magnesium neben Calcium- und anderen Metall-Ionen sowie seine maßanalytische Bestimmung mit Äthylendiamintetraessigsäure.* Zur maßanalyt. Best. des PO_4^{3-} (I) mit *Äthylendiamintetraessigsäure* (*Komplexon II*) (**II**) wird eine schwachsaure I-Lsg. mit Magnesiamixtur gefällt. Der Nd. wird in 5 ml 1nHCl gelöst, die Lsg. verd., mit 10 ml 3nNH_4OH u. einer Maßlsg. von II im Überschuß versetzt. Der II-Überschuß wird mit einer eingestellten Mg^{2+}-Lsg. gegen *Eriochromschwarz T* als Indicator bis zum Umschlag von Blau nach Weinrot zurücktitriert. Bei sehr geringer I-Konz. kann nach starkem Verdünnen direkt mit II titriert werden. Bei größerem I-Geh. empfiehlt es sich, II zu der sauren Auflösung hinzuzugeben u. dann erst gegen Methylrot unter Zusatz von NH_4Cl mit NH_4OH zu neutralisieren. Diese Best. kann auch in Ggw. von sonst störenden Kationen durchgeführt werden, wenn diese durch Überführung in einen II-Komplex gegen I maskiert werden. Die saure, I u. verschied. Kationen enthaltende Lsg. wird mit einer 1—2 mol. II-Lsg. versetzt, um die Kationen komplex zu binden; die Fällung mit Magnesiamixtur wird unter Na-Acetatzusatz u. der weitere Analysengang wie oben durchgeführt. Die Kombination von II mit anderen Maskierungsmitteln, wie Citronensäure, ist möglich. Die I-Best. wurde neben Ca, Mg, Ba, Sr, Fe, Al, Cr, Ti, Mn, Be, Co, Ni, Cu, Zn, Cd u. Pb einzeln u. kombiniert ausgeführt. (Z. analyt. Chem. **135**. 333—40. 1952. Graz, Univ., Inst. für anorgan. u. analyt. Chemie.) Moslé. G 264

T. Török, *Spektralanalytische Bestimmung von Zinkspuren in Aluminium.* Die spektralanalyt. Best. von geringen Zn-Mengen wird allg. mit Hilfe der Zn-Linie 3345,0/6 durchgeführt, obwohl die empfindlichste Linie 2138,56 ist. Diese Linie stören

NO-Banden u. die Cu-Linie 2138,51. Die Störung seitens der NO-Bande kann man durch Anregung in reiner N_2-Atmosphäre ausschließen, die Störung seitens der Cu-Linie ist durch die Intensitätsmessung der Cu-Linie 2134,36, deren Intensität zweieinhalbmal stärker ist, eliminierbar. Vf. beobachtete, daß mit einem 20 kV-FEUSSNERschen Anreger (450 pF Kapazität, 20 mHz Selbstinduktion) der Nachw. mit der Zn-Linie 2138,56 sehr empfindlich wird. Als entsprechendes Linienpaar wurden die Al-Linien 2174,0 bzw. 2258,0 gewählt. Bei der Anregung in der Luft ist die Intensität der Zn-Linie 2138,56 bei 0,00054% Zn mit der der NO-Banden gleich. In diesem Bereich beträgt die Genauigkeit $\pm 10\%$. Bei Anregung in einer N_2-Atmosphäre beträgt die erreichbare Meßgrenze 0,0002% u. die Nachweisgrenze 0,00007%. Vf. schätzt die strahlende Zn-Dampfmenge, welche auf der photograph. Platte eine noch gut meßbare Schwärzung der Zn-Linie 2138,56 hervorruft, zu $10^{-4}\,\gamma$. Es wurden mit derselben Anordnung auch Verss. mit Lsgg. durchgeführt, die Ergebnisse sind aber um eine Größenordnung kleiner. Bei der Verwendung fester Elektroden wurden die Diffusion des Zn in das Innere der Elektrode u. das Ausbrennen beobachtet u. untersucht. (Magyar Kémiai Folyóirat [Ung. Z. Chem.] **58.** 33—43. Febr. 1952. Budapest, Rákosi Mátyás Vas- és Fémmüvek.) PLANK. G 288

T. Török, *Quantitative spektralanalytische Bestimmung der Spurenelemente im Aluminium und dessen Legierungen.* Um die Menge der Spurenelemente bestimmen zu können, sind sämtliche Faktoren, die bei der Spektralanalyse in Betracht kommen können, genau zu prüfen. Demzufolge wurde auf Grund sehr ausgedehnter Verss. die beste Anregungsart, der geeignetste Spektrographentyp, das geeignetste Negativmaterial, die Auswahl der geeigneten Linienpaare, das Auswertungsverf. sowie die erreichbare Genauigkeit u. Nachweisbarkeit ausführlich beschrieben u. erläutert. Es wurde festgestellt, daß Spurenelemente nur in rasch gekühlten Proben bestimmt werden können, da nur diese homogen sind. In der Folge wird zur Best. von Cu, Zn, Ti, V, Cr, Mn, Ni u. Mg eine genaue Arbeitsvorschrift mit Hinweis auf die Störungslinien gegeben. (Magyar Kémiai Folyóirat [Ung. Z. Chem.] **57.** 196—212. 1951. Budapest, Rákosi Mátyás Eisen- u. Metallwerke.) PLANK. G 294

Gy. Géczy, *Eine neue Methode zur colorimetrischen Bestimmung des Eisens.* Salicoylsalicylsäurederivv. geben mit Eisen(III)-Ionen rot, bordeaux bzw. violett gefärbte Lösungen. Am lebhaftesten rot gefärbt wird die saure Lsg. von der alkoh. Lsg. der 5'-Nitro-2'-oxybenzoyl-3.5-dinitro-2-oxybenzoesäure. Ist $p_H < 5{,}8$, so ist die Farbe beständig, die Intensität von der Konz. der $Fe^{\cdot\cdot\cdot}$-Ionen abhängig u. die colorimetr. Best. von 0,05—5 mg/100 ml genau durchführbar. Das Reagens wird in 1—2%ig. alkoh. Lsg. angewandt. Cu-Ionen stören, können aber durch KCN maskiert werden. (Magyar Kémiai Folyóirat [Ung. Z. Chem.] **56.** 434—35. 1950. Budapest, Tudor Akkumulator- u. Trockenelementenfabrik.) PLANK. G 354

Gy. Géczy, *Eine neue Methode zur colorimetrischen Bestimmung des Nickels.* Zur colorimetr. Best. des Ni in Lsgg. bis 0,5 g Ni/100 ml verwendet Vf. die auf Zusatz von konz. NH_4OH gebildete blaue Farbe des $[Ni(NH_3)_6]^{\cdot\cdot}$-Komplexes. Cu u. Co stören, können aber vorher entfernt werden. (Magyar Kémiai Folyóirat [Ung. Z. Chem.] **56.** 361—62. 1950. Budapest, Tudor Akku- u. Trockenelementenfabrik.) PLANK. G 356

Gy. Kedvessy, *Eine neue mikroanalytische Fluorescenzreaktion des Kupfers.* Wird ein Tropfen Cu-Lsg. auf einer Glasplatte mit einer mit HCl oder Essigsäure angesäuerten 1%ig. Lsg. von Propylthiouracil eingetrocknet, so zeigt der Rückstand im ultravioletten Licht glutrote Fluorescenz mit gelblichem Stich. Erfassungsgrenze 0,1 γ/0,1 ml. (Magyar Kémiai Folyóirat [Ung. Z. Chem.] **56.** 447—48. 1950. Budapest, Univ., Pharmaz. Inst.) PLANK. G 358

Gilbert H. Ayres und **Frederick Young,** *Spektrophotometrische Bestimmung von Rhodium mit Hypochlorit.* Mit NaOCl bildet Rh(III) eine blaue Verb., die sich zu seiner spektrophotometr. Best. eignet. Die Messungen wurden mit einem BECKMAN-Spektralphotometer, Modell DU, von hoher Empfindlichkeit durchgeführt. Rh-Metallpulver wurde mit feinkrist. geglühtem NaCl im Verhältnis 1:10 gemischt, bei 750° im Cl_2-Strom erhitzt u. die Schmelze in 250 ml W. gelöst, das 5 ml HCl enthielt. — 10 ml einer Acetatpufferlsg. (50 ml Eisessig u. 200 g Na-Acetat/Liter) mischt man mit 50 ml 5%ig. NaOCl-Lsg., fügt eine der gewünschten $RhCl_3$-Konz. entsprechende Menge der Eichlsg. hinzu u. füllt auf 100 ml auf. Man läßt eine Std. bei Zimmertemp. stehen u. photometriert. Der Farbton erreicht sein Maximum nach 50 Min. u. bleibt für 1 Std. konstant. Wichtig ist, daß die einzelnen Komponenten in der angegebenen Reihenfolge u. unmittelbar hintereinander zugesetzt werden, um gute Reproduzierbarkeit zu erzielen. — Der p_H-Wert der zu bestimmenden Lsg. muß zwischen 4,7 u. 7,2, geeigneterweise bei 6,2, liegen. Pd-, Pt-, Au-, Fe-, Cr- u. Ni-Ionen können in relativ großen Mengen, Ru-, Os-, Ir-, Co-, Mn- u. Cu-Ionen in mäßigen Konzz. im Vgl. zu Rh zugegen sein. Die größte

Genauigkeit mit ca. 0,6% relativem Fehle r wird unter den angegebenen Bedingungen bei einer Rh-Konz. von $5 \cdot 10^{-4}$—$2 \cdot 10^{-3}$% (5—20 p.p.m.) erhalten. (Analytic. Chem. **24**. 165—68. Jan. 1952. Austin, Tex., Univ) Schlegel. G 364

b) Organische Verbindungen.

Ö. Szép und **É. Grusz**, *Über die Zerstörung organischer Stoffe mit Schwefelsäure und Salpetersäure für mikroanalytische Zwecke.* Um die störenden metall. Verunreinigungen der benötigten Säuren möglichst vollständig auszuschließen, bestimmten Vff. die kleinste Menge H_2SO_4, welche bei der Zerstörung unumgänglich nötig ist. Es ergab sich, daß zu 10 g mittelmäßig fettreicher, frischer Substanz 1 ml konz. H_2SO_4 u. 10 ml konz. HNO_3 notwendig sind. Die Menge der HNO_3 ist vom Fett- u. Mineralstoffgeh. der zu zerstörenden Substanz abhängig. Es wird auch die einfache Durchführung beschrieben u. die zur Zerstörung verschied. Organe u. Lebensmittel benötigte Zeit angegeben. Durch Anwendung geringer H_2SO_4-Mengen werden der Nachw. u. die Best. der Metalle erleichtert. (Magyar Kémiai Folyóirat [Ung. Z. Chem.] **56**. 318—23. 1950. Debrecen, Univ., Med.-Chem. Inst.) Plank. 5354

M. F. Schosstakowski, Je. N. Prileshajewa und **N. I. Uwarowa**, *Über einige quantitative Bestimmungsmethoden für einfache Vinyläther.* Vff. überprüfen folgende Methoden der quantitativen Best. von *Vinylpropyl-* u. *Vinylisopropyläther*. 1. Hydrolyt. Oximierung in Ggw. von salzsaurem Hydroxylamin (I), 2. hydrolyt. Oximierung in Ggw. von schwefelsaurem I u. 3. die jodometr. Methode. Die besten Resultate wurden nach den ersten Meth. erhalten. Der Vinyläther wird von einer wss. schwach salzsauren I-Lsg. bis zum Alkohol u. Acetaldehyd hydrolysiert. Die durch Oximierung des Acetaldehyds ausgeschiedene HCl wird in Ggw. von Bromphenolblau titriert. Ein Nachteil dieser Meth. ist die lange Dauer der Best., sie beträgt 2—3 Std. mit reinen Äthern oder bei ihren Mischungen mit nicht mehr als 20% A.; bei hohem A.-Geh. wird die Vollständigkeit der Best. erst nach 20—24 Std. erreicht. Vff. überzeugten sich davon, daß salzsaures u. schwefelsaures I verschieden wirken. In Ggw. von schwefelsaurem I kann die Best. nur bis zu 95—96% des tatsächlichen Wertes (sogar in geschlossenen Ampullen bei 80—90°) geführt werden, sie eignet sich daher nicht zur Best. einfacher Vinyläther. Die jodometr. Meth. beruht auf der Bindung des Jods durch das Vinyläthermol. in Ggw. von A. unter Bldg. von β-Jodacetal. Das überschüssige J_2 wird mit $Na_2S_2O_3$ zurücktitriert. Vff. wenden statt reinem Methanol rektifizierten A. an, der vorher über KOH u. $KMnO_4$ dest. wurde. Diese Meth. läßt an Genauigkeit zu wünschen übrig, außerdem ist sie mit erheblichem Methanol- u. A.-Verbrauch verbunden. Naturgemäß kann die jodometr. Meth. zur Analyse von Mischungen mit beliebigem A.-Geh. verwendet werden. (Журнал Аналитической Химии [J. analyt. Chem.] **6**. 348—52. Nov./Dez. 1951. Inst. für organ. Chem. der Akad. der Wiss. der UdSSR.) Steinberg. G 550

John D. Cotman jr. und **George C. Claver jr.**, *Bestimmung von Acetaldehydspuren in Vinylchlorid. 2-Methylindol* (I) gibt mit *Acetaldehyd* (II) in saurer Lsg. einen unlösl. farblosen Niederschlag. I entsteht durch Rk. von Phenylhydrazin mit Aceton u. wird durch Wasserdampfdest. u. Umkristallisation aus CH_3OH–W. gereinigt; F. 59—60°. — Man löst 0,1—0,2 g I in einer Mischung von 60 ml konz. HCl (1,19) u. 30 ml dest. Wasser. Die Reagenslsg. oxydiert sich sehr schnell u. kann nach 10—12 Std. nicht mehr gebraucht werden. — Best.: Man bringt 1 ml konz., filtriertes NH_4OH in eine Druckflasche u. wägt 100 g $CH_2{:}CHCl$ (III) unterhalb seines Kp. (—13,9°; der Referent) in die Flasche, die mit einem verzinnten Kronenverschluß als Sicherheitsventil bei Dampfüberdruck bedeckt wird. Die geschlossene Flasche wird bei Zimmertemp. 1 Std. in einem Schüttelapp. geschüttelt, dann in Eiswasser gekühlt u. der Kronenverschluß unter einem gut belüfteten Abzug vorsichtig entfernt. Nach der Verdampfung von III spült man den Inhalt mit dest. W. in einen 100 ml-Meßkolben, wobei das Gesamtvol. zunächst nur 50 ml betragen soll. Man fügt 20 ml I hinzu u. schüttelt. Die Lsg. wird auf 100 ml aufgefüllt, u. nach 10 Min. mißt man den koll. verteilten Nd. mit einem geeigneten Nephelometer. Die Genauigkeit beträgt für 10^{-4}—$2 \cdot 10^{-3}$% (1—20 p.p.m.) II $+ 2{,}7 \cdot 10^{-5}$% (0,27 p.p.m.). Durch stärkere Verdünnung kann man noch bis zu $5 \cdot 10^{-3}$% II auf diesem Wege bestimmen. (Analytic. Chem. **23**. 1711. Nov. 1951. Springfield, Mass., Monsanto Chem. Co., Plastics Div.) Schlegel. G 660

H. D. Fowler, *Quantitative Papierchromatographie.* Vf. entwickelt *Rohrzucker* auf 5 mm breitem Papierstreifen aufsteigend in wassergesätt. n-Butanol u. färbt mit Phloroglucin-Reagens an. Er stellt Proportionalität zwischen dem Logarithmus der Flecklänge u. dem Logarithmus des Fleckgeh. für 4—450 γ Rohrzucker fest. Änderungen von Temp., Laufzeit sowie Zeit der Gleichgewichtseinstellung in der Kammer vor Beginn der Entw. haben zwar einen Einfl. auf die Flecklänge, jedoch bleibt die Proportionalität innerhalb der Fehlergrenze erhalten. (Nature [London] **168.** 1123—24. 29/12. 1951. Wad Medani, Anglo-Egyptian Sudan, Ministry of Agricult., Agronomy and Plant Physiol. Sect., Res. Div.) Nehring. G 3400

Th. Bersin und **A. Müller,** *Die Ring-Papierchromatographie von Zuckern.* Es wird die Anwendung der Ring-Papierchromatographie für den Nachw. von Zuckern beschrieben u. eine App. dazu angegeben. Verss. mit Whatman I-Papier ergeben infolge Faserstruktur des Papiers ellipt. Ringe, die im UV-Licht lokalisiert u. mit verschied. Entwicklern sichtbar gemacht werden. Ausgeschnittene Sektoren können zur quantitativen Best. verwendet werden. Selektive Entw. einzelner Sektoren ermöglicht die Trennung von Komponenten mit geringen R_F-Wert Differenzen. Die R_F-Werte werden als arithmet. Mittel aus 11 über die Ellipse verteilten Punkten gewonnen u. gehen parallel denen von Partridge u. Westall (C. **1948.** II. 427). Die Meth. erscheint zur Differentialdiagnose von Urinzucker geeignet. R_F-Werte im Ringchromatogramm: *Lactose* 0,33; *Saccharose* 0,39; *d-Galakturonsäure* 0,395; *d-Galaktose* 0,41; *d-Glucose* 0,43; *Sorbit* 0,44; *l-Sorbose* 0,46; *d-Mannose* 0,46; *d-Arabinose* 0,47; *d-Fructose* 0,48; *d-Xylose* 0,53; *l-Rhamnose* 0,575; *Ascorbinsäure* 0,585. (Helv. chim. Acta **35.** 475—78. 15/3. 1952. St. Gallen, Hausmann A.-G., Forschungsabt. der Labors.) Brinckmann. G 3400

Emma J. McDonald und **Betty K. Goss,** *Chromatographisches Verhalten der Difructofuranosen.* Es wird darauf hingewiesen, daß bei Chromatographie von Difructofuranosen (Anhydride I—III) in Butanol–Pyridin–Wasser-Mischung 3:2:1 bei 20° für die Difructofuranosen größere R_F-Werte als für Fructose gefunden werden. R_F-Werte: *Fructose* 1,0; *Difructose-Anhydrid I* 1,94; *Difructose-Anhydrid II* 1,30; *Difructose-Anhydrid III* 1,72; *Diheterolävulosan I* 0,34; *Diheterolävulosan II* 0,70. (Analytic. Chem. **24.** 422. Febr. 1952. Washington, Nat. Bur. of Standards.) Brinckmann. G 3400

d) Medizinische und toxikologische Analyse.

Edwin J. Fredenburgh und **Benjamin P. Hecht,** *Fehlerquellen in der nephelometrischen Bestimmung von Serumglobulin mit Ammoniumsulfat.* Unterss. mit der Meth. nach Looney u. Walsh (J. biol Chemistry **130.** [1939.] 635) an Blutserum u. gereinigtem Blutglobulin ergaben einen Zusammenhang zwischen Trübungsdichte u. Geschwindigkeit der *$(NH_4)_2SO_4$*-Zugabe. Optimale Ergebnisse werden bei langsamer $(NH_4)_2SO_4$-Zugabe erhalten. Die gesätt. $(NH_4)_2SO_4$-Lsg. soll bei 20° hergestellt werden, um einen p_H-Wert von 5 einzuhalten, da unterhalb von p_H 4,5 Albumine ausgefällt werden. Die Trübungsmessung soll unmittelbar nach der $(NH_4)_2SO_4$-Zugabe vorgenommen werden, da sich beim Stehen die Trübungsdichte infolge Ausfallens von Albuminen verstärkt. Bei Beachtung dieser Fehlerquellen beträgt der method. Fehler ca. 1%. (Amer. J. clin. Pathol. **22.** 592—97. Juni 1952. Bedford, Mass., Veterans Admin. Hosp.) Krusen. 5728

B. Swahn, *Methode zur Lokalisation und Bestimmung von Serumlipoiden nach elektrophoretischer Trennung mit Filterpapier.* Angabe von Meth. u. App. zur Feststellung der relativen Serumlipoidmengen in 0,01 ml Serum unter n. u. patholog. Bedingungen. Die Lipoide werden mit einer alkoh. Sudanschwarzlsg. gefärbt, die im Filterpapier entstehenden Farbflecke werden colorimetr. ausgewertet. Nach den Extinktionswerten wird eine Verteilungskurve für die verschied. Lipoide konstruiert. (Scand. J. clin. Lab. Invest. **4.** 98—103. 1952. Upsala, Univ., Central Labor., u. Lund, Univ., Med. Clinic.) Dossmann. 5728

Clemens Moncke, *Ein Beitrag zur eiweißfehlerfreien Bilirubinbestimmung im Serum.* Beschreibung einer eiweißfehlerfreien *Bilirubin* (I)-Bestimmungsmeth. für Serum, bei der zur Beschleunigung u. Verstärkung der Azofarbstoffbldg. ein Gemisch aus Salyrgan, Na-Acetat u. Na-Benzoat als Katalysator verwendet wird. Die Messung der Farbstärke erfolgt stufenphotometrisch. Normalwerte: 0,2—1,1 mg-%, erhöhte (bei Allgemeinerkrankungen): 1,1—1,4 mg-%, ausgesprochen patholog.: >1,4 mg-%. Die Werte zeigten mit den nach Jendrassik-Gróf (bei der schwierig zu beschaffendes Coffein verwandt wird) erhaltenen gute Übereinstimmung. (Z. ges. inn. Med. Grenzgebiete **7.** 238—40. 1/3. 1952. Rostock, Med. Universitätsklinik.) K. Maier. 5728

Alfred H. Free und **Marion H. Cook,** *Eine vereinfachte Methode zur Chlorbestimmung im Harn.* Zu einer abgemessenen Menge (1 ml) Harn oder mit W. verd. Harn werden Tabletten (Einzelgewicht 130 mg) gegeben, die eine 0,15 mg NaCl entsprechende Menge $AgNO_3$ sowie K_2CrO_4, $NaNO_3$, $NaHCO_3$ u. Citronensäure enthalten. Aus der Anzahl Tabletten, die benötigt wird, um eine Braunfärbung zu erzielen, kann größenordnungsmäßig der Cl-Geh. des Harnes bestimmt werden. (Amer. J. clin. Pathol. **22.** 588—91. Juni 1952. Elkhart, Ind., Miles-Ames Res. Labor.). Krusen. 5732

Hanns Wolff und **Gerda Busse**, *Bestimmung von Zink im Harn.* Die grüne Farbe von *Dithizon* (I) in CCl_4 schlägt in Ggw. von Zn nach intensiv Purpurrot um. Die spektrale Absorption von *Zn-Dithizonat* (λ_{max} 530 mμ) gehorcht dem Lambert-Beerschen Gesetz. Die Spezifität des Zn-Nachw. wird durch Vornahme der Rk. bei p_H 6,5—7,0 u. Zerstörung unerwünschter Metalldithizonate durch Na_2S erreicht. Quant. Nachweisgrenze ca. 0,05 γ Zn/cm³, optimaler Meßbereich 0,2—2,0 γ Zn/cm³ Substrat; maximale Abweichung der Einzelmessung $\pm$ 9,7% (20 Parallelbestimmungen), mittlere Abweichung σ^* der Einzelmessung $\pm$ 4,6%. 2 cm³ Harn auf die Hälfte einengen, 20 Tropfen rauchende HNO_3 u. 5 konz. $HClO_4$ zusetzen, veraschen, mit A. tridest. in Mischzylinder überführen, 5 cm³ Phosphatpuffer (nach Sörensen, 1,5 mol., p_H 6,5—7,0), 2 cm³ I-Lsg. u. 3 cm³ CCl_4 zusetzen, 2 Min. schütteln, wss. Phase entfernen, mit Na_2S-Lsg. waschen bis Purpurfarbe der I-Lsg. u. Farblosigkeit der Wasch-Fl. erreicht ist, Extinktion (E_m) messen (Schottfilter *S 53*, 10 mm Schichtdicke); (E_m — E_b) 3,22 = γ *Zn*, (E_m — E_b) 161 = γ-% *Zn*, wobei E_b Blindwert aus Parallelbest. mit 2 cm³ A. tridest. bedeutet. (Biochem. Z. **322**. 154—55. 1951. München, Univ., Inst. für Elektromedizin u. Elektronentechnik.) K. Maier. 5732

H. Angewandte Chemie.

I. Allgemeine chemische Technologie.

Otto Reimer, *Grundlagen der Flotation oder Schwimmaufbereitung.* Zusammenfassender Bericht. (Bergbau-Rdsch. **4**. 300—03. Juni 1952. Recklinghausen.) Steiner. 5828

Georg Erich Walla, *Das Filtertuch.* Besprechung der Eigg. von Filtertüchern aus Baumwolle-, Zellwolle-, PeCe- u. Perluranfaser sowie Beschreibung zweckmäßiger Behandlung derselben. (Silikattechnik **3**. 161—64. April 1952. Halle/Saale.) Gerhard Günther. 5830

Gustav Untermann, *Verminderung der elektrischen Leitfähigkeit einer wässerigen Glycerin-Lösung durch Elektrodialyse.* Die Leitfähigkeit einer in einem elektrochem. Betrieb als Kühl-Fl. benutzten 25%ig. Glycerinlsg., die im Laufe der Zeit auf $5 \cdot 10^{-4}\ \Omega^{-1}\ cm^{-1}$ stieg u. dadurch zu Betriebsstörungen führte, konnte durch Elektrodialyse auf $1 \cdot 10^{-4}\ \Omega^{-1}\ cm^{-1}$ herabgedrückt werden. Als Diaphragmen erwiesen sich 1 mm dicke Abachi-Fourniere als ideal. Zur Vermeidung der während des Betriebes auftretenden sauren Rk. der Kühl-Fl. wurde eine Anordnung benutzt, bei der zwischen 2 Fournieren eine Schicht aus *ZnO* angebracht wurde. Die gesamte Anlage, an der auch noch der Aufbau der Zelle aus gummierten Eisenschalen u. die Verwendung von sehr wenig Pt bei der Herst. der Anode neu sind, wird an Hand von Zeichnungen eingehend beschrieben. Der ZnO-Verbrauch der Anlage betrug im 1. Monat des Betriebes 2 kg pro Zelle u. nahm im Laufe eines Jahres auf 100 g pro Zelle ab, der Glycerinverlust lag dauernd unter 0,01% der durchfließenden Menge. (Chemie-Ing.-Techn. **23**. 522—23. 14/11. 1951. Frankfurt/M., Degussa, Versuchsstat.) Jost. 5862

—, *Isotope in der Industrie.* Es wird ein Fall beschrieben, bei dem eine Bruchstelle eines ausgedehnten Untergrundheizsyst. durch Verwend. radioakt. Na_2CO_3 aufgefunden wurde. Die radioakt. Soda wurde im Heizwasser gelöst u. durch das Syst. gespült. Nach Entfernung der Lsg. konnte die lädierte Stelle, bei der Spuren der Lsg. aus dem Syst. ausgetreten waren, durch Geiger-Zähler genau bestimmt werden. — Es wird weiter von einem Gerät, dem Betameter, berichtet, das auf Grund von geringen beigemengten radioakt. Mengen, die vom Gerät registriert werden, den Grunddurchsatz bei einer Papiermühle registriert u. automat. regelt. (Canad. chem. Processing **36**. Nr. 7. 60—61. Juni 1952.) Lehwald. 5888

Ternichiro Kubo und **Takeo Kawaguchi**, *Einführende Literatur über physikochemische Eigenschaften katalytischer Entfärbungs- und Adsorptionsmassen.* Ausführliche Bibliographie in 9 sachlich geordneten Abschnitten mit ca. 200 Literaturzitaten. (Chem. and chem. Ind. [Kagaku to Kogyo] **4**. 485—88. Dez. 1951. [Orig.: japan.].) Schuler. 5904

Morgan Crucible Co. Ltd., London, England, *Chemikalienbeständige Kitte, Binde- und Überzugmittel* für Säuretanks, Zellstoffkessel, Stahl u. dgl., die gegebenenfalls einen Bitumen-Voranstrich besitzen, erhält man aus Cashewnußschalenöl-Harz (phenolhaltiges „Epok"), amorphem C u./oder Graphit u. einem Aldehyd; die Mischung wird im Zeitpunkt des Gebrauchs zur Rk. gebracht. — Die streichbare M. kann auch SiO_2, $Ba(OH)_2$, Flußspat, Asbest u. ein Lösungsm., wie A., Bzl., Toluol, Xylol oder Aceton, enthalten. Es empfiehlt sich eine nachträgliche Härtung durch Wärmebestrahlung. —

Wenn die Mischung in Form einer wss. Emulsion verwendet werden soll, gibt man als Emulgatoren sulfoniertes Öl, Casein u. Alkali (bzw. NH_4OH) zu. (**E. PP. 654 275, 654 276** u. **654 277** vom 5/5. 1948, ausg. 13/6. 1951.) SALZMANN. 5813

Laboratorium für Adsorptionstechnik G. m. b. H. (Erfinder: **Karl Bratzler,** Frankfurt/M.), Bad Homburg v. d. H., *Abscheidung von Gasen aus Gasgemischen* durch feste Adsorbentien, wie z. B. akt. Kohle, mit anschließender Desorption u. gleichzeitig getrennter Gewinnung der Gase nach Patent 832 142, dad. gek., daß Gasgemische, die die abzuscheidenden Gase in nur geringer Konz., z. B. <5%, enthalten, in einer Kolonne behandelt werden, deren Querschnitt in der Adsorptionszone größer ist als in der nachfolgenden Zone. (**D. B. P. 838 137** Kl. 12e vom 3/7. 1949, ausg. 5/5. 1952. **Zusatz zu D. B. P. 832 142; C. 1952. 4039.**) HEINSEN. 5849

Gesellschaft für Linde's Eismaschinen Akt.-Ges., Höllriegelskreuth (Erfinder: **Richard Linde, Rudolf Becker,** München, und **Johannes Wucherer,** Pullach), *Gewinnung von Sauerstoff.* Durch Berieselung tiefgekühlter unter Druck befindlicher Luft mit fl. N_2 unter gleichzeitiger Zerlegung durch Rektifikation zu reiner N_2-Fraktion u. O_2-reicher fl. Fraktion, die in reinen gasförmigen O_2 u. N_2 zerlegt wird, dad. gek., daß der gasförmige N_2 in der fl. O_2-Fraktion verflüssigt u. als Riesel-Fl. zurückbefördert wird, während ein anderer Teil dieses Kondensates nach Entspannung zur Berieselung aufgegeben u. am Säulenkopf die reine N_2-Fraktion, vom Säulenfuß die reine gasförmige O_2-Fraktion abgeführt werden. Abänderung des Verf. u. Anordnungen zur ihrer Durchführung. — Zeichnungen. (**D. B. P. 827 364** Kl. 17g vom 24/4. 1949, ausg. 13/6. 1952.) SCHINDLER. 5857

Wilhelm Beckmann und **Herbert Noelle,** Deutschland, *Reibungselement* für Bremsmassen und Kupplungen. Man verwendet lang- und kurzfaserigen Asbest mit einem Phenol- oder Kresolharz u. 5—35 Gew.-%, bes. 15 Gew.-%, Al (koll. Al, Legierungen, bes. Rein-Al). Unempfindlichkeit der Reibungswrkg. gegen hohe Reibungstemperaturen. (**F. P. 978 906** vom 13/1. 1949, ausg. 19/4. 1951. D. Prior. 27/12. 1948.) PANKOW. 5893

N. V. de Bataafsche Petroleum Mij., Den Haag, Holland, *Kontinuierliche Durchführung von Gas- oder Dampfreaktionen mittels fest angeordneter Katalysatoren,* z. B. Hydrierung ungesätt. KW-stoffe, Alkohole, Ketone, Aldehyde, Ester, Amine, Nitrile, Oxydation von Aminen, Ketonen, wobei 2 Gase miteinander reagieren. Der eine Reaktand (zu oxydierendes Olefin, Propylen, Methyläthylketon oder H_2 bei einer Hydrierung) wird am Kopf in den Katalysatorturm eingeleitet, damit er den ganzen Katalysatorraum durchströmen kann, während der andere in der Mitte des Turmes eingeleitet wird, so daß er nur einen Teil der Füllung durchströmen kann. (**E. P. 654 797** vom 3/11. 1948, ausg. 27/6. 1951. A. Prior. 4/11. 1947.) STEIL. 5905

Gustav Endres, Alois Stolbert und Herbert Köhle, Der Chemotechniker. Stuttgart: Wissenschaftliche Verl.-Ges. 1952. (XI + 526 S. m. 91 Abb.) gr. 8°. DM 34,50.

III. Elektrotechnik.

Fred Perkins, York, Pa., V. St. A., *Verlängerung der Lebensdauer eines Pb-Säure-Sammlers,* dadurch, daß er zunächst schrittweise entladen u. dann wieder geladen wird. (**A. P. 2 571 754** vom 17/7. 1950, ausg. 16/10. 1951.) BAUR. 5971

National Carbon Co., Inc., New York, N. Y., V. St. A., *Elektrolyt für Primärzellen* mit Luftdepolarisation vom Typ Kohle–Alkali–Zn. Er besteht aus NaOH, Stärke u. W., denen noch ZnO beigegeben werden kann, in verschiedenen Mischungsverhältnissen. (**E. P. 663 453** vom 13/10. 1949, ausg. 19/12. 1951. A. Prior. 28/12. 1948.) BAUR. 5971

United States of America, übert. von: **Jerome Rothstein,** Belmar, N. J., V. St. A., *Niederdruck-Gasentladungsröhre.* Zur Kompensation der Gasaufzehrung dient ein das Füllgas (I) unter höherem Druck enthaltendes Reservoir, das mit dem Entladungsraum durch eine automat. heizbare Metallwandung (z. B. aus Pd) verbunden ist, die das fehlende I nachdiffundieren läßt. (**A. P. 2 582 282** vom 3/11. 1950, ausg. 15/1. 1952.) KESSEL. 5975

Sidney H. Liebson, Washington, D. C., V. St. A., *Geiger-Müller-Zähler.* Die Gasfüllung besteht aus Cl_2 u. bis 2,5 (%) eines Edelgases (hoher Selbstlöscheffekt) oder aus einem spektroskop. reinen Edelgas u. bis 2 Cl_2 (niedere Betriebsspannung bei hinreichender Selbstlöschung). (**A. P. 2 590 108** vom 30/4. 1948, ausg. 25/3. 1952.) KESSEL. 5975

United States of America, übert. von: **John R. Raper** und **Raymond E. Zirkle,** Chicago, Ill., V. St. A., *Ionisationskammer* für γ-Strahlen u. schnelle Neutronen. Die zylinderförmige Außenelektrode besteht aus einer homogenen Mischung von ca. 90 (%)

Methylmethacrylat-Kunstharz u. 10 Graphit, deren Atomgewicht (I) dem mittleren I menschlichen Gewebes (II) entspricht u. in der das Verhältnis zwischen der Zahl der H-Atome u. der Zahl der schweren Atome ca. 1 ist. Dadurch erhält die Kammer für beide Strahlenarten ungefähr die spektrale Empfindlichkeitsverteilung des II. (**A. P. 2 596 080** vom 21/2. 1947, ausg. 6/5. 1952.) KESSEL. 5975

General Electric Co. Ltd., London, und **Harold Percy**, Rooksby, Wembley, England, *Glühkathode*. Die emittierende Substanz besteht aus Ba-Orthotitanat (I). Dieses kann zu einem kleinen Teil durch Sr-Orthotitanat (II) ersetzt sein, das mit dem I eine feste Lsg. bildet. I u. II können aus stöchiometr. Gemischen von TiO_2 u. Ba- bzw. Sr-Carbonaten oder -Peroxyden durch Erhitzen auf 1400—1500° erhalten werden. (**E. P. 666 518** vom 20/5. 1949, ausg. 13/2. 1952.) KESSEL. 5975

Robert Hofstadter, Princeton, N. J., V. St. A., *Strahlendetektor*. Ein durchsichtiger Alkalihalogenid-Kristall (bes. NaJ) enthält 0,005—1,0 Mol.-% einer Tl-Verb., z. B. Tl-Jodid, -Chlorid oder -Nitrat. Seine Fluorescenzstrahlung wirkt auf eine entsprechend sensibilisierte lichtempfindliche Schicht. (**A. P. 2 585 551** vom 1/5. 1948, ausg. 12/2. 1952.) KESSEL. 5975

Westinghouse Electric Corp., V. St. A. (Erfinder: **Rudolph Nagy** und **Robert William Wollentin**), *Herstellung eines fluorescierenden Stoffes* aus Ca-Wolframat für Fluorescenzlampen, dad. gek., daß die bei der Herst. bisher benutzte H_2SO_4 durch MgO ersetzt wird. — Beispiel 1: 1 (Mol.) $CaCO_3$, 1 H_2WO_4, 0,1 MgO u. 1% Pb in Form von $Pb(NO_3)_2$ werden mit ein wenig dest. W. eine Std. lang in einer Kugelmühle gemahlen, bei 130° getrocknet u. erneut eine Std. gemahlen. Die Mischung wird eine Std. bei 800° geglüht, ½ Std. gemahlen u. eine Std. bei 900° geglüht. — Beispiel 2: 1 $CaCO_3$, 1 WO_3, 0,1 MgO u. 1% Pb in Form von $PbCO_3$ werden 2 Std. in einer Kugelmühle gemahlen, eine Std. bei 800° geglüht, erneut ½ Std. gemahlen u. 1 Std. bei 900° geglüht. Die M. wird in bekannter Weise für die Herst. von Fluorescenzlampen verwendet. (**F. P. 994 731** vom 7/9. 1949, ausg. 21/11. 1951. A. Prior. 10/9. 1948.) W. HEYNE. 5975

Westinghouse Air Brake Co., übert. von: **Herbert L. Taylor**, Turtle Creek, Pa., V. St. A., *Prüfung von Kupferscheiben für Kupferoxydgleichrichter*. Die Prüflinge werden kurze Zeit (z. B. 30 Min.) mit einer jod- oder jodidhaltigen Lsg. (I) voroxydiert, dann gewaschen u. getrocknet u. sofort, wie üblich, oxydiert. Dann werden sie abgeschreckt. Je leichter dabei die entstandene Oxydschicht abblättert, desto geeigneter ist das Cu zur Herst. von Gleichrichtern. Da das Abblättern auch von der Konz. der I abhängt, kann eine Konzentrationsreihe in Verb. mit einem Cu-Standard als Gütemaßstab dienen. (**A. P. 2 592 975** vom 31/3. 1949, ausg. 15/4. 1952.) KESSEL. 5977

Sprague Electric Co., North Adams, Mass., übert. von: **Preston Robinson**, Williamstown, Mass., und **Colin C. Reid**, Falls Church, Va., V. St. A., *Elektrischer Wickelkondensator*. Die Flächen der Metallfolien sind mit Polytetrafluoräthylen isoliert, ihre Kanten mit einem aufgewachsenen Phthalocyanin (I) des Folienmetalls (II). I kann durch Behandlung des II mit Phthalimid, o-Cyanobenzonitril oder deren substituierten Derivv. bei 200—500° gewonnen werden. (**A. P. 2 590 650** vom 1/8. 1951, ausg. 25/3. 1952.) KESSEL. 5983

IV. Wasser. Abwasser.

Herbert Beger, *Leitfaden der Trink- und Brauchwasserbiologie*. Die bei der Aufbereitung von W. auftretenden Kleinlebewesen, wie Bakterien, Algen, Insekten usw. werden eingehend behandelt u. ihre günstigsten Lebensbedingungen unter verschied. Einflüssen mitgeteilt. Es gibt für die Reinigung von W. biol. nützliche Lebewesen u. solche, die als Verunreinigungen bei nicht sorgfältiger Behandlung der Reinigungsanlagen angesehen werden müssen. Vf. behandelt unter diesem Blickwinkel Enteisenung, Entmanganung, H_2S-Entgasung, Entsäuerung, Enthärtung u. Ozonisierung. Des weiteren werden die einzelnen an der Wasserverteilung teilnehmenden Verteilungsanlagen, wie Reinwasserkammern, Rohrleitungen, Zwischenbehälter u. Zapfhähne, besprochen. Weitere Kapitel dienen der natürlichen Uferfilterung zur Erlangung genügender Grundwassermengen u. der künstlichen Grundwassererzeugung. Die hygien. Belange guter Quellwasserversorgung u. die wichtige Oberflächenwasserversorgung durch Flußwasser, Stauseen, Flußwasserwerke werden sehr eingehend berücksichtigt. (Schriftenreihe Ver. Wasser-, Boden-Lufthyg. Berlin-Dahlem **1952**. 161—240. Berlin, Robert-Koch-Inst. für Hygiene u. Infektionskrankh., Abt. für Wasser- u. Lufthygiene.) GRAU. 6016

J. Müller, *Chemische Aufgaben der Trinkwasseraufbereitung*. Überblick über die chem. u. physikal.-chem. Vorgänge bei der Trinkwasseraufbereitung. (Chem. Techn. **4**. 158—63. April 1952.) MANZ. 6016

A. Vibert, *Beitrag zum Studium der Wasserfilterung. Versuch einer Synthese der Filterhydraulik.* Exakte Ableitung der von MICHAU (C. **1952.** 6268) beschriebenen Druckdiagramme für Sandfilter. (Génie civil **129. (72.)** 248—51. 1/7. 1952. Paris.) MANZ. 6024

Ernst Natermann, *Eine neue Berechnungsweise des Sauerstoffhaushaltes verunreinigter Flüsse nebst einigen Folgerungen.* Zur Durchrechnung des O_2-Haushaltes für verwickelte Flußverhältnisse wird ein neues Verf. erläutert, wobei das Schicksal einer den Fluß hinabwandernden, dem sekundlichen Abfluß äquivalenten Wasserscheibe verfolgt wird. Es ergeben sich einfache Gleichungen für die Berechnung der O_2-Aufnahme, des O_2-Verbrauches u. dem zulässigen Geh. des Flußwassers an BSB_5. Wehre ohne Wasserkraftausnutzung sind ein sehr geeignetes Mittel zur Verbesserung O_2-armer Flüsse. Für die Beurteilung ist nicht die Höhe des BSB schlechthin maßgebend, es kommt darauf an, unter welchen Umständen das W. fließt; tiefes oder warmes W. kann weniger BSB verarbeiten als flaches oder kaltes Wasser. Es werden weitere Folgerungen für Fischpässe, Flußkanalisierung, Behandlung von Flußaltarmen besprochen. (Gas- u. Wasserfach, Ausg. Wasser **93.** 449—53. 15/8. 1952. Hannover.) MANZ. 6038

E. Knop, *Über den Einfluß der Strömung auf Flockung und Absetzvorgänge in Klärbecken.* Es werden die von der Emschergenossenschaft veranlaßten Unterss. über Flockenbldg. im Abwasser mittels Ultra- u. Elektronenmikroskop u. die an verschied. Becken durchgeführten Durchflußmessungen besprochen u. hinsichtlich der Folgerungen für die Gestaltung von Absetzbecken ausgewertet. Erfolgt die Flockung im Becken, so bestimmt die Aufenthaltszeit den Geh. des Abflusses an absetzbaren Stoffen. Bei der Messung vorhandener Absetzbecken wurden zum Teil sehr ungünstige Durchflußkurven ermittelt, wobei die ersten Durchflußmengen nach 10% der theoret. Aufenthaltszeit auftraten. Lange u. flache Becken haben im allg. bessere Strömungsverhältnisse u. sind gegen Störungen durch Schwankungen von Temp., Geh. an gel. u. suspendierten Stoffen unempfindlicher. Bei ungünstigem Beckenverhältnis verbessern richtige Gestaltung der Tauchwände u. Einbau von Schlitzwänden die Durchflußcharakteristik. (Gesundheits-Ing. **73.** 157—63. Mai 1952. Essen, Emschergenossenschaft-Lippeverband.) MANZ. 6040

W. Husmann, *Über den Einfluß von Ultraschall auf Abwasser und Klärschlamm.* Durch Behandlung von häuslichem Abwasser mit Ultraschall wird die Menge der absetzbaren Schwebestoffe vermindert, da ein Teil sich koll. auflöst. Die Konz. des Abwassers gemessen am $KMnO_4$-Verbrauch des Filtrats steigt an. Frisch- u. Faulschlamm ist nach Beschallung nicht leichter entwässerbar, Belebtschlamm wird durch Ultraschall sehr ungünstig beeinflußt, er verliert Absetzfähigkeit, wird fein in Suspension gebracht, so daß er das schon biol. gereinigte Abwasser sehr stark verschlechtert. (Gesundheits-Ing. **73.** 127—29. April 1952. Essen, Emschergenossenschaft.) MANZ. 6040

N. J. Gothard und **J. A. Fowler,** *Die Bekämpfung der Verschmutzung durch Abwässer bei der Sinclair Refining Company.* Die SINCLAIR REFINING CO. entwickelte ein auf den Arbeiten des COMMITTEE ON DISPOSAL OF REFINING WASTES beruhendes Programm zur Verringerung der Verschmutzung der Gewässer durch Abwässer. Aufteilung der Abwässer in 1. Abwässer aus sanitären Anlagen, 2. Mühlwässer, 3. Abwässer aus chem. Prozessen (I) bewirkt Verringerung des Gesamtvolumens. I wird am Ort behandelt durch Einbau neuer Reiniger. Abdampf aus Entpropanisierungsanlage für Bitumen wird mittels Stahlgeflechten von mitgerissenem Asphalt befreit. Sulfide in Abfallauge werden durch Blasen mit Luft u. Dampf in Thiosulfate übergeführt. NH_3 u. H_2S aus katalyt. Crackung werden mit Dampf abgeblasen u. verbrannt. Das Waschen von Leichtöl entfällt nach DOCTOR-Behandlung, wenn es in Kies- u. Salztürmen nachbehandelt wird. (Ind. Engng. Chem. **44.** 503—07. März 1952. Sinclair Refining Co.) SYDOW. 6042

J. F. Laboon, *Experimentelle Untersuchungen über die Eindickung von Klärschlamm.* Nach Laborverss. u. Betrieb einer Versuchsanlage kann Klärschlamm auf biol. Wege ohne Chemikalienzusatz bei einer optimalen Temp. von 35° u. optimaler Behandlungsdauer von 120 Std. durch Flotation bis auf 20% Trockensubstanz entwässert werden. Die erzielbare Eindickung ist vornehmlich vom Feststoffgeh. des Klärschlamms, daneben vom Geh. an organ. Stoffen u. p_H abhängig. Um möglichst hohe Eindickung zu erzielen, sind in Vorklärbecken größere Schlammengen zu halten. Der n. Sandgeh. des Schlammes u. Chlorung bis zu einem Rest-Cl-Geh. stört nicht. Der eingedickte Schlamm kann auf Vakuumfiltern ohne Chemikalienzusatz entwässert oder ausgefault werden. Das bei der biol. Flotation anfallende Abwasser wird in den Zulauf geführt, dessen BSB bis zu 7%, dessen Schwebestoffgeh. bis zu 10% erhöht wird. Bei Belebtschlamm ist das Verf. nicht anwendbar. (Sewage ind. Wastes **24.** 423—44. April 1952. Pittsburgh, Pa., Board of Allegheny County Sanitary Authority.) MANZ. 6048

A. Y. Hyndshaw, *Beseitigung von Chlor aus Wasser durch Aktivkohle.* Adsorptivteste (Aufnahmefähigkeit für Geschmacksstoffe) ergeben kein Bild für die entchlorende Wrkg. von Aktivkohlen. Ein Schnelltest (Perkolation einer Lsg. von 3 g je Liter freiem Cl_2 durch 305 mm Kornkohleschicht) ermöglicht zwar, stark verschiedene Sorten zu unterscheiden, bei annähernd gleichwertigen Sorten ergeben sich bei geringerer Beaufschlagung u. bei p_H-Werten unter 7 bessere Werte als unter abweichenden Bedingungen. Um das Durchschlagen eines Entchlorungsfilters rechtzeitig zu erkennen, empfiehlt es sich, nach dem oberen Drittel der Schichthöhe laufend Proben zu nehmen u. diese Proben auf Veränderung zu prüfen. (Munic. Utilities **90.** Nr. 5. 27. 48—54. Mai 1952. New York, N. Y., West Virginia Pulp and Paper Co.) MANZ. 6060

V. Anorganische Industrie.

Leslie Bor, *Industrielle Mineralogie.* Vf. gibt eine kurze Übersicht über die mineralog. u. petrolog. Unters. von mineral. Rohstoffen u. Industrieprodukten. (Chem. and Ind. **1951.** 1107—08. 15/12. 1951. Prestwich, Lancs.) OPPERMANN. 6150

Charles Morel, *Verwendung der Fullererde in der Seifen-, kosmetischen und sonstigen Industrie.* Fullererde, vornehmlich aus Ca-Montmorillonit bestehend, steht in verschied. Qualitäten, deren Eigg. u. Verwendungsmöglichkeiten ausführlich beschrieben werden, zur Verfügung. Die Standardmeth. zur Prüfung der bleichenden Wrkg. wird wiedergegeben, ferner der Einsatz der Fullererde in der Ölraffinerie, Seifen-, kosmet. u. pharmazeut. Industrie kurz aufgezeigt. (Soap, Perfum. Cosmet. **24.** 889—92. Sept. 1951.) FIEDLER. 6156

Directie van de Staatsmijnen in Limburg, Heerlen (Erfinder: **Johannes A. J. M. van Akan,** Lutterade), Holland, *Überwachung der Herstellung von grobkörnigem $(NH_4)_2SO_4$ nach dem Sättigerverfahren.* Man entnimmt mittels eines Ejektors, der mit Dampf oder Luft betrieben wird, dem Sättigerbad an der Stelle, wo die Zus. des Bades ermittelt werden soll, einen konstanten Strom der Sättiger-Fl. u. überführt ihn in ein Gefäß, aus dem dann beliebig oft eine Probe entnommen wird. — Zeichnungen. (**D. R. P. 752 738** Kl. 12k vom 3/11. 1939, ausg. 4/9. 1952. Holl. Prior. 15/11. 1938.) NEBELSIEK. H 243

Koppers Co., Inc., Pittsburgh, Pa., V. St. A., *Gewinnung von Ammonsulfat.* Gasförmiges NH_3 wird durch verd. H_2SO_4 absorbiert. Dabei läßt man z. B. Koksofengas mit bestimmter Geschwindigkeit die Oberfläche einer ständig umgewälzten verd. Säure passieren. — Vorrichtungen. (**E. P. 651 282** vom 24/2. 1948, ausg. 14/3. 1951. A. Prior. 17/9. 1947.) NEBELSIEK. H 243

Inventa Akt.-Ges. für Forschung und Patentverwertung, Luzern, Schweiz, *Herstellung von Hydroxylaminsulfat.* In Lsgg., die NH_4NO_2, NH_4HCO_3 u./oder $(NH_4)_2CO_3$ enthalten, leitet man in der Kälte SO_2 bis zum p_H ca. 2 ein u. erhitzt anschließend. Die Reaktionswärme ist leichter abzuführen, wenn man die Reaktionsteilnehmer in gekühlter, im Kreislauf geführter Reaktionslsg. zusammenbringt. (**E. P. 668 610** vom 4/8. 1950, ausg. 19/3. 1952. Schwz. Prior. 27/8. 1949.) ZÜRN. H 243

Tennants Consolidated Ltd., London, England, *Herstellung von Chlordioxyd.* Bei der Bldg. von ClO_2 durch Einw. von NO_2 auf Chlorite entstehen Nitrite. Mit Hilfe nichtflüchtiger Säuren, bes. H_2SO_4, macht man aus diesen $NO + NO_2$ frei, oxydiert das NO mit Luft zu NO_2 u. führt das NO_2 zurück. (**E. P. 652 129** vom 30/8. 1948, ausg. 18/4. 1951. A. Prior. 21/10. 1947.) ZÜRN. H 247

Krebs & Co., Zürich, Schweiz, *Herstellung von Alkalichloraten durch Elektrolyse.* Die Ausgangschloridlauge wird von unten unter Druck in die Zellen geführt, die so gebaut sind, daß sich keine Gase festsetzen können. Die umgesetzte Lauge, die die bei der Rk. gebildeten Gase in Blasenform mitreißt, wird oben entnommen u. in einen Gasabscheider geführt. H_2 wird so außerhalb der Zellen gesammelt, so daß Explosionen vermieden werden. (**E. P. 667 774** vom 31/1. 1949, ausg. 5/3. 1952. F. Prior. 4/2. 1948.) ZÜRN. H 247

W. C. Homes & Co., übert. von: **James Joshua Priestley** und **Charles Cooper,** Huddersfield, England, *Gewinnung von reinem Schwefel* aus dem bei der Entfernung von H_2S aus Gasen anfallenden Schwefelschlamm. In einem geschlossenen Kessel leitet man in den Schlamm Dampf von $< 130^0$. Auch die unlösl. Verunreinigungen gehen in die sich oben bildende wss. Schicht. Der S wird in ein offenes Gefäß abgelassen, in dem er durch Erhitzen getrocknet wird. (**E. P. 653 304** vom 28/12. 1948, ausg. 9/5. 1951.) ZÜRN. H 253

Mathieson Chemical Co., New York, N. Y., V. St. A., *Aufarbeitung des Säureschlamms unter Gewinnung von Schwefel und seinen Verbindungen.* Man bringt den aus der Behandlung von Petroleumfraktionen mit H_2SO_4 stammenden Säureschlamm auf eine sich in Bewegung befindende Koksschicht, die durch geregelte Zuführung von Luft auf über 260°, bes. ca. 315°, gehalten wird. Es entsteht SO_2, das nach Reinigung in H_2SO_4 übergeführt oder zu S red. werden kann. Den S kann man in CS_2 überführen. (**E. P. 669 209** vom 20/9. 1949, ausg. 26/3. 1952.) ZÜRN. H 253

Monsanto Chemical Co., St. Louis, Miss., V. St. A., übert. von: **George Howard Grove,** *Überführung von Schwefel in die in Schwefelkohlenstoff unlösliche Form.* Geschmolzenen S mit einer Temp. $>200°$ läßt man in einen kalten Gasstrahl treten, der den S abschreckt u. ihn auf eine Kühltrommel führt. Der sich in plast. Form abscheidende S wird gewalzt, auf $< 50°$ erhitzt, wodurch er glasig wird u. gemahlen werden kann. Der Zusatz von Halogen als Stabilisator verhindert die Rückverwandlung des S. (**E. P. 652 421** vom 12/2. 1948, ausg. 25/4. 1951. A. Prior. 24/7. 1947.) ZÜRN. H 253

Pure Oil Co., Chicago, übert. von: **Hillis O. Folkins,** Crystal Lake, und **Elmer Miller,** Evanston, Ill., V. St. A., *Herstellung von CS_2.* Man läßt S u. ein an CH_4 reiches KW-stoffgas in Ggw. eines aus Cu-, Zr- oder Th-Phosphat bestehenden Katalysators bei 550 bis 650° miteinander reagieren. (**A. P. 2 536 680** vom 10/11. 1949, ausg. 2/1. 1951.) BRÖSAMLE. H 260

Deutsche Gold- und Silber-Scheideanstalt vormals Roessler, Frankfurt/M. (Erfinder: **Adolf Voigt,** Oberkassel/Siegkr.), *Herstellung von Arsenaten.* Gemische von As_2O_3 mit den Oxyden, Hydroxyden oder Carbonaten von Alkali- oder Erdalkalimetallen, Zn oder den Schwermetallen, bes. Cu oder Pb, wurden in Ggw. von Luft oder O_2-haltigen Gasen auf 200—600° erhitzt. (**D. B. P. 850 607** Kl. 12i vom 17/6. 1950, ausg. 25/9. 1952.) ZÜRN. H 265

Rederiaktiebolaget Nordstjernan, Stockholm, Schweden (Erfinder: **A. G. M. Nordström**), *Gewinnung von Salzen aus Salzlagerstätten.* Man verwendet zum Auslaugen von Salzlagerstätten Salzlsgg. aus in der Nähe der auszubeutenden Schicht vorkommenden Quellen. Das Bohrloch zur Förderschicht wird mit einem Einsatzrohr versehen u. das Außenrohr des Bohrloches an der Stelle, an der die Primärlsg. abgezogen werden soll, mit Öffnungen versehen. Das hier zuströmende W. fließt im Bohrrohrmantel zur Förderschicht, laugt hier die Salzlagerstätte aus u. wird dann nach oben geführt. Man kann die angereicherte Lsg. auch aus einem 2. Bohrloch nach oben abführen. — Zeichnungen. (**Schwed. P. 131 906** vom 3/5. 1946, ausg. 5/6. 1951.) J. SCHMIDT. H 270

VI. Silicatchemie. Baustoffe.

Goro Yamaguchi, *Keramik als synthetische Chemie.* Hinweis auf die zum Forschungsbereich der Keramik u. Silicatchemie gehörigen Fragen der Kristallchemie u. der wichtigsten Zweige der keram. Industrie (Zement, Gips, Hartstoffe, feuerfeste Materialien, künstl. Edelsteine, Ultramarine usw.). (Chem. and chem. Ind. [Kagaku to Kogyo] **4.** 475—80. Dez. 1951. [Orig.: japan.]) SCHMIDT. 6160

Harry Kalsing, *Chemisch widerstandsfähige Geräteglaser und ihre Prüfung.* In einem Überblick über die Struktur des Glases zeigt Vf., daß die Zusätze zu Gläsern, die zur Erreichung bestimmter Eigg. notwendig sind, nur in begrenzter Höhe möglich sind, wodurch das Gebiet der techn. brauchbaren Gläser stark eingeschränkt wird. Die beiden wichtigsten Anforderungen an chem. Gerätegläser sind Beständigkeit gegen W., Säuren, Laugen u. andere Fll., sowie die Temperaturwechselbeständigkeit. Vf. gibt die Verff. der DIN-Prüfvorschriften 12111 (Wasserbeständigkeit), 12116 (Säurebeständigkeit) u. 12122 (Laugenbeständigkeit) an u. führt die Widerstandsfähigkeit einiger deutscher Gläser in einer Tabelle an. (Sprechsaal Keram., Glas, Email **85.** 1—6. 5/1. 1952.) KÜHNERT. 6200

Heinz Moritz, *Über die Durchsichtigkeit der Gläser.* Vf. zeigt, daß die Durchsichtigkeit des Glases nichts mit der Netzstruktur des mol. Aufbaus zu tun hat, sondern darin begründet ist, daß in einem durchsichtigen Glas weder freie Leitungselektronen vorhanden sind, die das Licht weitgehend reflektieren, noch gebundene Elektronensysteme, die das Licht durch Resonanzschwingungen absorbieren u. schon in geringster Konz. die Durchsichtigkeit stark herabsetzen (z. B. Oxyde des Eisens u. Titans). Durchlässigkeitskurven für verschied. Gläser u. Quarzglas (Ultrasil) erläutern die Ausführungen u. zeigen u. a., daß durch die Absorptionsspektren die eingebauten Resonatoren bzw. Farbstoffe festgestellt werden können, was unter Umständen als Vorprobe für die Analyse bzw. für zerstörungsfreie Analyse z. B. von antiken Gläsern von Wert sein kann. (Silikattechnik **3.** 361—64. Aug. 1952.) KÜHNERT. 6200

R. M. Gruver, *Differentialthermoanalytische Untersuchungen keramischer Rohstoffe.* 3. Mitt. *Charakteristische thermische Effekte einiger Sulfate.* (C. **1952.** 6750.) Die thermoanalyt. Unters. von in der Keramik gebräuchlichen Sulfaten (Al, Zn, Pb, Alkalien u. Erdalkalien) in dem Temperaturbereich von 0—1500° zeigt, daß die Zers. im allg. komplizierter als bei den Carbonaten ist. Besprechung der Analysenkurven, Zusammenfassung der Untersuchungsergebnisse u. vergleichende Gegenüberstellung mit den Angaben in der Literatur. (J. Amer. ceram. Soc. **34.** 353—57. Nov. 1951. Pennsylvania State Coll.) ANIKA. 6208

Paul A. Huppert, *Cadmium- und Selenpigmente in Emails.* Überblick mit zahlreichen Schrifttumsangaben. (Ceram. Age **59.** 50—51. 72. April 1952.) MARKHOFF. 6212

Friedrich Reinhart, *Elektroporzellan.* Patentübersicht. (Sprechsaal Keram., Glas, Email **85.** 347—49. 5/8. 1952.) STEINER. 6214

Wolfgang Henze, *Die p_H-Kontrolle in der Keramik.* Für die Überwachung von Tonsuspensionen u. für Plastizitätsunterss. hat die p_H-Messung an Bedeutung gewonnen. Bei richtiger Einstellung des p_H-Wertes durch Elektrolytzusätze ergibt sich nicht nur eine günstigere Verarbeitbarkeit der Tone, sondern auch eine Verbesserung gewisser physikal. Eigg. der Fertigung. Ohne auf die Meßmethoden selbst einzugehen, legt Vf. in ganz kurzen Zügen die Grundbegriffe der p_H-Kontrolle dar, da sie bisher in den Lehr- u. Laboratoriumsbüchern der Keramik nicht behandelt worden sind. (Silikattechnik **3.** 201—04. Mai 1952. Berlin.) PISTOR. 6216

Wilhelm Ziegler, *Heißaufbereitung keramischer Massen zur Erreichung besserer Aufschließung, schnellerer Trocknung und niedrigeren Bruchanfalles.* Die Heißaufbereitung im Maukmischer bei ca. 70° red. das Anmachewasser von 24% auf 16%, den Trockenbruch von 5% auf 2% u. die Trockenzeit von 60—72 Std. auf 28—36 Stunden. Ob Heißdampf von 12 atü u. 400° oder Abdampf von 0,2 atü dazu verwandt wird, ist lediglich eine Frage der Zweckmäßigkeit. (Silikattechnik **2.** 337—40. Nov. 1951. Falkenberg/Elster.) SCHÜTZ. 6216

Celestino Ficai und **Luigi Ferro,** *Untersuchung und Verwendungsmöglichkeiten eines hochfeuerfesten Tonminerals.* Die Vff. geben einen Überblick über die techn. Eigg. eines neuen italien., nicht plast. Tons, der als Gemisch von *Gibbsit* u. *Kaolinit* identifiziert worden war. Die Vff. prüften die Verwendungsmöglichkeiten dieses Gemisches als Bestandteil in feuerfesten Schamottemassen, u. zwar sowohl im Roh- als auch im hoch- u. tiefgebrannten Zustand. Die Verss. wurden in Anlehnung an die üblichen Verff. der Schamotte-Industrie durchgeführt. Vff. erhielten beim Brennen bei 1400 bis 1420° eine harte u. dichte Schamotte mit einem Al_2O_3-Geh. von ca. 56%, bei hoher therm. u. mechan. Festigkeit u. chem. Widerstandsfähigkeit. Dieser Ton kann vorteilhaft feuerfesten Schamottemassen bis zu 20% zugesetzt werden. Vff. untersuchten weiterhin das Verh. feuerfester Massen, die aus Mischungen dieses hochfeuerfesten Tons mit Bindeton hergestellt wurden. Die Eigg. dieser feuerfesten Massen wurden bemerkenswert verbessert. Bei diesen Unterss. handelt es sich um Laborergebnisse, die jedoch noch großtechn. bestätigt werden müssen. (Ber. dtsch. keram. Ges. e. V. Ver. dtsch. Emailfachleute e. V. **28.** 626—34. Nov. 1951. Savona, Italien, Fac. Ingegneria, Univ. Bologna, u. S. A. Italfrattari.) THIELE. 6218

Arthur Zwetsch, *Physikalische Grundlagen der Wandplattenfabrikation.* Vf. erläutert an Hand von Ausdehnungskurven, die mit einem LEITZ-Dilatometer nach BOLLENRATH aufgenommen wurden, die Vorgänge in der M. beim Brand (Anwärmphasen, Kristallum- u. -neubildungen) u. leitet aus weiteren derartigen Kurven die Charakteristiken u. gegenseitigen Beziehungen von Wandplattenscherben u. -glasuren ab. Nach einer Betrachtung über die Feuchtigkeitsausdehnung u. ihre noch zu erforschenden Gründe wird auf die Bedeutung der Ausdehnungsmessung zur zahlenmäßigen Erfassung der Herstellungsbedingungen für dauernd glasurrißfreie Wandplatten hingewiesen. (Sprechsaal Keram., Glas, Email **84.** 370—74. 20/9. 1951. Mettlach/Saar.) MAUNE. 6228

Optische Werke C. A. Steinheil Söhne G. m. b. H. (Erfinder: **Hubert Schröder**), München, *Erhöhung der chemischen Widerstandsfähigkeit und der mechanischen Härte optischer Gläser.* Nach einer chem. Behandlung der Oberfläche des Glases, z. B. mit verd. HNO_3 bis zum Auftreten von Interferenzfarben, wird eine Wärmebehandlung vorgenommen, z. B. bei einer der Entspannungstemp. entsprechenden Temperatur. (**D. B. P. 844 649** Kl. 32b vom 11/6. 1940, ausg. 24/7. 1952.) HANS HOFFMANN. 6201

Optische Werke C. A. Steinheil Söhne G. m. b. H. (Erfinder: **Walter Rollwagen** und **Hubert Schröder**), München, *Verbesserung der Lichtdurchlässigkeit optischer Gläser.* Die Oberflächenschichten der Gläser werden dadurch verändert, daß durch von außen angelegte elektr. Felder, z. B. mittels Elektrolyse, eine Wanderung von Ladungsträgern durch das Glas hindurch erzeugt wird. Die elektr. Kräfte können mittels fester, fl. oder gasförmiger Elektroden auf das Innere des Glases übertragen werden. (**D. B. P. 844 650** Kl. 32b vom 12/10. 1940, ausg. 24/7. 1952.) HANS HOFFMANN. 6201

British Thomson-Houston Co. Ltd., London (Erfinder: **John Edwin Stanworth**, Sheffield), England, *Unmittelbar mit Eisen zu verbindendes Glas.* Dieses besteht aus 15 bis 19 (%) $Na_2O + R_2O$, 32—37 $CaF_2 + PbO + BaO + ZnO$, Rest SiO_2; in dem Glas sollen 0—6 CaF_2, 13—25 BaO, 0—5 PbO u. 5—17 ZnO anwesend sein. — Beispiel für eine Glaszus.: 48,2 SiO_2, 11,8 K_2O, 5,0 Na_2O, 19,0 BaO, 11,0 ZnO u. 5,0 CaF_2. (**D. B. P. 844 646** Kl. 32b vom 21/9. 1950, ausg. 24/7. 1952. E. Prior. 23/6. 1944.) HANS HOFFMANN. 6201

Dow Corning Corp., Midland, Mich., übert. von: **James Franklin Hyde**, Corning, N. Y., V. St. A., *Wasserabweisendmachen von keramischen Körpern.* Die Oberfläche der Körper wird mit der wss. Lsg. eines Siloxansalzes von der Formel $RSiO_{3-y/2}(ONa)_y$ behandelt, wobei y einen Wert von 0,9—1,5 hat u. R ein Alkylrest mit 1—3 C-Atomen ist. Der Salzgeh. der Lsg. soll 1—4 Gew.-% betragen. Die Oberfläche wird getrocknet u. 5 Min. auf 150° erhitzt u. mit einer niederen Fettsäure gespült. Nach dem wiederholten Trocknen wird mit einem fl. Polysiloxan behandelt, das 2—2,1 Methylreste auf eine Si-Atom enthält. Die Oberfläche wird mindestens 5 Min. nochmals auf 150° erwärmt. Die behandelten keram. Oberflächen sind unbegrenzte Zeit wasserabweisend u. beständig gegen Salzwasser. Die Behandlung ist für elektr. Isolatoren zweckmäßig, die der Einw. von Salzwasser ausgesetzt sind, z. B. auf Schiffen. (**A. P. 2 582 215** vom 23/2. 1950, ausg. 15/1. 1952.) REINHART. 6207

Ceratile Corp., Paramount, übert. von: **Richard B. Harlan**, Long Beach, und **Walter E. Gardner**, Whittier, Calif., V. St. A., *Dekorieren keramischer Körper.* Eine Al_2O_3-haltige Glasur (I) wird auf bestimmte Teile der Oberfläche der keram. Körper aufgebracht, so daß Muster von 3/1000—20/1000 engl. Zoll Dicke entstehen. Darauf wird die Gesamtoberfläche einschließlich der Muster mit einer Glasur (II) überzogen, die mehr Al_2O_3 enthält als I: die Schichtdicke von II beträgt 5/100—5/1000 engl. Zoll. Die beiden Glasuren werden dann eingebrannt. Beide Glasurmassen werden einer der vier folgenden Gruppen entnommen: 1. Bleisilicatglasuren, 2. Bleiborsilicatglasuren, 3. Alkaliborsilicatglasuren u. 4. Alkalisilicatglasuren, aber die Glasurmasse II muß immer etwas schwerer schmelzbar sein als I. Beim Einbrennen in einem Temperaturbereich, in dem die beiden angewendeten Glasuren ausfließen, zieht sich II von den Mustern I zurück, so daß wegen der geringeren Dicke von I tiefreliefartige Muster entstehen. Die M. I wird zweckmäßig mit keram. Farben, II mit Trübmitteln versehen. (**A. P. 2 587 152** vom 7/1. 1949, ausg. 26/2. 1952.) REINHART. 6213

Schwelmer Eisenwerk Müller & Co. G. m. b. H. (Erfinder: **Erich Primbsch**), Schwelm/Westf., *Entemaillieren von Gegenständen.* Das Entemaillieren wird laufend durch Verteilung des Entemailliergutes auf mehrere, miteinander verbundene Druckbehälter, die mit NaOH gefüllt sind, so vorgenommen, daß nach Abschluß der Einwirkungszeit in einem Druckbehälter das unter Druck stehende Reaktionsmittel dem inzwischen mit Entemaillierungsgut beschickten anderen Druckbehälter zugeleitet wird, wonach sich die Arbeitsgänge wiederholen. Man erspart so das Abkühlen u. Wiederanheizen der Laugen bei Beendigung des Entemaillierungsvorganges. (**D. B. P. 843 789** Kl. 48c vom 8/3. 1951, ausg. 14/7. 1952.) MARKHOFF. 6213

Canadian Refractories Ltd., Quebec, übert. von: **Frank Eugen Lathe**, Ottawa, Ontario, Can., *Feuerfeste Erzeugnisse.* Bei hoher Temp. schm. Oxyde, wie CaO, MgO, Al_2O_3 u. ZrO_2, werden mit nichtfeuerfesten Verbb. dieser Oxyde vermischt, z. B. Ca- u. Ca–Mg-Silicat mit CaO oder CaO–MgO; Mg- u. Mg–Al-Silicat mit MgO; Ba-Zirkonat mit ZrO_2 u. Al-Silicat mit Al_2O_3; die nichtfeuerfesten Verbb. sollen bei Tempp. von 1321—1550° schmelzen. Der Geh. der hochfeuerfesten Oxyde in der M. soll mindestens 50 Gew.-% betragen. Wird eine solche M. bis zum Schmelzpunkt der nichtfeuerfesten Verbb. erhitzt, so verfestigt sie sich zu einem Erzeugnis, das nicht unter 1880° schmilzt. Die Erzeugnisse sind sehr beständig gegen den Angriff von Schlacken u. daher zum Ausmauern von metallurg. Schmelzöfen geeignet. — Diagramme. (**A. P. 2 568 237** vom 3/8. 1946, ausg. 18/9. 1951. Can. Prior. 16/7. 1946.) REINHART. 6219

Soc. An. l'Électro-Réfractaire (Erfinder: **Robert Tatinclouх**), Paris, Frankreich, *Geschmolzene zirkonhaltige feuerfeste Stoffe.* In die Mischung der zu schm. Stoffe wird das ZrO_2 in Form von Kieselsäureverbb. des ZrO_2, z. B. als Zr-Silicat, eingeführt, das im wesentlichen 33 (%) SiO_2 u. 67 ZrO_2 enthält. Durch Einführung von 33 ZrO_2 in den zu schm. Versatz werden daher mit dem Zr-Silicat gleichzeitig ca. 16 SiO_2 zugesetzt, von denen ein Teil wieder beseitigt werden muß. Dies geschieht durch Red. der SiO_2 während des Schmelzens. Auf diese Weise gelingt es, aus billigen Ausgangsstoffen hochwertige Prodd. herzustellen. (**D. B. P. 828 671** Kl. 80b vom 11/8. 1950, ausg. 17/7. 1952. F. Prior. 11/8. 1949 u. 24/6. 1950.) REINHART. 6219

Hans Hauenschild Chemische Fabrik K. G., Hamburg-Wandsbek (Erfinder: **Friedrich Thilo**, Hamburg-Volksdorf), *Rostschutz von Stahleinlagen in elektrolythaltigem Beton.* Dem Beton werden Nitrite, bes. KNO_2 oder $NaNO_2$, zugesetzt. Diese werden entweder dem Zement zugemahlen oder beim Ansatz der Betonmischung trocken oder im Anmachewasser gelöst beigemengt. Gebräuchliche Zusätze, welche z. B. das Abbinden beschleunigen, können mitverwendet werden. (**D. B. P. 846 078** Kl. 80b vom 23/1. 1944, ausg. 7/8. 1952.) HANS HOFFMANN. 6225

Aero Research Ltd., (Erfinder: **Claude Albert Abbs Rayner**), Durford, Cambridgeshire, England, *Fußboden- und Wandbelag.* Dieser besteht aus einer Unterlage aus körnigem, nicht absorbierendem anorgan. Füllstoff, z. B. Sand, der mit einem wasserfesten Mittel gebunden ist, u. einer Deckschicht aus Holz u. einem Bindemittel. Als Bindemittel kommen Natur- oder Kunstharze in Frage, z. B. Melaminformaldehyd- oder Harnstofformaldehyderzeugnisse. (**D. B. P. 845 327** Kl. 80b vom 16/7. 1950, ausg. 31/7. 1952. E. Prior. 14/7. 1949.) HANS HOFFMANN. 6229

VII. Agrikulturchemie. Schädlingsbekämpfung.

W. Flaig, *Untersuchungen über die organischen Kohlenstoffverbindungen des Bodens, deren Wechselwirkung mit dessen anorganischen Bestandteilen sowie deren physiologischem Verhalten.* Beschreibung von Verss. zur Klärung der Zus. u. des Abbaues der Huminsäuren. Beim Abbau durch Mikroorganismen können Vorstufen entstehen, die durch chem. Rk. zu Huminsäuren weiterreagieren. Elektronenmkr. Unters. von Bodenkoll., bes. der Grenzflächen des Ton–Humus-Komplexes. Das Fe-Salz des Montmorillonits gibt deutliche Grenzflächen gegenüber den Huminsäuren. Niedermol. Substanzen, die mit den Huminbausteinen chem. verwandt sind, können fördernde wie auch hemmende Wrkg. auf das Pflanzenwachstum zeigen; die fördernde Wrkg. wurde mittels Kressewurzeltest nachgewiesen. (Z. Pflanzenernähr., Düng., Bodenkunde **55. (100.)** 1—4. 1951. Braunschweig, Inst. für Biochemie d. Bodens, Forschungsanst. für Landwirtsch.) SCHEIFELE. 6304

Isaac Barshad, *Kationenaustausch in Böden.* 1. Mitt. *Ammoniumfixierung und ihre Beziehung zur Kaliumfixierung und zur Bestimmung der Ammoniumaustauschkapazität.* Basenaustauschunterss. zeigten, daß viele Böden fähig sind, $NH_4^{\cdot}$ u. $K^{\cdot}$ auf gleiche Weise zu fixieren. Die $NH_4^{\cdot}$- u. $K^{\cdot}$-Fixierung erfolgte in starkem Umfang in der grobkörnigeren Bodenfraktion in Verb. mit vermiculitähnlichen Mineralien. Durch Dest. mit der Base wurde vom Boden adsorbiertes $NH_4^{\cdot}$ wirksamer freigesetzt als durch Auslaugen mit einer Salzlösung. Die Differenz des $NH_4^{\cdot}$-Geh., der durch Dest. mit NaOH bzw. KOH aus zwei $NH_4^{\cdot}$-gesätt. Bodenproben freigesetzt wurde, wird als Maßstab für die Fixierungskapazität des Bodens für $NH_4^{\cdot}$ oder $K^{\cdot}$ empfohlen. Die Unterschiede im Vermögen, adsorbierte Kationen freizusetzen, scheinen ihre Ursache in Strukturdifferenzen des Kristallgitters des Austauschmaterials zu haben. (Soil Sci. **72.** 361—71. Nov. 1951. Univ. of California.) RANG. 6304

Alberto Malquori, *Über die Stabilität des mineralischen Adsorptionskomplexes des Bodens.* Das Kationenaustauschvermögen der Böden ist durch die Hydrosilicate von Al u. Fe u. bei diesen wiederum durch die Festigkeitsunterschiede der Bindung bei Si–O–Al, Si–O–Fe u. Si–O–H bestimmt. Die Kornfeinheit, die Kristallstruktur u. die isomorphen Elemente beeinflussen das Verh. gegenüber atmosphär. Bedingungen. Beim Anionenaustausch ist vom landwirtschaftlichen Gesichtspunkt aus die P_2O_5-Aufnahme, die von der Natur der Siallitgrundkomponente u. der Aktivität der Al–OH- u. bes. der Fe–OH-Gruppen abhängt, am wichtigsten. Ca wirkt vor allem als stabilisierendes Element für die anorgan. u. die Humuskolloide. (Chim. e Ind. [Milano] **33.** 15—17. Jan. 1951. Perugia, Univ., Ist. di Chim. agr.) R. K. MÜLLER. 6304

A. Je. Kotschergin und **O. A. Osstroumowa**, *Die Verwendung von granulierten Düngemitteln auf Schwarzerden Sibiriens.* Mehrjährige Verss. ergaben, daß 1 dz granuliertes Superphosphat (I) die gleiche Wrkg. zeigt wie 3—4 dz pulverisiertes. Neben reinem mineral. I wurde auch mineral.-organ. I (I + Humus in variablen Mengen) benutzt. 1 dz steigerte den Ertrag um 4,4—7,4 dz Roggen bzw. 2,4 dz Sommerweizen je ha; 65 kg steigerten den Hirseertrag um 3,3 dz, 50 kg den Sonnenblumenertrag um 2 dz je ha. (Советская Агрономия [Sowjet. Landwirtschaftskunde] **9.** Nr. 12. 55—64. Dez. 1951. Sibir. Wiss. Forschungsinst. für Getreidewirtschaft.) LINTER. 6304

A. M. Witko, *Düngung im Rahmen einer Fruchtfolge mit Rübenanbau.* Bei der Fruchtfolge: Grasgemenge, Sommerweizen, Zuckerrüben, Erbsen, Winterroggen,

Schwarzbrache, Winterweizen u. Gerste mit Grasgemengeeinsaat hat es sich als am günstigsten erwiesen, die Volldüngung hauptsächlich zu Winterweizen u. Zuckerrübe zu geben u. die übrigen Früchte auf die Nachwrkg. anzuweisen. Die Höhe der Gaben wird von Vf. tabellar. angeführt. Auf 1 kg zugeführter Nährstoffe wurden unter den gegebenen Verhältnissen 3,5 kg Körner, 8,3 kg Zuckerrüben u. 1 kg Heu geerntet. (Советская Агрономия [Sowjet. Landwirtschaftskunde] **9.** Nr. 12. 65—72. Dez. 1951.) LINTER. 6304

R. S. Roy, F. C. Mallik und **B. N. Dé**, *Düngung von Mango (Mangifera indica L.)*. Es wurde festgestellt, daß beim Mangobaum die Aufnahme von P u. K durch N-Düngung intensiviert wird. N-reicher NPK-Mischdünger, welcher N als $(NH_4)_2SO_4$ enthält, erwies sich als vorteilhaft. (Proc. Amer. Soc. horticult. Sci. **57.** 9—16. Juni 1951. Bihar, Indien.) GRIMME. 6304

C. C. Singletary und **G. F. Warren**, *Einfluß von Zeit und Art der Hormongabe bei Tomatensetzlingen.* Bericht über Tomatenspritzungen mit *CPA* (= p-Chlorphenoxyessigsäure) 30 p.p.m. u. *BNOA* (= β-Naphthoxyessigsäure) 50 p.p.m. in Mischung mit üblichen fungiciden Spritzmitteln. Es wurden erhebliche Ertragssteigerungen festgestellt. Bei den Verss. zeigten sich kaum Unterschiede, wenn die Spritzungen bei noch geschlossener Blüte, halbaufgeblüht oder in voller Blüte stattfanden. (Proc. Amer. Soc. horticult. Sci. **57.** 225—30. Juni 1951. Lafayette, Ind.) GRIMME. 6304

Trude Schmidt, *Alternaria dianthicola als Erreger einer Blütenknospenfäule in Österreich.* Bekämpfungsverss. im Labor. mit *Kupfervitriolkalkbrühe, Kupferoxychlorid, Cosan* (koll. S), *Thiorit* (Netz-S), *Ventilato-S, TZ 129/6* (Hg-Präp. mit 3,6% Hg), *Pomarsol* u. *Fuclasin* (2 synthet. Fungicide) ergaben eine gute Wirksamkeit der synthet. Fungicide u. des Hg-Präparats. Sämtliche S-Präpp. erwiesen sich als wirkungslos, aber auch die Cu-Präpp. waren erst in höherer Konz. (1—2%) u. bei 2 std. Einwirkungsdauer wirksam. Bei Freilandverss. war kein einziges Präp. imstande, das Auftreten der Krankheit zu verhindern. (Pflanzenschutzberichte [Wien] **9.** 1—16. Aug. 1952. Wien, Bundesanst. für Pflanzenschutz.) WINIKER. 6312

H. Maercks, *Über Brauchbarkeit und Dosierung einiger insekticider Wirkstoffe für die Winter- und Spätbekämpfung von Tipula paludosa L.* Zur Winterbekämpfung der Larven von Wiesenschnecken (Tipula paludosa L.) war *Nitrophenylphosphorsäureäthylester* (I) am geeignetsten (Grünlandvers.: 150 g/ha in 600 Litern W., Grünland- u. Kastenvers. nach dem Kleieverf.: 60 g/ha in 24 Litern W. zu 50 kg Weizenkleie). Der *Methylester* war weniger wirkungsvoll als I. *DDT* (1,5 kg/ka) hatte die gleiche Wrkg. wie I. Im Kleieverf. genügten 400 g DDT je ha im Kastenvers., während auf Grünland 300 g/ha nur bei geringen Niederschlägen ausreichten. Bei *HCH*-Mitteln war eine Gesamtstickstoffmenge von mindestens 10 kg/ha erforderlich. *Schweinfurter Grün* (1—2 kg/ha) erwies sich nur im Kastenvers. bei Nahrungsmangel als hochwirksam, versagte aber auf Grünland. *Kalkstickstoff* (2 dz/ha) versagte auf Grün- u. Ackerland. Eine durchschlagende Spätbekämpfung war mit 250 g I/ha auf Grünland möglich. Auf Ackerland ist es vorteilhaft, die Wassermenge auf 1000 Liter/ha zu erhöhen. (Nachrichtenbl. dtsch. Pflanzenschutzdienstes [Braunschweig] **4.** 129—33. Sept. 1952. Oldenburg, Inst. für Grünlandfragen.) WINIKER. 6312

F. Kersting, *Versuche zur Bekämpfung des Besenginsters (Sarothamnus scoparius).* *2.4-D*-Präpp. u. ein *MCPA*-Mittel erwiesen sich als zur Bekämpfung von Besenginster ungeeignet. Dagegen erscheint auf Grund umfangreicher Verss. die Verwendung von Mischpräpp. aus *2.4-D* u. *2.4.5-T* möglich u. wirtschaftlich. (Nachrichtenbl. dtsch. Pflanzenschutzdienstes [Braunschweig] **4.** 137—40. Sept. 1952. Münster, Westfalen, Pflanzenschutzamt.) WINIKER. 6312

M. Curtis Wilson, *Bekämpfung des Süßkleebohrers in Indiana.* Neben den bekannteren Stäubemitteln wird vor allem die Düngung der jungen Pflanzen mit DDT-Superphosphatgemisch empfohlen. (J. econ. Entomol. **44.** 792—96. Okt. 1951.) GRIMME. 6312

George G. Gyrisco und **D. S. Marshall**, *Weitere Versuche zur Insektenbekämpfung bei Rotklee in New York.* Bei vergleichenden Verss. mit 7 verschied. chlorierten KW-stoff- u. Organophosphorverbb. erwiesen sich vor allem Dieldrin, Aldrin, Heptachlor u. Parathion als Stäubemittel in Konzz. von 1 lbs./1 acre wirksam. (J. econ. Entomol. **44.** 785—91. Okt. Ithaca, N. Y.) GRIMME. 6312

E. Gersdorf, *Auftreten und Bekämpfung des Haussperlings.* Vf. gibt an Hand eigener früherer Arbeiten u. der Literatur (13 Hinweise) einen Überblick über Auftreten u. Bekämpfung der Sperlinge u. kommt zu dem Schluß, daß das Grünweizenverf. die zur Zeit erfolgversprechendste Bekämpfungsmeth. darstellt. (Nachrichtenbl. dtsch. Pflanzenschutzdienstes [Braunschweig] **4.** 133—36. Sept. 1952. Pflanzenschutzamt Hannover.) WINIKER. 6312

George John Bouyoucos, *Umstellung der Hydrometermethode zur Durchführung mechanischer Bodenanalysen.* Die Neueinteilung geschah mit Rücksicht auf die neu festgelegten Korngrößeneinteilungen durch die INTERNATIONAL SOCIETY OF SOIL SCIENCE. Gegenüberstellung von Meßergebnissen nach der Pipetten- u. Hydrometermethode. (Agronomy J. **43.** 434—38. Sept. 1951. East Lansing, Michigan Agric. Exp. Stat.) W. SCHULTZE. 6324

S. A. Hall, J. Wm. Stonlman III und **M. S. Schechter,** *Colorimetrische Bestimmung von Oktamethylpyrophosphoramid.* Zur Best. des neuen Insekticids *Oktamethylpyrophosphoramid* (I) in Pflanzenmaterial wird die zu untersuchende Probe in einem SOXHLET mit Chlf. mehrere Std. erschöpfend extrahiert. Durch Säurehydrolyse der extrahierten Lsg. mit konz. HCl geht I in *Dimethylaminhydrochlorid* (II) u. H_3PO_4 über. Nach Verdampfen von CCl_4 wird II bei Alkaliüberschuß durch Wasserdampfdest. von H_3PO_4 getrennt u. in n-HCl aufgefangen. Das so erhaltene Destillat von 25 ml wird zur Entw. des Farbtones in einem Scheidetrichter mit 5 Tropfen gesätt. NaOH-Lsg., 1 Tropfen Cu-Reagens (0,5 g $CuSO_4$ 5 H_2O in 10 ml dest. W. u. 490 ml NH_4OH, d = 0,9) u. 20 ml Chlf.-CS_2 (5 g CS_2/Liter Chlf.) versetzt u. geschüttelt. Die Chloroformschicht wird dann in einem photoelektr. Colorimeter unter Vorschaltung eines Blaufilters (400—465 mμ) colorimetriert. Der Farbton bleibt 30 Min. stabil. Die Empfindlichkeit beträgt ca. 5 μg I. (Analytic. Chem. **23.** 1866—68. Dez. 1951. Beltsville, Md., U. S. Dep. Agricult., Bur. of Entomol. Plant Quarantine.) SCHLEGEL. 6328

Salzdetfurth Akt.-Ges. (Erfinder: **Hans Grasshoff**), Bad Salzdetfurth, *Herstellung hochprozentiger Kalisalze,* bes. *KCl.* Die bei den üblichen, auf Carnallit u. Hartsalz angewandten, Arbeitsmethoden anfallenden niedrigprozentigen Prodd. werden vor ihrer Abtrennung aus der Mutterlauge einer Flotation unterworfen. Die Zwischenprodd. fallen in einer gleichmäßigen, für die Flotation bes. günstigen Form an u. benötigen geringere Mengen an Flotationsmitteln. Die Endprodd. stellen hochprozentige *Düngemittel* dar, die auch z. B. auf K_2SO_4 oder K_2CO_3 verarbeitet werden können. (**D. B. P. 850 295** Kl. 121 vom 23/8. 1950, ausg. 22/9. 1952.) KARST. 6287

Richard Schubert, Bremen, *Herstellung von wasserlösliche Phosphorsäure enthaltenden Humusdüngemitteln.* Feuchter, bes. naturfeuchter, zerkleinerter Torf wird mit gemahlenen Rohphosphaten oder anderen P_2O_5 enthaltenden Mineralien innig vermischt. Bereits lufttrocken gemachter Torf wird nach Zerkleinerung angefeuchtet u. dann mit gemahlenen Phosphoriten vermischt. Durch Abpressen oder dgl. aus Torf gewonnene Humussäure kann den Phosphaten in konz. Form zugesetzt werden. Torf mit ca. 40—80 (%) Wassergeh. werden 10—25 Phosphat zugefügt. Unter Neutralisierung des Torfs werden Düngemittel mit wasserlösl. P_2O_5 gewonnen, die für *Tabak-, Wein-* u. *Gemüsebau* bes. geeignet sind. (**D. B. P. 850 456** Kl. 16 vom 16/11. 1948, ausg. 25/9.1952.) KARST. 6291

Norddeutsche Affinerie, Hamburg, und **Chemische Fabrik C. F. Spiess & Sohn,** Kleinkarlbach über Grünstadt, Rhpf., *Förderung des Pflanzenwachstums.* Substituierte Essigsäuren, bes. α-Naphthylessigsäure, ihre Ester, Derivv. oder Salze, werden im Gemisch mit Indolaldehyd, HCOOH, Glycerinborsäure, Phthalyl-, Amino-, Cyan- bzw. Rhodanessigsäure, Phthalsäure oder Naphthalsäure zur Beschleunigung des Wurzelwachstums von Stecklingen, zur Beeinflussung des Frühtreibens, der Blühwilligkeit u. der ruhigen Ausreifung verwendet. (**D. B. P. 849 848** Kl. 16 vom 24/11. 1949, ausg. 18/9. 1952.) KARST. 6305

Biomisation Ltd., Saddleworth, und **Eric George Finch,** Sandhurst, England, *Mittel zur Steigerung der Entwicklung von Pflanzen.* Um das Aufkeimen von Saatgut, das Wurzelschlagen von Pflanzen u. Stecklingen zu fördern, verwendet man einen fl. koll. Humus, der Pflanzennährstoffe, Spurenelemente u. Wuchshormone an der Oberfläche der koll. Teilchen adsorbiert enthält. Z. B. versetzt man eine Alkalialginatlsg. mit geringen Mengen $CaHPO_4$, $NaNO_3$, $MgSO_4$, KCl, $FeSO_4$, H_3BO_3, $MnSO_4$, $ZnSO_4$, $CuSO_4$ u. Diphenylacetylaceton, läßt diese Stoffe an Humusstoffen adsorbieren u. diese dann mit Hühnerdung oder einem anderen Naturdünger, dem eine Mischkultur von Bacillus radicocola u. Azotobacter chroococcum unter Zusatz von Ton u. Holzkohle zugegeben wurde, gären. (**N. P. 79 202** vom 29/6. 1949, ausg. 22/10. 1951. E. Priorr. 30/6., 6/8., 29/10. u. 17/11. 1948.) J. SCHMIDT. 6305

General Aniline & Film Corp., New York, N. Y., übert. von: **Emily M. Owen,** Easton, Pa., V. St. A., *Schädlingsbekämpfungs- und Desinfektionsmittel,* bestehend aus Aminoacetaldehyddibutylacetal, das mit inerten Verdauungsmitteln u. mit Trägerstoffen in Lsg. (A., Aceton) oder in wss. Dispersion verwendet werden kann. (**A. P. 2 585 493** vom 19/11. 1948, ausg. 12/2. 1952.) KETTNER. 6313

Imperial Chemical Industries Ltd., London, England, *Räuchermittel für die Bekämpfung von Ungeziefer oder Insekten.* Als rauchbildender Bestandteil wird eine M. aus ca. 65—80 (Teilen) NH_4NO_3 u. 35—20 Holzkohle verwendet, in der das NH_4NO_3 mindestens teilweise an der Kohle adsorbiert ist. Diese M. soll ca. 40—45 Teile der Gesamtmasse betragen. Im übrigen enthält die M. insekticide Mittel, z. B. DDT, u. auch Stoffe, die das Zünden erleichtern, wie KNO_3. (**N. P. 79 031** vom 8/1. 1949, ausg. 10/9. 1951. E. Prior. 3/3. 1948.) J. SCHMIDT. 6313

Sun Oil Co., Philadelphia, übert. von: **Herbert L. Johnson**, Media, und **Archibald P. Stuart**, Norwood, Pa., V. St. A., *Insekticide Mittel.* Als akt. Stoffe werden Derivv. des 4-Vinylcyclohexens mit einem Cl-Geh. von ca. 63% verwendet, die durch Einw. von Cl auf 1.2-Dichlor-4-(α.β-dichloräthyl)-cyclohexan bei Tempp. von 100—175° in Ggw. von aktin. Licht u. Abtrennung von dem Reaktionsgemisch erhalten werden. (**A. P. 2 564 534** vom 24/10. 1947, ausg. 14/8. 1951.) KARST. 6313

California Spray-Chemical Corp., übert. von: **Leonard W. Harris**, Richmond, Calif., V. St. A., *2.2-Dianisyl-1.1.1-trichloräthan* entsteht beim Kochen von 1 (Mol) Chloralhydrat mit 2 Anisol, 5 Bzl. u. mit Tonerde, die mit 96%ig. H_2SO_4 imprägniert ist. F. 87—88°. Analog: *2.2-Bis-(p-oxyphenyl)-1.1.1-trichloräthan*, F. 202°. — *Insekticide.* (**A. P. 2 572 141** vom 11/2. 1946, ausg. 23/10. 1951.) LANGER. 6313

Eastman Kodak Co., Rochester, N. Y., übert. von: **Hugh J. Hagemeyer jr.** und **Allan Bell**, Kingsport, Tenn., V. St. A., *Polyphosphosäureester* erhält man durch Erhitzen eines Phosphonsäureesters der allg. Formel $(R'O)_2P(R){=}O$ (R' = Alkyl mit 1 bis 4 C-Atomen, R = Alkyl mit 1—4 C-Atomen, Phenyl, Benzyl) mit einem S- oder P-Halogenid oder -Oxyhalogenid (SO_2Cl_2, $SOCl_2$, $POCl_3$), z. B. auf 90—150°. Die Rk. verläuft wie folgt:

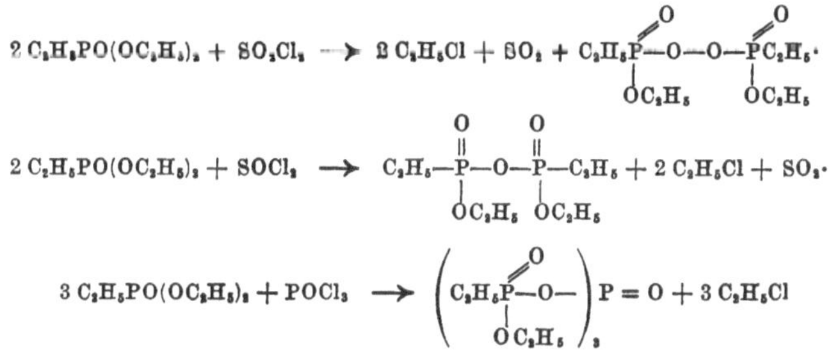

Aus Diäthylphosphonat erhält man mit $POCl_3$ bei 110—130° nach 2 Std. *Tri-(P-äthoxy-P-äthylphosphonyl)-phosphat*, n_D^{20} 1,45, D. 1,286. — *Diäthyldiphenylpyrophosphonat.* — Weitere Beispiele. Die Phosphonsäureester werden aus den entsprechenden Phosphiten erhalten. Verwendung als *Insekticide.* (**A. P. 2 566 194** vom 16/2. 1948, ausg. 28/1. 1951.) KRAUSS. 6313

Je. W. Arinuschkin, Chemische Analyse von Böden. Verlag der Moskauer Staatl. Univ. 1952. (240 S.) 5 Rbl. 50 Kop. [russ.]

Angelo Menozzi e Ugo Pratolongo, Chimica vegetale e agraria. Vol. IV: Analisi chimico-agrarie. Milano: U. Hoepli. 1952. (XXIV + 575 S. m. Abb.) 8°. L. 3000,—.

VIII. Metallurgie. Metallographie. Metallverarbeitung.

J. D. Fast, *Der Einfluß von Verunreinigungen auf die Eigenschaften von Metallen.* 1. Mitt. Es wird gezeigt, daß die Schädlichkeit von Einschlüssen in erster Linie durch ihre räumliche Verteilung gegeben ist, diese ihrerseits aber abhängt vom Verhältnis der Oberflächenspannungen γ' u. γ, wobei γ' die Oberflächenspannung zwischen Einschluß u. Grundmetall, γ diejenige zwischen den verschieden orientierten Kristallen des Grundmetalls bedeutet. Im einzelnen wird der Einfl. von O_2 u. S auf die mechan. Eigg. des Fe besprochen. (Metalen **7.** 2—6. 15/1. 1952. Eindhoven-Nederland, N. V. Philips' Gloeilampenfabrieken, Natuurkundig Labor.) RUMPF. 6350

J. D. Fast, *Der Einfluß von Verunreinigungen auf die Eigenschaften von Metallen.* 2. Mitt. (1. vgl. vorst. Ref.) An Hand der Systeme Al–Mn, Fe–Ni–Cu, Fe–Fe_3C u. Fe–Fe_4N wird der Zusammenhang zwischen Einschluß u. Kristallwachstum klargestellt. Auf Grund der Unterss. der Eigg. von C u. N in reinem Fe u. Fe mit 0,5% Mn wird die magnet. Alterung von Stählen auf die größere chem. Affinität des N zum Mn als zu Fe zurückgeführt. (Metalen **7.** 7—12. 15/1. 1952.) RUMPF. 6350

Hans Reinfeld, *Die neueren Entwicklungsarbeiten beim Stürzelberger Eisenreduktionsverfahren.* In einem bas. zugestellten Trommelofen mit Kohlenstaubfeuerung werden gesinterte Erze mit Kalksplitt u. Koksabrieb erwärmt. Das Fe des Erzes wird direkt red., Verunreinigungen, wie Pb u. Zn, verdampfen u. werden aus den Abgasen durch ein Elektrofilter gewonnen. Die Wärme der Ofenabgase dient zum Vorwärmen von Erz u. Kalk. Erzeugt wird ein Roheisen folgender Zusammensetzung: 4—4,8(%) C, 0,3—0,4 Mn, 0,015—0,02 Si, unter 0,03 P, unter 0,01 S, unter 0,1 Cu, unter 0,1 Cr u. Spuren Ti. Verwendung in der Erzeugung von Fe-Pulver, Edelstahl, Hartguß u. sphärolyt. Gußeisen. Die anfallende hochbas. Schlacke zerfällt u. wird als Düngekalk verwendet. (Radex-Rdsch. **1951.** 178—87. Sept. Stürzelberger Hütte G. m. b. H.) K. STEIN. 6390

A. Zimmermann, *Einiges über Spezial- und Sonderroheisen.* Es wird ein Überblick über die chem. Zuss. u. Anwendungsgebiete von schwed. Holzkohlenroheisen, hochgekohltem Spezialroheisen, *HK*-Sonderroheisen, niedriggekohltem Spezialroheisen (Silbereisen), den C-armen *DKC* u. *KB*-Spezialsorten, Hämatit sowie dem als Manganträger verwendeten Siegerländer Spezialroheisen gegeben. (Giesserei-Praktiker **1951.** 323—27. 25/10. 1951.) HOCHSTEIN. 6400

Nils Sjögren, *Verwendung von Lignit-Braunkohle zum Erschmelzen von Roheisen.* Verss. ergaben, daß im elektr. Niederschachtofen mit steir. Lignitkohlen Roheisen erschmolzen u. daß in einem Sauerstoff-Niederschachtofen steir. Erz mit steir. Braunkohle verhüttet werden kann. (Stahl u. Eisen **71.** 388—91. 12/4. 1951. Leoben.) HABBEL. 6400

K. K. Assejew, *Schmelzen von Gußeisen bei Anwendung von Thermoanthracit.* Verss. zum Erschmelzen von Gußeisen im Kupolofen unter Verwendung von Thermoanthracit zeigen, daß zur Erzielung einer hohen Eisentemp. die Güte des verwendeten Anthracits von ausschlaggebendem Einfl. ist. Es wird zweckmäßig ein Anthracit verwendet, der nicht mehr als 5 (%) Grus, 1,5—1,6 S u. 4—5 Asche enthält. Ein derartiger Thermoanthracit gewährleistet ein auslaufendes Gußeisen von 1400—1440° mit guten Gießeigenschaften. Der Brennstoffsatz besteht aus 50% Koks u. 50% Thermoanthracit. Ohne Anwendung einer Lufterhitzung oder sonstiger Maßnahmen läßt sich ein leichtfl. Gußeisen herstellen. Erörtert werden die Kupolofen-Betriebsbedingungen. (Литейное Производство [Gießereiwesen] **1952.** Nr. 5. 23. Mai.) HOCHSTEIN. 6402

Eduard Maurer und **Werner Gilde,** *Verbesserung des üblich erblasenen Thomasstahls.* Verss. mit Ti-Zugabe in den Konverter u. in die Pfanne hatten keinen Einfl. auf N, das gesamte Ti wird an O gebunden u. zur Desoxydation verbraucht. (Metallurgie u. Gießereitechn. **1.** 354—57. Dez. 1951.) K. STEIN. 6408

S. L. Gertsman und **H. P. Tardif,** *Zinn und Kupfer im Stahl.* Sn verursacht Risse bei 1000°, in Ar ist die Neigung zur Rißbldg. geringer, ebenso bei 1250°. Bei Erwärmung an Luft ist die Oxydationsgeschwindigkeit des Fe größer als die des Sn, so daß sich dieses an der Oberfläche anreichert. Cu verursacht Risse dadurch, daß es zwischen den Korngrenzen zu schm. beginnt. Der schädliche Einfl. jedes dieser Elemente wird durch die gleichzeitige Ggw. des anderen verstärkt. (Iron Age **169.** Nr. 7. 136—40. 14/2. 1952. Ottawa, Ont., Dep. of Min. and Techn. Surv.) K. STEIN. 6408

T. I. Wolkowa, *Der Einfluß des Kohlenstoffs auf die mechanischen Eigenschaften des Stahls bei hoher Temperatur.* Mit der Erhöhung des C-Geh. wächst bei 20, 200,300, 500 u. 600° Versuchstemp. die Festigkeit (σ_b u. $\sigma_{0,2}$), während die Dehnbarkeit (ψ u. δ) verringert wird. *Armco-Eisen* (0,025% C) weist bei allen Versuchstempp. niedrigere Werte für ψ u. δ auf als Stahl mit 0,17% C. Gefüge mit lamellarem *Perlit* (I) ergeben höhere Festigkeitswerte u. geringere Werte für die Dehnung als Gefüge mit körnig ausgebildetem *Zementit* (II). Körniger freier II tritt im Stahlgefüge bei C-Gehh. von über 0,8% auf. Besteht das Gefüge des Stahls bereits aus körnigem II, so werden durch zusätzlichen körnigen II die Festigkeitskurven in ihrem Verlauf nicht beeinflußt, während bei lamellarem I durch freien körnigen II die Festigkeitswerte etwas verringert u. die Dehnungswerte erhöht werden. (Вестник Машиностроения [Nachr. Maschinenbau] **31.** Nr. 4. 45—47. April 1951.) VOLLENBRUCK. 6408

I. A. Popow und **B. W. Stark,** *Vanadin im saueren Stahlprozeß und Desoxydationsfähigkeit von Vanadin.* In sauren MARTIN-Schlacken, die aus Fe-Oxyden, Si, Mn u. V bestehen, bildet V eine Phase von der Art der Fe–V-Spinelle $FeO \cdot V_2O_3$. Die Gesamt-Rk. im Metallbade kann für den saueren Prozeß durch folgende Gleichung dargestellt werden: $V_M + 2\ FeO_{Schl} = \frac{1}{2}\ (FeO \cdot V_2O_3)_{fest} + 3/2\ Fe_M$. Die Gleichgewichtskonstante (I) für V entspricht: $K_V = [V][FeO]^2$. Experimentell wurde I für V in Abhängigkeit von der Temp. für den saueren Prozeß erhalten: $\lg K_V = \lg [V][FeO]^2 = -10900/T + 7,28$. Die Gleichung für die Abhängigkeit der I für V von der Temp. im fl. Eisen lautet: $\lg K'_V = \lg [V][FeO]^2 = -23700/T + 10,10$. Die desoxydierende Wrkg.

von V ist geringer als diejenige von Si. (Известия Академии Наук СССР, Отделение Технических Наук [Nachr. Akad. Wiss. UdSSR, Abt. techn. Wiss.] **1951.** 261—66. Febr.) VOLLENBRUCK. 6408

W. H. Dennis, *Eigenschaften und Anwendungsbereich von Nickel und seinen Legierungen.* Überblick. (Mine Quarry Engng. **18.** 73—80. März 1952.) WEITBRECHT. 6434

W. E. Pratt, *Worthite.* Die Ni-Legierung *Worthite* ist bis zum Kp. einer $CuSO_4$-Lsg. beständig. Gegenüber Cr–Ni- u. Cr–Ni–Mo-Stählen verhält sie sich bes. in sauren Lsgg. als Inhibitor. (Chem. Engng. **58.** 208. April 1951. Harrison, N. Y., Worthington Pump and Machinery Corp.) J. FISCHER. 6434

Ch. Tschappat, *Fortschritte in der elektrolytischen Herstellung des Mangans.* Verss., ausgehend von Pyrolusit mit 88,95% MnO_2 u. Hausmannit mit 25,02% Mn_3O_4, in salzsauren u. schwefelsauren Bädern. (Chim. e Ind. [Milano] **33.** 333—39. Juni 1951. Losanna.) RUMPF. 6436

G. Missier, *Eigenschaften und Verwendung von Reinstaluminium.* Überblick. (Alluminio **20.** 329—40. 1951. Novara, Ist. Sperimentale dei Metalli Leggeri, Div. Ricerche.) RUMPF. 6442

R. W. Müller, *Zur Herstellung von Aluminiumlegierungen.* Überblick mit Schmelzdiagrammen. (Gießereipraxis **70.** 322. 325—28. 10/9. 1952.) HABBEL. 6442

H. G. Warrington, *Fortschritte in Canada bei Magnesiumstrangpreßlegierungen.* Bericht über die Herst. von Mg höchster Reinheit mit 0,004 (%) Al, 0,001 Cu, 0,001 Fe, 0,002 Mn, 0,0005 Ni, 0,0005 P u. 0,006 Si u. Angaben über die mechan. Eigg. von daraus hergestellten Mg-Legierungen mit 0—8,5 (%) Al, 0,2—1,5 Mn, 0—1 Zn u. 0—1 Zr nach dem Strangpressen. (Mod. Metals **7.** 23—27. Nov. 1951. Haley, Can., Dominion Magnesium Ltd., Wrought Prod. Div.) WEITBRECHT. 6444

W. D. Jones, *Hitzebeständige pulvermetallurgische Werkstoffe.* Überblick. (Metallurgia ital. **43.** 425—31. Okt. 1951.) RUMPF. 6474

A. Inczédy, *Untersuchung der Porosität verzinnter Bleche.* Best. der fehlerhaften Stellen auf Weißblech nach der Meth. von SERGER oder mit Gips führt zu verschwommenen u. nicht reproduzierbaren Ergebnissen. Vf. benutzt eine verbesserte Meth., welche binnen 3 Std. gut reproduzierbare Ergebnisse liefert. Ein ca. 9 × 12 cm großes Stück Weißblech wird mit Bzn. entfettet, 3 Min. lang in 5%ig. H_2SO_4 angeätzt u. mit W. ausgiebig gewaschen. Nach dieser Vorbereitung taucht man ein etwas größeres dünnes, glattes Filtrierpapier in eine Lsg., 2% $K_3[Fe(CN)_6]$ u. 1% Gelatine enthaltend, läßt abtropfen, breitet es auf das Blech u. glättet mit einer Walze. Um zu schnelles Trocknen zu verhindern, wird das belegte Blech mit einer Schale bedeckt. Nach 3 Std. bläst man warme Luft auf das Papier, welches getrocknet vorsichtig vom Blech gezogen wird. Die blauen Flecke zeigen die fehlerhaften Stellen sehr deutlich an. (Élelmezési ipar. **4.** 15—16. Dez. 1950.) PLANK. 6480

M. R. Schrajerman, *Zur Frage des Überganges von Phosphor aus dem Flußmittel in das Metall bei automatischem Schweißen.* Mit P stark angereicherte Einschlüsse entstehen beim Schmelzen des Flußmittels durch Red. des Si u. Mn. Diese metall. Einschlüsse Mn-reicher saurer Flußmittel haben gewöhnlich folgende chem. Zus.: 0,2—0,3 (%) *C*, 50—65 *Mn*, 4—8 *Si* u. 3—7 *P*. Beim Schweißen legieren sich diese Einschlüsse mit dem Schweißgut, so daß die Höchstgrenze für P (0,055%) überschritten wird. Bei Gehh. von über 0,07 (%) P bei 1,5 Mn u. 0,18 C im Schweißgut tritt Warmrißbldg. ein. Als Höchstgeh. für metall. Einschlüsse im Flußmittel wird 1% angegeben. Bei Erhöhung der Einschmelztemp. u. Schmelzdauer wachsen die Einschlüsse. (Автогенное Дело [Autogene Ind.] **22.** Nr. 9. 11—14. Sept. 1951.) VOLLENBRUCK. 6506

A. N. Schaschkow und **Z. Ss. Chromowa,** *Lichtbogenschweißen von Kupfer unter Stickstoffschutzgas.* Verwendung von Ar u. N_2 als Schutzgas. (Автогенное Дело [Autogene Ind.] **22.** Nr. 9. 4—7. Sept. 1951.) VOLLENBRUCK. 6506

Je. Ss. Kudelja, *Versuch einer spektroskopischen Untersuchung von Schweißnähten.* Durch spektralanalyt. Unterss. sehr dünner Schichten von Schweißnähten wurde festgestellt, daß die Nahtoberfläche stets eine Anreicherung an Elementen aufweist, die große Verwandtschaft zum O haben. Die Dicke dieser Oberflächenschichten beträgt einige Zehntel μ bis 0,05 mm u. hängt von der Dauer der Berührung zwischen Flußmittel u. Schweißgut während der gemeinsamen Erstarrung ab. Je dünner die Oberflächenschicht ist, desto leichter läßt sie sich vom Grundmetall ablösen. Auch die Warmrißbldg. als Folge von interkristallinen Schichten mit angereicherten metall. Legierungselementen konnte spektrograph. nachgewiesen werden. Cr, W u. Ti reichern sich an den Grenzflächen der Stengelkristalle an, während Cu ein leichtschm. Eutektikum bildet. Bemerkenswert ist die Anreicherung mit Si bis auf das 1½fache des Geh. im Schweißgut. (Доклады Академии Наук СССР [Ber. Akad. Wiss. UdSSR] [N. S.] **76.** 395—97. 21/1. 1951.) VOLLENBRUCK. 6506

A. Gordet, *Heißverbleiung.* Das Beizen der Teile vor der Verbleiung, bes. die Vor- u. Nachteile der HCl- u. der H_2SO_4-Beize, werden diskutiert. Neuere Verff., wie NaH-Beize (DU PONT) u. NH_3-Gasbeize (IMP. CHEMICALS), werden erwähnt. Pb-Bäder werden in der Regel nur mit einer dünnen Flußmittelschicht gegen Oxydation geschützt. Nach dem Tauchen in das Pb-Bad werden die Teile in kaltem W. abgeschreckt; dadurch wird anhaftendes Flußmittel gelöst. Vf. diskutiert ferner den Vorschlag einer Oxydation der Fe-Teile vor der Beize. (Galvano [Paris] **21.** Nr. 181. 17—19. Febr. 1952.) J. FISCHER. 6516

A. Reuter, *Eloxieren und Glanzeloxieren.* Behandelt werden bes. die Bedeutung der Zus. des zu eloxierenden Al auf die Schichtausbldg., ferner die prakt. Durchführung der Verfahren. (Metall **6.** 515—16. Sept. 1952.) MARKHOFF. 6530

Antonio Ferri, *Untersuchungen nichtrostender Stähle.* 2. Mitt. *Messungen der Widerstandsfähigkeit gegen interkristalline Korrosion.* (1. vgl. Metallurgia ital. **40.** [1948.] 101.) Zur Charakterisierung der STRAUSSschen Probe u. der Prüfung nichtrostender Stähle in kochender HNO_3 werden an sensibilisierten, austenit. 18/8-Stahlproben interkristallin. Korrosionsverss. durchgeführt. Die Ergebnisse zeigen außer den inhibierenden Wirkungen von Ti u. Mo u. dem Einfl. der Wärmebehandlung die größere Empfindlichkeit der STRAUSS-Probe. Die bei den Verss. auftretenden Streuungen (die Korrosion wurde mit Hilfe elektr. Widerstandsmessungen bestimmt) werden mit der Korngröße, dem Fällungsumfang der Carbide u. der Oberflächenbeschaffenheit der Prüflinge in Verbindung gebracht. (Metallurgia ital. **43.** 432—34. Okt. 1951. Ist. Scientifico Tecnico E. Breda, Sesto S. Giovanni.) RUMPF. 6540

H. J. Stark, J. Kaminetsky und **R. R. Winans,** *Halbschnelltest zur Prüfung der Korrosion von Stählen in Berührung mit Phenolschaumharz.* Geprüft wurde das Verh. von Stählen in Berührung mit Phenolschaumharzen *B* u. *C* sowie Balsaholz in Seewasser bei Raumtemperatur. In allen Fällen erfolgte Metallkorrosion u. erhöhter Gewichtsverlust. Schaumharz *C* bewirkte stärkere Korrosion als *B*; Balsaholz verhielt sich wie Harz *C*. Die Korrosion stand zu dem p_H-Wert der Agenzien nicht in Beziehung. In der Praxis erhalten die Stahlteile, welche mit den genannten Stoffen in Seewasser in Berührung stehen, zweckmäßig einen geeigneten Schutzanstrich. (J. Amer. Soc. Naval Engr. **64.** 49—57. Febr. 1952.) SCHEIFELE. 6540

Electric Furnace Products Co. Ltd., New York, N. Y., V. St. A., *Entschwefelung von Metallen und Legierungen.* Metalle u. Legierungen, wie *Ferrochrom*, welche wesentlich unterhalb des Dampfdruckes von Siliciumsulfid liegende Dampfdrücke aufweisen, u. wobei als Metalle *Cu, Ti, V, Cr* u. *Fe* oder die schweren Elemente der Valenzgruppe, denen die namentlich genannten Metalle angehören, in Betracht kommen, werden in fester Phase entschwefelt, indem ihnen eine derartige Menge Si einverleibt wird, die wenigstens der zur Bldg. von Siliciumsulfid mit dem aus den Metallen u. Legierungen zu entfernenden S stöchiometr. erforderlichen Menge gleich ist. Anschließend wird das pulverisierte Material unter vermindertem Druck erhitzt, u. zwar auf eine höhere, zur Bldg. von Siliciumsulfid durch Umsetzung des S u. des zugesetzten Si ausreichenden, aber unterhalb des F. des zu behandelnden Materials liegenden Temperatur. Das zu entschwefelnde pulverisierte Material wird vor dem Erhitzen zu Kügelchen, Tabletten oder dgl. verformt. (**Oe. P. 171 407** vom 12/4. 1950, ausg. 26/5. 1952. A. Prior. 15/4. 1949.) HOCHSTEIN. 6381

Josef Burchartz, Detmold-Land, *Herstellung von gußeisernen Hohlkörpern durch Schleudern.* Die Gießkokillen erhalten eine feuerfeste Innenauskleidung, indem eine M. aufgebrannt wird, die aus einer Mischung von bei niedrigen Tempp. festbrennenden Bettungsstoffen u. feuerbeständigen, wärmeisolierenden Stoffen besteht. Die Bettungsstoffe sollen bei 80—200° dünnfl. sein u. bei 300—500° auf der Kokillenwand festbrennen. Als Bettungsstoffe eignen sich Kolophonium, Paraffin, Wachs, Kunstharz- u. KW-stoffverbb., als feuerbeständige u. wärmeisolierende Stoffe Graphit, Schamotte, Kieselgur u. Teerderivate. (**Oe. P. 169 116** vom 11/6. 1949, ausg. 10/10. 1951. D. Prior. 18/5. 1949.) BÜLTMANN. 6383

Vitkovicke Zelezarny, Národní Podnik, Ostrava, und **Leo Petrzela,** Brno, Tschechoslowakei, *Gießform.* Formsand wird mit einem Hilfsstoff gemischt u. dieser nach der Formherst. durch Einw. einer weiteren Substanz gehärtet. Hilfsstoffe sind z. B. Natrium-, Äthyl- oder Methylsilicat. Härtungsmittel sind z. B. CO_2, NH_3, HCl, Äthyl- oder Methylalkohol. Diese werden vorzugsweise als Gas durch die Form geblasen.

(**E. P. 654 817** vom 10/12. 1948, ausg. 27/6. 1951. Tschech. Priorr. 12/12. 1947 u. 5/2. 1948.) BÜLTMANN. 6383

Institute of Gas Technology, Chicago, Ill., übert. von: **Vincent S. de Marchi,** Jamaica, N. Y., V. St. A., *Konzentration des Eisengehaltes von Eisenerzen.* Ein Eisenerz, welches Magnetit, Hämatit u. mit diesen eng verwachsene SiO_2 enthält, wird fein zerkleinert u. bei Tempp. zwischen 1200 u. 1700° F (650—927° C) einer reduzierenden Behandlung unterworfen, um die Fe-Oxyde in metall. Fe überzuführen. Nach magnet. Scheidung wird die magnet. Fraktion auf eine Korngröße zerkleinert, die unterhalb des 325-Maschensiebes liegt, worauf das zerkleinerte Prod. einer magnet. Naßscheidung unterworfen wird. (**A. P. 2 557 059** vom 17/8. 1948, ausg. 19/6. 1951.) HANS HOFFMANN. 6391

Eisenwerke Mülheim/Meiderich Akt.-Ges., Mülheim/Ruhr (Erfinder: **Max Paschke,** Essen), *Herstellung von Roheisen.* Roheisen, bes. Hämatitroheisen, wird aus rückstandsarmen Erzen oder aus Erzen unter Zugabe von Schrott gewonnen, indem der Möller so eingestellt wird, daß die pro t erzeugte Schlackenmenge unter der sonst üblichen Schlackenmenge liegt u. beim Abstich des Eisens ein wesentlicher Teil der geschmolzenen Schlacke im Schachtofen zurückgehalten wird. Zweckmäßig wird hierbei die Schlackenform bei beginnendem Abblasen der Schlacke bzw. vorzeitig geschlossen. Auch kann unter dauerndem Zuhalten der Schlackenform aus dem Stichloch jeweils nur eine zweckentsprechend geringe Schlackenmenge abgelassen werden. Der Koksverbrauch pro t Roheisen ist niedriger als bei dem sonst üblichen Verfahren. (**D. B. P. 846 258** Kl. 18a vom 5/12. 1950, ausg. 11/8. 1952.) HOCHSTEIN. 6401

Eisenwerke Mülheim/Meiderich Akt.-Ges., Mülheim/Ruhr (Erfinder: **Max Paschke,** Essen), *Herstellung von Roheisensorten mit feinverteiltem kurzadrigem Graphit.* Ein in einem Schachtofen erschmolzenes hochsiliciertes Roheisen mit möglichst geringem Geh. an gebundenem C wird mit in einem weiteren Schachtofen erschmolzenem, möglichst niedrigsiliciertem Roheisen mit möglichst hohem Geh. an gebundenem C anteilig, entsprechend dem gewünschten Si-Geh. gemischt u. wahlweise in Sand, Kokille oder unmittelbar zu Gußstücken vergossen. Zweckmäßig werden die niedrig- u. hochsilicierten Roheisensorten bei niedriger Temp., z. B. unter 1400°, gemischt. In die Endschmelze wird vorteilhaft CO_2 oder CO eingeleitet. Auch kann der Endschmelze eine geringe Menge Eisenoxyd zugesetzt werden. (**D. B. P. 846 257** Kl. 18a vom 23/11. 1950, ausg. 11/8. 1952.) HOCHSTEIN. 6401

Hütten-Gesellschaft Lohse-Lindhorst-Paxmann G. m. b. H., Berlin-Wilmersdorf (Erfinder: **Julius Lohse**), *Unmittelbare Gewinnung von Roheisen und Stahl aus Erzen in einer Drehofenanlage.* Die Gewinnung erfolgt in einer aus mehreren unmittelbar miteinander verbundenen, in einer Achse angeordneten Trommeln bestehenden Drehofenanlage, in welcher unter Einw. einer in die erste Trommelabteilung eingeblasenen Schmelzflamme das Eisen nacheinander geschmolzen, entschlackt u. im Falle einer Stahlerzeugung gefrischt, unter Überhitzung zurückgekohlt u. gegebenenfalls legiert wird. Hierbei wird innerhalb eines mittels einer ortsfesten, allseitig abgeschlossenen Übergangskammer unmittelbar an das Beschickungsende der Schmelzabteilung angeschlossenen Drehofens das zerkleinerte Erzgut unter Einw. einer das letztere nur bis zur Röstung erhitzenden Flamme in einem Zuge getrocknet, geröstet, calciniert, unter fortlaufender Zugabe von Kohle red. u. mit der während der Red. aufgenommenen Wärme unmittelbar der Einw. der Schmelzflamme innerhalb der Schmelzabteilung zugeführt, wobei zweckmäßig das red. Gut innerhalb der abgeschlossenen Übergangskammer wieder aufgebrochen wird. — Abbildungen. (**D. R. P. 750 065** Kl. 18a vom 18/6. 1940, ausg. 14/8. 1952.) HOCHSTEIN. 6401

Eisenwerke Gelsenkirchen Akt.-Ges., Gelsenkirchen (Erfinder: **Herbert Boos,** Gelsenkirchen, und **Roland Wasmuht,** Dortmund), *Wärmebehandlung von im Stranggießverfahren gegossenen Strängen aus Eisen.* Die Abkühlung der gegossenen Stränge wird bei einer für die Gefügebeeinflussung ausreichend hohen Temp. abgefangen u. die den Strängen dann noch innewohnende Wärme zur Beeinflussung der Gefügeausbldg. derart ausgenutzt, daß strangförmig gegossenes Roheisen mit Tempp. oberhalb 720°, vorzugsweise zwischen ca. 800 u. 1000°, aus der Stranggießeinrichtung abgenommen u. einer derart verzögerten Abkühlung unterworfen wird, daß es mit feiner Graphitausbldg. grau erstarrt. (**D. B. P. 848 961** Kl. 18c vom 2/10. 1948, ausg. 11/9. 1952.) HOCHSTEIN. 6403

British Cast Iron Research Association, Birmingham (Erfinder: **Henton Moorogh,** Vicarage Hill, Tanworth-in-Arden, Warwickshire), England, *Graue Gußeisenlegierung und ihre Herstellung.* Das Graugußeisen enthält Ce, u. der freie C liegt ganz oder vorherrschend in Form von Knötchen vor. Unlegiertes Gußeisen soll hinsichtlich des

C-Geh. übereutekt. sein u. nicht mehr als 0,02 (%) S u. nicht mehr als 0,5 P enthalten. In mit 10—40 Ni legiertem Gußeisen mit nicht mehr als 0,02 S u. nicht mehr als 0,5 P soll der C-Geh. weniger betragen als 4,3 — $^1/_3$ (P + Si). Das Graugußeisen enthält üblicherweise 2,3—7 Si. Wenn es weniger als 2,3 Si enthält, soll es einen %-Geh. an Cu u./oder Ni aufweisen, der mindestens das Dreifache des Mangels an Si gegenüber einem Si-Geh. von 2,3 ausmacht. Zur Herst. des Graugußeisens wird einem geschmolzenen Eisen, das beim Gießen Grauguß ergeben würde u. nicht mehr als 0,5 P enthält, vor dem Vergießen eine solche Menge Ce zugesetzt, daß das gegossene Eisen nicht mehr als 0,02 S u. mindestens 0,02 Ce in anderer Form als Ce-Sulfid enthält, jedoch nicht so viel, daß im Hinblick auf die jeweilige Querschnittsgröße u. die Abkühlungsgeschwindigkeit des Gußstückes weißes Gußeisen entsteht. Vorzugsweise wird dem geschmolzenen Eisen vor dem Vergießen, jedoch nach der Ce-Zugabe, ein graphitisierender, keimbildender oder desoxydierender Stoff, z. B. Ferrosilicium, Calciumsilicid, Siliciumgraphit oder eine Ca, Al, Mn, Ti oder Zr enthaltende Si-Legierung zugegeben. (**D. B. P. 851 357** Kl. 18d vom 5/4. 1949, ausg. 2/10. 1952. E. Prior. 22/7. 1946.) HABBEL. 6405

British Cast Iron Research Association (Erfinder: **Henten Moorogh**), Alvechurch, Birmingham, England, *Weißes Gußeisen*, bes. Temperrohguß, soll bis 5 (%) *Ce*, nicht mehr als 0,02 *S*, weniger als 0,5 *P* u. bis 7 *Si* enthalten u. hinsichtlich seines *C*-Geh. übereutekt. sein, wobei dieser übereutekt. Betrag des C vorherrschend in der Form von knötchenförmigem Graphit vorliegt. (**D. B. P. 849 248** Kl. 18d vom 17/7. 1949, ausg. 11/9. 1952.) HABBEL. 6405

Inspiration Consolidated Copper Co., übert. von: **Walter Gifford Scott**, Inspiration, Ariz., V. St. A., *Auslaugen von Kupfererzen*. Zum Auslaugen von sulfid. Cu-Erzen wird eine wss. Lsg. von H_2SO_4 u. $FeSO_4$ verwendet, welche so eingestellt wird, daß sie weniger als 10 g pro Liter Fe enthält u. nach dem Auslaugen des Erzes einen 2 nicht übersteigenden p_H-Wert besitzt. Wird das Auslaugen in einem Kreisprozeß durchgeführt, so ist die Lauge vor jeweiliger Anwendung erneut wieder auf diese Werte einzustellen. Eine Anlage zur Durchführung der Laugung wird beschrieben. — Abb., Diagramme. (**A. P. 2 563 623** vom 10/6. 1948, ausg. 7/8. 1951.) HANS HOFFMANN. 6433

Isabellen-Hütte Heusler K. G. (Erfinder: **Otto Heusler**), Dillenburg/Hess., *Kupfer-Silicium-Legierungen* bestehen aus 5—50 (%) *Si*, 0,1—0,5 *Be* u./oder 0,05—5 *Zn*, weniger als 0,1, vorzugsweise unter 0,01, eines oder mehrerer der Elemente *As*, *Bi*, *Ge*, *Pb*, *Sb*, *Sn*, *Tl*, Rest *Cu*. Geringe Mengen Verunreinigungen, wie z. B. *Fe*, *Al* oder *Mn*, können zugegen sein. Die Legierungen sind oxydationsfest auch bei höheren Temperaturen. (**D. B. P. 833 858** Kl. 40b vom 2/9. 1949, ausg. 13/3. 1952.) GÖTZE. 6433

Eugen Vaders (Erfinder: **Eugen Vaders**), Pöcking über Starnberg/Obb., *Kupfer-Silicium-Zink-Legierungen* bestehen aus 0,1—8 (%) *Si*, über 20—45 *Zn*, Rest *Cu*. Außerdem können die Legierungen noch enthalten 0,1—10 *Sn*, bis 2 *Pb*, 0,1—5 eines oder mehrere der Metalle *Mn*, *Fe*, *Ni* oder *Co* sowie 0,1—5 *Al*. Sie eignen sich für Glocken, Schellen u. ähnliche Klanggeräte. (**D. B. P. 836 567** Kl. 40b vom 2/10. 1948, ausg. 15/5. 1952. Oe. Prior. 18/8. 1948.) GÖTZE. 6433

Imperial Chemical Industries Ltd., London (Erfinder: **Maurice Cook**, Birmingham, und **William Oliver Alexander**, Benley Heath, Knowle, Warwickshire), England, *Verbesserung der Korrosionsbeständigkeit von Kupferlegierungen*. Eine *Al-Bronze* aus 1 bis 12 (%) *Al*, 0,05—1 *Cr*, Rest *Cu*, wird genügend lange zwischen 700° u. dem F. der Legierung, etwa bei 800—900°, eine Std. lang erhitzt, um die ganze Menge oder einen wesentlichen Teil des Cr in feste Lsg. zu bringen, worauf die Legierung rasch abgekühlt u. bei der Weiterverarbeitung jegliche Wärmebehandlung vermieden wird, welche geeignet ist, eine Ausscheidungshärtung der Legierung herbeizuführen. Die genannte Bronze kann noch bis 10 *Ni*, bis je 5 *Mn*, *Zn* oder *Fe* enthalten u. eignet sich bes. für Kondensatorrohre, Kondensatorklammern u. andere Teile, die hohe Festigkeit u. Korrosionsbeständigkeit besitzen sollen. (**D. B. P. 825 599** Kl. 40d vom 24/3. 1950, ausg. 20/12. 1951. E. Prior. 19/9. 1939.) GÖTZE. 6433

Rolls Royce Ltd., England, *Nickellegierungen* bestehen aus 1—9(%) *Al*, 13 bis 27 *Cr*, mehr als 10 u. weniger als 35 *Co*, 0,1—5 *Ti*, 0—2 *Si*, 0—1,5 *C*, 0—0,5 N_2, 0—3 *Fe* u./oder *Mn*, 0—8 *Mo* u./oder *W*, 0—4 *Ta* + *Nb*, Rest nicht unter 30 *Ni*. Die Legierungen können noch bis 0,5 eines oder mehrere der Elemente *Mg*, *Ca*, *B*, *Ba*, *Sr*, *Zn*, *Ce* u. andere Seltene Erden als Desoxydationsmittel sowie *V*, *Zr*, *Cu*, *Be*, *Ag*, *Sb* u. *Sn* je bis zu 1 oder zusammen bis 2 als Härtemittel enthalten. Die Legierungen werden bei Tempp. von 1020—1100° während 8—30 Std. erhitzt, abgeschreckt u. bei 650—850° während 8—30 Std. gealtert. Sie eignen sich für bei 600—900° beanspruchte

Gegenstände, wie Ventile, Turbinenschaufeln u. dergleichen. (**F. P. 55 100** vom 25/11. 1946, ausg. 6/6. 1951. E. Prior. 28/11. 1945. **Zusatz zu F. P. 932 273.**) GÖTZE. 6435

W. C. Heraeus G. m. b. H. (Erinder: **Konrad Ruthardt** und **Gretelore Raunecker**), Hanau/M., *Schreibfederspitzenlegierungen* bestehen aus 10—70 (%), bes. 20—60, *Ta*, 0,2—4 *C*, Rest *W*. Ferner können die Legierungen noch eines oder mehrere der Metalle *Cu*, *Ag*, *Au* bis 5, Pt-Metalle, bes. *Ru*, *Pd*, *Rh* bis 50, Metalle der Fe-Gruppe, bes. *Ni* bis 20, *Ti* u./oder *Zr* bis 10, enthalten. Das Ta kann ganz oder teilweise durch *Nb* ersetzt werden, mit der Maßgabe, daß der Nb-Geh. nicht über 50 steigt u. daß im Falle des völligen Ersatzes von Ta durch Nb das W in einer Menge von mindestens 50 vorhanden ist. Ebenso kann der C ganz oder teilweise durch *B* ersetzt werden. (**D. B. P. 833 130** Kl. 40b vom 2/10. 1948, ausg. 3/3. 1952.) GÖTZE. 6441

Soc. d'Électro-Chimie, d'Électro-Métallurgie et des Aciéries Électriques d'Ugine, Paris, übert. von: **Louis Neel**, Grenoble, Frankreich, *Herstellung von agglomerierbarem Eisenpulver*. Eisenformiat wird in einer reduzierenden Atmosphäre, z. B. in trockenem reinem H_2, bei einer Temp. von 500—750° bei einer großen Gasdurchströmungsgeschwindigkeit zers., bis das entstehende Eisenpulver nicht mehr als 1% O_2 enthält. Das so behandelte Eisenpulver eignet sich zur Formgebung durch Kaltdruck, wobei die Preßerzeugnisse eine D. von wenigstens 7 g/cm³ aufweisen, nicht zerreibbar sind u. eine hohe Festigkeit besitzen. (**A. P. 2 592 321** vom 28/3. 1945, ausg. 8/4. 1952. F. Prior. 1/3. 1943.) HOCHSTEIN. 6475

Soc. An. de Télécommunications, Frankreich (Erfinder: **Boris Feertchack**), *Kern aus gepreßtem Magnetpulver*. Die magnet. Metallpulverteilchen aus Eisen oder einer Eisenlegierung sind elektr. durch ein magnet. wenig leitendes Mittel, wie durch einen Ferrit mit kub. Gefüge, isoliert, wobei der Ferrit auch Zusätze von den normalerweise hierbei verwendeten Isoliermitteln besitzen kann. Vorzugsweise besteht ein gepreßter Magnetpulverkern aus 96 Vol.-% Fe–Ni-Pulver, 1% keram. Isoliermittel u. 3% $NiFe_2O_4$. (**F. P. 984 544** vom 11/2. 1949, ausg. 6/7. 1951.) HOCHSTEIN. 6475

Hans Hillmann (Erfinder: **Hans Hillmann**), Wuppertal-Elberfeld, *Sinterelektroden aus Kupferpulver* werden in der Weise hergestellt, daß das Cu-Pulver im Reduzierofen vorbehandelt u. bis zum Verpressen u. Sintern unter Schutzgas aufbewahrt wird. (**D. B. P. 833 857** Kl. 40b vom 16/6. 1950, ausg. 13/3. 1952. **Zusatz zu D. B. P. 826 360.**) GÖTZE. 6475

Farbenfabriken Bayer, Leverkusen (Erfinder: **Helmut Weißbach,** Opladen), *Verhüten der Korrosion von säurebeständigen Stählen durch angesäuerte Chloritlösungen*. Den Chloritlsgg. wird eine Verb. zugesetzt, die in der Lsg. Chlorat- u./oderChromationen abspaltet, wie Alkalichlorat oder -chromat. (**D. B. P. 848 288** Kl. 48d vom 26/10. 1950, ausg. 1/9. 1952.) MARKHOFF. 6539

F. A. Hughes Co., Ltd., London, England (Erfinder: **W. F. Higgins**), *Anode für den kathodischen Schutz von Metallkonstruktionen*. Die Anode besteht aus einem Stab aus Fe oder Stahl, der von Mg oder Mg-Legierungen umgeben ist, wobei der Fe-Stab isolierend nach außen mit einem Block aus Bitumen abgedeckt ist, der gleichzeitig die Verbindung mit dem Mg bildet. — Zeichnung. (**Schwed. P. 131 649** vom 20/3. 1950, ausg. 8/5. 1951. E. Prior. 7/7. 1949.) J. SCHMIDT. 6539

Shell Development Co., San Francisco, übert. von: **Aaron Wachter** und **Nathan Stillman,** Berkeley, Calif., V. St. A., *Verhindern der korrosiven Abnutzung von sich bewegenden Metallteilen in Verbrennungskraftmaschinen*. Dem Verbrennungsraum wird mit der Verbrennungsluft das Nitrit einer organ. Base mit einem Dampfdruck von mindestens 0,00002 mm Hg, wie Morpholinnitrit, zugeführt. Die Zuführung kann auch mit dem Brennstoff oder durch besondere Einspritzung in den Zylinder vorgenommen werden. Die Lebensdauer der Teile wird durch diese Behandlung erheblich verlängert. (**A. P. 2 563 764** vom 12/8. 1946, ausg. 7/8. 1951.) MARKHOFF. 6539

Hugo Krause, Galvanotechnik (Galvanostegie u. Galvanoplastik). 13. erg. u. verb. Aufl. Schwäbisch-Gmünd: H. Krause. 1952. (VIII + 310 S. m. Abb.) 8°. DM 9,20.

R. J. Raudebaugh, Nonferrous physical metallurgy. London: Pitman. 1952. (XII + 345 S. m. Abb.) s. 40.

IX. Organische Industrie.

Shigeru Tsutsami, *Neueste Probleme in der Katalyse*. An Hand von 23 Literaturzitaten werden die neuesten Fortschritte in der Verwendung von *Katalysatoren* dargestellt: Bldg. der Cu-Cr-Oxydkatalysatoren, katalyt. Hydrierung von Ketonen, Dehydrierung von Alkoholen, Hydrierung nach RANEY-MOZINGO, Phenol-, Nitril- u. Kernhydrierung, Probleme der Oxydation u. der katalyt. kontinuierlichen Crackung.

(Chem. and chem. Ind. [Kagaku to Kogyo] **3.** 237—42. Aug. 1950. Osaka, Univ., Labor. für angew. Chemie [Orig.: japan.].) SCHULER. 6550

Badische Anilin- & Soda-Fabrik (Erfinder: **Walter Stoffels, Heinrich Hohenschutz, Hans Krekeler** und **Rudolf Leutner**), Ludwigshafen/Rh., *Chlorierung von organischen Verbindungen*, bes. KW-stoffen, durch Behandlung mit fl. Cl_2 unter Druck, dad. gek., daß man das Cl_2 mit Hilfe von verdichtetem HCl in das Reaktionsgefäß einbringt. Man kann die Rk. durch Belichten einleiten. — Beispiel für die Herst. von Isobutylchlorid aus Isobutan. (**D. B. P. 847 887** Kl. 12o vom 22/7. 1944, ausg. 28/8. 1952.) G. KÖNIG. H 510

Metal & Thermit Corp., New York, N. Y., übert. von: **James M. Church**, Tenafly, und **Ernest W. Johnson**, Mountainside, N. J., V. St. A., *Chlorierte Paraffinkohlenwasserstoffe* mit 10—40 C-Atomen im Mol. werden durch organ. Sn-Verbb. der allg. Formel $R_xAr_{4-x}Sn$, wobei R = Alkyl, Ar = Aryl u. x = 1, 2, 3 oder 4, in Mengen bis 5 Gew.-% stabilisiert. Bes. geeignet sind: *Butyltriphenyl-*, *Tributylphenyl-* u. *Dibutyldiphenylzinn.* (**A. P. 2 580 730** vom 4/5. 1948, ausg. 1/1. 1952.) G. KÖNIG. H 510

Krupp Kohlechemie G. m. b. H., Wanne-Eickel (Erfinder: **Walter Schreiber**, Bochum, **Walther Demann**, Bochum-Gerthe, und **Horst Steuer**, Schmalkalden, Thüringen), *Herstellung von Alkylchloriden* aus Olefin–Paraffin-Gemischen mittlerer Siedelage durch Addition von HCl in Ggw. von Kontakten, dad. gek., daß das Olefin–Paraffin-Gemisch unterhalb seines Kp. mit einem inerten Trägergas verdampft wird u. bei mit der Mol.-Größe der KW-stoffe fallenden Tempp., bes. 50—100°, über einen an sich bekannten Kontakt geleitet wird. — Beispiel für die Herst. von Monochlorhexan. (**D. B. P. 852 990** Kl. 12o vom 18/2. 1945, ausg. 20/10. 1952.) G. KÖNIG. H 510

Phillips Petroleum Co., Del., übert. von: **James R. Owen**, Bartlesville, Okla., V. St. A., *1.3-Butadien* (I) erhält man aus Mischungen von isomeren Butenen, indem man diese in einzelne konz. Bestandteile, z. B. durch fraktionierte Dest., trennt u. jede dieser Fraktionen bei verschied. Reaktionsbedingungen zu I katalyt. dehydriert. — Z. B. leitet man *Buten-(1)* u. *cis-Buten-(2)* bei 1200° (F), verd. mit 10 (Voll.) Wasserdampf auf 1 Olefin, über einen Fe_2O_3–Cr_2O_3–K_2O-Katalysator. *trans-Buten-(2)* erfordert zur Rk. 1300°. Der Reaktionsdruck betrug 1 at u. die Strömungsgeschwindigkeit pro Std. wurde auf 1200 gehalten. — Abbildungen. (**A. P. 2 554 054** vom 4/1. 1949, ausg. 22/5. 1951.) G. KÖNIG. H 520

Rudolf Decker und Hellmuth Holz (Erfinder: **Erich Schaeffer** und **Hans Scheidemandel**), München, *Herstellung von Vinylchlorid* durch Leiten eines Gemisches von C_2H_2 u. HCl-Gas bei erhöhter Temp. über Katalysatoren (I) in Ggw. von großoberflächigen Stoffen, z. B. Aktivkohle, u./oder Metallsalzen, dad. gek., daß bei Überdrucken gearbeitet wird. Auf I können geringe Mengen Hg oder $HgCl_2$ aufgebracht sein. Die Ausgangsstoffe können ununterbrochen oder zeitweise mit dampfförmigem Hg beladen werden. I kann ferner mit Metallstücken gemischt angewendet werden. Bei Leistungsabfall wird mit steigenden Drucken gearbeitet. (**D. B. P. 848 189** Kl. 12o vom 23/6. 1942, ausg. 1/9. 1952.) G. KÖNIG. H 520

Cities Service Oil Co., Bartlesville, übert. von: **Louis G. Willke**, Barnsdall, **Loyd T. Smith**, Pawhuska, Okla., und **Bernard H. Rosen**, Chicago, Ill., V. St. A., *Reinigung von Rohmethanol.* Man dest. das Rohgut azeotrop unter Verwendung von Heptan u. trennt aus dem Destillat das gereinigte CH_3OH durch Zusatz von W. als untere Schicht von dem überschwimmenden Heptan. — Schema. (**A. P. 2 561 680** vom 20/7. 1949, ausg. 24/7. 1951.) MÖLLERING. H 560

United States Rubber Co., New York, N. Y., übert. von: **Elbert C. Ladd**, Passaic, N. J., V. St. A., *4.4.4-Trichlor-2-brom-2-butenol, dessen Äther oder Ester* der allg. Formel $Cl_3C—CH{=}CBr—CHR—O—R'$ bilden sich aus Bromtrichlormethan (I) u. 2-Propinylalkohol (II) oder dessen Äthern oder Estern bei 25—200° in Ggw. von freien Radikalen als Katalysatoren, die in Mengen von 0,1—10 Gew.-% anwesend sein können. Diese bilden sich durch therm. Zers. von z. B. Metallalkylen (Na-, K-Äthyl,Pb-Tetraäthyl), Peroxyden (H_2O_2, Acetylperoxyd) u. α.α'-Azo-bis-(α-alkylcarbonsäuren) u. deren Derivv., z. B. α.α'-Azo-bis-(isobutyrnitril) (III). In der allg. Formel bedeuten R = H oder niedrigmol. Alkyle u. R' = H, Alkyl-, Aryl- oder Acylgruppen ohne Äthylen- oder Acetylenbindungen. I u. II werden im Verhältnis von 1 : 10 bis 20 : 1 angewandt. — Propargylacetat wird mit III u. Chlf. in Ggw. von I unter Rückfluß umgesetzt u. man erhält *2-Brom-4.4.4-trichlor-2-butenylacetat*, $Kp._{0,6}$ 86 bis 89,5°, n_D^{20} 1,5239. Die Verbb. sind Plastifikatoren u. Zwischenprodd. für organ. Synthesen. (**A. P. 2 554 533** vom 8/2. 1949, ausg. 29/5. 1951.) G. KÖNIG. H 560

Rudolf Decker und Hellmuth Holz, München (Erfinder: **Willy O. Herrmann**, Deisendorf, und **Hellmuth Holz**, München), *Herstellung von Butadienylmethyläther.* β-Methoxybutyraldehyddimethylacetal wird bei 350—500° über alkoholabspaltende

Katalysatoren geleitet. Zur Schonung des Katalysators (Borsäureasbest) empfiehlt es sich, die Rk. in Ggw. inerten Gases durchzuführen. — Beispiel: Gereinigter Äther ist farblos, Kp. 85—95°, D_{20} 0,834, polymerisierbar. Lösungs- u. Verdünnungsmittel; Ausgangsstoff für Synthesen. (**D. B. P. 843 696** Kl. 12o vom 1/8. 1944, ausg. 10/7.1952.)
SCHMAUSER. H 560

Reinhard Staeger, Brienz, Schweiz, *Herstellung von Vinylestern.* Man leitet Acetylen (I) u. Säuredämpfe (II) über Katalysatoren (III), wobei ein Teil des Reaktionsgemisches ohne Kondensation der gebildeten Vinylester im Kreislauf über III geleitet wird, wobei gleichzeitig ein Zusatz von frischem I u. II erfolgt. (**Finn. P. 25 327** vom 31/5. 1944, Auszug veröff. 31/10. 1951. Schwz. Priorr. 27/12. 1940 u. 17/9. 1941.)
J. SCHMIDT. H 560

Distillers Co. Ltd., Edinburgh, Schottland, übert. von: **Edwin George Edward Hawkins,** Lower Kingswood, Tadworth, England, *Herstellung aliphatischer Diketone.* Man läßt auf alkylsubstituierte, gesätt., alicycl. KW-stoffe, z. B. Cyclopentan- u. Cyclohexanverbb., die eine Peroxydgruppe an einem tert. C-Atom tragen, welches einen Teil des C-Ringes darstellt u. gleichzeitig die substituierende Alkylgruppe trägt, Fe-Salze in wss. Lsg. bei saurer Rk. einwirken. Dadurch wird der Ring aufgespalten u. man erhält aliphat. Diketone mit der doppelten Zahl von C-Atomen. Man erhält z. B. aus Methylcyclopentanhydroperoxyd durch Einw. von wss. $FeSO_4$-Lsg. Dodecandion-(2.11), F. 67,5—68,5°. Aus Methylcyclohexanhydroperoxyd erhält man analog Tetradecandion-(2:13), F. 76—77°. (**A. P. 2 575 014** vom 5/4. 1949, ausg. 13/11. 1951. E. Prior. 29/4. 1948.)
DERSIN. H. 720

United States Rubber Co., New York, N. Y., übert. von: **Henry H. Richmond,** Pittsburgh, Pa., V. St. A., *Acetoacetaldehyddialkylacetale* erhält man aus der Alkalimetallverb. des Oxymethylacetons (I), wasserfreiem aliphat. einwertigen Alkohol (II) u. trockenem HCl (III), bes. bei 0—25°, wobei mol. Verhältnisse von I : III zwischen 1 : 1 u. 1 : 5 u. von I : II zwischen 1 : 5 u. 1 : 30 bestehen können. Die Rk. kann auch unter Verwendung inerter Lösungsmittel ausgeführt werden. — Aus der Na-Verb. von I, HCl u. A. erhält man *Acetoacetaldehyddiäthylacetal,* $C_8H_{16}O_3$, $Kp._{12}$ 82—87°, $n_D^{20,5}$ 1,4189, neben *Triacetylbenzol,* F. 159°. Die Acetale sind Zwischenprodd. für die Herst. von Arzneimitteln (Sulfamerazine) u. Farbstoffen. (**A. P. 2 570 713** vom 7/7. 1949, ausg. 9/10. 1951.)
G. KÖNIG. H 740

American Cyanamid Co., New York, N. Y., V. St. A.,(Erfinder: **E. L. Carpenter, H. S. Davis** und **W. M. Zeischke**), *Herstellung von Acrylnitril.* Aus Äthylencyanhydrin (I) gewinnt man nach Schwed. P. 130 241 Acrylnitril durch katalyt. Dehydratisierung mit alkal. Katalysatoren. Diese wird nun in fl. Phase durchgeführt bei einem Verhältnis von I zum Katalysator unter 1 : 1. Die Tempp. liegen zweckmäßig zwischen 160 u. 275°, bes. 200—240°. Als Katalysatoren dienen Alkali-, Erdalkali- oder Mg-Salze organ. Säuren, bes. Na-Formiat. (**Schwed. P. 132 769** vom 19/3. 1947, ausg. 4/9. 1951. A. Prior. 19/3. 1946. **Zusatz zu Schwed. P. 130 241.**)
J. SCHMIDT. H 810

A. Brothman and Associates, Long Island City, N. Y., und **Prozess Plants Division of Industrial Prozess Engineers,** Newark, N. J., übert. von: **Abraham Brothman,** Long Island City, N. Y., V. St. A., *Herstellung von Methacrylsäureestern* (I) *aus Acetoncyanhydrin* (II). Man führt II in Methacrylamid (III) über, indem man es bei 30—100°, bes. 40—60°, unter Wasserausschluß in Ggw. einer inerten Fl. mit Pyroborsäure verestert, den Ester mit konz. Mineralsäure bei maximal 110° mischt u. nach Wasserzusatz die erhaltene III-Lsg. mit einem Alkohol in I überführt. Beschrieben wird die Herst. von *Methacrylsäuremethyl-* u. *-n-butylester.* (**A. P. 2 571 194** vom 6/11. 1948, ausg. 16/10. 1951.)
MÜLLER-MEININGEN. H 810

Deutsche Gold- und Silber-Scheideanstalt vormals Roessler (Erfinder: **Werner Schwarze**), Frankfurt/M., *Herstellung von aliphatischen Dicarbonsäuren,* dad. gek., daß aromat. o-Dioxyverbb. in Ggw. von Katalysatoren (I) hydriert, die entstandenen alicycl. o-Dioxyverbb. in fl. Phase in Ggw. von Cu-haltigen I bei erhöhten Tempp. zu den entsprechenden alicycl. Ketoalkoholen dehydriert, die mit O_2 oder O_2-haltigen Gasen in Ggw. von Oxydationskatalysatoren zu den entsprechenden Dicarbonsäuren oxydiert werden. Z. B. wird Brenzcatechin über das Cyclohexandiol-(1.2) u. Cyclohexanolon zu Adipinsäure umgesetzt. (**D. B. P. 840 611** Kl. 12o vom 19/11. 1944, ausg. 25/9. 1952.)
SCHINDLER. H 820

Deutsche Hydrierwerke Rodleben VEB (Erfinder: **Winfried Hentrich** und **Kurt Stickdorn,** Dessau-Roßlau), *Herstellung von Diadipinsäure,* dad. gek., daß man 4.4'-Dioxydicyclohexyl, zweckmäßig in Ggw. von Oxydationskatalysatoren, der Oxy-

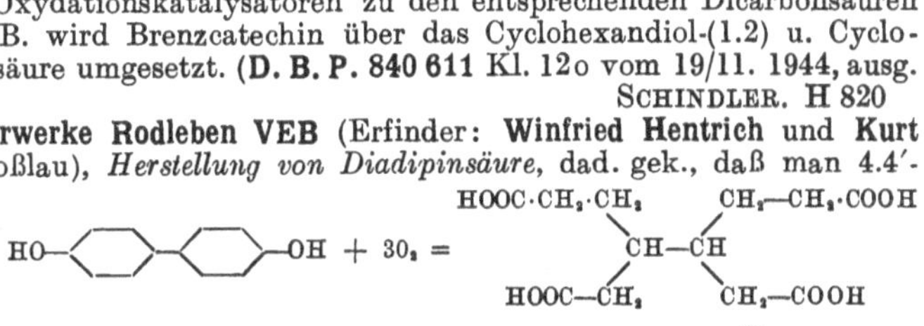

dation mit HNO_3 unterwirft. Reaktionsverlauf s. nebenst. Formel. Zwei isomere Formen, F. 195—196° u. 203—205°. Reinweiße Kristalle. (**D. P.** [**D. D. R.**] **555** Kl. 12o vom 22/4. 1944, ausg. 22/3. 1952. [Wirtschaftspatent].) M. F. MÜLLER. H 840

Badische Anilin- & Soda-Fabrik, Ludwigshafen/Rh. (Erfinder: **Hugo Kröper**, Heidelberg, **Hans Joachim Pistor**, Mannheim, und **Adolf Steinhofer**, Ludwigshafen/Rh.), *Herstellung von Lactonen*, dad. gek., daß man 5- oder 6-gliedrige cycl. Äther im Gemisch mit W. bei erhöhtem Druck u. Tempp. >180° mit Dehydrierungskatalysatoren behandelt. Nach dem Beispiel wird Tetrahydrofuran in Ggw. eines Cu–Cr–SiO_2-Katalysators bei 280° u. 200 at in *Butyrolacton*, Kp. 204°, übergeführt. (**D. B. P. 849 104** Kl. 12o vom 23/12. 1950, ausg. 11/9. 1952.) SCHINDLER. H 850

B. F. Goodrich Co., New York, N. Y., V. St. A., *β-Lactone* erhält man durch Rk. von Ketenen der Zus. $R_1R_2C{=}C{=}CO$ mit Verbb. der Zus. $R_3R_4C{=}O$ (R_1—R_4 = H oder KW-stoffreste, ausgenommen solche mit Doppel- oder Dreifachbindung) bei <30° in Ggw. von Gemischen aus FRIEDEL-CRAFTS-Katalysatoren, bes. $AlCl_3$ + $ZnCl_2$, gegebenenfalls in Ggw. eines Lösungsm. für beide Reaktionsteilnehmer. (**Schwz. P. 280 180** vom 14/8. 1947, ausg. 16/4. 1952. A. Prior. 14/10. 1944.) MÜLLER-MEININGEN. H 850

Deutsche Maizena-Werke G. m. b. H. (Erfinder: **Gerd Graefe**), Hamburg, *Herstellung von Uronsäuren, besonders Glucuronsäure*, dad. gek., daß z. B. Stärke oder Quellstärke mit HNO_3 oxydiert, das Polyuronsäurederiv. bes. mit Mineralsäure unter Druck hydrolysiert u. aus dem Hydrolysat die Glucuronsäure als Lacton gewonnen wird. Die HNO_3 soll NO_2-haltig sein. Hydrolysetemp. 140—160°. — Beispiel. (**D. B. P. 849 692** Kl. 12o vom 21/6. 1951, ausg. 18/9. 1952.) SCHINDLER. H 860

Procter & Gamble Co., übert. von: **Eddy W. Eckey**, Cinncinnati, O., und **Andrew Doyle Abbott**, Fairfax, Calif., V. St. A., *Acylharnstoffe* erhält man durch Rk. von Estern aus C_8—C_{22}-Fettsäuren u. aliphat. mehrwertigen Alkoholen (bis zu C_4), bes. Triglyceriden, mit $CO(NH_2)_2$ (I) in Ggw. von maximal 5% Alkalimethylat, bei höchstens 150, bes. 40—60°. — Beispiel: Man rührt 200 (Teile) Cocosöl, 60 I, 100 tert.-Butanol u. 2 CH_3ONa (als 10%ig. Suspension in Xylol) 72 Std. bei 50°, säuert an u. dispergiert in einem Gemisch aus Hexanen u. Heptanen, wäscht mit W., dest. das Lösungsm. im Vakuum ab, extrahiert den Rückstand mit PAe. u. erhält ein Prod. mit VZ. 214,0 u. F. 173,5°; N-Geh. 10,5%. — Verwendung als Zwischenprodd. für Kunstharze, wasserabstoßende Mittel für Holz u. Textilien, Beschleuniger, Weichmacher u. Antioxydatnien für Kautschuk, Dispergier-, Flotations- u. Netzmittel, Farbstoffzwischenprodd. u. Parasiticide. (**A. P. 2 574 864** vom 2/1. 1947, ausg. 13/11. 1951.) MÜLLER-MEININGEN. H 880

Phillips Petroleum Co., übert. von: **Willie W. Crouch**, Bartlesville, Okla., V. St. A. *Alkalisalze N-substituierter Dithiocarbaminsäuren* erhält man durch Rk. von prim. oder sek. Alkyl-, Cycloalkyl- oder heterocycl. Aminen, z. B. Cyclohexylamin (I) oder Morpholin, mit CS_2 in Ggw. von 10—40%ig. wss. Alkalihydroxyd u. einem Lösungsm., das mindestens 0,5% W. löst u. in dem das Reaktionsprod. unlösl. ist, z. B. einem aliphat. Äther, bei 10—40°. — Beispiel: Zu 30 (cm³) I (0,25 Mol) gelöst in 170 Ae. gibt man langsam unter Rühren eine Mischung von 25 CS_2 u. 80 Ae. u. dann 37 g 30%ig. NaOH u. hält 1½ Std. unter Rühren auf 30°. — Man erhält 47 g rohes *Cyclohexyl-Na-dithiocarbaminat* (96% d. Th.), F. 250° (aus Isopropanol), lösl. in W. u. Alkohol. — Zwischenprodd. u. Polymerisationsregler für Kunstkautschuksynthese. — Vorr., Zeichnung. (**A. P. 2 563 007** vom 25/8. 1947, ausg. 7/8. 1951.) MÜLLER-MEININGEN. H 880

E. I. du Pont de Nemours & Co., übert. von: **Benjamin W. Howk** und **Gerald M. Whitman**, Wilmington, Del., V. St. A., *Herstellung von Hexamethylendiamin* durch katalyt. Hydrierung von 1.4-Dicyanbutan in Ggw. von Co-Katalysatoren bei 75—200° unter einem H_2-Druck von 400 lbs./sq.in. (**Can. P. 478 904** vom 31/8. 1948, ausg. 27/11. 1951.) M. F. MÜLLER. H 910

E. I. du Pont de Nemours & Co., Wilmington, Del., übert. von: **Sterling N. Vines**, Niagara Falls, N. Y., V. St. A., *Lysinmonohydrochlorid* (I). Eine techn. alkal. unreine Lsg. von *Lysin* wird mit konz. HCl versetzt [bis zur Bldg. von Lysindihydrochlorid (II)], eingedampft, mit Methanol (II) extrahiert u. der II-Extrakt durch Passieren eines Phenol–Tetraäthylenpentamin–CH_2O-Austauschharzes in I übergeführt. (**A. P. 2 579 283** vom 21/7. 1950, ausg. 18/12. 1951.) LANGER. H 950

Distillers Co. Ltd., Edinburgh, und **Godfrey Paul Armstrong, Thomas Bewley** und **Karl Heinrich Walter Tuerck**, England, *Isopropylbenzolhydroperoxyd* erhält man durch Oxydation von Isopropylbenzol in homogener fl. Phase bei ca. 120—135° unter Zusatz eines Katalysators, zweckmäßig in Ggw. geringer Mengen Alkali, mit einem O_2-haltigen Gas mit mindestens 50% O_2. Zur Vermeidung der Explosionsgefahr setzt man dem O_2 Wasserdampf zu, man kann auch in das Redaktionsgefäß entsprechende Mengen W. einführen, die bei der Reaktionstemp. dann verdampfen. Der Zusatz von Alkali neutralisiert die entstandenen Säuren, die eine Zers. des Hydroperoxyds bewirken würden. Vgl. E. P. 630 286. (**E. P. 653 761** vom 6/5. 1948, ausg. 23/5. 1951.) KRAUSS. H 1050

I. G. Farbenindustrie Akt.-Ges. (Erfinder: **Jan Adrian,** Düsseldorf, **Wilhelm Fitzky**), Frankfurt/M., *Phenolherstellung.* Sek. aromat. Amine, z. B. Diphenylamin, werden bei erhöhter Temp. der sauren Hydrolyse, z. B. mit H_3PO_4, unterworfen. (**D. R. P. 759 425** Kl. 12q vom 1/11. 1940, ausg. 28/8. 1952.) FABEL. H 1060

Directie van de Staatsmijnen, Limburg, Holland, *Phenole* entstehen beim Erhitzen eines entsprechenden sulfonsauren Salzes mit einem Erdalkalihydroxyd auf 350—450° in Ggw. eines inerten Gases u. anschließendes Erhitzen mit Wasserdampf bei der gleichen Temperatur. — Herst. von *Phenol* aus benzoesulfonsaurem Na oder K u. $Ca(OH)_2$. (**E. P. 666 589** vom 16/3. 1949, ausg. 13/2. 1952. Holl. Prior. 17/3. 1948.) LANGER. H 1060

I. G. Farbenindustrie Akt.-Ges., Frankfurt/M. (Erfinder: **Alfred Dierichs,** Leverkusen, **Hinrich Havemann,** Leuna), *Gewinnung von Phenolen aus Ölen,* die bei der Verkokung oder Verschwelung von Steinkohlen, Braunkohlen, Ölschiefer u. dgl. anfallen. Zunächst extrahiert man die Phenole (I) mit einem wss. Alkohol (Methanol, bes. unter Zusatz von Säuren). Die Extrakte werden mit bestimmten aliphat. oder aromat. KW-stoffen oder Halogen-KW-stoffen, bes. Bzn., zur Entfernung der Neutralöle behandelt u. dann zur Gewinnung der I destilliert. (**D. R. P. 744 284** Kl. 12q vom 15/10. 1941, ausg. 21/8. 1952.) FABEL. H 1060

Badische Anilin- & Soda-Fabrik (Erfinder: **Eugen Immendörfer**), Ludwigshafen/Rh., *Herstellung von Alkalisalzen aromatischer Dicarbonsäuren* durch Behandeln ihrer Anhydride mit Alkalien, dad. gek., daß man 1 (Mol) des Säureanhydrids mit ½ bzw. 1 wasserfreiem Na_2CO_3 mischt u. das Gemisch mit ca. 5—10 W. verrührt. Beispiel für Mono- u. Di-Na-Salz der Phthalsäure, Na-Naphthalat u. Di-Na-diphenyl-o.o′-dicarbonat. (**D. B. P. 849 406** Kl. 12o vom 1/12. 1950, ausg. 15/9. 1952.) SCHINDLER. H 1220

Kalle & Co. Akt.-Ges. (Erfinder: **Oskar Süs**), Wiesbaden, *α-Amino-β.β-dimethyl-β-arylmethylmercaptopropionsäuren* entstehen aus Arylmethylmercaptan u. α-Acylamino-β.β-dimethylacrylsäureester bei nachfolgender Verseifung. — *α-Amino-β.β-dimethyl-β-benzylmercaptopropionsäure.* Man erwärmt Benzylmercaptan, Na-Methylat-Lsg. u. α-Acetylamino-β.β-dimethylacrylsäureäthylester auf 70° u. verseift mit sd. Salzsäure. F. 206—207°. (**D. B. P. 831 997** Kl. 12q vom 25/2. 1949, ausg. 18/2. 1952.) LANGER. H 1350

Dow Corning Corp., Midland, Mich., übert. von: **John L. Speier jr.,** Pittsburgh, Pa., V. St. A., *Silylphenoxyalkohole* der Formel $(CH_3)_3SiC_6H_4OCH_2CHR'OH$, wobei R′ CH_3 oder H ist, erhält man durch Hydrolyse von Verbb. der Formel $(CH_3)_3SiC_6H_4OCH_2\cdot CHR'OSiR_3$, worin R ein 1-wertiger KW-stoffrest ist. — Aus 1-(p-Trimethylsilylphenoxy)-2-propoxytrimethylsilan, $(CH_3)_3SiC_6H_4OCH_2CH(CH_3)OSi(CH_3)_3$, $Kp._{24}$ 176°, erhält man in wss. A. *1-(p-Trimethylsilylphenoxy)-2-propanol,* $(CH_3)_3SiC_6H_4OCH_2\cdot CHOH\cdot CH_3$, F. 63°. Ferner werden dargestellt: *o-* u. *p-Trimethylsilylphenoxyäthanol,* $Kp._7$ 128° u. $Kp._8$ 106°. — Zwischenprodukte. (**A. P. 2 584 751** vom 8/1. 1951, ausg. 5/2. 1952.) BRÖSAMLE. H 1380

Farbenfabriken Bayer, Leverkusen (Erfinder: **Hans Henecka,** Wuppertal-Elberfeld), *β-Oxyphenylzimtsäurenitrile* erhält man durch Behandeln der aus den Methoxymethyläthern des o-Oxybenzophenons u. dessen Kernsubstitutionsprodd. mit Acetonitril oder seinen Monosubstitutionsprodd. darstellbaren β-Methoxymethyloxyphenyl-β-phenylhydracrylsäurenitrile mit Säuren in Ggw. eines CH_2O bindenden Mittels (Phenolsulfurylamid). — Aus β-(o-Methoxymethyloxyphenyl)-β-phenylhydracrylsäurenitril, F. 123°, erhält man durch Behandeln mit 20%ig. wss. H_2SO_4 in Phenol u. Eisessig nach 15 Std. *β-(o-Oxyphenyl)-zimtsäurenitril,* aus Ae.-PAe. oder 50%ig. Essigsäure feine Nadeln, F. 155—157°, leicht lösl. in verd. NaOH mit hellgelber Farbe. — Analog: β-(o-Methoxymethyloxy-p-tolyl)-β-phenylhydracrylsäurenitril, F. 80—82°, → *β-(o-Oxy-p-tolyl)-zimtsäurenitril,* F. 126—127°. — β-(o-Methoxymethyloxy-p-tolyl)-β-(p′-chlorphenyl)-hydracrylsäurenitril, F. 107—108°, → *β-(o-Oxy-p-tolyl)-p′-chlorzimtsäurenitril,* F. 148—150°. — β-(o-Methoxymethyloxy-p-tolyl)-β-(p-tolyl)-hydracrylsäurenitril, F. 124—125°, → *β-(o-Oxy-p-tolyl)-p′-methylzimtsäurenitril,* F. 144—145°. Zwischenprodd. zur Herst. morphinähnlich wirkender, schmerzstillender Mittel. (**D. B. P. 844 295** Kl. 12o vom 6/10. 1948, ausg. 17/7. 1952.) KRAUSS. H 1610

Honorary Advisory Council for Scientific & Industrial Research, übert. von: **Adrien Cambron** und **Francis L. W. McKim,** Ottawa, Can., *Äthylenoxyd* gewinnt man aus C_2H_4 u. O_2 bei Tempp. $>264^0$ in Ggw. einer aktivierten Ag-Erdalkalimetallegierung. Diese Legierung erhält man durch Schmelzen der Bestandteile auf ca. 975^0 u. nachfolgende Zerkleinerung der erstarrten Masse. Anschließend oxydiert man das Erdalkalimetall (I) u. entfernt mittels einer wss. Säurelsg. (z. B. Essigsäure), welche Ag nicht angreift, das gesamte oder zumindest 5% von I: dadurch wird der Ag-Katalysator aktiviert. (**A. P. 2 562 857** vom 24/3. 1950, ausg. 31/7. 1951.) G. KÖNIG. H 3030

X. Färberei. Organische Farbstoffe.

H. A. Standing, *Die Gleichgewichtsabsorption von Direktfarbstoffen durch Cellulosematerialien.* Vf. gibt einen Überblick über die Fortschritte beim Studium der Vorgänge beim Färben von Cellulose mit Direktfarbstoffen während der letzten 20 Jahre. In diesem Zusammenhang werden zunächst die Ergebnisse über den Einfl. der Temp., der Farbstoffkonz., der Salzkonz. u. des p_H-Wertes des Färbebades auf die Gleichgewichtsabsorption von Direktfarbstoffen durch Cellulosefasern besprochen. Im Anschluß daran werden die neueren Färbetheorien, die im großen Ganzen den experimentellen Tatsachen entsprechen, diskutiert. (Chem. and Ind. **1952.** 527—530. 14/6. Manchester, Brit. Cotton Ind. Res. Assoc., Shirly Inst. Didsbury.) H. G. FRÖHLICH. 7002

C. Zuber, *Die Anwendung des p_H- und r_H-Wertes in der Färberei.* Definition des p_H- u. r_H-Wertes sowie Beschreibung von Bestimmungsmethoden dieser Werte. (Teintex **17.** 347—53. 15/6. 1952.) A. v. KÖNIG. 7020

M. R. Fox, *Moderne kontinuierliche Färbeprozesse.* Drei Methoden der kontinuierlichen Färbung, die in den letzten 10 Jahren im Großbetrieb erprobt wurden, werden geschildert u. verglichen. Alle Prozesse können mit Küpen-, Schwefel- u. Direktfarbstoffen arbeiten. Beim „Pad-Steam"-Prozeß, der für die Färbung großer Partien geeignet ist, wird das Gewebe bei 50—90^0 mit dem Farbpigment beladen u. 30 Sek. bis einige Min. bei 100—102^0 gedämpft. Beim „Hot Oil Continous Dying Process" wird die Fixierung durch eine Behandlung mit weißem Mineralöl bei 105—120^0 erreicht, die Rückgewinnung des Öles ist aber nicht geklärt. Der „Standard Molten Metal Process" fixiert durch eine Passage von 1,6—6,7 Sek. durch WOODsches Metall bei 85—90^0. Die Vor- u. Nachteile der verschied. Arbeitsweisen werden diskutiert. (De Tex **11.** 134—36. 149. 15/2. 1952.) ROSSOW. 7020

Alfred Carpenter, *Einige geeignete Farbstoffe für Wollwirkwaren.* Es werden einige nicht allg. gebräuchliche Farbstoffe für die Strumpffärberei angeführt u. deren Eigg. u. Anwendungsmöglichkeiten beschrieben sowie entsprechende Färbevorschriften gegeben. U. a. wird auch das Färben von Wolle mit Baumwollfarbstoffen behandelt. (Textile Recorder **69.** Nr. 826. 86—88. Jan. 1952.) P. ECKERT. 7020

G. D. Sutton, *Celluloseacetat und Küpenfarbstoffe.* Es wird ein Überblick über die histor. Entw. der Farbstoffe u. die Färbemethoden für Acetatreyon gegeben, wobei die Forschungsergebnisse hinsichtlich der Verwendung von Küpenfarbstoffen u. die Anwendung neuer Färbemethoden besondere Berücksichtigung finden. (Canad. Textile J. **68.** Nr. 22. 57—59. 61. 63. 65. 79. 26/10. 1951.) P. ECKERT. 7020

E. Köster, *Färben und Ausrüsten von Polyamidfasern bzw. -fäden.* Nach kurzen Hinweisen auf die Herst. von *Nylon* u. *Perlon L* u. deren physikal. u. technolog. Eigg. wird auf die Thermofixierung eingegangen, über die genauere Angaben gemacht werden. Behandelt wird ferner die Ausrüstung von Textilien aus Polyamidfasern, bes. von Strümpfen. Anschließend wird dann ein Überblick über den heutigen Stand der Färbereitechnik für Polyamidfasern gegeben, wobei auch das Färben im Gemisch mit Wolle, Baumwolle, Zellwolle u. a. Erwähnung findet. (Textil-Praxis **7.** 650—55. Aug. 1952.) P. ECKERT. 7020

S. G. Turnbull jr., *Das Färben von Nylon, Orlon und Dacron.* Angeführt werden die verschied. Farbstoffklassen mit denen, unter Berücksichtigung der Echtheitseigg., die einzelnen Faserarten gefärbt werden können. Für Nylon wird ein neuer Farbstofftyp, „*Capracyl*" angeführt. Eingegangen wird ferner auf das Färben der entsprechenden Mischgespinste. Kurze Hinweise auf die Färbeverff. werden gegeben. (Textile Bull. **78.** 103—05. April 1952.) P. ECKERT. 7020

G. D. Fronmuller, *Einige veränderliche Faktoren beim Färben von Orlon.* Besprochen wird das Färben von *Orlon Typ 41.* Die genauen Arbeitsvorschriften sowie eine Reihe für den genannten Zweck geeigneter Farbstoffe werden angeführt. Die Färbeergebnisse werden eingehend besprochen. (Canad. Textile J. **69.** Nr. 16. 53—56. 1/8. 1952.) P. ECKERT. 7020

A. L. Peiker, *Das Färben von X-51 Flocke und Garn.* Färbevorschriften über das Färben von *X-51* (Polyacrylnitril) mit Acetat-, Säure-, Direkt-, Küpen-, lösl. Küpenfarbstoffen u. bas. Farbstoffen. (Canad. Textile J. **69.** Nr. 16. 57—59. 1/8. 1952.) P. ECKERT. 7020

Albert Franken, *Über Verdickungen im Filmdruck.* Allg. gehaltene Ausführungen über die Verdickungsmittel u. deren Wirkungsweise. (Reyon, Zellwolle andere Chemiefasern **30.** 357—58. Juli 1952.) P. ECKERT. 7022

W. Shaw, *Acetatreyonfarbstoffe im Textildruck.* (Vgl. C. **1952.** 6765.) (Canad. Textile J. **69.** Nr. 16. 59—63. 1/8. 1952.) P. ECKERT. 7022

G. Tröltzsch, *Farb- und hilfsmitteltechnische Erkenntnisse im Bedrucken von Nylon.* Es werden die verschied. zum Färben von *Nylon* geeigneten Farbstoffklassen angeführt u. prakt. Hinweise bzgl. des Färbens gegeben, wobei auch die zum Färben erforderlichen Färbereihilfsmittel Erwähnung finden. Ferner werden die Beziehungen zu den Druckmöglichkeiten von Nylonmaterial unter Heranziehung der gebräuchlichen Farbstoffklassen behandelt. Weiter finden die der Faser zugrunde liegenden Eigenarten, die zusätzliche Arbeitsgänge erforderlich machen, Berücksichtigung. Besondere Beachtung wurde der Wahl der Verdickungsmittel geschenkt. Ferner werden Fragen der affin. Eigg. der Farbstoffe zu der Faser erörtert u. auf die Bedeutung der Quellkörper in der Druckpaste hingewiesen. (Dtsch. Textilgewerbe **54.** 637—41. 5/7. 825—29. 831—32. 5/9. 1952.) P. ECKERT. 7022

H. R. Davidson, *Vorausbestimmung des Farbtones von Farbmischungen auf Textilien.* Es werden 2 Gleichungen diskutiert, die den Zusammenhang zwischen vorausbestimmter Farbe, Konz. der Farblsg. u. dem Verhältnis des reflektierten zum einfallenden Licht (reflectance) angeben. Untersucht wurden Färbungen mit sauren, Cr-, Metall-, Küpenfarbstoffen u. Celliton auf den entsprechenden Textilien, wie Wolle, Baumwolle, Acetatfaser. Bei saurer Färbung eines Wollstoffes wurden z. B. für die 3 MUNSELL-Faktoren folgende Abweichungen vom vorausgesagten Wert festgestellt: Farbton $\pm$ 0,5%, Helligkeit $\pm$ 0,1%, Sättigung $\pm$ 0,4%. Die Voraussagen für andere Färbungen fielen entsprechend günstig aus. Ausnahme: Baumwollfärbung. (J. opt. Soc. America **42.** 331—32. Mai 1952. Easton, Pa., G. A. F., Central Res. Labor.) DOSSMANN. 7086

American Cyanamid Co., New York, N. Y., übert. von: **Chester A. Amick, Williard H. Watkins**, Bound Brook, N. J., und **Henry E. Millson**, Plainfield, N. J., V. St. A., *Metachromfärbeverfahren.* Man bereitet ein Bad durch Vermischen eines chromierbaren Azofarbstoffes, der N-freie Gruppen in o-Stellung zur Azogruppe enthält, z. B. des Farbstoffs 1-Amino-2-oxynaphthalin-4-sulfonsäure $\rightarrow$ Phenylmethylpyrazolon, mit einem lösl. Erdalkalisalz, dessen Anion keine Komplexe mit Cr-Salzen bildet, einer lösl. Cr-Verb., W. u. genügend Alkali, um die Erdalkalikomplexverb. des Farbstoffs zu bilden, u. färbt hieraus N-haltige Fasern, bes. Wolle, bei erhöhter Temp., indem man allmählich den p_H-Wert durch Zusatz kleiner Säuremengen erniedrigt. (**Can. P. 478 100** vom 31/5. 1948, ausg. 30/10. 1951. A. Prior. 18/7. 1947.) HOPPE. 7021

I. R. Geigy Akt.-Ges., Basel, Schweiz (Erfinder: **Charles Babey**, Basel, und **Frederic Leathley Goodall**, Manchester, England), *Ätzen von Färbungen,* die mit Cu-haltigen bzw. nachgekupferten, in metallfreiem Zustand ätzbaren Azofarbstoffen hergestellt oder die mit Cu-Verbb. enthaltenden Echtheitsverbesserungsmitteln nachbehandelt worden sind. Man bringt vor, während oder nach der Ätzung mit üblichen Hydrosulfitätzpasten auf die zu ätzenden bzw. geätzten Stellen CN-Ionen abgebende Mittel zur Einwirkung. (**D. B. P. 848 793** Kl. 8n vom 5/11. 1948, ausg. 8/9. 1952. Schwz. Priorr. 26/9. 1945 u. 25/7. 1946.) v. SCHILLER. 7029

Ciba Akt.-Ges., Basel (Erfinder: **Rowland B. Whithehead**, Nabwood, Shipleys, Yorkshire, England, und **Arthur Schuerch**, Riehen), Schweiz, *Ätzen von kupferhaltigen Färbungen von direktziehenden Azofarbstoffen* mit Hilfe von Sulfoxylaten. Die Ätzdrucke werden nach dem Dämpfen mit wss. Lsgg. von NH_4OH oder bas. Aminen behandelt. (**D. B. P. 848 794** Kl. 8n vom 5/2. 1949, ausg. 8/9. 1952. Schwz. Priorr. 31/10. 1944 u. 12/7. 1945.) v. SCHILLER. 7029

Ciba Soc. An., Schweiz, *Acylessigsäurearylide und Azofarbstoffe.* Die aus 2 Mol eines Acylessigsäurederiv. u. 1 Mol eines Diaminobenzols mit zwei Substituenten gebildeten Acylessigsäurearylide sind wertvolle Kupplungskomponenten für Azofarbstoffe; sofern sie Acylreste mit mehr als 3 C-Atomen enthalten, z. B. Benzoylessigsäurereste, zeigen sie Affinität für pflanzliche Fasern. Höhermol. Reste können auch eingeführt werden, indem man die Acylessigsäurearylide mit Acylierungsmitteln von mehr als 3 C-Atomen behandelt u. die Acylierungsprodd. hydrolysiert. Als Diazokomponenten kommen bes. solche für Eisfarben in Betracht. — Man erhitzt unter Rühren 400 (Teile) Chlorbenzol,, 2 Triäthanolamin u. 3 A., bis das Destillat klar übergeht, setzt allmählich 46 Benzoylessigsäureäthylester zu u. innerhalb 1 Std. 17,7 1.4-Diamino-2.5-dichlorbenzol, erhitzt 2—3 Std., bläst mit Dampf ab, löst in verd. NaOH u. fällt mit Säure. *1.4-Di-(benzoylacetylamino)-2.5-dichlorbenzol* (I), F. 273—275°. Analog *1.4-Di-(acetoacetylamino)-2-chlor-5-methylbenzol* (II), F. 195—196°. Durch Rk. von II in NaOH-Lsg. bei 0—5° mit Benzoylchlorid u. Hydrolyse mit alkoh. HCl erhält man *1.4-Di-(benzoylacetylamino)-2-chlor-5-methylbenzol* (III). — Die Herst. folgender Disazofarbstoffe ist beschrieben: *1-Amino-2-methyl-5-chlorbenzol* ⇄ II, tiefgelbes Pigment; *m-Nitranilin* ⇄ III auf Baumwolle (B); *1-Amino-2-methyl-4-chlorbenzol* (IV) ⇄ *1.4-Di-(acetoacetylamino)-2.5-dimethoxybenzol* (V); *1-Amino-3-chlor-6-methoxybenzol* oder IV ⇄ V (auf B). — Drucke auf B mit Mischungen aus V u. den *Diazoaminoverbb.* aus *p-Toluidin* u. *Methylaminoessigsäure* (VI) oder aus *1-Amino-3-chlorbenzol* oder *1-Amino-3-chlor-6-methylbenzol* u. *1-Aminobenzol-2-carbon-5-sulfonsäure* oder aus *1-Amino-3-chlor-6-methoxybenzol* u. VI oder aus *1-Amino-4-nitro-6-methoxybenzol* u. *1-Methylaminobenzol-2-carbon-4-sulfonsäure*. (**F. P. 974 528** vom 3/11. 1948, ausg. 23/2. 1951. Schwz. Priorr. 4/11. 1947 u. 8/9. 1948.) HOPPE. 7053

I. R. Geigy Akt.-Ges., Basel, Schweiz, *Herstellung von mit Kupfer beizbaren Polyazofarbstoffen.* Man kuppelt Diamine der allg. Formel I, in der X eine direkte C—C-Bindung oder ein Zwischenglied aus —S—, —SO—, —CH_2—, —CO—, —NH—, —NH—CO—, —NH—CO—NH— darstellt, nach Tetrazotierung mit einer Naphtholsulfosäure, die in o-Stellung zur OH-Gruppe kuppelt. Als Diamine können die nach D. R. P. 536635 erhältlichen dienen. Bes. geeignet sind nichtsulfonierte 4.4′-Di-[3″-amino-4″-oxybenzoylamino]-diphenyl-Verbb., die zu bes. waschechten, Cu enthaltenden Färbungen führen. Z. B. kuppelt man 4.4′-Di-[3″-amino-4″-oxybenzoylamino]-3.3′-dimethoxydiphenyl mit 1-Acetylamino-8-oxynaphthalin-4-sulfonsäure. (**N. P. 78 380** vom 14/9. 1948, ausg. 9/4. 1951. Schwz. Prior. 15/9. 1947.) J. SCHMIDT. 7055

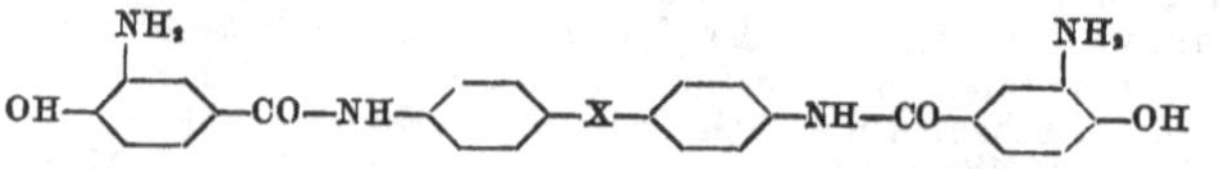

I

Ciba Akt.-Ges., Basel, Schweiz (Erfinder: **Walter Jenny**, Reinach, und **Walter Kern**, Sissach, Schweiz), *Küpenfarbstoffe*, die auch als Pigmentfarbstoffe sowie zum Färben u. Bedrucken von Fasern bes. pflanzlicher Natur, wie Baumwolle (A), u. von Kunstseide u. Zellwolle aus regenerierter Cellulose auch in Form ihrer Leukoestersalze verwendet werden können, erhält man dadurch, daß man solche 1-Benzoylamino-4-amino-6.7-dichloranthrachinone mit solchen benzoylierenden Mitteln zu in 1- u. 4-Stellung benzoylierten Prodd. umsetzt, daß einer der Benzoylreste durch eine Alkylsulfongruppe substituiert ist. — 20 (Gewichtsteile) 3-Methylsulfonbenzoesäure suspendiert man in 300 trockenem Nitrobenzol (a), versetzt mit 15 $SOCl_2$ u. 0,1 Pyridin, erhitzt 1½ Std. bei 110—115°, fügt 31 1-Benzoylamino-4-amino-6.7-dichloranthrachinon (I) [violettes Pulver, in konz. H_2SO_4 rotviolett lösl., erhältlich durch Nitrieren von 2.3-Dichloranthrachinon zum 1-Nitro-6.7-dichloranthrachinon (fast farblose kleine Nädelchen, F. 290°, unkorr.), Red. mit 30%ig. NaSH-Lsg. zum 1-Amino-6.7-dichloranthrachinon (II) (rote Nädelchen aus Anisol, F. 282—283°, unkorr.), Nitrieren von II zum 1-Amino-4-nitro-6.7-dichloranthrachinon (rote Nädelchen aus Anisol), Benzoylieren zum 1-Benzoylamino-4-nitro-6.7-dichloranthrachinon (grünstichiggelbe Kriställchen) u. Red. dieser Verb.] hinzu, rührt weitere 2 Std. bei 125—130°, saugt die dunkelroten Kristalle ab, wäscht mit a u. sd. A. u. trocknet. Der Farbstoff, in konz. H_2SO_4 rotviolett lösl., färbt A aus olivgrüner Küpe sehr lichtecht rein blaurot. Durch Acylierung von I mit 4-n-Butylsulfonbenzoesäure erhält man einen Farbstoff, der A aus olivgrüner Küpe rosa färbt. Ferner können Farbstoffe erhalten werden aus: 4-Methylsulfonbenzoesäure (III) u. 1-(4′-Methoxybenzoylamino)-4-amino-6.7-dichloranthrachinon, dunkelrote Kriställchen, in konz. H_2SO_4 braun lösl., färbt A aus olivgrüner Küpe rotviolett; III u. 1-(4′-Chlorbenzoylamino)-4-amino-6.7-dichloranthrachinon; dunkelrote Nädelchen, in konz. H_2SO_4 blaurot lösl., färbt A aus olivgrüner Küpe blaustichigrot. (**D. B. P. 836 066** Kl. 22b vom 11/7. 1950, ausg. 7/4. 1952. Schwz. Priorr. 22/7. 1949 u. 23/6. 1950.) ROICK. 7059

Ciba Akt.-Ges., Basel (Erfinder: **Walter Jenny**, Reinach, und **Walter Kern**, Sissach), Schweiz, *Herstellung von Küpenfarbstoffen.* Durch Einw. von geeigneten Acylierungsmitteln, bes. Säurehalogeniden, auf 1-Amino- bzw. 1-Acylamino-4-amino-6- bzw. 7-halogenanthrachinone werden 1.4-Diaroylamino-6- bzw. -7-halogenanthrachinone erhalten, deren eine Acylgruppe dem Rest einer Alkylbenzolsulfonsäure u. deren andere einem, gegebenenfalls durch Alkoxyl substituierten, SO_2-freien aromat. Rest entspricht.

Die Rk. erfolgt gegebenenfalls in Ggw. hochsd. Lösungsmittel (Nitro-, Mono- oder Dichlorbenzol, Naphthalin) bei mäßig oder stark erhöhter Temperatur. Z. B. werden 20 (Gewichtsteilen) Säure entsprechendem 3-Methylsulfonbenzoesäurechlorid 37 1-Benzoylamino-4-amino-6-chloranthrachinon hinzugefügt. Nach 2std. Rühren bei 120 bis 130° läßt man erkalten. Der Farbstoff löst sich in konz. H_2SO_4 blaurot u. färbt Baumwolle aus violetter Küpe in sehr echten blaustichigen Rosatönen. In weiteren Beispielen wird an die Stelle der p-Methylbenzolsulfonsäure deren m-Verb. oder einfache Benzoesäure oder p-Isopropylsulfonbenzoesäure gesetzt, während 1-Benzoylamino-4-amino-6-chloranthrachinon durch 1-(p-Methylsulfonbenzoylamino)-4-amino-6-chloranthrachinon oder 1-(4'-Methoxybenzoylamino)-4-amino-6-chloranthrachinon oder ein Gemisch von 1-(p-Chlorbenzoylamino)-4-amino-6-chloranthrachinon mit der 7-Chlorverb. ersetzt werden kann. Verwendung zum Färben bzw. Bedrucken bes. pflanzlicher Fasern (Baumwolle, Leinen, Kunstseide u. Zellwolle aus regenerierter Cellulose). (**D. B. P. 841 614** Kl. 22b vom 31/12. 1948, ausg. 16/6. 1952. Schwz. Priorr. 17/7. 1947, 27/1. u. 13/5. 1948.) SCHMAUSER. 7059

XIa. Farben. Anstriche. Lacke. Naturharze.

H. Winkelmann, *Neue Bauarten von Mischmaschinen für die Lack- und Farbenindustrie.* Misch- u. Knetmaschinen. 11 Abbildungen. (Dtsch. Farben-Z. **6.** 268—73. Juli 1952.) SCHEIFELE. 7090

V. Charrin, *Reinigung der Grundmineralien für Pigmente.* Schlämmen von Rohkaolin, Schiefer usw. (Peintures, Pigments, Vernis **28.** 37—38. Jan. 1952.) SCHEIFELE. 7092

C. J. McDowell und **R. L. Clark**, *Zein–Pigment-Plättchen.* Handelsübliches modifiziertes Zein eignet sich gut zur Herst. von Pigmentplättchen. Gleiche Voll. Zein u. Pigment werden gemischt, 100 (Gewichtsteile) dieses Gemisches werden mit 8—15 eines Zein lösenden Mittels [z. B. 2-Methylpentandiol-(2.4), mit der gleichen Menge W. verd.] versetzt u. auf dem Walzenstuhl warm vermahlen. Die so erhaltenen Pigmentplättchen sind pulverisierbar u. können zwecks Herst. von Anstrichmitteln in Zein lösenden Mitteln gelöst oder nach Zugabe von Alkali, Seife oder Emulgiermitteln in W. dispergiert werden. Kunstharze u. Weichmacher können ebenfalls zugesetzt werden. Als Pigmente können die gebräuchlichen anorgan. u. organ. Pigmentfarbstoffe mit wenigen Ausnahmen verwendet werden. (Ind. Engng. Chem. **44.** 116—18. Jan. 1952. Pittsburgh, Pa., Mellon Inst., Corn Products Refining Co.) STEINER. 7092

—, *Die Silicone in Farben und Lacken.* Nach einigen allg. Angaben bzgl. des Aufbaus der Silicone gibt Vf. einen Überblick über ihre Bedeutung für Farben u. Lacke (Temperatur- u. Korrosionsbeständigkeit, Haftfähigkeit auf Metallen) u. schließt mit einer Übersicht der Anwendungsmöglichkeiten (z. B. für das Innere von Öfen, Kühlschränken, Destillations- u. Rektifizieranlagen). (Ind. Vernice **6.** 104—07. April 1952.) WINIKER. 7106

S. H. Bell und **E. W. M. Fawcett**, *Pigmentschwimmen in Anstrichfarben.* Schwimm- u. BÉNARD-Effekt; Vermeidung durch Zusatz von Siliconöl. (Paint Manufact. **22.** 99—101. 110. März 1952.) SCHEIFELE. 7106

John H. Ousbey, *Holzlackierverfahren.* Französ. Polierverf. durch Vielschichtenauftrag von Schellacklösungen. Klavierlackierung mit Spritlackgrundierung u. Deckpolituren. Porenfüllung. (Decorator **51.** Nr. 597. 87. 91—92. 15/1. 1952.) SCHEIFELE. 7106

L. L. Ryden, L. G. Treat und **D. A. Taber**, *Butadien–Styrol-Latexfarben für Außenanstrich.* (Vgl. auch RYDEN u. Mitarbeiter, C. **1950.** II. 2617.) Die rasch trocknenden, alkalibeständigen Butadien–Styrol-Latices können bei geeigneter Pigmentierung auch in Außenanstrichfarben angewendet werden. *Dow-Latex 512-K* gibt wetterbeständige Farbfilme mit ZnO bei Pigmentvolumenkonzz. von 30—40%. Angabe eines Beispiels für die Zus. einer derartigen Anstrichfarbe. Glimmer u. ZnO steigern die Wetterfestigkeit; Methylcellulose ist Verdickungsmittel u. Stabilisator. Derartige Latexfarben können auf ölgrundiertes Leichtmetall u. Asbestzement aufgetragen werden. (Off. Digest Federat. Paint Varnish Product. Clubs **1952.** 357—64. Juni. Midland, Mich., Dow Chemical Co.) SCHEIFELE. 7106

B. Wesslén, *Das Lackieren von Leichtmetallen in der Flugzeugindustrie.* Die Lackschicht hält auf Al-Legierungen bes. gut, wenn sie mit Rein-Al plattiert sind. Vor dem Lackieren wird auf chem. oder galvan. Wege chromatisiert oder anodisiert. Es geschieht in 2 Phasen mit Grundlack u. Decklack. (I VA **22.** Nr. 5. 164—66. 1951.) GEITZ. 7106

Mario Palumbo, *Nachweis von Zinnober in Lack- und Druckfarben.* Kurze Beschreibung eines Nachw. von Zinnober durch Sublimation. (Ind. Vernice **6.** 89. April 1952.) WINIKER. 7152

Anton W. Rick, *Wasserdampfdurchlässigkeit und ihre Messung.* Überblick über die Methoden zur Best. der Wasserdampfdurchlässigkeit von Anstrichfilmen. (Dtsch. Farben-Z. **6.** 351—53. Sept. 1952. Bad Godesberg.) WINIKER. 7158

British Thomson-Houston Co. Ltd., London (Erfinder: **Robert Stirling Walls,** Rugby), England, *Leuchtstoff.* Man erhitzt ein Gemisch aus $CaSO_4$ mit 0,25—10% Mn, Cd, Bi, V, Ca, Ag, Ti, Zr, Th, Te, Al, Hg oder Ni als Aktivator auf 1100—1150°. (**E. P. 650 491** vom 5/5. 1949, ausg. 28/2. 1951.) NEBELSIEK. 7093

Sylvania Electric Products, Inc., Salem, übert. von: **Keith H. Butler,** Marblehead, Mass., V. St. A., *Leuchtstoff.* Man mischt $CaCO_3$, $CaHPO_4$ u. CaF_2 unter Zusatz geringer Mengen Mn- u. Sb-Verbb. u. calciniert. Dabei ist das Molverhältnis von Ca + Mn:PO_4 = 4,9:3. (**A. P. 2 579 900** vom 7/5. 1948, ausg. 25/12. 1951.) NEBELSIEK. 7093

Interchemical Corp., New York, N. Y., übert. von: **Charles A. Kumins,** Brooklyn, und **James R. McNesby,** New York, N. Y., V. St. A., *Herstellung organischer Eisenpigmente.* Frisch gefälltes $Fe(OH)_3$ wird in Ggw. von organophil-hydrophilen Verbb., z. B. Isobutanol + Äthylhexanol oder Octanol + Isobutanol, mit Naphthensäuren oder Fettsäuren mit wenigstens 4 C-Atomen, z. B. Cocosnußfett-, Palmitin-, Ricinus-, 8.9-Dichlorstearin- oder Myristinsäure bzw. ihren NH_4-Salzen, erhitzt, worauf das gelbe bis kastanienbraune Pigment ausgewaschen, getrocknet u. gemahlen wird. (**A. P. 2 575 347** vom 14/7. 1949, ausg. 20/11. 1951.) DERSIN. 7093

National Lead Co. und **Canadian Titanium Pigments Ltd.,** übert. von: **Durant W. Robertson,** New York, N. Y., V. St. A., *Verbesserung der Eigenschaften von Titanpigmenten.* Der wss. Aufschlämmung von TiO_2 wird ein wasserlösl. Silicat, z. B. $Na_2 \cdot SiO_3$ u. ein wasserlösl. Zr-Salz, z. B. $ZrOCl_2 \cdot 8H_2O$, zugesetzt. Dabei bildet sich unlösl. Zr-Silicat, $ZrO \cdot SiO_2$. — An Stelle des wasserlösl. Zr-Salzes können auch wasserlösl. Salze von Metallen der 2., 3. u. 4. Gruppe des Period. Syst. verwendet werden, welche mit dem Alkalisilicat unlösl. Silicate bilden. Solche Salze sind z. B. $BaCl_2$, $MgCl_2$ oder $AlCl_3$. (**A. PP. 2 346 188** vom 8/10. 1940, ausg. 11/4. 1944, u. **2 378 790** vom 31/10. 1939, ausg. 19/6. 1945. **Can. P. 476 439** vom 9/8. 1940, ausg. 28/8. 1951.) M. F. MÜLLER. 7093

Aluminum Co. of America, V. St. A. (Erfinder: **Wayne Barr Roberts**), *Verfeinerung von Metallfarben in Pasten.* 70—85 Teile Metallpulver (Al-Flitter) werden mit ca. 0,5 Schmiermittel u. ca. 15—29,5 PAe. 1—12 Std. bei $<43{,}5°$ zerrieben, bis die Paste 60—65% nichtflüchtige Stoffe enthält. (**F. P. 991 503** vom 29/7. 1949, ausg. 8/10. 1951. A. Prior. 14/8. 1949.) HOLM. 7093

Knoll Akt.-Ges., Chemische Fabriken, Ludwigshafen/Rh. (Erfinder: **Henry Albers,** Mainz, und **Karl Theodor Gunzert,** Erfenbach), *Trocknende Öle* (I) erhält man durch Kondensation von gesätt. oder ungesätt. aliphat. Aldehyden mit mindestens 2 C-Atomen mit einem bei Reaktionsbeginn vorhandenen Überschuß gesätt. oder ungesätt. cycl. Ketone bzw. deren Homologen in Ggw. von sauren oder alkal. Kondensationsmitteln bei niedriger Temp., zweckmäßig zwischen 30 u. 70° bei p_H 5—7, wobei das Reaktionsgemisch anschließend zur Abtrennung der flüchtigen Anteile u. zur Erzielung des gewünschten Polymerisationsgrades auf 100—300°, gegebenenfalls unter Über- oder Unterdruck, erhitzt wird. — Cyclohexanon wird in 10%ig. NaOH mit Acetaldehyd 3 Std. auf 60—65° erhitzt. Dann stellt man das p_H mit verd. H_2SO_4 auf 6—7 ein u. erhitzt das geschiedene u. abgetrennte Öl auf 200°, wobei man je nach der Erhitzungsdauer ein braunes, dünn- bis dickfl. Öl mit einem mittleren Mol.-Gew. von 250—400 erhält, das unter Luftabschluß beliebig lange ohne Verdickung haltbar ist, während es in dünner Schicht an der Luft zu einem elast., wetterbeständigen Film trocknet. In einem andern Beispiel wird Methylcyclohexanon verwendet. Die I sind mit Paraffin-KW-stoffen, Testbenzin, Spindelöl oder anderen Mineralölen bei Raumtemp. in jedem Verhältnis mischbar u. lassen sich mit Leinöl, Leinölstandöl oder geeigneten künstlichen Kondensations- bzw. Polymerisationsprodd., bes. Celluloseestern, verschneiden. (**D. B. P. 848 815** Kl. 12o vom 4/6. 1942, ausg. 8/9. 1952.) KRAUSS. 7097

Fa. Ernst Kalkhof (Erfinder: **Walter Kalkhof-Rose**), Mainz, *Herstellung kolloidal in Wasser löslicher Schellackerzeugnisse.* dad. gek., daß wss.-alkal. Lsgg. von Schellacken durch Zerstäuben getrocknet werden. Zu den Lsgg. können noch Borax, NaOH, Na-Phosphate oder Triäthanolamin gegeben werden. Die Trocknung soll bei höchstens 60° erfolgen. Beispiele. (**D. B. P. 849 463** Kl. 22h vom 23/4. 1950, ausg. 15/9. 1952.) SCHINDLER. 7097

Dr. Kurt Herberts & Co. vorm. Otto Louis Herberts (Erfinder: **Heinrich Carlsohn** und **Franz Hülsmann**), Wuppertal-Barmen, *Lackrohstoffe* stellen die Mischpolymerisate aus bituminösen Stoffen, wie Bitumen, Teer, u. aromat. Vinylverbb., wie Styrol, dar. (**D. B. P. 847 501** Kl. 39c vom 10/3. 1951, ausg. 25/8. 1952.) MÖLLERING. 7097

Herbert Rein, Frankfurt/M., *Abzieh- und Abbeizmittel für Öl- Firnis- und Lackfilme* enthält prim. oder sek. Amine, die am N Formyl-, Cyan-, Nitro- oder Nitrosogruppen besitzen. Zusätze von Lactamen in Kombination mit Lösungsmitteln u. anderen chem. oder physikal., die Wrkg. unterstützenden Prodd., sind vorgesehen. Als Amin ist das Formyldimethylamin u. als Lactame sind α-Pyrrolidon oder Piperidon genannt. Beispiele. (**D. B. P. 849 883** Kl. 22g vom 28/10. 1949, ausg. 18/9. 1952.) SCHINDLER. 7101

XIb. Plaste (Kunstharze. Plastische Massen).

A. A. Tomkins, *Die Entwicklung in der Herstellung gepreßter Reflektoren.* Allg. Ausführungen nebst prakt. Hinweisen für die Herst. von gepreßten Reflektoren aus Polystyrol u. Polymethylmethacrylat. (Brit. Plastics **25.** 288—92. Sept. 1952.) WINIKER. 7170

Harold Beever, *Herstellung von Bremsbelägen.* Vf. gibt einen Überblick über die Verwendung von Kunstharzen bei der Herst. von Bremsbelägen. (Brit. Plastics **25.** 146 bis 150. Mai 1952.) WINIKER. 7170

—, *„Twin-O-Matic" — eine 50-Tonnen-Kunstharzpresse.* Ausführliche Beschreibung mit Abbildungen. (Plastics **17.** 210—12. Juli 1952.) WINIKER. 7170

P. G. Nylen und **H. Åkerlind,** *Winkelpressen für Kunststoffe in Schweden.* Überblick. (Ericsson Rev. **1951.** Nr. 4; referiert nach Plastics **17.** 194—97. 215. Juli 1952. Karlskrona. Telefonaktiebolaget L. M. Ericsson, u. Sundbyberg, AB Alpha.) WINIKER. 7170

H. F. Robertson, *Eigenschaften und Anwendungen von Polyäthylen.* Überblick. — 11 Literaturangaben. (India Rubber Wld. **127.** 80—84. Okt. 1952.) WINIKER. 7172

—, *Neues Verfahren zum Bedrucken und Überziehen steifer Folien.* Beschreibung eines Verf., welches darin besteht, partiell polymerisierte Tinten oder Überzugsmischungen auf Folien aufzutragen u. anschließend mit Hilfe einer hydraul. Presse zu schmelzen u. fertigzupolymerisieren. Das Verf. eignet sich für Folien aus Acrylpolymerisaten, Polystyrol, Polyvinylchlorid u. Polyvinylmischpolymerisaten. (Brit. Plastics **25.** 142—45. Mai 1952.) WINIKER. 7172

Dr. Alexander Wacker Gesellschaft für elektrochemische Industrie G. m. b. H. (Erfinder: **Adolf Lendle**), München, *Polymerisate oder Mischpolymerisate aus 1-Alkoxybutadienen-(1.3).* Man polymerisiert in Ggw. von Verdünnungsmitteln durch Zusatz sehr geringer Mengen gelöster Katalysatoren bei -5 bis $+15^0$. — 700 (Teile) 1-Methoxybutadien-(1.3) in 300 Xylol werden unter Rühren bei -2^0 mit 0,5 einer 5%ig. BF_3-Lsg. in Ae. versetzt. Jeweils nach Beendigung der Wärmeentw. wird die gleiche Menge BF_3 nachgesetzt, bis die Polymerisation beendet ist. Aus dem erhaltenen farblosen Öl gewinnt man ein zähes Harz, das als Zusatz zu Leinölstandöl usw. geeignet ist. (**D. B. P. 847 349** Kl. 39c vom 23/2. 1951, ausg. 25/8. 1952.) MÖLLERING. 7173

Phillips Petroleum Co., übert. von: **William B. Reynolds,** Bartlesville, Okla., V. St. A., *Diolefinemulsionspolymerisation* unter oder bei 10^0 mit einem Arylcyclohexanmonohydroperoxyd der Formel I als Katalysator. (Ar = Aryl; R = Alkyl, Aryl, Aralkyl, Halogen, Alkoxy, Aryloxy; n = ganze Zahl bis 4; die Summe der C-Atome in R_n·Ar ist nicht größer als 16; R' = H, Alkyl, Aryl, Alkoxy, Aryloxy, u. für 2 benachbarte R' auch Tetramethylen; es sind nicht mehr als 4 R', die andere Gruppen als H bedeuten, am Kern vorhanden; die Summe aller C-Atome in den R' ist nicht größer als 10). Genannt ist 1-Naphthyl-1-hydroperoxycyclohexan u. Phenylcyclohexanhydroperoxyd, die bei der Butadien–Styrol-Polymerisation neben einem Reaktionsmodifikator, einem Pyrophosphat eines mehrwertigen Metalles, u. einem Polyamin $H_2N(CH_2 \cdot CHXNH)_m(CH_2CHX)_n \cdot NH_2$ (X = H oder CH_3; m = ganze Zahl von 0—8 u. n von 0—1, wobei n = 1, wenn m > 0 ist) angewandt werden. (**Can. P. 475 195** vom 17/5. 1950, ausg. 10/7. 1951. A. Prior. 27/6. 1949.) PANKOW. 7173

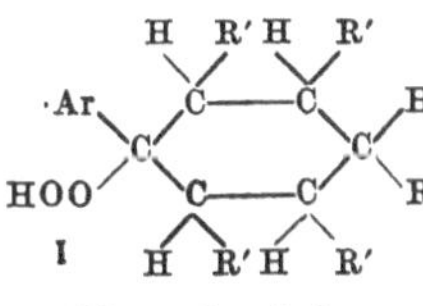

I

Consortium für elektrochemische Industrie G. m. b. H. (Erfinder: **Alfred Treibs** und **Bruno von Zychlinski**), München, *Herstellung acetonlöslicher Polyvinylchloride.* Vinylchlorid (I) wird in wss. Medium in Ggw. wasserlösl. N-Basen (II) oder starker Alkalien polymerisiert. Als **II** können verwendet werden: Pyridin oder Harnstoff, als starke Alkalien NH_3 oder NaOH. Ein Polymerisationsansatz besteht z. B. aus 400 (Gewichtsteilen) I, 200 NH_3-Lsg. (D. 0,91), 1400 W. u. 6 NH_4-Persulfat. Die Polymerisation erfolgt im Rührautoklaven unter 10 at N_2-Druck. Polymerisationsdauer: 20 Std. bei 40°; Ausbeute 400 Polymerisat vom Schüttgewicht 37 g. Es ist in Aceton löslich. (**D. B. P. 850 667** Kl. 39c vom 19/6. 1943, ausg. 25/9. 1952.) HERBST. 7173

Dr. Alexander Wacker Gesellschaft für elektrochemische Industrie G. m. b. H., München (Erfinder: **Wolfgang Gruber, Joseph Heckmaier** und **Hugo Zoebelin**, Burghausen, Obb.), *Herstellung von Kondensationsprodukten des Polyvinylalkohols mit Carbonylverbindungen* in wss. Lsg. bei Ggw. von Katalysatoren, die aus gleichzeitig anwesenden geringen Mengen (je 5%) von Mineralsäuren u. K-, Na-, Mg -oder Erdalkalisalzen von O_2 abgebenden Säuren bestehen. Emulgiermittel können zugesetzt werden; die optimale Temp. beträgt —2 bis +30°. Die Rk. läßt sich in ununterbrochenem Arbeitsgang unter gleichzeitiger Zugabe der Umsetzungsteilnehmer in einem Rührgefäß mit Überlauf ausführen. — Beispiele für die Herst. von Polyvinylalkoholbutyracetal (mit HCl u. $NaClO_4$), -acetacetal (H_2SO_4 u. $K_2Cr_2O_7$), -diäthylacetacetal, -cyclohexanonketal. (**D. B. P. 853 349** Kl. 39c vom 27/4. 1951, ausg. 23/10. 1952.) DONLE. 7173

Shawinigan Chemicals Ltd., Montreal, Quebec, übert. von: **Gwyn Benson** und **Robert L. Perks**, Shawinigan Falls, Quebec, Can., *Kornpolymerisation von Vinylacetat.* Man dispergiert Vinylacetat in einem wss. Medium, das folgende Zusätze enthält: 1. Als Emulgiermittel a) einen Polyvinylalkohol (I) aus Polyvinylacetat (II) mit der Viscosität von ca. 600—800 cps bei 20° in molarer Benzollsg. u. 15—30 Gew.-% Acetatgruppen berechnet als II; b) einen I aus II mit den Werten 2—15 cps u. 30—45 Gew.-% Acetatgruppen; c) eine Mischung aus 2 I, von denen einer aus II mit 40—80 cps u. 5—20 Gew.-% Acetatgruppen u. der andere aus II mit 2—15 cps u. 20—50 Gew.-% Acetatgruppen stammt; 2. einen Peroxydpolymerisationskatalysator u. 3. ein Salz (0,05—1 Gew.-% der Gesamtdispersion) eines Reaktionsprod. von CH_2O mit aromat. KW-stoffsulfonsäuren (alkylierte Naphthalinsulfonsäure) als Dispergiermittel, das in 1%ig. wss. Lsg. eine Oberflächenspannung bei 25° nicht unter 50 dyn/cm aufweist. Man polymerisiert unter Erhitzen u. Rühren zu einem körnigen Polymeren. (**Can. P. 476 128** vom 8/3. 1950, ausg. 14/8. 1951.) PANKOW. 7173

Dow Chemical Co., übert. von: **John E. Costa** und **Otis Ray McIntire**, Midland, Mich., V. St. A., *Stabilisieren von Polymerisationskunststoffen, besonders von Polyvinylchlorid, Polyvinylidenchlorid und Mischpolymerisaten aus Vinylchlorid und Vinylidenchlorid.* Die Polymerisatmilch von der Emulsionspolymerisation wird in einem Luftstrom von 150° u. getrennt davon, aber zugleich, eine wss. Lsg. des Stabilisators, wie neutrales Na-Pyrophosphat, in dem gleichen Luftstrom verdüst, mit der Maßgabe, daß 5 bis 40 (Teile) des Stabilisators auf 95—60 des Polymerisates kommen. Die Verdüsung ist ferner so einzustellen, daß in der Trockenzone 80° herrschen. Das so gewonnene Pulver wird mit unstabilisiertem Polymerisatpulver vermischt u. dabei das Fertigprod. so eingestellt, daß in demselben 0,1—2% Stabilisator vorhanden sind. Der so stabilisierte Kunststoff ist licht- wie wärmebeständig. (**A. P. 2 581 360** vom 11/3. 1950, ausg. 8/1. 1952.) HERBST. 7173

B. F. Goodrich Co., New York, N. Y., übert. von: **Harry Gilbert**, Akron, O., V. St. A., *Herstellung blasenfreier Gießlinge aus Vinylharzen.* Die fl. Vinyl-, Vinyliden- oder Acrylverbb. werden nach Zusatz von NO in Formen zur Polymerisation erhitzt. Man gibt z. B. NO zu Methylmethacrylat oder Äthyl-α-cyanacrylat, setzt Benzoylperoxyd zu, formt u. heizt bei 50—100°. (**Can. P. 476 074** vom 31/10. 1947, ausg. 14/8. 1951. A. Prior. 21/12. 1946.) PANKOW. 7173

Aktiebolaget Bofors, Bofors, Schweden, *Herstellung stabiler Polyacrylat-, Polymethacrylat- und Polyvinylderivatemulsionen.* Man löst in dem Monomeren eine stark polymerisationshemmende, in W. schwer lösl. Verb. (S, p-Nitrodiphenyl, 2.2'- oder 4.4'-Dinitrodiphenyl, p- oder m-Nitrodimethylanilin) u. emulgiert in W., das ein wasserlösl., reaktionsbeschleunigendes Redoxsyst. [H_2O_2 + Ferroammoniumsulfat (I), $Na_4P_2O_7$ (II) u. Triäthanolamin (III)] u. als Emulgator u. Stabilisator ein mit NH_3 oder einem flüchtigen Amin neutralisiertes Öl u./oder eine solche Fettsäure enthält. Die erhaltenen Emulsionen sind dünnfl. u. können mit Harz, Lack, Leimdispersionen oder Latex gemischt u. mit Methylcellulose, Gelatine, Polyacrylaten oder Polymethacrylaten versetzt werden. — 25 kg Butylmethacrylat mit 10 g S werden mit 50 g rohem Leinöl in 400 g CCl_4 u. dann mit einer Mischung von 3,6 kg mit NH_3 neutralisiertem, hochsulfoniertem Ricinusöl, 600 g 30%ig. H_2O_2 u. 70 kg W. gemischt u. emulgiert, wozu man eine Mischung aus 10 g I, 30 g II, 50 g III u. 360 g W. zusetzt, auf p_H 7,4—7,6 einstellt u. auf 78—80° u. endlich auf 90° erwärmt. Hochdisperse Emulsion, die einen Film

gibt, der sich zum Grundieren von Leder u. als Bindemittel für Lederfarbstoffe eignet. (**Oe. P. 170 902** vom 23/3. 1950, ausg. 10/4. 1952. Schwed. Prior. 16/5. 1949.)
PANKOW. 7173

E. I. du Pont de Nemours & Co., Wilmington, Del., übert. von: **Myron Quentin Webb,** Waynesboro, Va., V. St. A., *Stabilisierte Polyacrylnitrillösung* in Dimethylformamid (I), gek. durch einen Geh. an 0,1—2%l-Thiosorbit, 1-Thioglycerin, Thioharnstoff oder Cyclohexendimercaptan u. p-Phenolsulfonsäure oder ihren Salzen mit I. — Herst. von Fäden, Filmen, Formkörpern. (**A. P. 2 560 053** vom 16/2. 1950, ausg. 10/7. 1951.)
SALZMANN. 7173

—, Deutsche Kunststoffe. Rohstoffe, Waren, Hersteller. Bundesrepublik Deutschland u. West-Berlin. Hrsg. in Zusammenarb. m. d. Arbeitsgemeinschaft Dt. Kunststoff-Industrie (AKI). Wiesbaden: Verl. f. Wirtschaftsschrifttum Krausskopf. 1952. (295 S.) gr. 8°. DM 16,80.

XII. Kautschuk. Guttapercha. Balata.

A. R. Gussewa, *Über die chemische Zusammensetzung der Blätter von Eucommia ulmoides Oliv.* Der Geh. an *Kautschuk* in den Blättern der Eucommia schwankt stark, Vf. findet Werte von 0,6—3,0%; beschattete Blätter enthalten stets weniger. Der Geh. an *Harzen* schwankt zwischen 4,3 u. 6,5%. Aus ihnen läßt sich durch sd. Aceton oder sd. A. eine beim Abkühlen krist. ausfallende *Verb.* ($C_{13}H_{26}O)_n$, F. 64—76°, isolieren, die ein *Bromid* mit 59,2% Br gibt. Im Nichtverseifbaren (50% des Harzes) ließen sich *Phytosterine* (F. 131°) nachweisen, die ein Acetat vom F. 110—112° gaben. Weiter enthalten die Blätter 5,6(%) Monosaccharide, 8,1 Saccharose, 2,5 Polysaccharide, 11,5 Glykoside (berechnet als Aucubin, das sich jedoch nicht isolieren ließ), 5,3 Hemicellulosen, 8,3 Cellulose, 6 Pentosane, 1,6 Gerbstoffe u. 4,1 organ. Säuren (Äpfel-, Wein- u. Fumarsäure). Hauptbestandteil der Asche bilden Si u. Ca. (Доклады Академии Наук СССР [Ber. Akad. Wiss. UdSSR] [N. S.] **82.** 757—60. 11/2. 1952. Bach-Inst. für Biochem. der Akad. der Wiss. der UdSSR.)
ULMANN. 7222

L. M. Pinewitsch, *Der Einfluß des Welkens nach der Ernte auf die Ansammlung von Kautschuk in den Wurzeln des Kok-Saghyz.* Von anderer Seite mitgeteilte Beobachtungen, daß sich in Wurzeln von Kok-Saghyz der Geh. an *Kautschuk* (I) beim Lagern erhöht, konnte Vf. nicht bestätigen. Zur Unters. gelangten Pflanzen ohne Anzeichen eines Ruhestadiums, die Mitte November in noch frischem Zustande geerntet wurden. Bis 7 Tage gelagerte Wurzeln zeigten im I-Geh. keine Veränderungen. Das Auseinandergehen der Beobachtungen von verschied. Seiten erklärt Vf. mit dem verschied. Reifezustand der geernteten Pflanzen. (Доклады Академии Наук СССР [Ber. Akad. Wiss. UdSSR] [N. S.] **82.** 159—60. 1/1. 1952. Leningrad, Landwirtschaftl. Inst.)
ULMANN. 7222

L. M. Pinewitsch, *Einfluß der Anaerobiose auf die Kautschukspeicherung bei Kok-Saghyz.* Da Vf. vermutet, daß die von anderer Seite beobachtete Erniedrigung des Geh. an *Kautschuk* (I) bei Kok-Saghyz unter Lichtabschluß nicht nur durch die Ausschaltung der Photosynth., sondern auch durch den gestörten Stoffwechsel von O_2, N_2 u. W. bedingt ist, werden eine Reihe von Verss. unter Lichtabschluß durchgeführt. Diese zeigen, daß der I-Geh. nur wenig abnimmt, stärker dagegen bei gleichzeitiger Düngung der Pflanzen mit Nitrat, was Vf. vermuten läßt, daß niedere Polymere des I im Stoffwechsel der Pflanzen verbraucht werden. — Ein Überschuß von Feuchtigkeit führt zu einer sehr starken Erniedrigung des I-Geh., worin Vf. auch einen Beweis für einen gestörten Stoffwechsel u. einen Verbrauch des I durch die Pflanzen sieht. Wird der n. Stoffwechsel der Blätter durch Einreiben mit Ölen gestört, so sinkt der prozentuale u. absol. I-Geh. um fast die Hälfte. (Доклады Академии Наук СССР [Ber. Akad. Wiss. UdSSR] [N. S.] **82.** 797—99. 11/2. 1952.)
ULMANN. 7222

Paul Bourgois und **Julien Plantier,** *Physikalische und chemische Eigenschaften von Ebonit.* Ausführlicher Überblick an Hand der Literatur (7 Hinweise). (Revêtement et Protection **50.** 57—65. Juli/Aug. 1952.)
WINIKER. 7228

Betty Jo Clinebell, „*O-Ringe*". — *Eine Bibliographie mit Anmerkungen.* Zusammenstellung der Zeitschriften- u. Patentliteratur, die sich auf Herst. u. Eigg. O-förmiger Dichtungsringe aus natürlichem u. synthet. Kautschuk bezieht. (India Rubber Wld. **127.** 74—78. Okt. 1952.)
WINIKER. 7230

Thos. B. Dorris, *Faserfreier Gummi für Regenerat.* Ausführlicher Überblick über die Abtrennung von Stoffresten von Altgummi u. die Vorteile eines solchen faserfreien Ausgangsmaterials für die Regeneration. (Rubber Age [New York] **71.** 773—80. 821. Sept. 1952. Muncy, Pa., Sprout, Waldron & Co.)
WINIKER. 7232

J. Z. Lichtman und **C. K. Chatten,** *Physikalische Eigenschaften von Gegenständen aus natürlichem und künstlichem Kautschuk bei tiefen Temperaturen.* Auf Grund einer krit. Prüfung bekannter Methoden u. Apparate (23 Literaturhinweise) verwendeten Vff. für ihre Unterss. ein Torsionsprüfgerät u. einen Kugeldruckhärteprüfer. Messungen an verschied. typ. Mischungen (auf Basis von natürlichem Kautschuk, GR-S, GR-M, GR-I, Perbunan, Thiokol FA, Neopren, Siliconkautschuk) bei tiefen Tempp. zeigten, daß eine mathemat. Beziehung zwischen Kugeldruckhärte u. Biegemodul besteht, also beide Arten Geräte in gleicher Weise zur Prüfung geeignet sind. (Analytic. Chem. **24.** 812—18. Mai 1952. Brooklyn, N. Y., New York, Naval Shipyard, Material Labor.) WINIKER. 7248

John S. Rugg, *Untersuchung der Ozonrißtiefe bei Gummi.* Ausgehend von der Annahme, daß Größe u. Tiefe der Ozonrisse untrennbar verbunden sind, zog Vf. zur quantitativen Bewertung der Ozonrisse die Best. der Tiefe (Messung unter dem Mikroskop) heran. Mit Hilfe dieser einfachen Meth. war es möglich, bereits bekannte Ergebnisse (z. B. Zunahme der Rißbldg. mit der Versuchsdauer) in exakterer Form zu bestätigen. Vergleichende Verss. zeigten, daß die im Labor. erhaltenen Werte zu den bei natürlicher Bewitterung gefundenen in Beziehung stehen. (Analytic. Chem. **24.** 818—21. Mai 1952. Denver, Colo., Gates Rubber Co.) WINIKER. 7248

H. H. Gillman und **William M. Haines jr.,** *Eine Wasserbombe zur Untersuchung der Oxydation von Elastomeren.* Ausführliche Beschreibung einer neuen Meth. u. der entsprechenden App. zur Unters. der Oxydation von Elastomeren. Probestücke werden in einem mit W. gefüllten Autoklaven unter Rühren in Ggw. von Oxydantien (I) erhitzt (198°). Von Zeit zu Zeit werden Wasserproben zur Best. der verbliebenen Oxydationskraft der I bzw. Probestücke zu Zug-Dehnungs-Verss. entnommen. Es wurde festgestellt, daß unter gleichen Bedingungen Hexakautschuk 3mal mehr O_2 aufnimmt als GR-S, doch ist bei GR-S die Alterung pro Mol O_2 stärker. Eine 3std. Alterung in der Wasserbombe bei 198° entspricht einer 192std. Alterung in der O_2-Bombe bei 80°. (Rubber Age [New York] **71.** 767—71. Sept. 1952. Denver, Colo., Gates Rubber Co.) WINIKER. 7248

I. Drogin, *Zur Untersuchung von Mischungen verwendete Methoden.* 1. Mitt. Ausführlicher Überblick an Hand der Literatur (35 Hinweise). (India Rubber Wld. **127.** 65—69. Okt. 1952.) WINIKER. 7248

Farbenfabriken Bayer (Erfinder: **Wilhelm Becker** und **Wilhelm Graulich**), Leverkusen, *Depolymerisieren von Naturkautschuk* bei $>160°$ mit ca. 5% aromat. Mononitroverbb., wie Nitrobenzol, Nitronaphthalin, Nitrotoluol u. Alkylnitronaphthalin, gegebenenfalls unter Druck u./oder in Kautschuklösungsmitteln, wie Deka- oder Tetrahydronaphthalin, Bzl. oder Chlorbenzol, welch letztere mit Wasserdampf oder bei Unterdruck wieder abdest. werden können. (**D. B. P. 849 751** Kl. 39b vom 27/6. 1950, ausg. 18/9. 1952.) OVERBECK. 7223

N. V. de Bataafsche Petroleum Mij., Den Haag (Erfinder: **Gottfried Ernst Rumscheidt,** Amsterdam), Holland, *Kautschukumwandlungsprodukte.* Natürlicher oder synthet. Kautschuk, der durch Einw. von anorgan. Säuren oder deren Anhydriden, mit Ausnahme von solchen in der höchsten Wertigkeitsstufe, in Reaktionsprodd. übergeführt werden soll, wird dieser Einw. in Ggw. von einem Hydroperoxyd unterzogen, das einen aromat., gegebenenfalls kondensierten Kern enthält, der mindestens zur Hälfte hydriert ist, z. B. Dekahydronaphthalinperoxyd, Cyclohexen- oder Methylcyclohexenperoxyd. (**D. B. P. 848 251** Kl. 39b vom 2/10. 1948, ausg. 1/9. 1952. Holl. Prior. 27/11. 1946.) OVERBECK. 7225

Farbenfabriken Bayer (Erfinder: **Hans Haberland, Johannes Casper** und **Gottfried Manz**), Leverkusen, *N-Phenyl-N'-cyclohexyl-p-phenylendiamin,* F. 117—118°. 4-Nitrodiphenylamin wird in Ggw. von Cyclohexanol mit RANEY-Ni u. H_2 bei ca. 6 at auf 60—70° erhitzt. Das Reaktionsgemisch wird dann ohne Druck u. ohne H_2, notfalls nach frischer Zugabe von Ni, zum Sieden erhitzt, wobei mittels einer Kolonne die theoret. Menge des gebildeten W. entfernt u. die Rk. dann abgebrochen wird. — Verwendung als *Alterungsschutzmittel* für *Kautschuk*; vgl. D. R. P. 702 618. (**D. B. P. 851 344** Kl. 12o vom 27/4. 1944, ausg. 2/10. 1952.) KRAUSS. 7227

Monsanto Chemical Co., St. Louis, Mo., V. St. A., übert. von: **Joseph Robinson Ingram,** *Alterungsschutzmittel für Kautschuk,* bestehend aus dem Kondensationsprod. aus einem aliphat. oder cycloaliphat. Keton u. einem prim. Amin von der Formel R—R (beide R über X verbunden: R\X/R).
R = o-Arylenrest, davon wenigstens einer mit einer prim. Aminogruppe; X = nichtmetall. 2wertige, als Brückenglied einen 5-Ring bildende Gruppe, die ein Element enthält, das ein hitzebeständiges Hydrid bildet, u. dessen Valenzen bis auf 2 mit H abgesätt. sind; beispielsweise Kondensationsprodd. von Aceton mit 2-Aminofluoren,

2-Aminodibenzofuran oder 3-Aminodibenzopyrrol. (**E. P. 648 842** vom 31/7. 1947, ausg. 10/1. 1951. A. Prior. 14/1. 1943.) OVERBECK. 7227

Pittsburgh Plate Glass Co., Allegheny County, Pa., übert. von: **Alphonse Perhukas**, Akron, O., V. St. A., *Kautschukfüllstoff*. Inhaltlich übereinstimmend mit A. P. 2 537 908; C. **1952.** 4699. (**A. P. 2 564 992** vom 30/7. 1946, ausg. 21/8. 1951.) OVERBECK. 7227

N. V. de Bataafsche Petroleum Mij., Den Haag, Holland, übert. von: **Richard E. Wright**, Concord, Calif., V. St. A., *Kautschukfüllstoffe*, bestehend aus mikroskop. kleinen, hohlen SiO_2-Kügelchen von 1 μ, bes. 0,3—0,6 μ, Teilchengröße, die z. B. aus Tonerde mit Kohle durch Erhitzen im elektr. Ofen in H_2-Atmosphäre bei 1400—2200°, bes. 2000—2200°, u. rasches Abkühlen hergestellt wurden. (**E. P. 650 178** vom 30/3. 1948, ausg. 14/2. 1951. A. Prior. 1/4. 1947.) OVERBECK. 7227

Spolek pro Chemickou a Hutni Vyrobu, Národní Podnik, Prag, Tschechoslowakei, *Kautschukmischungen* mit einem Zusatz von TiO_2, das zu 95% oder mehr aus Rutil besteht. (**E. P. 653 814** vom 29/12. 1947, ausg. 23/5. 1951. D. Prior. 1/7. 1941.) OVERBECK. 7227

Rubber-Stichting, Delft, Holland, *Herstellung von Kautschuk-Chlorwasserstoff-Dispersionen*. Man bringt HCl mit einer gegen O_2 beständigen wss. Kautschukdispersion, bes. eiweißfrei gemachter Latexsuspension, zur Reaktion. Man erhält Prodd., die bis zu ca. 33,5% Chlor enthalten. In analoger Weise kann man auch Br einführen, anschließend werden die Prodd. in üblicher Weise vulkanisiert. (**N. P. 78 925** vom 11/6. 1948, ausg. 13/8. 1951. Holl. Prior. 12/6. 1947.) J. SCHMIDT. 7227

Stamford Rubber Supply Co. und **Karl Werner Posnansky**, Stamford, Conn., V. St. A., *Faktislösungen*. Warm vulkanisierter Faktis wird in einem Lösungsm., wie Petroleum, Benzol-KW-stoff oder Terpentin, fein verteilt u. mit $^1/_4$—2% einer N-haltigen organ. Substanz, wie NH_3, aliphat. prim., sek. oder tert. Aminen, aliphat. Diaminen, aliphat. Polyaminen, prim. u. sek. aromat. Aminen, prim., sek. oder tert. Aminalkoholen oder heterocycl. Verbb., wie Piperidin oder Piperazin, behandelt, die den p_H-Wert auf > 8 steigert u. in dem Lösungsm. zumindest teilweise lösl. ist. Harze, Wachse, Teere, Asphalt können zugesetzt werden. (**E. P. 648 640** vom 25/6. 1948, ausg. 10/1. 1951.) OVERBECK. 7239

XIII. Ätherische Öle. Parfümerie. Kosmetik.

J. G. Kirchner und **John M. Miller**, *Herstellung terpenfreier ätherischer Öle. Ein chromatographisches Verfahren*. Die in einer Säule befindliche Kieselsäure wird mit Hexan angefeuchtet; anschließend saugt man das terpenhaltige Öl in die Säule, dann wieder Hexan. Die nunmehr anfallenden Eluate werden von Zeit zu Zeit mit Hilfe von Papierstreifen geprüft, die mit 0,05% Fluorescein getränkt sind. Bei Anwesenheit von Äthylendoppelbindungen verfärben sich die Papierstreifen nach dem Verdampfen des Lösungsm. in Ggw. von Br-Dämpfen in eigenartiger u. charakterist. Weise: gelber Fleck auf rosagefärbtem Untergrund. Nach dem 1. positiven Test wird die Vorlage gewechselt u. die KW-stoff–Hexan-Fraktion gesammelt. Wird der Fluorescein–Br-Test wieder negativ, wechselt man die Vorlage erneut, gibt Äthylacetat in die Säule u. fängt schließlich das im Äthylacetat gelöste terpenfreie Öl auf, sobald der Test wieder positiv wird. Die für verschied. Öle erforderlichen Mengen an Kieselsäure bzw. Lösungsmitteln, die Analysendaten der anfallenden Terpen- bzw. Sesquiterpenfraktionen u. der gereinigten äther. Öle werden mitgeteilt. Die anfallenden Öle zeichnen sich durch bes. angenehmen Geruch aus. Das Verf. ist im techn. Maßstab durchführbar. (Ind. Engng. Chem. **44.** 318—21. Febr. 1952. Pasadena, Calif., U. S. Dep. of Agricult., Fruit and Vegetable Chem. Labor.) FIEDLER. 7262

R. Wilbaux und **A. Neybergh**, *Destillationsversuche mit Vetiveröl in Kivu und seine analytischen Daten*. Über die Zus. des äther. Öls von *Vetiveria zizanoides Stapf* wurde von WILBAUX (C. **1951.** I. 3133) schon berichtet. Nun wird eine Zusammenfassung der gegenwärtigen Kenntnisse von den Hauptbestandteilen des Vetiveröls gegeben. Aus den Ergebnissen der halbtechn. Destillationsverss. ist zu folgern, daß das Einweichen der Vetiver-Wurzeln die Ausbeute an Öl, im Gegensatz zur Ansicht anderer Autoren, nicht erhöht, die Aufbewahrungsdauer regelmäßig die Ausbeute sinken läßt u. die Lagerung ohne Verlust an Öl undurchführbar ist, 4,5monatige Lagerung Abnahme des spezif. Rotationsvermögens bewirkt, sich nach einer Lagerung von 2—3 Monaten ein deutlicher Unterschied in der Ausbeute je nach Herkunft der Wurzeln zeigt (was vielleicht vom Erntezeitpunkt abhängt) u. die Konstanten des mit Wasserdampf dest. Öls sich den besten Ölen Europas u. Javas nähern. Im Verlauf der Dest. ändert sich die Zus. des Öls, die D. der Fraktionen nimmt zu, das spezif. Rotationsvermögen u.

die AZ. gehen dabei durch ein Maximum. Ferner ließen sich Beziehungen zwischen physikal. u. chem. Konstanten ableiten. Am schärfsten ausgeprägt ist die Korrelation zwischen der D. u. der AZ., ungenügend ist sie zwischen dieser u. dem spezif. Rotationsvermögen. Gesichert ist die Korrelation auch zwischen der D. u. dem spezif. Rotationsvermögen. UV- u. Sonnenbestrahlung (60 Std.) verursachen Zunahme des Ketongeh., eine geringe Steigerung der D. u. des Rotationsvermögens, verbunden mit einer Abnahme der AZ. u. Veresterung. Infrarotbestrahlung (13000 Å) hat Zunahme des Rotationsvermögens, der D. u. der EZ. zur Folge. Auch die AZ. nimmt gleicherweise zu, aber Ketonbldg. findet nicht statt. Der von SABETAY u. TRABAUD angegebene hohe Ketongeh. wurde nicht wiedergefunden. Vor Vermischung zweier äther. Öle ist es zweckmäßig, im Kleinvers. das Rotationsvermögen zu bestimmen, da es sich nicht unbedingt aus den Mischungsanteilen errechnen läßt. (Bull. agric. Congo belge **42.** 901—32. Dez. 1951. Costermansville, Bur. d'Études Techn., u. Labor. de l'O. P. A.) FREYTAG. 7262

Tommaso Sacco, *Biochemische Untersuchungen ätherischer Öle von in Piemont kultivierter Mentha piperita L. (Var. Italo-Mitcham).* (Ind. Parfumerie **7.** 169—70. Juni 1952. — C. **1952.** 5497.) FIEDLER. 7262

Paul Rovesti, *Die ätherischen Öle physiologischer Varietäten von aus Abessinien stammender Micromeria abessinica Benth. und Micromeria biflora Benth.* (Ind. Parfumerie **7.** 165—68. Juni 1952. — C. **1952.** 4856.) FIEDLER. 7262

F. Schmitt, *Heliotropin.* Eingehende Schilderung der Herst. von Heliotropin (ausgehend vom Safrol durch Isomerisierung zum Isosafrol u. anschließende Bichromatoxydation) nebst Hinweisen auf seine Bedeutung in der Parfümerie. (Ind. Parfumerie **7.** 106—07. April 1952.) MÜHLMEISTER. 7276

Hans Schwarz, *Über die Verwendung einiger Pflanzenschleime in der Kosmetik und Seifenindustrie.* (Seifen-Oele-Fette-Wachse **77.** 407—08. 16/8. 1951. München.) FREYTAG. 7284

Helmut Führer, *Ist Glycerin in der Kosmetik noch zeitgemäß?* Eine Stellungnahme. *Sorbit*-Lsgg. statt *Glycerin* bedeuten einen Fortschritt in der Kosmetik. (Seifen-Oele-Fette-Wachse **77.** 363—65. 18/7. 1951.) FREYTAG. 7284

Julius Böss, *Über Augenbrauen- und Wimpernfarben.* (Seifen-Öle-Fette-Wachse **77.** 313—14. 20/6. 1951. Lenzkirch/Schwarzwald.) FREYTAG. 7284

Pierre Vélon, *Auswertung der Konstanten in der kosmetischen Analyse.* Die Verarbeitung zahlreicher neuer Rohstoffe erfordert die Überprüfung der üblichen Standardmethoden. Vf. zeigt, daß die Wasserbest. in einem Creme durch Best. des bei 105° flüchtigen Anteiles falsche Werte ergibt, sofern Glycerin, Diäthylenglykol, Triäthanolamin u. Mineralöle, letztere nur bei gleichzeitigem Vorhandensein von Stearaten, zugegen sind. Auch die Xylolmeth. versagt, sofern Glykole gleichzeitig vorhanden sind, es sei denn, daß im anfallenden Destillat eine Glykolbest. durchgeführt wird. Dagegen liefert die Wasserbest. nach FISCHER in der von BONNER vorgeschlagenen Modifikation exakte Werte. Die SZ.-Best. gibt keine brauchbaren Werte, sofern Äthanol- oder Propanolamine in dem zu untersuchenden Präp. enthalten sind. Hier erweist sich die von WOLFF vorgeschlagene ionometr. Titration in Ggw. von Thymolblau als brauchbar, die die gleichzeitige Erfassung der freien Fettsäuren, der fettsauren Salze u. des Triäthanolamins in einer Analyse ermöglicht. Die Überprüfung der JZ.-Bestimmungsmethoden ergab schließlich, daß die ROSENMUND-Meth., bes. in Ggw. von Wollfett, die brauchbarsten Werte liefert. (Soap, Perfum. Cosmet. **24.** 883—88. Sept. 1951.) FIEDLER. 7294

Henry Kramer, *Bericht über Desodorantien und Antiperspirantien. Bestimmung des Harnstoffs in Desodorantien.* Auf Grund einer Gemeinschaftsunters. soll die Best. des Harnstoffs (I) in Desodorantien nach der bereits von FOLIN (Z. physiol. Chem. 32. [1901.] 504) vorgeschlagenen Meth. vorgenommen werden: Hydrolyse des I zu NH_3 durch vorsichtiges Erhitzen mit $MgCl_2 \cdot 6\,H_2O$ u. konz. HCl am Rückflußkühler. Der NH_3 wird aus alkal. Lsg. abdest. u. wie üblich durch Titration bestimmt. Die sonstigen, im allg. in Desodorantien enthaltenen Wirkstoffe stören die Best. nicht. Im Durchschnitt wurden bei den Bestimmungen 97,7% des eingesetzten I wiedergefunden. — *Best. der Chloride u. Sulfate.* Diese liegen meist als Zn- oder Al-Salze vor. Die Chloride sollen gravimetr. als AgCl, die Sulfate ebenso als $BaSO_4$ bestimmt werden. Die Vergleichsanalysen zeigten gute bis sehr gute Übereinstimmung. (J. Assoc. off. agric. Chemists **34.** 299—305. 15/5. 1951. Washington, D. C., Federal Security Agency, Food & Drug Administr., Div. of Cosmet.) FIEDLER. 7294

Firmenich & Cie. successeurs de la Soc. An. M. Naef & Cie., Genf (Erfinder: **Heinrich Grütter**, Brugg), Schweiz, *Ein Gemisch aus α- und β-6-Methyljononen* (*α- und β-Iron*) erhält man durch Cyclisierung von 5-Methyl-2-isopropyldecatrien-1.5.7-on-(9) (I) in Ggw. eines sauren Cyclisierungsmittels, zweckmäßig eines solchen, das allein mit W. gemischt eine Fl. mit p_H <5 ergibt (H_2SO_4, bes. mit D. 1,49—1,53; H_3PO_4 mit D. 1,65—1,70 oder BF_3). — In eine auf 0° gekühlte Lsg. von I in Bzl. leitet man ca. 30 Min. BF_3 ein, wobei die Temp. auf 6—7° steigt. Die Komplexverb. wird mit 8%ig. NaOH zersetzt. Durch Dest. erhält man Iron mit $Kp._{0,15}$ 83—87°; $D.^{20}_4$ 0,930 bis 0,937; n_D^{20} 1,5006—1,5042. Phenylsemicarbazon, F. 172°. 2.4-Dinitrophenylhydrazon, F. 120°; die beiden Derivv. sind mit den aus α-Iron hergestellten identisch. In den Mutterlaugen sind die ster. Isomeren. *Riechstoffe* mit *Veilchen*- oder *Iriswurzelgeruch*. (**D. B. P. 847 592** Kl. 12o vom 10/10. 1950, ausg. 25/8. 1952. Schwz. Prior. 18/1. 1950.) KRAUSS. 7277

Deutsches Hydrierwerk Rodleben VEB, Rodleben bei Roßlau (Erfinder: **Wolfgang Gündel**, Dessau, und **Franz Giloy**, Chemnitz), *Grundlage für Salben, Cremes, Emulsionen und dergleichen.* Man verwendet esterartige Kondensationsprodd. aus mehrwertigen, bes. prim. Alkoholen mit mindestens drei OH-Gruppen im Mol. (I), mehrbas. aliphat. oder cycloaliphat. Carbonsäuren (II) u. höhermol., bes. seifenbildenden Carbonsäuren (III). Als I kommen z. B. in Betracht Pentaerythrit, 1.1.1-Trimethylolmethan, -äthan oder -propan, Triäthanolamin, Dipentaerythrit oder der Tetraoxäthyläther des Pentaerythrits, als II Bernstein-, Glutar-, Adipin-, Citronen-, Tricarballyl-, Äthylentetracarbon-, Hexahydrophthal-, Cyclohexandiessig-, Hexahydrozimt-o-carbon- oder Nitrilotriessigsäure u. als III Capron-, Undecylen-, Laurin-, Stearin-, Öl- oder Leinölfettsäure, ferner Paraffinoxydationscarbonsäuren, Wachs- oder Harzsäuren, Äthercarbonsäuren, Ricinolsäure, Oxystearinsäure, N-alkylierte Methylaminoessigsäuren oder Alkoxycarbaminoessigsäuren. Die neuen Kondensationsprodd. sind wertvolle Austauschstoffe für solche Fettprodd., die neben fettenden auch klebende Eigg. besitzen, z. B. für Lanolin oder Wollwachs; sie stellen hell- bis goldgelbe fl. balsamartige bzw. sehr zähfl. Verbb. dar u. eignen sich vorteilhaft als Grundlage für die Herst. von kosmet. oder pharmazeut. Salben oder Dragees oder von techn. Emulsionen. — Beispiele. (**D. P. [D. D. R.] 547** Kl. 30h vom 19/8. 1941, ausg. 22/3. 1952 [Wirtschaftspatent].) RAETZ. 7285

Hertha Fricke, Kiel, *Kreidehaltiges Hautreinigungsmittel*, das bei Zusatz von W. eine sahnige Aufschwemmung ergibt, bestehend aus einem Gemisch aus 85 (%) gepulvertem $CaCO_3$, 0,5—2 Weinsäure u. gegebenenfalls Desinfektionsmitteln u. Duftstoffen, z. B. 8—10 Menthol u. 2—6 Campher. (**D. R. P. 767 131** Kl. 30h vom 9/1. 1940, ausg. 7/8. 1952. Dän. Prior. 15/8. 1939.) E. PETERSEN. 7285

XV. Gärungsindustrie.

Wilhelm Geiß, *Erfahrungsbericht über Hefefiltration.* Es wird empfohlen, die zu filtrierende Hefe von ihrer Verunreinigung durch Rappen, Hülsen u. Kerne mittels eines feinen Siebes zu befreien. Durch die Zähflüssigkeit des dicken Hefebreies können innerhalb des Filters Druckunterschiede auftreten, welche ein Durchbiegen der Filterplatten zur Folge haben. Die Ursache hiervon ist darin zu suchen, daß der Filtrierdruck in dem dicken Hefebrei sich nicht nach den hydrostat. Gesetzen gleichmäßig nach allen Richtungen fortpflanzt. Hinweise zur Vermeidung dieses Nachteils. (Weinbau, wiss. Beih. 5. 119—24. Aug. 1951. Bad Kreuznach, Seitz-Werke.) KIELHÖFER. 7506

J. Ernst, *Gersten der Ernte 1952.* Allg. Überblick über Zus. u. Qualität. (Brauwelt, Ausg. B **1952.** 906—07. 18/9. Weihenstephan, Brautechn. Versuchsstat.) WINIKER. 7540

E. Paukner und **W. Rubenow**, *Gerstenuntersuchungen des Jahrgangs 1952 unter besonderer Berücksichtigung der Extraktbestimmung.* Vff. geben einen Überblick über die verschied. Verss. zur Lösung des Problems der Voraussage des Malzextrakts aus Analysendaten (19 Literaturhinweise) u. teilen anschließend die Ergebnisse von Unterss. an 151 Gerstenproben (Wassergeh., hl-Gewicht, Sortierung, Ausputz, Vollgerste, 1000 Korn Gewicht, Eiweißgeh., Extrakt DINKLAGE, Extrakt BISHOP) mit. (Brauwelt, Ausg. B **1952.** 897—901. 18/9. München, Wissenschaftl. Stat. für Brauerei.) WINIKER. 7540

Otto C. Etterwendt, *Instrumentenverwendung in der modernen Brauerei.* Vf. gibt einen zusammenfassenden Überblick über die Verwendung von Kontrollinstrumenten (z. B. für Temp., Druck, Feuchtigkeit, p_H) in der Brauerei. (Brewers Digest **27.** 53—55. 58. Mai 1952.) WINIKER. 7544

I. Janensch, *Bodensatz in Pilsener Bier.* Ein grobkörniger, nicht verteilbarer Bodensatz in Flaschen mit Pilsener Bier erwies sich als aus wilden ellipt. Hefen (Weinhefen) bestehend, die nach Isolierung als eine kräftig flockende u. rasch klärende, untergärige Weinhefe erkannt wurde. Sie hat sich als Bierschädling erwiesen. (Brauerei **5.** 324. 17/11. 1951. VLB, Biol. Labor.) GRAU. 7550

E. Kielhöfer, *Die Most- und Weinzuckerung mit Dextrose.* Maizena-Dextrose (I) ist fast chem. reine Glucose mit 1 Mol. Kristallwasser. Der theoret. Wirkungswert hinsichtlich der A.-Bldg. im Vgl. zu Saccharose (II) berechnet sich daraus u. aus dem gegenüber II um ½ Mol höheren Geh. an chem. gebundenem W. zu 86,4, so daß 115,7 kg I ebenso viel A. bilden wie 100 kg II. Die daraus berechneten Zuckerungsfaktoren für die Most- u. Weinzuckerung werden durch Verss. bestätigt. Der anderweitig für die Anwendung von I zur Most- u. Weinzuckerung zugrunde gelegte Wirkungswert von 90—91% u. die daraus berechneten Zuckerungsfaktoren liefern einen zu geringen Alkoholgeh. im Wein. Bei einem unvergorenen Zuckerrest des Weines ist der Süßgeschmack gegenüber der Zuckerung mit II etwas geringer. (Dtsch. Wein-Ztg. **87.** Nr. 20. 435—36. 31/10. 1951. Trier.) KIELHÖFER. 7554

D. A. Dymtschischin, *Über das Verdünnen der Weinbrandalkohole vor der Analyse.* Es wird gezeigt, daß überhöhte Werte bei der Best. des A.-Geh. in Weinbrandalkoholen sich daraus ergeben, daß die Weinbrandalkohole vor der Dest. mit W. 1 : 1 verd. werden u. die 1 std. Kontraktionsdauer nicht abgewartet wird. Ferner sind die flüchtigen Säuren zu neutralisieren u. große Mengen W. beim Spülen zu vermeiden. (Виноделие и Виноградарство СССР [Weinbereit. Weinbau UdSSR] **12.** Nr. 5. 24—26. Mai 1952. Kischinew, Fabrikverwaltung.) v. WILPERT. 7596

Otto Moritz, *Ein Beitrag zur experimentellen Methodik der Malzwertbestimmung.* Vf. beschreibt eine einfache App. zur messenden Beobachtung alkoh. Gärung durch gasvolumetr. Messung der entwickelten Kohlensäure. Die Anwendung dieser App. zur Wertbest. von Brennmalzen wird erläutert u. fehlerkrit. untersucht. (Alkohol-Ind. **65.** 267—70. 291—94. 16/5. 1952. Steinfeld.) WINIKER. 7598

Walter Deckenbrock und **Maria Sprick,** *Praktische Erfahrungen mit einer von Moritz beschriebenen Malzwertbestimmungsmethode.* Die von MORITZ beschriebene Meth. (vgl. vorst. Ref.) wurde für die Praxis zweckentsprechend umgestaltet u. vereinfacht. Hierdurch war es möglich, bereits nach 24 Std. Malzwertbestimmungen durchzuführen, deren Ergebnisse mit denen der herkömmlichen Gärmeth. übereinstimmten. (Alkohol-Ind. **65.** 271—74. 16/5. 1952. Lüdinghausen/Westf., Fachlabor. für die Spiritusindustrie.) WINIKER. 7598

Vereinigte Mautner Markhofsche Preßhefe Fabriken, Wien, Österreich, *Preßhefe aus Melasse* (I) *nach dem Lufthefeverfahren.* Die als Nährmedium dienende I wird zum Teil durch die aus einer vorausgehenden Hefeerzeugung bei der Separation der Hefe anfallende, enthefte oder entgeistete Würze II ersetzt, so daß ein Anteil der II im Kreislauf in den Verhefungsprozeß zurückgeführt wird. (**E. P. 648 550** vom 12/3. 1948, ausg. 10/1. 1951. Oe. Prior. 16/5. 1947.) KETTNER. 7507

Zellstoffabrik Waldhof (Erfinder: **Karl Thierfelder**), Mannheim-Waldhof, *Gewinnung von reinem Alkohol,* vornehmlich aus vergorenen Sulfitablaugen gemäß D. B. P. 835 735. In die Nachkochkolonne wird Na- bzw. K-Äthylat sowie fortlaufend oder period. $KMnO_4$ in A.-Lsg. eingeführt. (**D. B. P. 842 783** Kl. 6b vom 14/5. 1949, ausg. 30/6. 1952. **Zusatz zu D. B. P. 835 735; C. 1952. 6620.**) KETTNER. 7537

Soc. des Établissements Barbet (Erfinder: **Campion**), Frankreich, *Herstellung von Rum und Branntwein.* Um das Aroma dieser Stoffe voller zu entwickeln, läßt man einen Teil oder die gesamte Schlempe in die Rückflußzone einer Destillierkolonne ohne Unterbrechung des Arbeitsganges strömen. Dadurch erfolgt eine nochmalige Auswertung der Aromastoffe. (**F. P. 986 875** vom 24/3. 1949, ausg. 6/8. 1951.) WITTHOLZ. 7537

Hans Albrecht Jungel (Erfinder: **Otto Siegel**), Bad Tölz, Obb., *Mälzereiverfahren.* Das zu mälzende Getreide wird mit Mikroorganismen (I), welche Wuchs-, Wirk- u./oder Reizstoffe bilden, oder mit Extrakten aus I allein oder in Verb. mit für die I geeigneten Nährstoffen u./oder Puffersubstanzen behandelt. Als I sind Bakterien, z. B. der Acetobacterart, Actinomyceten, z. B. Act. griseus, oder Pilze, z. B. der Aspergillusart, geeignet. (**D. B. P. 850 884** Kl. 6a vom 29/10. 1950, ausg. 29/9. 1952.) KETTNER. 7541

Imperial Chemical Industries Ltd., London (Erfinder: **Robert Alan Walmesley,** Howood), England, *Gewinnung von Glycerin* (I) *durch Vergären von Schlempen* (II), wobei die eingedampfte II mit einem Oxyd oder Hydroxyd eines Erdalkalimetalls gemischt u. der Mischung ein aliphat. einwertiger, mit W. mischbarer Alkohol zugesetzt u. die alkoh. I-Lsg. unter Zurücklassung eines festen Rückstandes abgetrennt wird.

Die II wird so weit eingedampft, daß ihr Wassergeh. nach dem Zusatz des Alkohols u. der Erdalkaliverb. (III) geringer ist als die Summe aus dem I-Geh. u. dem Geh. der übrigen, nicht flüchtigen, gelösten Stoffe u. es wird eine solche Menge an III zugegeben, daß eine breiartige M. erhalten, u. so viel Alkohol, daß der größte Teil der in W. gelösten Stoffe ausgefällt wird. (**D. B. P. 845 488** Kl. 6b vom 3/7. 1949, ausg. 31/7. 1952.) KETTNER. 7579

Hans Leberle, Die Technologie der Malzbereitung. 4. umgearb. Aufl. Stuttgart: Enke. 1952. (VII + 535 S. m. 79 Abb.) 8° = Leberle: Die Bierbrauerei. Bd. 1. DM 47,—.

Max Rüdiger, Der landwirtschaftliche Brennereibetrieb. 6. umgearb. Aufl. Stuttgart: Enke. 1952. (XI + 239 S. m. 66 Abb.) 8°. DM 18,60.

XVI. Nahrungs-, Genuß- und Futtermittel.

—, *Ein ausgeglichenes Nährmittel für Kleinkinder auf Basis frischer Gemüse.* Ein pharmazeut. Prod. „Végumine" in feiner Pulverform enthält die grundlegenden Bestandteile von Karotten, Spinat, Tomaten, weiter Dextromaltosen, Pulver von getrockneten Bananen u. Stärkeprodd. u. hat folgende Zus.: 78 (%) lösl. Kohlenhydrate (I), 10 unlösl. I, 3 lipoidlösl. Substanzen, 2,5 Proteinstoffe, 2,1 Mineralien, 1,9 Cellulose u. 2,5 Wasser. 5 g des Prod. entsprechen 7 g Frischgemüse. Calorienwert je g: 4,1. (France-Pharmacie **4.** 301. Okt. 1951.) BOYE. 7646

D. W. Kent-Jones, *Modernes Mehl.* Besprechung der Fortschritte, die prakt. Müllerei u. Bäckerei in Zusammenarbeit mit der Wissenschaft erzielt haben. (Research **4.** 406—10. Sept. 1951. London.) HAEVECKER. 7670

E. Drews, *Neuere Untersuchungsergebnisse über die Qualität der heutigen Handelsmehle.* Vf. berichtet über die Ergebnisse der chem. u. backtechn. Prüfung (Feuchtigkeitsgeh., Säuregrad, Maltosezahl, Schalenfarbstoffgeh., Teigausbeute) der derzeitigen deutschen Handelsmehle u. vergleicht dieselben mit gleichartigen Unterss. aus dem Jahre 1950. (Brot u. Gebäck **6.** 140—43. Sept. 1952. Detmold, Bundesanstalt für Getreideverarbeitung.) WINIKER. 7670

A. Rotsch und **E. Tessmer**, *Gärunterbrechung durch Teigkühlung.* Vff. geben einen Überblick über die wichtigsten Grundregeln, die bei der Anwendung des Teigkühlungsverf. beachtet werden müssen u. überprüfen die Gültigkeit der Erfahrungen des Auslandes für die deutsche Backwarenherstellung. Das Verf. besitzt nur für Feingebäck größere Bedeutung, da sich Teige, die Fett u. Zucker enthalten, für die Hemmung des Gärprozesses besser eignen als die gewöhnlichen Brotteige. (Brot u. Gebäck **6.** 133—36. Sept. 1952. Detmold, Bundesanst. für Getreideverarbeitung.) WINIKER. 7674

P. Weyland, *Die Silicone in der Bäckerei.* Vf. bespricht die Herst. von Siliconüberzügen auf Backformen, die damit in den USA gemachten Erfahrungen (bei entsprechend vorsichtiger Handhabung waren 200—300 Trennungen ohne zusätzliches Trennmittel möglich) sowie die Schwierigkeiten, die der Einführung dieses Verf. in Deutschland entgegenstehen (Vielzahl der deutschen Brotformen, Nichtverwendbarkeit bei zuckerreichen Gebäcken). (Brot u. Gebäck **6.** 131. Sept. 1952. Ingelheim/Rh.) WINIKER. 7674

K. Schuch, *Über die Schädigung von lagerndem Obst durch ein bifluoridhaltiges Holzschutzmittel.* In Räumen, in denen bifluoridhaltige Holzschutzmittel (I), wie z. B. *Osmol WB 4*, angewendet werden, darf geraume Zeit (die Dauer dieser Zeitspanne steht noch nicht fest) kein Obst gelagert werden, da die aus I stammende freie Flußsäure zum Verderb des Obstes führt. (Nachrichtenbl. dtsch. Pflanzenschutzdienstes [Braunschweig] **4.** 136—37. Sept. 1952. Hannover-Münden, Inst. für angew. Mykologie u. Holzschutz der biol. Bundesanst.) WINIKER. 7688

R. W. Money, *Die industrielle Verwendung von Pektin.* Sammelbericht über die Gewinnung von Pektin u. Pektinaten, sowie deren Verwendung in Technik u. Medizin. (Chem. and Ind. **1951.** 412—14. 2/6. London.) GRIMME. 7702

E. Wagner, *Kunstaromen.* Übersicht über die aus Naturprodd. u. isolierten Wirkstoffen der äther. Öle gewonnenen u. die durch Transformierung isolierter Stoffe, sowie Veresterung u. Aldehydbldg. nicht aromat. Stoffe entstandenen Kunstaromen. (Seifen-Oele-Fette-Wachse **78.** 99—100. 27/2. 1952.) RANG. 7714

H. Gerhard, *Aromen, ihr Werden und Wesen.* Allg. Ausführungen (Parfümerie u. Kosmet. **33.** 330—31. Sept. 1952.) WINIKER. 7714

N. C. Larsen, *Vanille und verwandte Aromaten.* Beschreibung der Vanillefrüchte, des *Vanillins, Äthylvanillins, Cumarins, Heliotropins* (*Piperonals*) u. *Guajacols.* Verwendungsangaben. (Amer. Perfumer essent. Oil Rev. **59.** 53—56. Jan. 1952.) FREYTAG. 7714

Hans F. K. Dittmar, *Über das Vorkommen von Nornicotin in Bahia-Tabaken.* Durch Wasserdampfdest. aus NaOH-alkal. Lsg. u. Dest. aus MgO-alkal. Lsg. wurde der Nornicotin (I)-Geh. von Bahia-Tabaken verschied. Herkunft bestimmt. Die gefundenen Werte schwanken zwischen 0,066 u. 0,230% I, auf 3 Std. bei 50° getrockneten Tabak berechnet, u. machen ca. 3,8—12,0% des Nicotingeh. aus. (Pharmaz. Zentralhalle Deutschland **90.** 263—66. Aug. 1951. Salvador-Bahia, Nicotinfabrik Oliveira Barretto & Cie.) Nezel. 7734

Erkki Peltola, Lauri Tuomainen, Esko Koivisto, und **H. Rautavaara,** *Der APV-Plattenpasteurisator Paraflow Type HM. Prüfungsbericht.* Der Plattenpasteurisator-Paraflow HM der APV Co. Ltd., London, aus nichtrostendem Stahl hat einen Stundenumsatz von 3000 Liter Milch. Seine bakteriol. Wirksamkeit ist befriedigend. Die Erhitzung der Milch macht sich ab 76° im Geschmack u. Geruch schwach bemerkbar. Die Labfähigkeit wird bis 68—69° kaum beeinflußt. Die techn. Daten des Geräts werden angegeben. (Karjantuote **34.** 134—41. 9/3. 1951.) Beckmann. 7756

N. Petersen, *Praktische Fragen der Butterherstellung, besonders ungesäuerter Butter.* Beschreibung der geeignetsten Verff. zur Herst. von Süßrahmbutter. (Fette Seifen einschl. Anstrichmittel **53.** 759—60. Dez. 1951. Kiel-Elmschenhagen.) Reiss. 7758

G. Comberg und **W. Rosenhahn,** *Weitere Untersuchungen über die Verwendung von Trockenhefe (Sulfitablaugenhefe) in der Schweinemast.* Es wurde festgestellt, daß Trockenhefe (I) guter Qualität auf Sulfitablaugen hergestellt in der Schweinemast Eiweißfutter tier. Herkunft weitgehend zu ersetzen vermag. Hierbei liegt das Wirkungsoptimum bei einer Verabreichung von gleichen Teilen I u. tier. Eiweiß. Stärkerer Ersatz bis zur alleinigen I-Gabe läßt Gewichtszunahmen u. Futterverwertung zurückgehen. Der Gesundheitszustand der nur mit I ernährten Tiere (dunklere, fleckige Hautfarbe) läßt für Zuchttiere die Belassung eines Teils des tier. Eiweißes ratsam erscheinen, während bei gesunden Mastschweinen infolge ihrer kurzen Lebensdauer eine ausschließliche I-Fütterung als unbedenklich angesehen werden kann. (Tierzucht **6.** 115—17. April 1952.) Winiker. 7786

Matías José Fernández Díez und **Fermina González Pellissó,** *Bestimmung der reduzierenden Zucker in den Salzlaken der Olivenzubereitung.* Die zu untersuchenden Laken werden mit Aktivkohle (0,005 g/cm³) geklärt u. im Vgl. mit Gemischen von 15, 25 u. 50 cm³ reiner Glucoselsg. u. „alter" (zuckerfreier) Lake der Zuckerbest. nach Lane-Enyon unterworfen, wobei auf ein p_H um 4 geachtet wird. Die Farbumschläge sind hier jedoch anders: die blaue Farbe der Fehlingschen Lsg. geht beim Zusatz der ersten cm³ oft in schmutziges Grün, dann in Gelb u. Rötlichgelb, nach Zusatz von Methylenblau in schmutziges Grün oder in anderen Fällen bei Annäherung an den Endpunkt in Rötlichgelb über. Die Ergebnisse weichen teilweise stark von den theoret. ab, jedoch erscheint das Verf. für Reihenunterss. zur Verfolgung des Einsalzvorgangs genügend. (Inform. Quím. analít. **5.** 121—24. Juli/Aug. 1951. Sevilla, Inst. esp. de la Grasa y sus Deriv.) R. K. Müller. 7808

Sverre Hjorth-Hansen, *Methode zur Bestimmung von Trimethylaminoxyd.* Zur Best. von $(CH_3)_3NO$ in *Fischen* entwickelt Vf. ein auch für Serienanalysen geeignetes Verf., das auf dem Mikrodiffusionsprinzip nach Conway beruht. Zur Herst. des Serums werden 100 g Fischfarce mit 300 ml W. auf 60° erhitzt, mit 100 ml 10%ig. koll. $Fe(OH)_3$ versetzt, mit HCl auf den isoelektr. Punkt der Proteine eingestellt u. nach Erwärmen auf 70° abfiltriert. 1 ml des Filtrats wird dann mit 3 Tropfen $TiCl_3$- oder $Ti_2(SO_4)_3$-Lsg. in die äußere Kammer der Diffusionsapp. eingefüllt, nach 10 Min. mit 0,5 ml 30%ig. neutralem Formol u. nach weiteren 10 Min. mit 1 ml gesätt. K_2CO_3-Lsg. versetzt, während die innere Kammer langsam mit 1 ml n/40 HCl beschickt wird. Nach 1 Std. bei 40° bzw. 2 Std. bei 20° wird die unverbrauchte Säure mit CO_2-freier n/40 NaOH zurücktitriert. Die so erhaltenen Ergebnisse werden mit der Dest. u. der N_2-Best. nach Devarda verglichen u. zeigen sehr gute Übereinstimmung. (Analytica chim. Acta [Amsterdam] **6.** 438—41. Mai 1952. Bergen, Norwegen, Off. des Pêches Maritimes, Inst. de Rech. des Pêches Maritimes, Labor. microbiol.) Weitbrecht. 7852

Kurt Nehring, Lehrbuch der Tierernährung und Futtermittelkunde. 3. Aufl. Radebeul, Berlin: Neumann Verl. 1953. (Ausg. 1952) (415 S.) gr. 8°. DM 16,—.

XVII. Fette. Seifen. Wasch- u. Reinigungsmittel. Wachse. Bohnermassen usw.

Joh. Tum, *Fette für die Seifenindustrie im Wandel der Zeit.* Da der Seifenindustrie die für die Herst. von wertvollen u. haltbaren Seifen erforderlichen Fette nicht immer zur Verfügung stehen, müssen zum Teil Fette verarbeitet werden, die früher als nicht geeignet bezeichnet wurden, z. B. Rüböl. Werden aber gleichzeitig waschakt. Substanzen mitverarbeitet, so können, wie am Beispiel des synthet. Waschmittels Teepol durch Best. der Schaumhöhe gezeigt werden kann, auch aus waschtechn. weniger geeigneten Fetten brauchbare u. gutschäumende Seifen hergestellt werden. Allerdings erfordert die Verarbeitung waschakt. Substanzen eine entsprechende Zus. des Gesamtansatzes. (Seifen-Oele-Fette-Wachse **78.** 164—65. 9/4. 187—88. 23/4. 1952. Utrecht, Holland.) FIEDLER. 7910

—, *Herstellung flüssiger Seife.* Hinweise auf besondere techn. Merkmale u. Aufbau der Fabrikationseinrichtung. (Soap, Perfum. Cosmet. **25.** 500—02. Mai 1952. Chicago, U. S. Sanit. Spec. Corp.) MÜHLMEISTER. 7910

H. Stübel, *Die Sulfonierungsreaktion in der Waschmittelchemie.* Die Herst. von Waschhilfsmitteln mittels sulfurierend wirkender Agentien (H_2SO_4, Oleum, Chlorsulfonsäure, Sulfurylchlorid, Glycerinschwefelsäure, Äthylschwefelsäure usw.) wird an Hand zahlreicher Patente besprochen. Die Veresterung ungesätt. u. gesätt. Fettalkohole, von Cholesterin, Lanolin, Harzester, Naphthenylalkoholen, Elaidylalkohol, Phenol-Aldehyd-Kondensationszwischenprodd., sek. Alkoholen, Oxoalkoholen usw., die Anlagerung von H_2SO_4 an Olefine, Paraffine, Petroleum, die Sulfonierung natürlicher Fette u. Öle, die Fettsäure-Kondensationsprodd. Herst. der Alkylarylsulfonate, wie Alkylnaphthalin-, Dodecylbenzol- u. Alkylbenzolsulfonate werden in einigen näher erläuterten Beispielen beschrieben. (Angew. Chem. **63.** 461—67. 7/10. 1951. Hochdorf, Schweiz, Seifenfabrik.) GRAU. 7912

D. G. Stevenson, *Die Rolle des Schaums bei der Waschmittelwirkung.* Untersucht wurden Seifen u. folgende Waschmittel: Na-Oleat, Sekundäralkylsulfat, Polyäthylenoxyd, Cetyltrimethylammoniumbromid in ihrer Wrkg. auf ölverschmierte feste Oberflächen. Die Schäume saugen Öltröpfchen in die Verbindungsstelle zwischen den fl. Filmen oder Lamellen, welche die Luftbläschen trennen. Beim Zusammenfallen des Schaums wird das Öl in Form feiner Tröpfchen dispergiert. Die Einzelvorgänge werden durch 22 Mikrophotos belegt. (J. Soc. Dyers Colourists **68.** 57—59. Febr. 1952. Southampton, Univ. Coll.; London, British Launderers' Res. Assoc.) ZAHN. 7912

K. van Lerberghe und **N. Stas**, *Waschmittel und Waschvermögen.* Übersicht über die theoret. u. prakt. Begriffe des Textilwesens (Tensioaktivität, Verh. von tensioakt. Stoffen in W., Best. der krit. Konz., Waschvermögen), die wichtigsten Waschmittel u. ihre Rohstoffe, sowie einige statist. Tatsachen über die Entw. der Waschmittel. (De Tex **10.** 647—52. 15/7. 1951. N. V. Union Chim. Belge, Toepassingslabors.) WESLY. 7912

E. A. Leonard, *Messung der Gewebeanschmutzung.* Im 1. Teil der Arbeit wird eine umfassende Bibliographie über die Messung von Textilanschmutzung (24 Zitate) zusammengestellt u. krit. diskutiert. Es werden 3 standardisierte Prüfmethoden beschrieben: Blasmeth. zur Anschmutzung der Gewebe aus einem Luftstrom, Schüttelmeth. u. Fußbodenmethode. Mit diesen Methoden wurden der Einfl. der Faserart, der Gewebekonstruktion, der Porengröße der Gewebe, der Art der Textilausrüstung bei *Wolle, Nylon, Baumwolle, Acetat* u. *Viscose* geprüft. Bzgl. des umfangreichen Versuchsmaterials (18 Tabellen u. 23 Abbildungen) wird auf das Original verwiesen. (Amer. Dyestuff Reporter **41.** P322—40. 26/5. 1952. New York, American Assoc. of Textile Chemists and Colorists.) ZAHN. 7912

W. S. Singleton und **Audrey T. Gros**, *Dilatometrische Untersuchungen von Fetten.* 6. Mitt. *Schmelzausdehnung als eine Funktion der Kettenlänge bei Fettsäuren und ihren Glycerinestern.* (5. vgl. C. **1952.** 3102.) Unter Hinweis auf das einschlägige Schrifttum werden Verss. mit definierten Mono-, Di- u. Triglyceriden ausgeführt mit der Zielsetzung, das vorliegende Erfahrungsmaterial zu erweitern, um daraus Beziehungen zwischen Schmelzausdehnung einerseits u. der Art der Substrate (Fettsäuren sowie ihre Ester) andererseits abzuleiten. Herangezogen werden Capron-, Caprin-, Laurin-, Myristin-, Palmitin-, Stearin- sowie Ölsäure u. ihre Mono-, Di- bzw. Triglyceride; Darst. der Substrate nach den Angaben der Literatur; Anwendung derselben in ihren stabilen, höchstschm. Formen; Messung der Schmelzausdehnung im Dilatometer, wobei die Expansion im Temperaturbereich von —32,2 bis ca. 10° über den F. verfolgt wird. Aus den in Tabellen u. graph. Darstellungen zusammengestellten Ergebnissen geht hervor, daß die Schmelzausdehnung eine Funktion des Geh. eines Mono-, Di- u. Triglycerides an Fettsäureradikalen ist; sie ist bei einem Monoglycerid halb so groß wie bei dem entsprechenden Diglycerid u. $^1/_3$ derjenigen des Triglycerides. Das Increment der Schmelzausdehnung der Fettsäuren u. ihrer Glyceride steigt proportional der Verlängerung der Kettenlänge um je 2 Methylengruppen an. Es werden Gleichungen zur Berechnung der Schmelzausdehnung (ΔV) von gesätt. n. Fettsäuren (mit mehr als 10 C-Atomen) aus der Zahl der C-Atome (n) aufgestellt (a u. b bedeuten

Konstante); für Monoglyceride $\Delta\sqrt{} = (n - 2)\,a + b$; für Diglyceride $\Delta\sqrt{} = 2\,[(n - 2)\,a + b]$; für Triglyceride $\Delta\sqrt{} = 3\,[(n - 2)\,a + b]$. Diese Beziehungen gelten nicht für gesätt. n. Fettsäuren mit weniger als 10 C-Atomen u. für ungesätt. Fettsäuren. (J. Amer. Oil Chemists' Soc. **29**. 149—51. April 1952. New Orleans, La., Southern Reg. Res. Labor.) TÄUFEL. 7932

Frederick H. Luckmann, Daniel Melnick und **Hans W. Vahlteich,** *Bestimmung von Vitamin A in Margarine.* 2. Mitt. *Kontrollverfahren im Laboratorium bei der Untersuchung von ungefärbter Margarine.* (1. vgl. MELNICK u. Mitarbeiter, C. **1952**. 7755.) Die zur Zeit in USA offizielle Meth. zur Ermittlung der *Vitamin-A*-Wrkg. der Tiervers. (Pharmacopoeia of the USA, 14. Ausgabe [1950.] 784), ist wegen ihrer Langwierigkeit weder für die tägliche Betriebskontrolle noch für die Überwachung des Verkehrs mit *Margarine* geeignet. Es wird über die Ergebnisse gegenübergestellter Verss. nach der spektrophotometr. Arbeitsweise (Rk. mit $SbCl_3$; RICE, PRIMM u. COOMBES) berichtet. Das spektrophotometr. Verf. (BECKMAN-Quarz-Spektrometer, Modell DU) bedient sich als Lösungsm. eines Spezialcyclohexans (für spektrophotometr. Zwecke), in dem *Vitamin A* bei Lichtausschluß in haltbarer Lsg. vorliegt; Isopropanol ist als Lösungsm. nicht geeignet. Als Lsgg. (20%ig) werden hergestellt eine solche mit dem reinen Margarinefett, eine solche mit dem Margarinefett u. den üblichen Zusatzstoffen, eine solche mit allen Zusatzstoffen einschließlich dem Vitamin A, eine solche mit dem aus der fertigen Margarine abgetrennten (Schmelzen bis 50—55°) u. gefilterten Fett. Bei der Messung im Spektrometer setzt man die Lichtdurchlässigkeit bei 328 mμ der ersten Probe zu 100% ein u. erhält durch Prüfung der letzten Probe die Lichtdurchlässigkeit zu Lasten von Vitamin A; analoger Vgl. der beiden anderen Proben. Angabe einer Formel zur Berechnung des Geh. an Vitamin A in 1 engl. Pfund (USP-Einheit); das Verf. liefert zuverlässige, reproduzierbare Ergebnisse. Den Verss. nach der spektrometr. Arbeitsweise werden solche (40 Margarineproben) nach der colorimetr. Meth. mit $SbCl_3$ (RICE, PRIMM u. COMBES) gegenübergestellt. Es zeigt sich, daß nach letzterem Verf. im Durchschnitt 590 USP-Einheiten Vitamin A mehr gefunden werden als nach der spektrometr. Prüfung; krit. Erörterung der Ursache für diese Abweichung. Es wird abgeleitet, daß sich am Vitamin A eine partielle Anhydrisierung zu einem biol. inakt. Deriv. vollzieht u. daß dies zu der Diskrepanz zwischen spektrometr. u. colorimetr. Befund führt. Auch bei Anwendung der Korrektur nach MORTON-STUBBS liegen die Werte nach der colorimetr. Arbeitsweise höher als die nach der spektrometrischen. Aus den zum Vgl. herangezogenen Werten nach der biol. Unters. ergibt sich eine befriedigende Übereinstimmung mit denen nach der spektrometr. Meth., während das colorimetr. Verf. wieder erhöhte Resultate liefert. Letzteres ist als orientierende Probe für aus dem Markt gezogene Margarineproben zu betrachten, um den möglichen Höchstgeh. an Vitamin A approximativ zu ermitteln; die Resultate stützen die Befunde nach dem spektrometr. Verf. an den nicht mit Vitamin A angereicherten Ölproben. (J. Amer. Oil Chemists' Soc. **29**. 121—26. Bayonne, N. J., Best Food Inc., Res. Labor.) TÄUFEL. 7934

Frederick H. Luckmann, Chester M. Gooding und **Daniel Melnick,** *Bestimmung von Vitamin A in Margarine.* 3. Mitt. *Wanderung von Lecithin aus der Öl- in die wässerige Phase und ihr Effekt auf den spektrophotometrischen Blindversuch.* (2. vgl. vorst. Ref.) Wegen der Eigen-Lichtabsorption des Lecithins (I) bei 328 mμ ist es erforderlich, bei der früher beschriebenen Meth. der spektrophotometr. Best. von *Vitamin A* in Margarine darauf entsprechend Rücksicht zu nehmen. 3 Muster von Handels-I werden sinnesphysiol. u. hinsichtlich ihres Verh. im Licht (LOVIBOND-Tintometer, BECKMAN-Spektrophotometer, PFALTZ-BAUER-Fluorometer) charakterisiert; wenn die Proben 60 Std. lang bei mäßig erhöhter Temp. (140° F) gehalten werden, steigen Absorption u. Fluorescenz erheblich an. Margarinefett, ohne Vitamin A, aber mit 0,1625% I, zeigt erhöhte Absorption bei 328 mμ u. verstärkte Fluorescenz; nach 60std. Lagerung bei 140° F steigen die Werte an, wobei die Zunahme der Absorption wesentlich größer ist als diejenige der Fluorescenz. Zugabe von Mono- u. Diglyceriden zum Margarinefett ändert die opt. Werte nicht. Die erwähnte Wrkg. von I stellt sich auch ein, wenn Margarinefett vor u. nach der Emulgierung in Milch im frischen oder im gelagerten (60 Std. bei 140° F) Zustand untersucht wird. Bei der Abtrennung des Fettes aus Margarine geht das zugesetzte I in die wss. Phase über, das Fett ist I-frei, was durch das opt. Verh. sowie dasjenige beim Lagern (beschleunigte Autoxydation des I-freien Margarinefettes) bewiesen wird; im Einklang damit steht, daß nach den analyt. Werten der Prüfung auf P das I beim Kirnen hydratisiert wird u. in die wss. Phase übertritt. Für die spektrometr. Best. von Vitamin A ergibt sich aus den Befunden, daß das im Grundvers. eingesetzte Margarinefett das I enthalten muß; für dieses Muster wird die Lichtdurchlässigkeit bei 328 mμ zu 100% in Rechnung gestellt; bei der Messung des aus Margarine abgetrennten Fettes ist I als abwesend anzunehmen. Läßt man diese Voraussetzung außer Acht, dann ist der Wert für Vitamin A nicht richtig (±3,5%); bei falscher Behandlung der Margarine (Lagerung bei erhöhter Temp. usw.) können Abweichungen vom wahren Wert bis zu 10% auftreten. (J. Amer. Oil Chemists' Soc. **29**. 174—77. Mai 1952.) TÄUFEL. 7934

XVIIIa. Holz. Cellulose. Zellstoff. Papier. Papierdruck. Celluloid. Linoleum.

—, *Prüfung auf Brauchbarkeit von Holz und Holzabfall für Papierstoff.* Verss., Stoffbrei aus Espen u. anderen Harthölzern durch Behandlung der Hackschnitzel mit einer 7—9%ig. NaOH bei n. Druck u. n. Temp. herzustellen, ergaben eine ca. 90%ig. Ausbeute an Papierstoff für Wellpappe, Testverss. an Zeitungspapier aus 80% Grundstoff u. 20% nach der Kaltlaugemeth. hergestelltem Stoff aus Espen zeigten ähnliche Resultate wie bei handelsüblichen Sorten. Verss., ob sich Espe nach dem Sulfit- oder Sulfatverf. zu Spinnlsgg. für Acetat- u. Viscoseseide verarbeiten läßt, ergaben, daß sich Sulfit- u. vorhydrolysierte Sulfatlsgg. acetylieren lassen. Bei Mitverarbeitung der Borke von Kiefern für Kraftstoff bieten die Vorteile keinen Ausgleich für die Nachteile. Aus Fichte hergestelltes Seidenpapier ist reißfester u. dehnbarer als das handelsübliche, solches aus Tanne oder Föhre hat etwa gleiche Werte wie letzteres. Durch Coloradokäferbefall abgestorbene Fichten wurden zu gebleichtem Sulfatstoff verarbeitet u. lieferten ein Zeitungspapier von hoher Qualität. (Paper Mill News **74**. Nr. 37. 66—68. 106. 15/9. 1951.) SCHOENMANN. 7956

Joseph E. Atchison, *Entwicklungen der Strohzellstoffherstellung in den Niederlanden.* In den Niederlanden werden ca. 25% der Strohproduktion zu Zellstoff (I) verarbeitet. Den besten I gibt Roggenstroh von leicht sandigen Böden. Es hat einen Silicatgeh. unter 1% u. gibt I mit größerer Faserlänge. Zur Fabrikation von I sind die meistens angewendeten Verff.: 1. Diskontinuierlicher Kraftprozeß; Aufschluß mit NaOH u. Na_2S; 2. Diskontinuierliches $NaHCO_3$-Verff. u. 3. Kontinuierliches CELDECOR-POMILIO-Verff.; Aufschluß mit NaOH u. Bleichen mit mehr Cl_2 als üblich. (Paper Trade J. **135**. Nr. 3. 39—45. 18/7. 1952. Washington, Pulp and Paper Branch, Mutual Security Agency.) H. BECKER. 7958

Albert Buhs, *Über die Stabilität der Nitrocellulose und einige andere Fragen dieser Industrie.* Überblick über den Einfl. der Ausgangsstoffe u. des Herstellungsverf. auf die Haltbarkeit der Nitrocellulose (I), die Vorgänge bei den einzelnen Stufen des Verf. u. die Ursachen der Haltbarkeitsunterschiede von I verschied. Nitrierungsgrades. (Rev. Quím. ind. **20**. Nr. 231. 16—18. Juli 1951. Nr. 232. 14—18. Aug. 1951. Belo Horizonte.) R. K. MÜLLER. 7970

W. Klauditz, *Zur Kenntnis der grundlegenden Vorgänge der Papierbildung aus Holz.* Aus 0,7 mm dicken Pappelfurnieren wurde ein Zellstoff unter n. Bedingungen ohne Zerstörung der naturgegebenen Parallellagerung der Fasern hergestellt, der in feuchtem Zustand einen sehr geringen Zusammenhalt der Fasern zeigt. Nach Trocknung ohne u. mit Druck wurden hochzugfeste Stoffe durch Verklebung der Fasern mittels der verbliebenen Hemicellulosen, bes. Polyuronide, erhalten. Aus den isolierten Fasern der Zellstoffurniere wurden Papiere hergestellt, deren technolog. Eigg. mit denen des Ausgangsholzes u. der Zellstoffurniere verglichen u. gedeutet wurden. Vf. schließt aus den Ergebnissen, daß die Papierbldg. durch einen Verklebungs- u. Vernetzungsvorgang u. nicht durch Verfilzung zustande kommt. (Holzforschung **5**. 58—67. 1951. Braunschweig, Inst. für Holzforsch.) WERGIN. 7974

Ferdinand Wultsch und **Heinz Salzer,** *Untersuchungen über die Eignung der Naßentrindungsverfahren für ungeflößtes Alpenholz.* (Vgl. C. **1952**. 5834; **1953**. 149.) Die Verss., die im einzelnen eingehend beschrieben werden, haben ergeben, daß auch ungeflößtes u. wintergeschlägertes Holz zu 100% auf Naßentrindungsmaschinen entrindet u. entbastet werden kann, wenn das Holz entsprechend vorbehandelt wird. (Papier **6**. 169—76. Mai 1952.) P. ECKERT. 7974

Walter Brecht und **Helmut Cornel,** *Vergleich des Mahlverhaltens von Holzzellstoff. Braunschliff und Weißschliff.* Es wurden ein Fichtenholzzellstoff, ein Fichtenholzbraunschliff u. ein Fichtenholzweißschliff einem Mahlvgl. unterzogen u. die technolog. Eigg. der aus diesen Stoffen hergestellten Papiere miteinander verglichen. (Papier **6**. 200—05. Juni. 285—90. Juli 1952. Darmstadt, TH, Inst. für Papierfabrikation.) P. ECKERT. 7976

—, *Neopren in der Papierherstellung.* Durch Zugabe von 2—5% Neopren zum Stoffbrei ist eine weitgehende Verbesserung bzgl. Reiß-, Naß- u. Druckfestigkeit, Trocken- u. Naßdehnbarkeit, Falzbarkeit u. chem. Widerstandsfähigkeit der üblichen Spezial- u.

Standardpapiere festgestellt worden. Es wird in Form einer Milch zugegeben u. macht keine Änderung des Fabrikationsganges bzw. der maschinellen Einrichtungen erforderlich. Zur Ausweitung der Anwendungsmöglichkeit ergaben erfolgreiche Verss. die Eignung von Kraftstoff mit 25% Neopren für Lederimitationen; Linoleumbelag wird biegsamer u. temperaturunempfindlicher durch einen Zusatz von billigem Stoffbrei mit 7,5% Neopren an Stelle von Asphaltmasse. (Paper Mill News **74.** Nr. 37. 79. 80. 82. 15/9. 1951.) SCHOENMANN. 7978

Martin Müller, *Wasserfeste Pappen für die Verpackung.* Untersucht wurden die Wasseraufnahme u. die Quellung von in der M. oder nachträglich mit verseiftem Harzleim, freiharzreichem Harzleim oder Phenolkunstharzleim behandelten Pappen. Die Versuchsergebnisse werden kurvenmäßig wiedergegeben. Die günstige Wrkg. in Verb. mit anderen Leimstoffen wird angedeutet, jedoch reichen die Naturleimstoffe prakt. für alle im Verpackungssektor benötigten Pappensorten nicht aus. (Wbl. Papierfabrikat. **79.** 543—45. Sept. 575—80. Ende Sept. 1951.) P. ECKERT. 7992

P. W. Koslow, R. W. Sujewa und **I. B. Bashutina,** *Untersuchung von Relaxationserscheinungen bei der Filmbildung.* Durch Quellung u. anschließende Trocknung beschleunigte Deformationserscheinungen, d. h. Veränderungen der geometr. Abmessungen von Filmen aus Cellulosederivv. (*Nitrocellulose, Acetylcellulose, Benzyl-* u. *Äthylcellulose*) wurden von Vff. auf opt. Wege mit einer Genauigkeit bis zu 1 μ zu bestimmten Zeiten gemessen. Während der Filmbldg. entstehen in den Filmen durch Strukturbldg. mechan. Spannungen. Diese sind sehr klein, falls die Filme auf einer fl. Unterlage, wie Hg gegossen werden; beim Gießen auf Glas werden maximale Spannungen beobachtet. Letztere Filme zeigen im polarisierten Licht (senkrecht zur Oberfläche) keinerlei Orientierung, die Reißfestigkeit ist um 1,5—2 kg/mm² größer, als bei den auf Hg gegossenen Filmen mit isotoper Struktur. Verschied. Cellulosederivv. zeigen verschieden große Spannungen in Abhängigkeit von der Menge vorliegender polarer OH-Gruppen, die eine Erhöhung der mechan. Spannungen in den Filmen u. ein Anwachsen der Festigkeit u. auch der elast. Eigg. bedingen. Die Wrkg. der Temp. bei der Trocknung der Filme u. beim Verdampfen der Lösungsmittel ist eine zweifache. Erhöhte Temp. führt zu einer Erniedrigung der Viscosität der Systeme u. gleichzeitig zu einer Vergrößerung der Geschwindigkeit der Relaxationsprozesse, was eine Erniedrigung der mechan. Spannungen in den Filmen bedingt. Andererseits verursachen höhere Tempp. ein schnelleres Verdampfen der Lösungsmittel, was größere mechan. Spannungen in den Filmen nach sich zieht. (Журнал Физической Химии [J. physik. Chem.] **25.** 1064 bis 1069. Sept. 1951.) ULMANN. 7994

G. L. Amos, *Siliciumdioxyd in Nutzhölzern.* Der SiO_2-Geh. von über 400 Nutzhölzern (aus 32 Pflanzenfamilien) u. seine Verteilung im Holzgewebe (Abb.) wurde bestimmt u. in Tabellen wiedergegeben. Die Holzasche wurde sulfatiert, gewogen, fluoriert u. nochmals gewogen. Das SiO_2-Gewicht ist gleich der Differenz zwischen beiden Gewichten. — Hölzer mit SiO_2-Gewicht $\geq$ 0,05%/Trockengewicht werden als SiO_2-ansammelnd bezeichnet. (Commonwealth sci. ind. Res. Organizat., Bull. **1952.** Nr. 267. 1—55.) RANG. 8004

H. V. Green und **F. H. Yorston,** *Nachweis von ungebleichtem Sulfitzellstoff in Mischungen.* Ungebleichter Sulfitzellstoff absorbiert bes. stark p.p'-Azodimethylanilin (I) u. kann so nachgewiesen werden. Die Absorption hängt von der Chlorzahl des Zellstoffs ab. Vff. führen die Anfärbung auf Rk. von I mit unlösl. restlichen Ligninsulfonsäuren zurück. Ausführung: 0,015 g I werden in 100 ml Eisessig gelöst, dann mit 300 ml W. verdünnt. Der getrocknete Zellstoff wird mit Lsg. 20—30 Min. getränkt, kurz getrocknet u. untersucht. Fasern von ungebleichtem Sulfitzellstoff sind stark rot gefärbt. (Pulp Paper Mag. Canada **53.** 133—34. Mai 1952. Pulp and Paper Res. Inst. of Canada.) H. BECKER. 8006

Jean Baylot, Frankreich, *Konservieren von Holz,* bes. von Telegraphenstangen, durch Imprägnieren mit Holzdestillationsteeren mit wenigstens 18% Goudron u. 5% Phenolen, denen als Weichmacher 4‰ sulfonierte Terpenalkohole zugesetzt werden. (**F. P. 978 941** vom 21/12. 1942, ausg. 19/4. 1951.) WITTHOLZ. 7953

Camille Dreyfus, übert. von: **Merwin E. Martin** und **Daniel L. Sherk,** New York, N. Y., V. St. A., *Behandlung von Holz.* Dieses wird mit einer wss. Lsg. einer niederen aliphat. Carbonsäure, z. B. CH_3COOH, der gegebenenfalls noch H_3PO_4 zugesetzt sein kann, behandelt. Die Fl. wird vom Holz entfernt u. dasselbe noch einmal in gleicher Weise behandelt. Die Säurekonz. beträgt 50—70% CH_3COOH u. 0,5—1,0% H_3PO_4 bezogen auf Holztrockengewicht. (**Can. P. 474 507** vom 26/7. 1948, ausg. 12/6. 1951. A. Prior. 29/8. 1947.) WITTHOLZ. 7953

Erik Ökman, Stocksund, Schweden, *Aufschließen von Stroh.* Man kocht das Stroh ohne Überdruck mit einer Koch-Fl., die Ablauge aus früheren Abkochungen mit Kalk sowie Frischwasser u. frischen Kalk enthält. Die Kochlauge soll ca. 10% CaO, bezogen auf das Strohgewicht, enthalten. Die Menge alter Lauge soll ca. 30—50% des Frischwassers betragen. Die Gesamtkochlauge entspricht fast genau dem Gewicht des Strohs. (**N. P. 79 018** vom 30/12. 1949, ausg. 3/9. 1951. Schwed. Prior. 12/3. 1949.) J. SCHMIDT. 7959

Kurt Thinius, Magdeburg, *Herstellung von primäracetonlöslichem Cellulosenitratacetat unter Faserhaltung* in einem Einbadverf., dad. gek., daß man Cellulose in einem mit einigen Prozenten Essigsäure versetzten indifferenten Reaktionsträger, bes. CCl_4, zunächst mit nicht mehr als $1^1/_4$—2 Mol. HNO_3 (berechnet auf Cellulose) nitriert, dann durch Zugabe von Acetanhydrid nitroacetyliert u. schließlich in Ggw. eines Katalysators acetyliert, wobei man den Acetylierungskatalysator schon dem Reaktionsgemisch der ersten Phase beifügen kann. Verwendung der Prodd. als Rohstoffe zur Herst. von Kunststoffen u. Lacken. In eine 30° warme Lsg. von 5 kg CCl_4 mit ca. 4 Vol.-% Essigsäure u. 75 g 98—100%ig. HNO_3 gibt man 162 g Zellstoffpapier, hält ½ Std. bei 35°, rührt 250 g CCl_4 mit 4% Essigsäure ein, läßt langsam eine Mischung von 750 g CCl_4 mit 4% Essigsäure u. 750 g Acetanhydrid u. 10 g $HClO_4$ einlaufen u. hält 2 Std. bei 45°. Das Abfallsäuregemisch kann durch Dest. leicht wiedergewonnen werden. (**D. P. [D. D. R.] 559** vom 18/3. 1949, ausg. 18/4. 1952 [Wirtschaftspatent].) PANKOW. 7971

Camille Dreyfus, übert. von: **Clifford J. Haney, George W. Seymour** und **Mervin E. Martin**, New York, N. Y., V. St. A., *Reifen von Celluloseestern* im Zuge der Herst. der Ester aus Cellulose u. einem niedermol. Fettsäureanhydrid in Ggw. einer anorgan. Säure, z. B. H_2SO_4, als Katalysator u. gegebenenfalls eines Lösungsm., z. B. Essigsäure. Danach wird z. B. mit Essigsäureanhydrid das Celluloseacetat hergestellt. Zur Reifung wird das Veresterungsgemisch neutralisiert, mit W. versetzt u. 60—180 Min. bei 40—70° ein Gemisch von Wasserdampf u. dem Dampf einer niedermol. aliphat. Säure eingeleitet. — Gegebenenfalls wird das Reifen in mehreren Stufen ausgeführt u. dabei nach dem Neutralisieren u. Erhitzen mit bis zu 0,5% freier H_2SO_4 angesäuert u. danach kurze Zeit bis zu 100° erhitzt. Es wird wieder neutralisiert, z. B. durch Zusatz von überschüssigem Mg-Acetat, u. danach die Reifung zu Ende geführt. (**Can. PP. 481 583** vom 10/7. 1945, ausg. 4/3. 1952. A. Prior. 12/8. 1944, u. **481 585** vom 30/4. 1947, ausg. 4/3. 1952. A. Prior. 2/7. 1946.) M. F. MÜLLER. 7971

Imperial Chemical Industries Ltd., London, England, *Herstellung von wasserlöslichen Salzen von Carboxyalkylcellulose.* Man läßt auf die Cellulose NaOH, chlorierte Fettsäure oder deren Na-Salz u. $NaHCO_3$ einwirken. Hierbei soll nach Ende der Rk. noch NaOH vorhanden u. wenigstens so viel $NaHCO_3$ zugefügt sein, daß alles überschüssige NaOH in Na_2CO_3 übergeführt wird. Der Zusatz des $NaHCO_3$ muß vor oder zu Anfang der Rk. erfolgen. Man erhält ein feuchtes Prod., das wochenlang haltbar ist, ohne durch nachträgliche Einw. von NaOH sich zu verfärben u. an Viscosität abzunehmen. (**N. P. 79 248** vom 6/7. 1949, ausg. 29/10. 1951. E. Prior. 18/8. 1948.) J. SCHMIDT. 7971

American Cyanamid Co., New York, V. St. A., *Imprägnieren von faserigem Zellstoffmaterial.* Die Imprägnierung erfolgt in zwei Stufen. In der ersten wird der wss. Faserstoff-Suspension ein teilweise kondensierter, noch härtbarer, hydrophiler Aminoplast zugesetzt, alsdann nach ca. 30 Min. in der zweiten Stufe die wss. Dispersion eines Imprägniermittels, wie Wachs, Bitumen, Harz, im entflockten Zustand zugegeben. Als Emulgiermittel sind zu nennen: die Seifen von aliphat. u. cycloaliphat. Säuren, Aminsalze (Triäthanolaminoleat), sulfonierte aliphat. Verbb. (Na-Laurylsulfat) u. a. m. Das Material kann für wasserdichte u. naßfeste Behälter aus Papier, Pappe oder Karton für Milch, Butter, Nahrungsmittel usw. für Mehrfachpapier, Schmirgelpapier u. dgl. verwendet werden. (**Oe. P. 171 169** vom 14/12. 1948, ausg. 10/5. 1952. A. Prior. 26/12. 1947.) WITTHOLZ. 7987

Canada Paper Co., übert. von: **Alexander Szwarc**, Montreal, Quebec, Can., *Wasserfestmachen von Papier* durch Überziehen mit einer Lsg., welche 55—65 (%) eines polymerisierten Cumaron-Indenharzes, 8—12 Äthylcellulose, 10—20 eines Plastizierungsmittels in Form des Methylesters von Kolophonium, 3—6 eines Weichmachungsmittels in Form eines Polymerisationsprod. von Isobuten, welches bei niedriger Temp. in Ggw. von Fluor polymerisiert wurde, ferner 8—14 Paraffinwachs (F. 122—150°) u. 1—3 Zn-Stearat enthält. (**Can. P. 479 085** vom 6/3. 1948, ausg. 4/12. 1951.) M. F. MÜLLER. 7987

Claës Börge Aller, Kopenhagen, Dänemark, *Herstellung von Bimetall-Druckformen für Flachdruck.* Die metall. Teile der Oberfläche der Druckplatte oder Druckwalze wurden abgeätzt, während die Ätzung durch ein vom Ätzmittel (wss. Lsg. von Alkalisulfid oder Alkalipolysulfid) unangreifbares Material (Asphaltpulver, geschmolzen) begrenzt wird. Es werden 3 Möglichkeiten angegeben. Bei der einen besteht die Unterlage aus einer Stahl- oder einer verchromten Cu-Schicht, die von einer dünnen Cu-Schicht überzogen wird, auf die auf photograph. Wege eine Kopie übertragen wird, die nach Entw., Bestäuben mit Asphaltpulver u. Schmelzen desselben die Cu-Fläche schützt. In den Öffnungen dazwischen wird Zn niedergeschlagen. Sodann wird die Schutzschicht (I) entfernt u. die darunterliegende Cu-Schicht abgeätzt, während die Zn (oder Cd) tragenden Teile als Druckbild übrigbleiben. Beim 2. Verf. bildet Zn die Unterlage mit einem Überzug aus Cu, auf den die Kopie aufgetragen u. wie oben behandelt wird. I wird hier nicht entfernt, sondern dient als Schutz der druckenden Gebiete während des Abätzens der dazwischen frei liegenden Cu-Gebiete. (**A. P. 2 558 504** vom 1/8. 1947, ausg. 26/6. 1951. Dän. Prior. 12/3. 1946.) BAUR. 7989

XVIIIb. Textilfasern.

E. Smith, *Syton in der Textilindustrie.* Besprochen werden „*Syton W-20*" u. „*Syton 2 X*". Es handelt sich um eine Suspension sehr feiner Kieselerde, die in den Präpp. ca. 15 bzw. 30% beträgt. Kurze Angaben über das Textilhilfsmittel, das bei der Verarbeitung u. Ausrüstung verwendet werden kann, wird beschrieben. (Textile J. Australia **27**. 138—42. 144. 236—38. 21/4. 1952.) P. ECKERT. 8028

Franz Weiss, *Die Entwicklung der Kontinue-Bleichverfahren.* Beschreibung der kontinuierlichen Bleiche von Textilien. (Prakt. Chem. [Wien] **1951**. 172—74. Sept.) SCHOENMANN. 8032

Gustav Pfeifer und **A. Martina,** *Bleichen (unter besonderer Berücksichtigung der Natriumchloritbleiche), Färben, Vor- und Nachbehandeln von Stückware auf einer neuentwickelten Zwillingshaspelkufe.* Es werden einleitend die Gründe aufgezeigt, warum sich in Europa die Na-Chloritbleiche in kleinen u. mittleren Betrieben in der Praxis bisher noch nicht durchgesetzt hat. Die Ursache hierfür ist vorwiegend in der Materialfrage zu suchen. Vff. haben ein Korrosionsschutzmittel entwickelt, das einen Angriff der Na-Chloritbleichflotte auf Böhler *Antinit* Stähle *SAS 4* u. *SAS 5* vollkommen verhindert. Das Korrosionsschutzmittel, über das Einzelheiten nicht angegeben werden, kann auch für die Bleiche mit Na-Hypochlorit u. H_2O_2 verwendet werden. Beschrieben wird ferner eine Zwillingshaspelkufe, die die gleichzeitige Durchführung zweier Arbeitsprozesse, wie z. B. Bleichen u. Färben, gestattet. (Prakt. Chem. [Wien] **3**. 171—73. Juli 1952.) P. ECKERT. 8032

A. E. Williams, *Die Konservierung von Textilien. Die Verwendung von Metallverbindungen der Naphthensäuren.* Übersicht über die Verwendung von Metallverbb. der Naphthensäuren als Pilz- bzw. Bakterienwachstum verhindernde Mittel. Beschrieben wird die Herst. u. Anwendung von vor allem Kupfernaphthenat zur Konservierung von Stiefeln u. Luftfiltern in Minen, sowie Segeltuch, Tauen u. Netzen. (Indian Textile J. **62**. 549—76. Juni 1952.) A. v. KÖNIG. 8036

H. L. von Goedhe, *Kupfer als Textilkonservierungsmittel.* Die Literatur der letzten 15 Jahre über die Imprägnierung von Fasern mit Cu-Verbb., bes. der 8-Oxychinolinverbb., zwecks Faserschutz gegen Pilzbefall wird diskutiert. (Amer. Dyestuff Reporter **41**. 164. 179. 17/3. 1952.) ZAHN. 8036

Robert Blum und **William H. Stahl,** *Enzymatischer Abbau von Cellulosefasern.* Die Einw. einer zellfreien extracellulären cellulolyt. Enzymlsg. bei p_H 6, dargestellt aus dem Pilz *Myrothecium verrucaria*, auf Baumwolle (I), Viscosereyon (II) u. Cuprammoniumreyon (III) wurde untersucht. I wurde im SOXHLET zuvor mit A. u. Ae. behandelt, getrocknet u. mit 1%ig. NaOH-Lsg. unter N_2 7 Std. am Rückfluß gekocht. Bei den Fasern wurden folgende Eigg. bestimmt in Abhängigkeit von der Dauer der Inkubation: Gewichtsverlust, zugelast. Verh., Polymerisationsgrad, Kristallinitätsgrad, mkr. Eigg., Farbstoffaffinität. Der Gewichtsverlust von III betrug nach 15 Tagen 22%. Der Polymerisationsgrad von I u. II ändert sich nicht, der von III fällt von 545 auf 141 in 3 Tagen. Die auffallendste Veränderung beim enzymat. Abbau von I war das Auftreten von 1—2 deutlichen Spirallinien nach Quellung in Cupriäthylendiaminlsg., während die n. äußeren Spiralwindungen verschwanden. Bzgl. der ausführlichen Diskussion u. des Vgl. mit dem Faserabbau durch Pilze wird auf das Original verwiesen. (Textile Res. J. **22**. 178—92. März 1952. Philadelphia, Pa., U. S. Army Quartermaster Corps.) ZAHN. 8040

P. A. Koch, *Unterschied zwischen reifer und unreifer (toter). Baumwolle.* (Vgl. C. **1951**. II. 161.) (De Tex **10**. 1030—40. 15/10. 1951.) WESLY. 8044

T. Finkelstein, W. Kargin und **S. Rogovin,** *Über die Veränderung der physikomechanischen Eigenschaften von Cellulosefasern unter der Einwirkung hoher Temperaturen.*

Die Verss., die mit Viscosereyon u. Baumwolle durchgeführt wurden, schlossen parallele Prozesse durch Hydrolyse oder Oxydationszerstörung aus. Erwärmt wurden die Fasern bei verschied. Tempp. im Hochvakuum. Hierbei wurden sich bildende Fll. u. gasförmige Prodd. laufend u. schnell abgeführt. Die Unterss. haben gezeigt, daß bei der Erwärmung von Hydratcellulosefasern im Hochvakuum während 2 Std. auf 200° keine wesentliche Abnahme des Durchschnittspolymerisationsgrades (DP) u. der Festigkeit der Faser eintritt. Bei weiterer Erhöhung der Temp. erfolgt Abbau der Makromoll. der Cellulose, was zu einer Abnahme des DP u. der technolog. Eigg. der Faser führt. Bei Erwärmung über 200° zeigen Viscose- u. Triacetatfasern ungefähr eine gleiche Erniedrigung des DP. (Textil-Praxis 7. 641—44. Aug. 1952.) P. ECKERT. 8044

C. Fearnley und **J. B. Speakman**, *Die Einwirkung von β-Propiolacton auf Wolle.* Nach JONES u. LUNDGREN erhält man eine stärker filzende Wolle (I), wenn man getrocknete I bei 40° mit 30% vom Fasergewicht β-Propiolacton (II) in Ae. oder Bzl. behandelt, bis der N-Geh. von I auf 12% abnimmt. Es wurde gefunden, daß bei 104° getrocknete I mit II in sorgfältig getrocknetem Ae. oder Bzl. weder bei 25 noch bei 50° in 48 Std. reagiert. Dagegen erfolgt Rk. mit einer 1,25 Vol.-%ig. Lsg. von II in A. bei 25 u. 50°, wobei eine Gewichtszunahme von 22,0% erreicht wurde. Ein I-Flanell wurde in Proben von je 9 g mit 100 cm³ einer 4,50 Vol.-%ig. II-Lsg. in A. bei 50° 48 Std. behandelt. Trotz einer Gewichtszunahme der Faser von 25,2% wurde keine nennenswerte Veränderung des Walkvermögens (Handwalke mit Seife sowie Handwalke nach Zusatz von 1% Ölsäure, in n/10 HCl bei einem Gleichgewichts-p_H-Wert von 0,96) erzielt. Das Filzvermögen loser gekrempelter Wolle wurde in der Filzmaschine von CHAMBERLAIN u. MENKART geprüft u. festgestellt, daß mit II behandelte I langsamer filzt. Dies wird auf die herabgesetzte Schuppigkeit zurückgeführt. (J. Soc. Dyers Colourists 68. 88—91. März 1952. Leeds, Univ., Dep. Textile Industries, Textile Chem. Labor.) ZAHN. 8060

T. H. Sedgwick, *Ein Vergleich der Walkverfahren.* Die Vor- und Nachteile der Fett-, Seife- u. Säurewalke sowie der Walke mit FULLER-Erde werden miteinander verglichen. In diesem Zusammenhang wird bes. auf die saure Walke sowie auf die Überwachung dieses Prozesses eingegangen. Die Ergebnisse der verschied. Walkverss., die übersichtlich zusammengestellt sind, werden diskutiert. (Dyer, Textile Printer, Bleacher, Finisher 106. 27—29. 13/7. 1951.) P. ECKERT. 8060

N. H. Chamberlain und **M. P. Khera**, *Radiale Heterogenität bei Viscose- und Cuprammoniumfäden.* Typ. Proben von Viscose (I)- u. Cuprammonium (II)-Fasern wurden nach einer modifizierten Meth. der ELÖDschen Abschälmeth. topochem. acetyliert u. die Außenschichten aufgelöst. Bei intensiver Trocknung der Proben u. des Acetyliergemisches (6 cm³ Acetanhydrid, 22,5 cm³ Bzl., 0,1 cm³ H_2SO_4, 100 Teile Gemisch auf 1 Teil I bzw. II, 40°, Reaktionsdauer bis 10 Tage) erfolgte kein Abbau bei I, wie aus der Fluiditätsmessung in Cuoxamlsg. hervorgeht. II wird dagegen auch unter diesen Reaktionsbedingungen abgebaut. Gemessen wurden folgende Eigg. der abgeschälten I- u. II-Proben: Ausbeute, Fluidität, Reißfestigkeit, Bruchdehnung, Quer- u. Längsquellung, Steifigkeit, Doppelbrechung, Feuchtigkeitsaufnahme. Die Daten wurden eingehend diskutiert auf Basis eines wahrscheinlichen Vorliegens seitlicher Hauptvalenzbrücken in nativen Cellulosefasern u. der Ggw. von weniger OH-Gruppen im Kern als im Fasermantel in I. In II wurden nennenswerte Unterschiede nicht erwartet u. auch nicht gefunden. Bzgl. des umfangreichen Zahlenmaterials wird auf das Original verwiesen. (J. Textile Inst., Trans. 43. T123—57. April 1952. Leeds, Univ., Dep. Textile Industries.) ZAHN. 8074

C. E. Crompton, *Die Verwendung von Radioisotopen bei der Textilprüfung.* Allg. gehaltene Ausführungen. Besprochen wird die Anwendung der Radioisotope ^{35}S u. ^{22}Na bei der Viscoseherst., bes. beim Xanthogenierungsprozeß zur Verfolgung des Vorganges sowie in der Färberei zur Nachprüfung des färber. Verh. verschied. Textilien. (Textile J. Australia 27. 150—51. 21/4. 1952.) P. ECKERT. 8074

C. R. Walther Thomas, *Kontinuierliche Reyon-Herstellung nach dem Kuljian-Verfahren.* Kurze Beschreibung des von der KULJIAN CORP. (V. St. A.) entwickelten Verf. zur Herst. von Viscosereyon nach dem Kontinueprinzip. Die Vorteile des Verf. werden behandelt, u. die Arbeitsweise der Maschine sowie deren Konstruktion werden behandelt. (Reyon, Zellwolle andere Chemiefasern 30. 347—52. Juli 1952.) P. ECKERT. 8074

Werner Kohlitz, *Eine neue Methode zur quantitativen Bestimmung von Gelteilchen in kolloiden Lösungen, insbesondere Viscose.* Bisher wurde Viscose (I) aus einer Capillaren von ca. 1 mm Weite in W. fließen gelassen u. die sich als Verdickungen im I-Strahl abzeichnenden Gelteilchen ausgezählt. Auf die Nachteile dieses Verf. wird hingewiesen u. eine neue Meth. beschrieben, bei der eine Ringdüse aus Glas Verwendung findet.

Um ein Verkleben des sich im W. bildenden Schlauches zu vermeiden, wird in den Schlauch W. eingeleitet. Die App. sowie die Durchführung der Messung werden beschrieben. Die Auszählung der Gelteilchen kann anstatt mit dem Auge ebenso mit dem Mikroskop erfolgen. Die Messungen werden auch auf mattierte I ausgedehnt. (Reyon, Zellwolle andere Chemiefasern **30**. 343—46. Juli 1952. Glanzstoff-Courtaulds GmbH., Forschungsinst.) P. ECKERT. 8074

Johannes Dorsch, *Zum Stand der Knitterfestausrüstung von zellwollenen Anzug- und Kostümstoffen.* Wiedergabe einiger Rezepte zur knitterechten Ausrüstung. (Textil- u. Faserstofftechn. **2**. 246—47. Aug. 1952.) P. ECKERT. 8074

A. Sippel, *Herstellung und Anwendung der Acetatstreckreyon.* Es werden die Eigg. u. die Anwendungsmöglichkeiten von Acetatstreckreyon besprochen. Die sehr hohe Festigkeit bei geringer Dehnung, hohem Elastizitätsmodul u. geringer Plastizität macht sie vor allem dort geeignet, wo die Beanspruchung in Faserrichtung bes. hoch, die Querbeanspruchung aber nicht allzu stark ist u. wo Formbeständigkeit verlangt wird. (Textil-Praxis **7**. 574—75. Aug. 1952. Freiburg/Br., Deutsche Rhodiaceta A. G., Forschungslabor.) P. ECKERT. 8076

Wolfgang Döhle, *Eine Übersicht über die synthetischen Fasern.* (Textil-Praxis **7**. 567—70. Aug. 1952.) P. ECKERT. 8080

Hermann Klare, *Kritische Betrachtungen zur Herstellung von Perlon.* Vf. teilt die heutige Herst. des Perlons in 3 Hauptphasen: Polymerisation (Lösen des Lactams, Polymerisation, Schnitzelherst., Extrahieren, Trocknen); Spinnerei (Spinnen u. Aufwickeln der ungestreckten Fäden); textile Aufarbeitung (Vor-, Streck- u. Nachzwirnen, Fixieren u. Trocknen; Spulen; Sortieren u. Packen). Es wird nun ein vereinfachtes Verf. beschrieben, das mit wesentlich weniger Arbeitsgängen auskommt als bisher u. das wie folgt ausgeführt wird: Direktspinnen (Polymerisation im vereinfachten kontinuierlichen Rohr (VK-Rohr) mit anschließendem Spinnprozeß; Zwirnen u. Strecken auf einer kombinierten Maschine, die mit DD-Spindeln ausgerüstet ist); Fixieren u. Trocknen; Spulen; Sortieren u. Packen. Die 12 Arbeitsgänge lassen sich demnach auf 5 reduzieren. Das geschilderte Verf. ist nur bei Caprolactam u. Aminoprolactam anwendbar, nicht aber bei entsprechenden Verbb., die mehr als 5 CH_2-Gruppen besitzen. (Textil- u. Faserstofftechn. **2**. 240—45. Aug. 1952.) P. ECKERT. 8080

Otto Nuss, *Über das Schmelzspinnen von Perlon und Nylon.* Nach Schilderung der Entwicklungsgeschichte u. nach Angabe des allg. Standes der Technik werden die Gewinnung u. die chem. Konstitutionen von *Perlon* u. *Nylon* behandelt. Von den verschied. Schmelzspinnverff. werden das Röst-, das Band- u. das VK-Verf. besprochen. Ferner wird auf einige chem. u. physikal. Voraussetzungen zum Verspinnen von Polyamiden hingewiesen. (Textil-Praxis **7**. 570—73. Aug. 1952. Freiburg/Br., Deutsche Rhodiaceta A. G., Forschungslabor.) P. ECKERT. 8080

J. B. Quig und **R. W. Dennison**, *Kennzeichnende Eigenschaften einiger neuer synthetischer Fasern.* Umfassender Überblick über die physikal., chem. u. technolog. Eigg. von *Dynel, Nylon, Orlon, Acrilan* u. *Dacron.* (Canad. Textile J. **69**. Nr. 19. 60—69. 12/9. 1952. Wilmington, Del., Textile Res. Div., E. I. du Pont de Nemours & Co.) P. ECKERT. 8080

L. L. Larson, *Eigenschaften der „Dacron"-Polyesterfaser.* Berichtet wird über die Forschung u. Unterss. bzgl. des *Dacron*, über die physikal., chem. u. technolog. Eigg., über das Verh. der Faser bei der Wäsche u. der Chemischreinigung sowie über ihre Eignung als Zusatz zu anderen Faserstoffen. (Canad. Textile J. **68**. Nr. 15. 59—62. 20/7. 1951. Wilmington, Del., E. I. du Pont de Nemours & Co.) P. ECKERT. 8080

Walther Wegener, *Garnprüfgeräte zur photometrischen Ermittlung der Verlängerung und der Verlängerungsänderung.* Der Spannungs-Dehnungs-Messer besteht aus zwei voneinander getrennten Apparaten, dem Aufnahme- u. dem Reproduktionsgerät. Mit Hilfe des ersteren läßt sich ein Faden entweder nach dem Prinzip der konstanten Belastungszunahme oder nach dem der konstanten Belastung beanspruchen. Während des Vers. erfolgt eine gleichzeitige Registrierung der Verlängerung u. ihrer ersten Ableitung als Funktion der Zeit. Das Aufnahmegerät ist so konstruiert, daß die zeitabhängige Verlängerung als Zeit-Verlängerungs-Diagramm aufgezeichnet u. die zeitabhängige Verlängerungsänderung auf einem Filmstreifen festgehalten wird, derart, daß auf ihm eine dehnungsabhängige Intensität der Schwärzung entsteht. Die auf diese Art als Filmstreifen ausgebildeten Diagramme werden anschließend mit Hilfe des Reproduktionsgerätes in die erste Ableitungskurve umgewandelt, bei welcher die Zeit als Abszisse u. die Verlängerungsänderung als Ordinate erscheinen. Die Ausführungen erfolgen an Hand von Abbildungen. (Arch. techn. Messen **1952**. 153—54. Juli.) P. ECKERT. 8096

Durand & Huguenin Akt.-Ges., Basel, Schweiz, *Netzmittel.* Sie enthalten neben mindestens einer Verb. mit oberflächenakt. Eigg., z. B. einem Salz einer Alkylarylsulfonsäure (Nonylnaphthalinsulfonsäure) (I) noch mindestens ein in W. prakt. unlösl. Trialkyl- bzw. Trialkoxyalkylphosphat, z. B. ein Trialkylphosphat, dessen Alkylrest 4—8 C-Atome aufweist (Tributylphosphat), oder ein Trialkoxyalkylphosphat, dessen Alkoxyreste 3—7 C-Atome aufweisen (Tributyloxyäthylphosphat); an Stelle von **I** kann man auch Sulfonsäuren von organ. Polycarbonsäureestern, saure Schwefel- oder Phosphorsäureester von höhermol. Alkoholen oder Fettsäurekondensationsprodd. mit sauren wasserlöslichmachenden Gruppen verwenden. Die neuen Netzmittel eignen sich für die Herst. von wss. Lsgg., Dispersionen oder Emulsionen von hoher Netzkraft für die verschiedenartigsten Stoffe. Man setzt z. B. einer Lsg. von 75 (Teilen) Triäthanolaminoleat in 675 W. langsam u. unter gutem Rühren 750 (Teile) Tri-n-butylphosphat zu u. erhält 1500 einer Emulsion, die sich mit W. beliebig verdünnen läßt. (**Oe. P. 171 700** vom 21/6. 1950, ausg. 25/6. 1952. Schwz. Prior. 13/4. 1949.) RAETZ. 8029

Fettchemie und Fewa-Werk VEB, Chemnitz, Sachsen (Erfinder: **Richard Huttenlocher**, Greiz, und **Rudolf Schiffner**, Teltow-Seehof), *Schmälz- und Fettungsmittel.* Man behandelt Fasergut, Kunstseidenkabel oder Leder mit Sulfinsäuren (oder deren Salzen), die durch Red. von Sulfonsäurechloriden von aliphat. KW-stoffen erhältlich sind, vorteilhaft im Gemisch mit Mineralölen, Neutralfetten oder fetten Ölen. Man löst z. B. 60 kg sulfinsaures Na in 40 kg Mineralöl u. verwendet diese Lsg. als Spinnöl zum Schmälzen von Textilfasern. (**D. P. [D.D.R.] 477** Kl. 29b vom 21/12. 1941, ausg. 4/3. 1952 [Wirtschaftspatent].) RAETZ. 8031

Fettchemie und Fewa-Werk VVB, Chemnitz (Erfinder: **Richard Huttenlocher** und **Rudolf Schiffner**, Greiz, Thüringen), *Schmälzmittel.* Man behandelt Spinnfasern aller Art auf der Nadelstabstrecke bzw. bei der Herst. von Streichgarn vor dem ersten Krempelsatz mit Sulfinsäuren (oder deren Alkali-, NH_4- oder Aminsalzen), die durch Red. eines Sulfochlorierungsgemisches aus einem techn. KW-stoffgemisch mit ca. 18 C-Atomen im Mol. erhältlich sind. — Man verrührt z. B. 100 Teile von mit NH_3 neutralisierter Sulfinsäure mit 150 Teilen W. u. benetzt mit dieser Lsg. einen Kammzug aus 70% Wolle u. 30% Viscosezellwolle oder Caseinwolle nach dem Verdüsverf. auf dem Nadelstabstrecker. Die neuen Schmälzmittel rufen keinerlei Selbstentzündung des geschmälzten Textilgutes hervor u. können gleichzeitig auch als Walk- oder Reinigungsmittel für dasselbe Textilgut dienen. (**D. P. [D.D.R.] 623** Kl. 29b vom 13/3. 1942, ausg. 18/4. 1952 [Zusatz-Wirtschaftspatent]. **Zusatz zu D. R. P. 764 807, Kl. 12o; C. 1952. 7599.**) RAETZ. 8031

Raduner & Co. Akt.-Ges., Horn, Schweiz, *Veredeln von Textilstoffen aus Cellulosefasern* unter Verwendung von in der Hitze härtbaren Kunstharzen oder deren Bildungskomponenten, dad. gek., daß man die Textilstoffe mit wss. Lsgg. von Harnstoffharzen, z. B. von *Harnstoff-* oder *Thioharnstoff-Formaldehyd-Kondensationsprodd.* oder deren Bildungskomponenten, in einer Menge, die das Trockengewicht der Ware um höchstens 8% erhöht, gegebenenfalls unter Mitverwendung bes. von Stärke als Appretiermittel, imprägniert u. das darauffolgende Trocknen u. Härten der Kunstharze auf dem Textilgut sowie gegebenenfalls auch die Fertigstellung des Erzeugnisses unter Einhaltung der erstrebten Fertigmaße (Liefermaße) hinsichtlich Länge u. Breite oder Länge oder Breite der Ware, z. B. durch entsprechendes Strecken, vornimmt. — Das behandelte Gewebe zeigt guten Schrumpffreieffekt u. geht beim Waschen weniger ein. (**D. R. P. 767 329** Kl. 8k vom 8/5. 1934, ausg. 26/5. 1952. Schwz. Prior. 25/11. 1933.) HERBST. 8033

Herbert Frotscher und **Ernst Franke**, Chemnitz, *Vorkondensationsprodukte aus Dicyandiamid zum Knitterfestmachen von Textilstoffen aus Cellulose.* Man stellt bei der Herst. von Vorkondensationsprodd. aus Dicyandiamid (I) u. CH_2O (II) [bes. 1:1,5] die II-Lsg. so sauer ein, daß das erhaltene Vorkondensat prakt. neutral reagiert, u. führt die Kondensation durch kurzes Erhitzen des Reaktionsgemisches auf 80—90° u. schnelles Abkühlen auf Normaltemp. durch, so daß man mit kaltem W. in jedem Verhältnis klar mischbare Prodd. erhält. Man kann bei der Kondensation Glykole, Polyglykole, Glycerin, Glykoläther, Polyglykoläther, Zucker u./oder Weichmacher oder auch Guanylharnstoff (III) oder dessen Derivv. mitverwenden; Salze des III können durch saure Hydrolyse während der Rk. von I mit II gebildet werden. An Stelle von II können ferner auch andere Aldehyde, wie C_2H_4O, C_3H_6O, C_2H_2O, C_3H_4O oder C_4H_6O, oder Aldehydalkohole, wie Glykol- oder Glycerinaldehyd oder Glucose, oder Aldehydcarbonsäuren, wie Glyoxylsäure oder Formylessigsäure, verwendet werden. Zweckmäßig trocknet man die so erhaltenen Prodd. durch Wasserentzug im Vakuum. Die so gewonnenen Vorkondensationsprodd. besitzen einen hohen Geh. (ca. 60%) an wirksamer Substanz u. sind geeignet, auf Grund ihrer Löslichkeitseigg. u. ihres Dispersitätsgrades den mit ihnen imprägnierten Cellulosetextilstoffen nach dem Auskondensieren des Kunstharzes in der Faser auch ohne Verwendung von sauren oder alkal. Katalysatoren eine ausgezeichnete waschbeständige Knitterfestigkeit bei gutem Griff u. geringster Verminderung der Scheuerfestigkeit zu verleihen. — Beispiele. (**D. P. [D.D.R.] 286** Kl. 8k vom 12/12. 1950, ausg. 13/2. 1952 [Wirtschaftspatent].) RAETZ. 8037

Peter Willems, Darmstadt, *Herstellung von Steifstoffen für die Bekleidungsindustrie.* Textilgewebe, Papier u. dgl. wird mit dem nach D. B. P. 833 671 hergestellten Bindemittel (Polykieselsäure) ein oder mehrmals imprägniert. (**D. B. P. 848 635** Kl. 8k vom 2/10. 1948, ausg. 4/9. 1952.) SALZMANN. 8037

Heberlein & Co. Akt.-Ges., Wattwil (Erfinder: **Peter von Tavel,** Wattwil, und **Kurt Brugger,** Sissach), Schweiz, *Herstellung von Flockeffekten auf Geweben* durch Aufbringen von kurzstapligem Fasermaterial (Flock). Es werden zum Festhalten des Flocks Mittel, die das Fasermaterial des Flocks u. des Gewebes oberflächlich anlösen, auf das Gewebe aufgebracht, z. B. Lsgg. von $ZnCl_2$, $Ca(SCN)_2$ oder quaternären NH_4-Basen. (**D. B. P. 848 795** Kl. 8n vom 16/1. 1949, ausg. 8/9. 1952. Schwz. Prior. 16/3. 1948.) v. SCHILLER. 8039

Joseph Bancroft & Sons Co., Wilmington, Del., V. St. A., *Knitterfestmachen von Baumwollgeweben.* Man imprägniert die Gewebe mit einer wss. Lsg. eines Gemisches aus 80—20 (Gew.-%) eines Methylolmelamins (I) u. 20—80 eines methylierten I einoder mehrmals derart, daß die insgesamt aufgebrachte Harzfeststoffmenge 3—20% des Trockengewichtes des Gewebes beträgt, trocknet die imprägnierte Ware u. führt die Kunstharze durch Erhitzen in den wasserunlösl. Zustand über. Zweckmäßig verwendet man im Gemisch ein Di-, Tri- oder Tetramethylolmelamin u. ein methyliertes I mit mindestens drei Methylolgruppen, von denen mindestens zwei methyliert sind u. mindestens eine nicht methyliert ist, z. B. ein Gemisch aus Dimethylolmelamin u. Dimethyltrimethylolmelamin im ungefähren Verhältnis 1:1 oder 7:3. Man kann dem Kunstharzgemisch ferner noch Harnstoff oder andere ähnliche organ. N-haltige schwache Basen, wie Biuret, Acetamid oder Dicyandiamid, zusetzen. Die Imprägnierlsg. enthält ferner geringe Mengen eines Katalysators, wie Phenylbiguanidhydrochlorid, $(NH_4)_2 \cdot HPO_4$, NH_4CNS, $ZnCl_2$, $MgCl_2$, CH_3COOH oder HCl. Man erhält auf diese Weise Baumwollgewebe von hoher Knitterfestigkeit ohne wesentliche Festigkeits-, bes. Zerreißfestigkeitsverluste. — Beispiele. (**Oe. P. 170 848** vom 23/5. 1949, ausg. 25/3. 1952. A. Priorr. 3/6. 1948 u. 4/5. 1949.) RAETZ. 8045

La Cellophane (Soc. An.), Frankreich, *Verbessertes Spinnverfahren.* Der Viscoselsg. oder dem Fällbad wird eine kationenakt. Substanz, z. B. Laurylpyridiniumchlorid (I), zugesetzt. — Das Fällbad enthält z. B. 140 (g) H_2SO_4, 250 Na_2SO_4 u. 15 mg I im Liter u. wird auf 41° gehalten. (**F. P. 989 797** vom 29/4. 1949, ausg. 13/9. 1951.) WITTHOLZ. 8075

N. V. Onderzoekingsinstituut „Research", Arnhem, Holland, *Herstellung von Viscosekunstseide von hoher Festigkeit.* Man verspinnt Viscose in ein Spinnbad, das Salz (Na_2SO_4, $MgSO_4$ u. $ZnSO_4$) u. H_2SO_4 enthält, behandelt den frisch gesponnenen Faden mit ca. 2% des Spinnbades an niedermol. aliphat. Aldehyd, bes. CH_2O, u. verstreckt ihn alsdann in einem schwach sauren heißen Wasserbade bis zu mindestens 100% seiner ursprünglichen Länge; man kann die Aldehydbehandlung auch in einem getrennten zweiten, auf Spinnbadtemp. gehaltenen Bade u. darauf die Verstreckung in einem dritten Bade bei ca. 90° durchführen. Man erhält so ohne die Gefahr einer Beschädigung Viscosekunstseidenfäden von hoher Trockenfestigkeit. — Beispiel, Tabellen. (**Oe. P. 169 926** vom 26/11. 1946, ausg. 27/12. 1951. D. Prior. 16/12. 1943.) RAETZ. 8075

Rudolf Koepp & Co. Chemische Fabrik Akt.-Ges., Oestrich (Erfinder: **Walter König,** Wiesbaden), *Trocknen von Fäden aus Celluloselösungen in Schwefelsäure* oder anderen Mineralsäuren. Die frisch gefällten Fäden werden vor oder nach dem Aufwickeln auf in ihrem Umfang verstellbaren Spulen (Spannrahmen) vor dem ersten Trocknen mit Lsgg. von Salzen 3wertiger Metalle (Al, Cr, Ce) oder Emulsionen von Paraffin, Ölen, Fetten, Fettsäuren, Fettalkoholen u. deren H_2SO_4-Derivv., z. B. Türkischrotöl, Seifenlsgg. oder ähnlichen Netzmitteln, behandelt, unter Spannung getrocknet, gegebenenfalls entspannt, mit W. oder Wasserdampf befeuchtet u. unter Spannung getrocknet. (**D. R. P. 753 493** Kl. 29b vom 17/5. 1942, ausg. 4/8. 1952.) SALZMANN. 8075

Courtaulds Ltd., London, England, *Künstliche Fäden durch Naßspinnen,* bes. von *Viscose.* Die nach oben abgezogenen Fäden werden gegen eine glatte Stirnfläche eines ringförmigen Führungsorganes geführt, welches mit einer Umfangsgeschwindigkeit rotiert, die größer ist als diejenige der zum Lagern des Fadens bestimmten Vorrichtung. Die Porzellan-Führungsglocke umgibt den gleichfalls rotierenden Aufnahmehaspel. Spinngeschwindigkeit über 100 m/Min.; Einsparung von Fällbad. (**Schwz. P. 278 892** vom 25/8. 1949, ausg. 16/2. 1952. E. Prior. 26/8. 1948.) SALZMANN. 8075

Algemeene Kunstzijde Unie N. V., Holland, *Wiedergewinnung von CS_2 aus Viscosefäden.* Die auf durchlochten Dockenspulen aufgewickelten Viscosefäden werden unter Druck oder im Vakuum mit kaltem W. behandelt u. dann mit den Spulen in eine Kammer gebracht, die nach Schließen mit heißem W. zum größten Teil gefüllt wird. Anschließend wird evakuiert u. die W.- u. CS_2-Dämpfe werden in einem Kühler kondensiert, worauf die Fll. voneinander getrennt werden. (**F. P. 987 842** vom 7/6. 1949, ausg. 20/8. 1951. Holl. Prior. 5/8. 1948.) WITTHOLZ. 8075

Courtaulds Ltd., London (Erfinder: **Edwin Holroyd Sharples**, Coventry), England, *Wasserabweisendes Textilgut aus Cellulosehydraten* erhält man durch Imprägnieren mit geringeren Mengen höhermol. Fettsäuren z. B. in Form einer wss. Na-Oleatlsg., u. Behandlung des getrockneten Gutes mit trocknem Cl_2, z. B. 60 Min. bei 60° mit 0,3% Cl_2 enthaltender Luft. Anschließend wird nochmals mit einer geringeren Menge von in W. unlösl. Metallseifen behandelt, z. B. durch Rk. einer aufgebrachten Seifenlsg. mit Ca- oder Mg-Salzen. (**D. R. P. 753 016** Kl. 8k vom 6/1. 1939, ausg. 30/6. 1952. E. Priorr. vom 6/1. u. 2/12. 1938.) MÖLLERING. 8075

E. I. du Pont de Nemours & Co., V. St. A., *Cellulosefäden mit starker Dehnung.* Eine Celluloseacetatlsg. wird unter Druck bei 75—85° mit einer Geschwindigkeit von 540 m/Min. versponnen. Die Haspel läuft mit einer über 450 m/Min. liegenden Geschwindigkeit, jedoch unter derjenigen der Celluloseacetatlösung. — Eine Lsg. von 25 (%) Celluloseacetat, 72,5 Aceton u. 2,5 W. wird nach Entfernen der Luft u. nach üblichem Filtrieren auf 80—82° vorgewärmt u. unter Druck durch eine Spinndrüse mit 48 Löchern, deren Einzeldurchmesser 0,04 mm beträgt, in einer beheizten Kammer versponnen. Die eintretende Luft hat in der Nähe der Spinndrüse ca. 36° u. erreicht am Boden 90°, so daß sie ca. 60 g Aceton/m³ enthält. Die Spinnlsg. tritt mit einer Geschwindigkeit von 37 g/Min. aus der Düse u. wird aufgehaspelt. Der Faden hat folgende Eigg.: Festigkeit trocken: 1,28 Denier, Dehnung trocken 97,4%. Festigkeit feucht: 0,83 Denier, Dehnung feucht: 51,6%. (**F. P. 983 284** vom 17/9. 1949, ausg. 21/6. 1951. A. Prior. 17/3. 1948.) WITTHOLZ. 8077

Industrial Rayon Corp., Cleveland, übert. von: **Herman A. Bruson**, Shaker Heights, und **Gilman S. Hooper**, Bay Village, O., V. St. A., *Fasern, Bänder und Filme aus Polyacrylnitril* (I). Eine auf 120° erwärmte Lsg. von I in Polyäthylenkohlensäureester (II) wird in ein 130° warmes Bad, bestehend aus 80 (Teilen) Dipropylenglykol u. 20 II, gesponnen, mit heißem W. gewaschen u. um das Zehnfache gestreckt. Das verbrauchte Fällbad wird auf 0° gekühlt, wobei II ausfällt u. abzentrifugiert wird. (**A. P. 2 570 201** vom 1/4. 1950, ausg. 9/10. 1951.) SALZMANN. 8081

XIX. Brennstoffe. Erdöl. Mineralöle.

A. Westlin und **O. Theander**, *Die Elektroosmose von Torf.* An zwei typ. schwed. Torfarten wurden die verschied. Faktoren untersucht, die die Entwässerungsgeschwindigkeit u. den Energiebedarf bei der Elektroosmose von Torf beeinflussen. Die Entwässerungsgeschwindigkeit nimmt nach einer gewissen geringen Stromdichte etwa geradlinig mit der Zellspannung u. der Stromstärke zu. Bei period. Elektroosmose entsteht an der Anode allmählich eine trockene Schicht, wodurch eine große Widerstandserhöhung eintritt. Durch Anwendung erhöhten Druckes auf die Torfmasse kann der Widerstand verringert werden. Die Entwässerungsgeschwindigkeit steigt mit erhöhter Temp. u. besserer Zerkleinerung, wird jedoch mit zunehmender Porosität vermindert. Der Energiebedarf kann durch geringen Zusatz von Alkali herabgesetzt werden. Die Verschiedenheit der organ. Substanz der beiden untersuchten Torfarten ist von geringem Einfluß. (Kolloid-Z. **122**. 153—63. Juni 1951. Stockholm, AB Svensk Torvförädling, Forschungslabor.) SCHÖBERL. 8122

L. A. Guljajewa und **Je. Ss. Itkina**, *Über die Bestimmung des Redoxpotentials von Kaustobiolithen.* Aus der Messung von p_H u. E_h (Redoxpotential) bei der Rk. von Kohlekaustobiolithen mit dest. W. u. 0,01 u. 0,001nNa_2S (I)- u. Na_2SO_4 (II)-Lsgg. geht hervor, daß Braun- u. Steinkohle alle Systeme mit E_h = —101 bis +207 mV oxydieren. Anthrazit verhält sich gegenüber 0,01n. I bei E_h = —156 bis —161 mV neutral. Durch Graphit wird I red. (E_h = —264 bis —156 mV). *Sapropelit* ist träge gegen die Systeme mit E_h = —168 bis +382 mV. Die Verschiebung des Redoxpotentials nach den positiven Werten durch Braun- u. Steinkohle zeigt, daß hier stark oxydierte u. bewegliche Stoffe vorliegen, die mit I u. II reagieren, u. in Anthrazit, Graphit u. Sapropelit fehlen. Die verschied. Erdölsorten reagieren leicht mit I u. II. Sie oxydieren die I-Lsgg. mit E_h = —143 bis —212 mV. Die reduzierende Wrkg. von I bleibt bei E_h = —40 bis —70 mV aus. Bei positiveren E_h-Werten beginnt die Oxydation der Erdöle. Die Erdöle von Saratow u. dem Kamagebiet bilden eine Ausnahme. Auch bei positivem E_h oxydieren sie die I- u. II-Lösungen. Hieraus erklärt sich vielleicht ihr geringer Harzgeh. u. die geringen spezif. Gewichte. Aus der S-Best. in I vor u. nach der Rk. mit den Erdölen ergibt sich ein konstanter S-Gehalt. Die E_h-Änderung wird demnach durch die Oxydored. verursacht. (Доклады Академии Наук СССР [Ber. Akad. Wiss. UdSSR] [N. S.] **80.** 71—74. 1/11. 1951. Erdöl-Inst. der Akad. der Wiss. der UdSSR.) LEBTAG. 8124

Ir. A. P. Oele, *Untersuchungen über die Erweichung, das Blähvermögen und das Treiben im Bereich der Fettkohle.* Das Bindemittel in der erweichenden Kohle ist der *Vitrit.* Der Druck des eingeschlossenen Gases wirkt als treibende Kraft, die den Vitrit zur Ausfüllung der intergranularen Räume zwingt. Die eigentliche Kittwrkg. wird durch das sich zers., später erstarrende *Thermobitumen* verursacht. *Fusit* u. *Durit* verhalten sich wie Magerungsmittel. Die Wrkg. des Thermobitumen von *Clarit* als Weichmacher u. Kittsubstanz ist größtenteils an die Begrenzung des plast. deformierbaren, jedoch nicht geblähten Kornes gebunden. Die Claritkörner sintern zusammen u. können bei vorhandener größerer Berührungsfläche eine starke Bindung abgeben. Der Einfl. weiterer Komponenten ist ausschlaggebend, ob Erweichung oder Benetzung durch das Bitumen möglich ist. Eine örtliche Anhäufung erweichenden *Clarits* wird die Festigkeit des Kokses weniger stark beeinträchtigen als Magerungsmittel. Es folgt weiter eine Betrachtung über das Treiben u. über die Erkenntnisse anderer Forscher. (Brennstoff-Chem. **33.** 231—38. 23/7. 1952. Geleen, Holland, Staatsmijnen, Zentrallabor.) BOYE. 8126

S. Tolansky, *Interferometrische Untersuchungen an Kohlen.* Untersucht wurden an Schliffen einer homogenen Anthrazitkohle (I) u. einer heterogenen n. Kohle (II) die Interferenzerscheinungen. Die Unterschiede sind deutlich. Die homogene Natur von I u. die höhere Reflektierfähigkeit sind klar erkennbar im Vgl. zu den opt. Eigg. von II. Auch von poliertem Hartholz wurden brauchbare Interferenzerscheinungen festgestellt. (Nature [London] **169.** 660—61. 19/4. 1952. Surray, Englefield Green, Univ. of London, Royal Holloway Coll., Dep. of Physics.) BOYE. 8126

J. R. Arthur, P. K. Kapur und **D. H. Napier,** *Kohlenstoffhaltige Abscheidungen aus Kohlenwasserstoff-Diffusionsflammen.* Es wird kurz über Verss. berichtet, die als Vorstudium einer allg. Unters. der Bldg. von Rauch u. Ruß während der Verbrennung von Brennstoffen einschließlich Kohle unternommen wurden. Menge u. Zus. des an mit W. gekühlten Kupferscheiben aufgefangenen Nd. hängen vom Brennstoff, den Verbrennungs- u. Auffangbedingungen ab. Es wurde mit n., umgekehrten u. Unterdruckflammen v. Kohlengas, Methan, Äthylen u. Propan mit Luft gearbeitet; die Abscheidung wurde auf Aussehen, Veränderung beim Erwärmen, C- u. H-Geh. u. Löslichkeiten geprüft; auch wurden in einigen Fällen von den Extrakten Infrarot- u. UV-Spektren aufgenommen. Die extrahierbaren Zwischenprodd. der Kohlenstoffbldg. sollen durch verwickelte Rkk. (Dehydrierung u. Polymerisation) entstehen. (Nature [London] **169.** 372—73. 1/3. 1952. Laetherhead, Surrey, Brit. Coal Utilis., Res. Assoc.) THEILE. 8128

—, *Derivate der Tieftemperatur-Verkokung von Kohle.* 1. Mitt. Die bei der Tieftemperatur-Verkokung von Kohle anfallenden Öle werden in einer durch Bilder näher erläuterten Destillationsanlage einer Feinfraktionierung unterworfen, nachdem vorher die Teersäuren mittels kaust. Sodalsg. herausgenommen worden sind. (Ind. Chemist **27.** 497—501. Nov. 1951. Bolsover, British Diesel Oil and Petrol Co. Ltd.) K. O. MÜLLER. 8140

J. P. Graham, *Die Erzeugung und Verwendung von metallurgischem Koks.* Die Garungszeit beträgt 18—20 Stunden. Die Güte des Kokses wird durch die verwendete Kohle bestimmt. Für den Hochofen werden verlangt: bestimmte Größe, Feuchtigkeit unter 3 (%), Asche ca. 10, Gleichmäßigkeit der Lieferungen, Festigkeit. Die abnehmenden Vorräte an guten Kokskohlen werden die metallurg. Verff. beeinflussen. (Metallurgia [Manchester] **46.** 74—78. 82. Aug. 1952. National Coal Board.) K. STEIN. 8144

P. Roussey, *Rationelle Wirkung der Vordestillation auf die gewöhnlichen Vergaser im Hinblick auf die Vergasung von Kohlen und Braunkohlen.* Die Vorteile der Vordest. sind: Besseres Ausbringen (ca. 8—10%), Erhöhung des Kaloriengeh. des Gases (von 1200 auf 1600), das Gas ist sauberer, schnellerer Durchsatz, Gewinnung von guten Nebenerzeugnissen (Teer u. Öle), die sich gut verkaufen lassen, keine Phenole mehr im Waschwasser. (Silicates ind. **17.** 127—28. April 1952.) ROSENDAHL. 8148

Paul Struck, *Methoden für die Untersuchung von Stadtgas.* 3. Mitt. *H_2S* wird mit *Cd-Acetat, HCN* mit *Na-NiCO$_3$* (CLAYTON, WILLIAMS u. AVERY, Gas J. **196.** [1931.] 311 oder mit BrCN, vgl. EYMANN, C. **1940.** I. 2268) oder colorimetr. als *Fe(SCN)$_3$* bestimmt, *Bzl.* durch Auswaschen mit *A-Kohle* (vgl. z. B. KATTWINKEL, C. **1933.** II. 2926). Teer wird durch Wattefilter quantitativ aufgefangen (vgl. SCHEEBEN, C. **1942.** I. 3161).

Kleinste Mengen von Beimengungen u. Verunreinigungen bestimmt man mit dem Druckgerät von WUNSCH (vgl. SEEBAUM u. HARTMANN, Öl u. Kohle 39. [1943.] 690. (Gas- u. Wasserfach, Ausg. Gas 93. 182—90. 1/4. 1952. Karlsruhe, TH, Gasinst.) STEINER. 8156

K. F. Lang, *Reinerzeugnisse aus Steinkohlenteer.* Vf. gibt eine Übersicht über die Trennungsmeth. für die Gewinnung von Reinprodd. im Betriebe u. beschreibt die Aufarbeitung der hochsd. Chrysen-Fraktion. Als neuer Körper wurde darin das *1.2-Benz-picen* mit einem F. von 444—446° gefunden, für das der Name *Fulminen* vorgeschlagen wird. (Angew. Chem. 63. 345—49. 7/8. 1951.) F. C. MÜLLER. 8176

Otto Kaiser und **Maximilian Schatz**, *Die bergmännische Gewinnung von Ölschiefern.* Den Lagerstätten entsprechend erfolgt die Ölschiefergewinnung entweder im Grubenbetrieb oder tagbaumäßig. Die jeweils üblichen Abbaumethoden werden beschrieben. (Erdöl-Ztg. 68. 96—98. Sept. 1952.) FIEDLER. 8180

J.-P. Lacroix, *Die Hydrate in der Industrie der Naturgase.* Referierende Arbeit über die Bildungsbedingungen u. Verh. der Hydrate von Methan, Propan, Isobutan, von höheren KW-stoffen u. von Naturgasen werden besprochen u. einige Verff. zur Best. der Zus. der Hydrate beschrieben. Zus. u. physikal. Daten werden in Tabellen u. Kurven gegeben. (Rev. Inst. franç. Pétrole Ann. Combustibles liquides 7. 34—49. Febr. 1952.) SYDOW. 8180

—, *Untersuchung des Rohöls von Sidi Fili (Marokko).* Das stark paraffinhaltige Rohöl von Sidi Fili, Bohrung Nr. 4. wird halbtechn. aufgearbeitet. Atmosphär. Dest. bis 241,5° in Kolonne mit 15 theoret. Böden gibt 58,3% Rückstand, der im Vakuum bis auf 17,3% Rückstand dest. wird. Eigg. der Fraktionen u. Beurteilung der handelsüblichen Prodd. werden gegeben. (Rev. Inst. franç. Pétrole Ann. Combustibles liquides 7. 3—11. Jan. 1952. Inst. franç. du Pétrole.) SYDOW. 8188

Herbert Kölbel und **Friedrich Engelhardt**, *Synthese von Kohlenwasserstoffen und sauerstoffhaltigen Verbindungen aus Wasser und Kohlenoxyd.* (C. 1952. 6156). (Erdöl u. Kohle 5. 1—9. Jan. 1952. Homberg/Ndrh., Rheinpreußen AG. für Bergbau u. Chemie.) K. O. MÜLLER. 8200

Michel Roegiers, *Der Elektrion-Prozeß.* Nach einer Schilderung der Verss. von DE HEMPTINNE zur Herst. von „*Hydrozon*“ wird die Anwendung der stillen elektr. Entladungen für Schmieröle im Elektrionverf. in ihrer Entw. geschildert. Bes. werden die Eigg. elektroionisierter Schmieröle beschrieben. Die Elektroionisation erhöht die Viscosität der Öle u. vermindert das Absetzen fester Teilchen. Sie bewährt sich bes. beim Zusatz von Graphit u. verhindert das Verschmieren von Maschinenteilen. Zahlreiche Abbildungen sowie Tabellen mit Eigg. von behandelten u. unbehandelten Ölen werden gebracht. (Petroleum [London] 15. 179—85. Juli 1952. Ghent, Soc. de Huiles De Cavel at Roegiers.) K. L. WOLF. 8220

J. F. T. Blott und **C. G. Verver**, *Methoden, das Verhältnis von Viscosität zu Temperatur von Schmierölen auszudrücken.* Die Vff. sind der Meinung, daß die gegenwärtige Indizierung der Viscosität von Schmierölen modernen Anforderungen nicht mehr entspricht. Sie teilen die Indices in zwei Gruppen ein: nicht-relative Indices, d. h. solche, die nicht auf einen Standardwert bezogen sind, u. relative, d. h. solche, die auf gewisse Standardwerte sich beziehen. Nur die relativen Indices genügen nach Meinung der Vff. den Anforderungen der Praxis; doch reichen alle bisher vorgeschlagenen nicht aus. Die Vff. schlagen nun unter dem Namen „Viscositätsmodul“ eine Modifikation des derzeitig üblichen Index vor, die den Logarithmus der Werte der Viscosität bei 100° F enthält: Viscositätsmodul $= 100 (\log L - \log U)/(\log L - \log H)$, wobei U, L u. H die kinemat. Viscositäten des zu charakterisierenden u. zweier Standardöle bei 100° F bezeichnen. Die Vorzüge dieses Verf. werden ausführlich erörtert. (J. Inst. Petrol. 38. 193—249. April 1952. Fulham u. Amsterdam, Shell-Central Labors.) K. L. WOLF. 8220

Alfred Baouman, *Herstellung von Schmierfetten. Technische Bemerkungen über das Material.* Vf. schildert eingehend die für die Herst. der Schmierfette benötigten Rührwerke. Angabe von Verfahrensvorschriften. (Ind. chimique 39. 168—74. Juni 1952.) ROSENDAHL. 8222

Knut Ahlborg, *Storamin.* Vf. gibt einen Überblick über die Herst. von Fettsäureamiden aus dem Tallöl (Kiefernöl), das als Nebenprod. der Cellulosefabriken in genügender Menge in Schweden zur Verfügung steht. Diese dienen unter dem Fabriknamen „*Storamin*“ als Netzmittel bei der Herst. von Asphaltstraßendecken u. ergeben durch die bessere Bindung zwischen Split u. Asphalt eine vielfach höhere Lebensdauer der Straßendecke, wofür eine Reihe von Photos aus Versuchsausführungen gegeben werden. (Svenska Vägfören. Tidskr. 39. 251—55. Juli 1952.) KÜHNERT. 8236

Horst Luther und **Ludolf Jenckel,** *Die Massenspektrometrie als Hilfsmittel der chemischen Analyse.* Es wird eine ausführliche Darst. der Physik, Technik u. Anwendung von Massenspektrometern bes. für KW-stoffe gegeben. (Erdöl u. Kohle 5. 17—24. Jan. 1952. Braunschweig, TH, Inst. für chem. Technol., u. Bremen, Atlas-Werke.) W. KAUFMANN. 8242

F. M. Efendijew, *Grundprinzipien einer systematischen Luminescenzmethode zur Untersuchung von Erdölen und Bitumen.* Übersicht über Arbeiten des Vf. (vgl. Nachr. Akad. Wiss. Aserb. SSR **9.** [1950.] 3 u. früher). (Известия Академии Наук СССР, Серия Физическая [Nachr. Akad. Wiss. UdSSR, physik. Ser.] **15.** 782—87. Nov./Dez. 1951. Inst. für Physik u. Mathem. der Akad. der Wiss. der AsSSR.) AMBERGER. 8252

Joseph Layer, Augsburg, *Feueranzünder und Brennmaterial.* Man mischt Sägemehl, Papier u. Kohlenstaub im Verhältnis 4:1:1 in einem Rührwerk unter Zusatz von W., verpreßt zu Formkörpern u. trocknet diese, die dann noch mit Abfallölen getränkt werden können. (**D. B. P. 841 438** Kl. 10b vom 22/8. 1950, ausg. 16/6. 1952.) W. HAUSWALD. 8137

American Gas Association, Inc., New York, N. Y., übert. von: **Edwin L. Hall,** Cleveland Heights, O., V. St. A., *Ölgaserzeugung.* Das Verf. arbeitet mit 2 Ölgaserzeuger-Einheiten, von denen jede eine Verbrennungs-Verdampfungs-Zone u. eine Fixierzone besitzt. Jede Einheit wird zunächst aufgeheizt, dann Luft durch eine Einheit zwecks Verbrennung des zuvor abgeschiedenen C-Nd. geleitet. Die Verbrennungsgase treten in die Verbrennungszone der anderen Einheit über, in die im Gleichstrom fl. Brennstoffe eingeführt werden. Die Verbrennungsprodd. dieser Einheit gelangen in deren Fixierzone u. dann zum Schornstein. Nach dieser Aufheizung wird in die Verbrennungszone der letzteren Einheit Öl u. Dampf eingeführt u. Ölgas neben Wassergas erzeugt. Die gecrackten Öle werden in der darüber liegenden Fixierzone zu stabilen gasförmigen KW-stoffen umgewandelt u. schließlich der Kühlung u. Kondensation unterworfen. Nach der Ölgasperiode wird diese Einheit aufgeheizt, während zur gleichen Zeit in der anderen Einheit Ölgas erzeugt wird. Beide Einheiten wechseln mit der Aufheizung u. der Gaserzeugung ab. (**A. P. 2 580 766** vom 1/10. 1948, ausg. 1/1. 1952.) W. HAUSWALD. 8161

American Gas Association, Inc., New York, N. Y., übert. von: **Edwin L. Hall,** Cleveland Heighs, O., V. St. A., *Ölgaserzeugung.* Petrolöle oder Teere werden durch pyrogene Zers. zu Ölgas verwandelt. Man bedient sich hierbei zweier Gaserzeugungseinheiten, von denen jede eine Fixierzone u. eine Verdampfungs-Verbrennungs-Zone enthält. Beide Einheiten sind arbeitsmäßig miteinander gekuppelt. Man führt in die Verbrennungszone der einen Einheit Luft u. verbrennt den fl. Brennstoff. Die heißen Verbrennungsgase werden dann durch die Fixierzone geführt, wo sie ihre Wärme an diese abgeben (Aufheizperiode) u. den später in Richtung der Verbrennungszone eingeleiteten Dampf überhitzen, der dann im Gleichstrom mit dem Petrolöl durch die Verbrennungszone der 1. Einheit u. die darüber liegende Fixierzone streicht. Nach dieser Gaserzeugungsperiode wird umgeschaltet u. die 1. Einheit durch Verbrennen von Öl aufgeheizt, währenddessen in der 2. Einheit die Gaserzeugung stattfindet. (**A. P. 2 580 767** vom 1/10. 1948, ausg. 1/1. 1952.) W. HAUSWALD. 8161

Union Oil Co., Los Angeles, Calif., übert. von: **Paul W. Fischer,** Long Beach, Calif., V. St. A., *Bohrflüssigkeit.* Sie enthält 5,0—80,0 Vol.-% Mineralöl, Wasser, 0,1—10 (Gew.-%) wasserlösl. Salz der Erdalkalimetalle, z. B. $CaCl_2$, u. 0,1—10 Emulsionsmittel, wie gelatinierte Stärke, Methylcellulose, Naturgummi. Die D. des Öls soll ca. 10—30° A. P. I. betragen. Als Schwerstoff dient Ton in Form von Bentonit (ca. 10 Gew.-%). Zur Stabilisierung wird die Mischung auf 120° F, jedoch unter der Entemulgierungstemp. erhitzt. Als Öle kommen noch Schmieröl, Schmierölextrakte u. Destillationsrückstände von Kohlenteer in Betracht. Die Bohr-Fl. hat ein Gewicht von 58—65 lbs./cb. ft. Bei unter Druck stehenden Bohrungen können Schwerstoffe, wie $BaSO_4$, $BaCO_3$, Fe_2O_3, zur Erhöhung des Gewichts auf 100 lbs./cb. ft u. höher zugesetzt werden. (**A. P. 2 582 323** vom 13/2. 1948, ausg. 15/1. 1952.) W. HAUSWALD. 8191

Herausgeber u. verantwortlich für den Inhalt: Prof. Dr. Maximilian Pflücke, Berlin W 8, Jägerstraße 22/23, Fernsprecher: 200481, 201464. Redaktion: Chefredakteure Dr. Eugen Klever und Prof. Dr. Maximilian Pflücke. Verlag: Akademie-Verlag GmbH, Berlin NW 7, Schiffbauerdamm 19 (Fernsprecher 425571, Postscheckkonto Berlin 35021) u. Verlag Chemie, GmbH, Weinheim/Bergstraße (Postscheckkonto Frankfurt/M. 145314 u. Berlin [West] 7430, Fernsprecher: Weinheim 2017). Bestell- u. Verlags-Nr. dieses Heftes: 1007/124/5. Das Chemische Zentralblatt erscheint wöchentlich.
Satz u. Druck: VEB Leipziger Druckhaus, Leipzig, III/18/203. II. 53.
Veröffentlicht unter der Lizenznummer 1212 des Amtes für Literatur und Verlagswesen der Deutschen Demokratischen Republik.
Printed in Germany.

Zeitfracht Medien GmbH
Ferdinand-Jühlke-Straße 7
99095 Erfurt, Deutschland
produktsicherheit@kolibri360.de